艺术与设计学科博士文丛

山东省高水平学科「高峰学科」建设项目

总主编　潘鲁生

主　编　董占军

八卦宅探赜

明清沂水刘南宅历史研究

张运春 / 著

山东教育出版社

图书在版编目（CIP）数据

八卦宅探赜：明清沂水刘南宅历史研究 / 张运春著 . — 济南：山东教育出版社，2021.8
（艺术与设计学科博士文丛 / 潘鲁生总主编）
ISBN 978-7-5701-0897-8

I . ①八⋯   II . ①张⋯   III . ①民居 – 古建筑 – 研究 – 沂水县 – 明清时代   IV . ① K928.71

中国版本图书馆 CIP 数据核字（2019）第 295687 号

YISHU YU SHEJI XUEKE BOSHI WENCONG
BAGUA ZHAI TANZE——MING-QING YISHUI LIU NAN ZHAI LISHI YANJIU

艺术与设计学科博士文丛   潘鲁生/总主编   董占军/主编
八卦宅探赜——明清沂水刘南宅历史研究   张运春/著

主管单位：山东出版传媒股份有限公司
出版发行：山东教育出版社
　　　　　地址：济南市市中区二环南路 2066 号 4 区 1 号　　邮编：250003
　　　　　电话：（0531）82092660　　网址：www.sjs.com.cn
印　　刷：山东新华印务有限公司
版　　次：2021 年 8 月第 1 版
印　　次：2021 年 8 月第 1 次印刷
开　　本：710 毫米 × 1000 毫米　1/16
印　　张：21.25
字　　数：335 千
定　　价：58.00 元

（如印装质量有问题，请与印刷厂联系调换）印厂电话：0534-2671218

总序

　　时光荏苒，社会变迁，中国社会自近现代以来经历了从农耕文明到工业文明、从自给自足的小农经济到市场化的商品经济等一系列深层转型和变革，人们的生活方式、思想文化、消费观念、审美趣味也随之变迁。艺术与设计是一个具体的领域、一个生动的载体，承载和阐释着传统与现代、历史与未来、文化与科技、有形器物与无形精神的交织演进。如何深入地认识和理解艺术与设计学科，厘定其中理路，剖析内在动因，阐释社会历史与生活巨流形之于艺术与设计的规律和影响，不断回溯和认识关键的节点、重要的因素、有影响的人和事以及有意义的现象，并将其启示投入今天的艺术与设计发展，是艺术与设计专业领域学人的责任和使命。

　　当前，国家高度重视文化建设，习近平总书记深刻阐释并强调"坚持创造性转化、创新性发展，不断铸就中华文化新辉煌"，从中华民族伟大复兴的历史意义和战略意义上推进文化发展。新时代，艺术与设计以艺术意象展现文脉，以设计语言沟通传统，诠释中国气派，塑造中国风格，展示中国精神，成为传承发展中华优秀传统文化的重要桥梁；艺术与设计求解现实命题，深化民生视角，激发产业动能，在文化进步、产业发展、乡村振兴、现代城市建设中发挥重要作用，成为生产性服务业和提升国家文化软实力的重要组成部分。关注现实发展的趋势与动态，对艺术与设计做出从现象到路径与规律的理论剖析，形成实践策略并推动理论体系的建构与发展，探索推进设计教育、设计文化等方面承前启后的深层实践，也是艺术与设计领域学者和教师的使命。

山东工艺美术学院是一所以艺术与设计见长的专业院校，自1973年建校以来，经历了工艺美术行业与设计产业的变迁发展历程，一直以承传造物文脉、植根民间文化、服务社会发展为己任。几十年来，在西方艺术冲击、设计潮流迭变、高等教育扩展等节点，守初心，传文脉，存本质，形成了赓续工艺传统、发展当代设计的办学理念和注重人文情怀与实践创新的教学思路。在新时代争创一流学科建设的历史机遇期，更期通过理论沉淀和人文荟萃提升学校办学层次与人才质量，以守正出新的艺术情怀和匠心独运的创意设计，为新时代艺术与设计一流学科建设提供学术支撑，深化学科内涵和文化底蕴。

鉴于上述时代情境和学校发展实践，我们策划推出这套《艺术与设计学科博士文丛》系列丛书，从山东工艺美术学院具有博士学位的专业教师的博士学位论文中，精选20余部，陆续结集出版，以期赓续学术文脉，夯实学科基础，促进学术深耕，认真总结和凝练实践经验，不断促进理论的建构与升华，在专业领域中有所贡献并进一步反哺教学、培育实践、提升科研。

艺术与设计具有自身的广度和深度。前接晚清余绪，在西方艺术理念和设计思潮的熏染下，无论近代初期视觉启蒙运动中图谱之学与实学实业的相得益彰、早期艺术教育之萌发，还是国粹画派与西洋画派之争，中国社会思潮与现代艺术运动始终纠葛在一起。乃至在整个中国革命与现代化建设进程中，艺术创新与美术革命始终同国家各项事业的发展同步前行。百多年来，前辈学人围绕"工艺与美术""艺术与设计"及"艺术与科学"等诸多时代命题做出了许多深层次理论探讨，这为中国高等艺术教育发展、高端设计人才培养以及社会经济、文化事业的发展提供了必不可少的人才动力。在社会发展进程中，新技术、新观念、新方法不断涌现，学科交叉不单为学界共识，而且已成为高等教育的发展方向。设计之道、艺术之思、图像之学，不断为历史学、文艺学、民俗学、社会学、传媒学等多学科交叉所关注。反之，倡导创意创新的艺术价值观也需要不断吸收和汲取其他学科的文化精神与思维范式。总体来讲，无论西方艺术史论家，还是国内学贤新秀，无不注重对艺术设计与人类文明演进的理论反思，由此为我们打开观察艺术世界的另一扇窗户。在高等艺术教育领域，学科进一步交叉融合，而不同专业人才的引入、融合、发展，极大地促进和推动了复合型人才培养，有利于高校适应社会对艺术人才综合素养的期望和诉求。

基于此，本套《艺术与设计学科博士文丛》以艺术与设计为主线，涉及艺术学、设计学、文艺学、历史学、民俗学、艺术人类学、社会学等多个学科，既有纯粹的艺术理论成果，也有牵涉不同实践层面的多维之作，既有学院派的内在精覃之思考，也有面向社会、深入现实的博雅通识之著述。丛书集合了山东工艺美术学院新一代青年学人的学术智慧与理论探索。希冀这套丛书能够为学校整体发展、学科建设、人才培养和文脉传承注入新的能量和力量，也期待新一代青年学人茁壮成长，共创一流，百尺竿头，更进一步！

潘鲁生
己亥年冬月于历山作坊

序言

张运春的著作《八卦宅探赜——明清沂水刘南宅历史研究》将要出版，此书是在博士学位论文《从贰臣到望族——沂水刘南宅历史研究》基础上修改而成的。论文创作之初，我很担心他能否达到博士学位论文所要求的体量。毕竟类似沂水"刘南宅"家族这样有历史隐疾的地方望族，存世可考的官私文献并不丰富。没想到，他孜孜求索，多次深入沂水地方开展田野调查，获得了很多鲜活的历史资料。论文洋洋洒洒三十万言，所论确有较为独到和深入的思考，殊堪嘉慰。

2012年始，运春随我攻读博士学位。我原本让他跑一跑鲁东南，调查当地清末发生的义和团及天主教活动，然后选定课题，看看能否在义和团运动史领域有所补获。因缘际会，在田野访求中，他的研究兴趣转向了明清地方望族和区域社会史研究。中国传统教育向来注重因材施教、因势利导。运春思维活跃、热情洒脱。兴趣又是学术研究的始发点和助力器。因此，我尊重他的选择。

今天，明清地域家族研究已成为当今中国学术研究热点课题。一些在全国或者某一区域影响较大、声名显赫的望族基本得到了研究。有些望族，受历史、社会、地域等因素制约，所辐射和影响的范围有限，很少引人注意。比如该著所论沂水刘氏家族即属此例。无论功名数量还是仕途履历，明清时期"刘南宅"家族并没有出过太多举足轻重、蜚声全国的重臣。尽管如此，却恰恰凸显了该著的选题意义。诚如学界公论，学术论著本身并不仅仅以研究对象之重要而显得重要。有些选题刻意抛开英雄人物而面对普通人开展学术研究，一样具有意义。比如美国史景迁的《王氏之死》，所述人物十分普通，却无损该书成为汉学名著的事实。就明清望族这一话题而言，南北方有着不一样的文化内涵。相较之下，有些北方望族的社会地位并不完全取决于科举入仕者的数量。有时某一家族参与地方事务的广度和深度以及自我身份构建的其他手段也会促成其在地域社会的显赫声望。即以华北地方村落言之，社会精英的涵盖范围既包括知识精英，也包括成分复杂的地方能人。因此，该著虽以明清时期山东地区并不特别显赫的"刘南宅"家族为研究对象，却并不能削弱研究本身的重要性。其一，通过对以刘应宾为主的刘氏家族之研究，折射出山东沂水地区的社会史和风俗史。其二，明清易代之际，山东籍降清明臣较多。这些历史人物及其家族在历史跌宕中如何生存、发展？这是一个有意思的话题。在文化生产和身份认同构架下，针对"刘南宅"家族的民俗仪制、神话传说、历史书写、视觉实践所展开的个案研究，可资为清初贰臣研究的有益补充，也是对柯文教授所倡历史神话论的反映。其三，清初扬州文化恢复是一个卓有意义的话题。美国学者梅尔清的《清初扬州文化》生动描述了清代文人以扬州风景遗产为核心所开展的文化交游活动，但对于清顺治初年的情形几乎没有谈及。本著以清初羁旅扬州十年的刘应宾为主线，似可对这段历史有所补遗。

就方法来说，区域社会史的研究范式比较适合本著的创作。北京大学赵世瑜教授所提倡的"大历史""小历史"以及"自上而下""自下而上"的理念具有学术前瞻性。这为后学者从事地方社会和望族研究提供了途径。归根到底，无论区域社会还是家族研究，总归脱离不了史学的方法和概念。传统史学往往偏重于对官方文献或者时人文存的搜集、解构，而对一般地方民众的声音失聪。这就导致以往研究中出现非此即彼、非褒即贬的狭隘主张。

事实上，历史是丰富、立体、长时段的，许多历史人物的人生轨迹并非单线条和单色调。史学之要关键在求真。在讨论具体历史事项的过程中，官方典籍文献自是必不可少。这些材料中既包含了社会精英的思想和主张，也牵动着地方社会的政治更迭和文化变迁。同时，历史是劳动人民的历史，是全体大众的历史。地方社会所蕴藏的碑刻、族谱、传说、建筑、图像等恰是正史的重要补充，从中我们不仅可以看到一定历史时期地方民众的生态和思想，也可以反观国家之于地方的影响以及地方对国家主张的回应。从这个角度来说，这也正是运春此著成功之处。在前辈学者研究基础上，他有自己的思考和实践。一方面，采用传统史学研究方法，搜集和整理了大量与"刘南宅"家族有关的史料。另一方面，他还突破了传统局限，通过田野考察搜寻到许多湮没民间的文史资料，既有国史资料、沂水方志、名人文集，也有族谱、碑刻、传说、民俗、图像等地方资料，各个层次的史料都有搜集和应用。这些历史书写、传说和图像表达黏合在一起，可以更加全面地透视一个地方家族在社会变迁中如何调适国家主流意识形态和时代价值观念所造成的压力。这样一来，传说也好，人物功过评价也罢，也就毫无保留、比较全面地呈现在读者面前。

尽管运春此著有些许成功处，得到诸多专家好评，然而学问之道贵在精益求精、不断攀登。在此，有几点缺憾不得不提：区域社会史的方法论并非仅仅表现于地方文献的搜集、解析，更重要的是始终扎根于地方，把国家真正内化到地方社会。或者说，在对地方事件和人物的解构过程中，适时与国家联系。国家对地方产生什么影响？地方如何回应？这是本应坚持的叙述主线。从某种意义上讲，该著更大程度上侧重于运用传统考据方法解构历史。如何真正深入地方社会，围绕地方社会内在脉络做文章，这是尚需努力改进的方向。再者，尽管全书视野宏阔，所表现出的关怀很大，然而对于如何梳理逻辑、如何取舍材料尚需磨炼。如果在比较视野之下，增加刘氏家族与当地其他家族甚或贰臣家族的比较分析，则文章就可能更为精彩。

总之，近几年运春潜心学问，刻苦求索，体现出良好的学术素养。通过对"刘南宅"家族的个案分析，呈现出明末士大夫如何过渡到清初、适应清初政治变化这样一个时代特色。该著多有创见，如对贰臣问题的剖析就非常具体：对于在民族主义社会语境下的贰臣生逢易代之际如何求生存乃至获得和巩固政治地位的历程，从心态到实迹都做了深入挖掘，把那个特殊时代的身份认同与传统文化、民族情感、个人抱负、家族利益、政治际遇、视觉实践等联系起来考察，从而揭示明清更替对中国地方家族与乡村社会的影响，对这个问题的认识确有开拓性。希望将来他在学术道路上戒骄戒躁、砥砺前行。

路　遥

2021年1月6日于山东大学

（路遥，1927年生，福建福州人，山东大学首批终身教授，主要从事义和团史、中国民间宗教史研究）

目录

绪 论 ≫

一、研究缘起

2014年春节后，遵照导师路遥教授的指导意见，笔者到鲁东南一带考察清末当地发生的义和团反教运动。临行前，路遥师特别提醒，一定要注意德国狄德满教授在《华北的暴力和恐慌：义和团运动前夕基督教传播和社会冲突》中提及的莒县管氏家族。[①]据该著研究，当地绅商在1898—1900年鲁东地区的反教风潮中扮演了关键性角色。为印证此事，狄德满引用了当时圣言会传教士的一则报告，这则报告称："小窑望族管家在1900年夏煽动了莒州北河邻近沂水县的反教攻击，主事者是管家在北京任职的两位高官管廷献、管廷鹗兄弟。据称他们往老家寄送煽动性消息，唆使亲属发放反教揭帖。"[②]因此，笔者把管氏祖居地五莲县于里镇小窑村作为田野调查第一站。然而，据管氏后裔讲述，其曾祖管廷献、管廷鹗、管廷纲兄弟根本

---

① 明清时期，管氏家族祖籍小窑村原属莒县。新中国成立后，从莒县、诸城划分出部分区域建立五莲县，该地转隶日照市五莲县于里镇。

② 狄德满：《华北的暴力和恐慌：义和团运动前夕基督教传播和社会冲突》，崔华杰译，江苏人民出版社，2011，第356页。

没有参与民间打教活动。继而，笔者又走访了莒县和五莲县的史志办公室、档案馆、图书馆，也没找到相关文献记录。这使笔者怅然若失。时过境迁，在义和团运动发生100多年后，想通过田野调查的方式获得当地民间反教活动的口述资料似乎已经不太现实。随后几年，笔者相继到沂水、沂南、莒南一带调研，同样没有发现太多有意义的线索和材料。尽管如此，在田野考察过程中，却有意外收获。以管氏家族为启端，笔者开始关注这一区域的仕宦望族。通过查阅族谱、论著、地方文献，采访地方文史专家，笔者了解到：明清时期，鲁东南一带形成了较多仕宦望族。这包括诸城臧氏、刘氏、丁氏，五莲管氏，莒南庄氏，沂水刘氏，沂南高氏，日照秦氏、丁氏，蒙阴公氏等。几乎每个县域都有若干明清时期形成的、在当地影响力较大的仕宦望族。有些家族彼此之间累世结有姻娅关系，在当地拥有较大影响力。

其中，沂水"刘南宅"家族格外引起笔者注意。其一，不同于其他家族以村镇地名作为标签代号，沂水刘氏却是以家宅为代号，以与当地其他刘姓大族相分隔。① "刘南宅"是沂水刘氏世代居住的宅院，在当地又称"八卦宅"。据沂水地方史志记载，其形制是按照阴阳五行的理论建造而成的。这种建筑形制在周边地区乃至全国并不多见。关于"八卦宅"的来历，当地还留下"纯阳画图"的神话传说。其二，相较其他家族而言，当地有关"刘南宅"家族的神话、传说较多。这些神话、传说多与刘家四世刘应宾有关。有的传说对刘家有利，有的则恰恰相反。刘应宾是刘氏家族兴旺发达的关键人物，他是刘家第一位进士，也是官职最高者。南明弘光政权覆灭后，他被清廷委以重任，成为清代首任安徽巡抚。因为仕明降清的这段经历，乾隆皇帝下令将其编入了《贰臣传》乙编。其三，无论沂水方志中的文字记载，还是百姓口耳相传，明清时期，"刘南宅"家族在沂水县声名赫赫，影响极大。其四，在同部分刘氏后裔交流过程中，他们对某些话题似乎不太愿意触及，往

---

① 在田野调查中，笔者了解到，明清时期当地有名的刘姓大族并非"刘南宅"一家，在沂水县同时还活跃着其他较有影响力的刘姓家族，这包括南店子刘、北店子刘、八楼刘。另外，虽然20世纪初，沂水"刘南宅"家族与莒县刘氏联宗、合谱，但明清时期两地刘氏之间的互动往来并不多，因此本书所探讨的"刘南宅"家族并不涉及莒县刘氏的历史文化活动。

往显露出紧张、敏感情绪。甚至有人明确提出，让笔者放弃这个题目，不要书写刘家的历史。他们抱怨有些地方文史工作者对刘家历史的描述乃是不实之词，是对刘氏家族的污蔑。

从人之常情揣度，刘氏后裔面对某些话题的焦虑情绪和对研究者的排斥，显然与其四世祖刘应宾被乾隆皇帝编入《贰臣传》的经历有关。从明末清初至今，近四百年时间过去了，刘应宾"降清"这段特殊经历所造成的心理压力却依然存在。然而为什么刘家宅院是八卦宅，这样的建筑形制起到什么样的作用？为什么围绕"刘南宅"家族形成褒贬不一的传说？为什么"刘南宅"家族在当地能够形成如此之大的影响力，以至今天人们仍然把"刘南宅"旧址作为风水宝地？①这些问题促使笔者逐渐对沂水望族"刘南宅"产生了浓厚兴趣。

此后，笔者多次到沂水寻访"刘南宅"后人及当地文史工作者，搜集与刘家有关的民间文献。同时，笔者到图书馆搜寻"刘南宅"家族在历史文献中留下的痕迹。对比刘氏族谱、官方文献、南明野史、民间传说等材料，往往针对刘氏家族同一人、同一事所描述内容和主观倾向并不一致。最典型的案例就是刘应宾。在清朝官方历史书写下，他是被清廷贬斥和打压的对象。刘应宾在所著《平山堂诗集》《江南抚事》中对一些事件留下了与官史、野史截然不同的历史记录。在刘氏子孙笔下，这位四世祖出身不凡、为官清廉、政绩斐然。在沂水民间口耳相传的"刘南宅"来历的传说中，刘应宾居然搭救了神仙吕洞宾，并与他成为知己朋友。他在自撰笔记《遇仙记》中同样描述了与吕祖交往的故事，只是内容与民间传说大相径庭。刘氏后裔十六世刘统业先生所讲述的刘应宾与吕祖交往的情节，与《遇仙记》又截然不同。除刘应宾外，其次子刘琪死因在官私文献中的记载和家族传说的描述也不一致。为什么有关刘氏家族重要人物刘应宾及其次子刘琪在官方文献、民间文献、民间传说中留下这么多内容不同的历史书写和说法呢？

① 新中国成立后，当地政府在"刘南宅"故址修建了沂水县酒厂。21世纪初，此处又被开发商看中，投资修建了住宅楼和商业步行街，冠名为"刘南宅商业步行街"。

除历史书写和传说外，在采访刘氏后裔过程中，笔者还发现"刘南宅"在历史上形成的较为独特的民俗事象。据"刘南宅"十六世刘统业先生讲述，家庙中供有吕洞宾画像。这是一个很重要的收获。显然，刘应宾所著《遇仙记》与民间百姓流传的"纯阳画图"传说并非毫无来由、荒诞不经的杜撰，发生在神仙吕洞宾与凡人刘应宾之间的故事，是有一定生活基础的——刘氏家族将纯阳帝君吕洞宾奉为保佑家族平安兴旺的家神。另外，刘统业还讲道：春节拜神时，摆好香案后，刘家人向南叩头。这一点得到了"刘南宅"十八世刘庆山先生印证。然而北方民众在春节拜神时的礼仪习惯一般都是向北叩头。询问刘氏其他支脉后裔，却没有流传这样的仪式传统。他们遵循北方大众的一般礼仪习惯，向北叩头。刘统业与刘庆山都是刘应宾直系后裔。可见，在刘氏大家族中，只有刘应宾一脉有向南叩头的礼仪习惯。为什么刘应宾嫡系后裔形成并流传向南叩头这样迥异常情的仪式习惯呢？刘统业还谈到明清时期刘氏家族的丧葬习俗传统，薄葬但场面一定要隆重。[1]恰巧，从刘庆山处获阅一份《正和先生哀荣录》。据这份材料记载，参加"刘南宅"十三世刘敬修丧礼的全国各地名流达两千三百余人。这和沂水县史志办公室所搜集的有关刘敬修葬礼隆重场面的描述相吻合。需要注意的是，在吊唁者中，有很多来自全国各地道院的人士，当地小学师生还敬献诔文。这其中有什么样的渊源呢？

现代史学研究历来注重问题意识。那么何谓问题意识？或者说怎样才是真正意义上的问题意识呢？赵世瑜教授针对研究生论文写作中出现的问题定势困境曾提出批评。一位研究生发现某地乡村同光时期的碑刻中出现了不少整顿风俗的规约，于是他进而表达，这是晚清以来近代化的结果，原有的近代城市病随着工业化的扩张进入乡村。对此，赵世瑜提出质疑："问题在于，这些社会弊病出现了已不止千年……它怎么能和晚清的所谓近代化或者工业

---

[1] 采访时间：2018年4月13日；采访地点：沂水县刘统业家中；采访人物："刘南宅"十六世刘统业、十七世刘兆平。

化挂起钩来呢？"①这位研究生显然是陷入了假问题的逻辑困局，他已经习惯于用近代化、现代化的模式去解读所看到的历史材料和历史现象。他所提出的问题是在自身知识结构和思维方式基础上，对历史现象作出的先入为主的判断。这种研究范式下所提出的问题往往成为一个假问题，而隐藏在历史现象背后的真问题却没有被发现和妥善解决，这就直接导致"历史发展的内在脉络"被研究者轻易地忽视和摒弃了。陈春声教授则对另一种"问题意识"现象提出尖锐批评："许多研究成果在学术上的贡献，仍主要限于地方性资料的发现与整理，以及在此基础上对某些过去较少为人注意的'地方性知识'的描述。更多的著作，实际上只是几十年来常见的《中国通史》教科书的地方性版本……传统社会区域研究中，学术创造和思想发明明显薄弱，其重要的原因之一，就是学术从业者追寻历史内在脉络的学术自觉的内在缺失。"②

再如罗时进教授指出："一个研究者，是先掌握了某种理论和方法再去进行定向性研究，还是根据具体的研究对象沿着某种路径去探究呢？……兴趣是科学研究的内在动力。事实上对一个研究者来说，'兴趣'比'意识'还要来的重要些。……与其宽泛地从理论层面上倡导'问题意识'，还不如具体地从操作层面上去落实'问题兴趣'，亦即觉得哪些问题有意趣、意味、意义，能够激发情绪，调动能量，树立目标，找到进路，就去进行研究。"③

上述学者针对"问题意识"所阐发的高论，大概可以归纳为三点。其一，要避免先入为主、流于表面的"问题意识"；其二，要从表面上看到的问题入手，逐渐产生研究和解答问题的兴趣；其三，要有思想发明，发现问题、分析问题，由表及里、逐步深入，寻找导致这些问题出现的历史内在脉络。

受此启发，本书既要避免"为赋新词强说愁"的虚假问题的意识困境，也要避免简单的"资料整理"和"地方性知识描述"，由兴趣开始，逐步寻找问题、思考问题、发现新的问题，进而继续解决问题。

---

① 赵世瑜：《小历史与大历史：区域社会史的理念、方法与实践》，生活·读书·新知三联书店，2010，第44页。

② 陈春声：《走向历史现场·丛书总序》，载赵世瑜《小历史与大历史：区域社会史的理念、方法与实践》，生活·读书·新知三联书店，2010，"丛书总序"第4页。

③ 罗时进：《文学社会学——明清诗文研究的问题与视角》，中华书局，2017，"序言"第1页。

总之，在田野调查过程中的偶然发现，使笔者对沂水望族"刘南宅"产生了浓厚兴趣，进而逐步有了更深入的思考：在国家主流意识形态和近代民族主义风潮下，"贰臣"身份标签对"刘南宅"家族究竟造成了一种什么样的影响？"刘南宅"家族如何克服"贰臣"身份困扰，从而发展成为当地望族？隐藏在不同内容、不同倾向的历史书写与传说背后的内在历史发展脉络究竟是什么？"刘南宅"家族独特的节庆仪式、建筑风格、图像表达与明清以来政治变迁、社会文化嬗变有着什么样的关系，又对刘氏家族生存、发展产生什么样的意义？这是本书研究和关注的焦点所在。

二、学术回顾

1. 明清家族史研究综述

明清时期是中国历史发展过程中非常重要的阶段。在政治上，皇权专制逐渐达到顶峰。从明太祖朱元璋废除丞相官制到清朝雍正皇帝设立军机处，通过一系列中央政治机构改革，皇帝独柄大权，其表征之一就是皇帝对文化管控日渐重视，并积极参与文化撰修工程。清朝的皇帝们表现犹然。从清初至清中期，在烦琐的日常政务外，他们对文化管控兴趣盎然，形成了关注历史编纂的传统。乾隆皇帝就是历史上有名的文化判官。在他主持下，一边组织大量人力、物力、财力编撰《四库全书》，同时寓禁于征，下令禁毁了大量书籍。尽管皇帝们的文化管控意识愈加强烈，但纵观明清历史，社会经济、文化一度十分繁荣。以经济而言，晚明时代中国已出现资本主义萌芽的迹象，商品经济一度十分繁荣。明清易代不久，又进入了康乾盛世的全盛时期，经济快速发展，人口增长迅速。经济的隆盛带动了文学创作、文化出版事业的发展。戏曲、小说、诗词、史著等文化成果层出不穷，为后世留下了大量宝贵的文化财富。在这样的经济、文化背景下，民间社会兴起了修谱风潮，现在存世的很多族谱资料正是在明清时期编撰、印行的。这一时期，在中国很多地方逐渐形成了许多科宦望族、文化望族，他们通过族谱这种书写形式留下了很多宝贵的历史信息。这些望族或者参与了王朝易代、制度嬗替等重大历史事件，或者形成了独具特色的家族文化并留下了非常丰富的文化遗产，或者着力参与地方事务并成为举足轻重的地方力量，还有的形成了较为完善的宗族组织和架构。一个科宦望族、世家大族的历史书写中往往隐含着大量官方历史书写所忽略或者篡改的政治、文化信息，反映了明清以来中国社会的历史变迁。因此，近年来明清家族史日益受到研究者关注，学术成果层出不穷，研究视角越来越新颖，研究范围更加宽泛。总体来看，这一领域的探讨大体以省域、文化区域为区隔，呈现出不同的研究方法、思考视角、史学理念和治学特色。

（1）方法论整合——学科交叉与区域社会史的方法

有关明清家族史研究的情况基本可参考郑振满、常建华、白宝福、徐扬杰的综述文章。郑振满《中国家族史研究：历史学与人类学的不同视野》一文在历史学、人类学两种不同学术视野下对中国家族史研究的学术观点、研究路径做比较分析，提出中国历史上的家族组织具有十分丰富的内容和极为多变的外观，没有一成不变的固定模式。因此在研究过程中必须搜集尽可能完备的资料，进行多角度、多层次的综合分析，各种不同的研究方法可以并行不悖。[1]该文值得称道之处在于较早关注了人类学范式下的家族史研究，认为中国宗族研究应该注意学科交叉、方法多元，从不同视角、不同层次做深入考察。其他还有徐扬杰《中国家族史研究的历史和现状》、白宝福《20世纪80年代以来明代家族史研究述略》、吴仁安《区域文化和姓氏家族史研究》等。

中国宗族研究专家常建华教授长期关注20世纪至今中国宗族研究动态，所撰《二十世纪的中国宗族研究》《近十年明清宗族研究综述》《近年来明清宗族研究综述》三篇述评尤其值得关注。这三篇综述大体反映了近百年来学界对明清宗族的研究状况，并对未来宗族研究方向提出了一些前瞻性建议和看法，可资为明清家族史研究者参考学习的佳作。

在20世纪上半叶，人类学学者林耀华的研究可谓独树一帜。他对中国宗族的研究，主要受西方新兴功能主义的影响，较早运用人类学这种新方法解

---

[1] 郑振满：《中国家族史研究：历史学与人类学的不同视野》，《厦门大学学报》1991年第4期，第120—125页。

读中国宗族。1936年林耀华发表著名学术文章《从人类学的观点考察中国宗族乡村》，他把宗族作为一个功能团体，通过探讨家族背景下个人生活，来认识个人地位与家族结构、宗族结构之间的关系。①就特定区域社会环境下个案研究来说，林耀华著《金翼——一个中国家族的史记》是当时国内较为少见的学术力作，直至今日仍有很大影响。尽管这是一部以小说体为形式的学术著作，带有浓厚人类学民族志的色彩，但该著深涉当时当地节庆、婚礼等日常生活中的民俗习惯，将华南地区一个家族的兴衰起伏和日常生活生动地展现在读者面前，至今读来没有丝毫晦涩之感。

同期有些日本学者也关注了我国华南地区的宗教、文化和社会。日本学者在二战前对广东、福建、广西、贵州、云南等华南地区的历史、民俗做了许多实地调查和研究，形成了一些调研报告和论著。②自晚清民初至中国抗战胜利结束，伴随日本政界对中国历史、文化的关注和日军侵华军事行动，日本学界东洋史学逐渐形成，满、蒙、回、藏、鲜之学逐渐兴起。③毋庸讳言，日本学界对中国宗族的关注和研究是为日本帝国主义侵华服务的，有关论著并非动机单纯的学术著作，但其观察中国南方村落宗族的视角与研究方法值得参考、借鉴。喜多野清一较有代表性，他从地域状况、人口与健康、民族关系、乡村政治、家族与宗族等方面对广东潮州凤凰村进行了全方位调查和较为深入细致的研究。其学术价值在于，一方面留下了可资为今人了解民国时期华南村落生活及宗族文化的史志资料，另一方面他所提到的家族主义观点确有一定学术价值。对于本书所论"刘南宅"而言，刘氏在族谱编撰、家宅建筑、家庙祭祀等方面的民俗实践十分符合"家族主义"的特征。

第二次世界大战后，西方学者开始关注中国宗族，其中最有影响的是英国人类学家弗里德曼。20世纪五六十年代，他相继出版了《中国东南的宗族组织》《中国宗族与社会》两部经典名著。弗里德曼认为，在中国，宗族通

---

① 参见常建华：《二十世纪的中国宗族研究》，《历史研究》1999年第5期，第142-145页。

② 参见庞淼：《广东及香港地区的宗教文化在日本的研究状况——日本文献的回顾与展望》，《广东外语外贸大学学报》2013年第6期，第50页。

③ 参见葛兆光：《宅兹中国：重建有关"中国"的历史论述》，中华书局，2017，第232-233页。

过国家层面给予的支持和特权，在地方社会中形成了权威，并倚此占有更多的稀缺资源。同时，宗族承担了一定的社会责任，发挥了稳定地方社会的作用。[①]弗里德曼通过对中国南方地区宗族的观察，来研究中国历史和社会，这种功能主义的研究观点对此后有关华南宗族的讨论产生了深远影响，科大卫、刘志伟、肖凤霞、陈春声等海内外著名学者的研究路径大体都带有弗里德曼学术思想的影子。

须要指出的是，尽管20世纪80年代以前国内外学者针对宗族展开的研究地域、领域并不宽泛，有的甚至受时代局限，带有一定政治"色彩"，但个别学者已经开始注意学科交叉，运用社会学、人类学的方法观察中国宗族社会。这种治学思路一直为后学者所借鉴和学习。

20世纪80年代至今，可谓中国宗族研究繁荣期，家族问题日益受到学界关注，家族研究逐渐成为社会史研究的重要课题。明清以来的家族研究同样如此，不断有新成果面世。[②]常建华以北方、长江中游、江南（皖苏浙）、闽粤地区为地理区隔，每一区域又以相关省份为界别，对各区域、省份的研究现状逐一做了较为翔实、深入的梳理和分析，基本上囊括了近三十年学界针对各省域、文化区域内较有影响力和地方特色的家族所做的探索[③]，反映出20世纪80年代后学界对明清宗族的研究状况：一方面涵盖地域广泛，华南、华北、江南、华中、西北、西南等文化区域内的宗族基本上都得到了关注和研究。另一方面，研究视角更加开放、多元，涉及家族制度、家族兴衰、宗族组织结构、家族文化教育、家族观念、家族经济等等；研究对象更加具体，注重在细节方面进行资料挖掘和分析；研究方法日趋多样化，尤其区域社会史的学术思想理念对各地宗族研究影响日益深远。

相对来说，华南研究较有代表性。华南研究是中国宗族、家族研究的

---

① 参见郑振满：《中国家族史研究：历史学与人类学的不同视野》，《厦门大学学报》1991年第4期，第124页；李佩俊：《明清以来山西宗族的实践及其当代重建——基于太原西寨阎氏宗族的个案研究》，硕士学位论文，山西大学，2017，第1页。

② 白宝福：《20世纪80年代以来明代家族史研究述略》，《中国史研究动态》2010年第2期，第2页。

③ 常建华教授对相关学术成果的梳理十分细致，本文不再一一赘述，只从宏观视角和研究思路做针对性回顾和讨论。

重镇，涌现出一系列优秀成果，这包括科大卫著《皇帝和祖宗：华南的国家与宗族》《明清社会和礼仪》，庄孔韶著《银翅：中国的地方社会与文化变迁》，肖文评著《白堠乡的故事：地域史脉络下的乡村社会建构》，贺喜著《亦神亦祖：粤西南信仰构建的社会史》，科大卫、刘志伟著《宗族与地方社会的国家认同——明清华南地区宗族发展的意识形态基础》，萧凤霞、刘志伟著《宗族、市场、盗寇与疍民——明以后珠江三角洲的族群与社会》，刘志伟著《附会、传说与历史真实——珠江三角洲族谱中宗族历史的叙事结构及其意义》，郑振满著《神庙祭典与社区发展模式——莆田江口平原的例证》，陈春声、陈树良著《乡村故事与社区历史的建构——以东凤村陈氏为例兼论传统乡村社会的"历史记忆"》等。上述学术佳作基本都体现了国内外学者关注中国南方地区宗族社会的学术特色——充分运用历史人类学和区域社会史的研究方法、学术路径。这与20世纪80年代以来中国学界"新史学"的发展密切相关。许多学者不再过度关注重大政治、历史事件和宏大叙事，而是眼光向下，将研究视角转向区域社会。区域社会历来是人类学、社会学关注的核心，因此在研究过程中，多学科的交叉、融合成为必然趋势①，华南研究对宗族、家族的讨论正体现出这一点。

尽管上述华南研究的论著所具体讨论的家族、宗族不尽相同，但往往都注意到宗族与国家、社会之间的互动关系，而非仅仅简单叙述某一宗族的历史。他们一方面将家族置于王朝更迭、地方社会变迁的宏观环境中考察，同时非常注重从地方宗教仪式、神明信仰、祖先祭祀等方面解读家族历史。从这些优秀论著来看，华南研究之所以引人瞩目，并不仅仅在于运用某种方法、提出新颖的观点和视角，还在于在某种方法论指导下利用、解析材料的广度和深度。

关于华北宗族研究，常建华指出："北方宗族研究长期缺乏，甚至有人认为北方没有宗族。近年来随着宗族研究的不断深入，人们越来越关注北方宗

---

① 参见王晓霞：《历史人类学视域下的区域历史研究刍议——以宁夏家族史研究为例》，《宁夏大学学报》2017年第39卷第6期，第84—86页。

族问题，北方宗族研究已成气候。尤其山西、山东、河北、河南等省区的研究成果较为明显。"同时，他认为华北宗族研究更具有挑战性。[①]所谓挑战性为何？华南研究的代表人物科大卫在《告别华南研究》中就指出："我感觉到不能一辈子只研究华南，我的出发点是去了解中国社会。研究华南是其中的必经之路，但不是终点。""我们需要跑到不同的地方，看看通论是否可以经得起考验。需要到华北去，看看在参与国家（方面）比华南更长历史的例子是否也合乎这个论点的推测。"[②]

对于华北研究，科大卫提出了很重要的一点：华北参与国家的历史比华南更长。这与华北研究的领军人物赵世瑜的思想不谋而合。他长期关注华北地方社会，因此对华北社会的理解更为深刻。在《叙说：作为方法论的区域社会史研究——兼及12世纪以来的华北社会史研究》一文，赵世瑜提出要注意三点问题："其一，国家的在场。与华南、华东等地区不同，金元以降，政治中心就在华北，国家对华北的管控比较直接，因此研究华北社会必须要注意国家力量对地方的投射以及国家与地方社会之间的互动；其二，华北区域的研究往往是长时段研究，要注意地方社会流传至今的传说；其三，华北历史也是族群关系史，既要看到游牧民族与农耕民族的碰撞，也要看到两者之间的合作、融合。"[③]

总体来看，华北研究的学术风格与华南研究有一定联系，但也有区别。就宗族研究而言，赵世瑜是北方地区研究族群史、家族史的代表性学者之一。他的研究方法多元、独具特色，善于利用民俗学、社会学、人类学的方法研究区域历史，既注意理论分析，又善于发现问题，其研究往往带有民俗学色彩。[④]《小历史与大历史：区域社会史的理念、方法与实践》可谓带有

① 常建华：《近十年明清宗族研究综述》，《安徽史学》2010年第1期，第102页。

② 科大卫：《告别华南研究》，载华南研究会编《学步与超越：华南研究会论文集》，香港文化创造出版社，2004，第30页。

③ 赵世瑜：《小历史与大历史：区域社会史的理念、方法与实践》，生活·读书·新知三联书店，2010，第4-8页。

④ 参见代洪亮：《中国社会史研究的分化与整合：以学派为中心》，《清华大学学报》2015年第3期，第155-156页。

鲜明赵氏学术风格的经典著作，他将区域社会中的具体事项置于宏观历史场景中探索，重视从长时段国家与地方社会互动角度探究族群、宗族的历史。比如《社会动荡与地方士绅——以明末清初的山西阳城陈氏为例》一文，他把山西名宦陈廷敬家族置于明清易代、晚明士风这样"宏大历史事件"背景下加以考察，体现了他与华南家族研究的通同之处。同时，他还注重对带有地方特色的民俗现象的观察和分析，从地方传说、碑刻、民俗生活等地方文献的整理和解读中寻找历史。比如对山西大槐树传说的解析，通过将民间传说、族谱记载、地方史乘三种历史记忆做比较研究，一方面反映出族群间高度紧张关系下若干家族的移民史，另一方面也反映了清末民初某些家族知识精英利用手中文化权力对传统资源进行改造。华北多地流传至今的山西大槐树移民传说不过是在族群竞争、思想变迁背景下，一些宗族出于不同情感、思想而在现实利益驱使下进行的记忆建构。再如他对山西汾水流域分水传说的解构，反映出明清时期山西若干家族在当地影响力的变迁和对公共资源的利用过程。这几篇文章充分展现了赵世瑜的史学思想，既注重小历史，比如传说、族谱等地方文献的分析，也注意改朝换代、思想变迁、社会风潮等大历史对地方社会的影响，做到"自上而下"和"自下而上"的有机统一而非二元对立。这对华北宗族研究非常有启发性，代表了今后华北宗族研究的趋势。近年来类似话题的论著在研究范式上与赵氏风格颇为类似。一些学者同样将民间信仰、民俗生活、民间记忆（神话、传说、族谱）作为解读家族历史的重要线索，这包括常建华《明后期社会风气与士大夫家族移风易俗——以山东青州邢玠家族为列》《明清时期华北宗族的发展——以山西洪洞刘氏为例》《明清时期的山西洪洞韩氏——以洪洞韩氏家谱为中心》，张俊峰《神明与祖先：台骀信仰与明清以来汾河流域的宗族建构》，邓庆平《名宦、宗族与地方权威的塑造——以山西寿阳祁氏为中心》，王绍欣《祖先记忆与明清户族——以山西闻喜为个案的分析》，韩朝建《"世宦之里"——山西定襄北社村的士绅与祭祀空间》，吴欣《村落空间与民间信仰——明清山东东阿县苫山村的民间信仰》等。

综上所述，无论华南还是华北的相关研究，对明清家族史的讨论其实都是在中国社会史的范畴之内，两者之间既有分化也有整合。正如某些西方学者所论，现在同类型的史学研究之间的界限愈加模糊，许多社会史的研究者逐渐跨越政治、社会、文化、思想等界限的束缚，产生更加新颖的混合研究方式。因此，中国社会史所谓学派之间的边界和研究趋势也就愈加模糊。[①]华南学派人类学田野调查的方法正逐步风行于中国社会史研究，对研究华北及中国其他地区社会史的学者产生了极大影响。许多学者正是通过田野调查极大扩展了史料视野，通过挖掘碑刻、庙宇、传说等各种民间文献资料走向历史现场，了解微观历史，从而重新审视和解读历史。尽管华北研究的代表人物赵世瑜对华南研究在某些方面提出过批评，比如他认为华南的研究对方法论层面的意义缺乏讨论，但是他承认与华南学派共享某种学术理念和方法论平台。[②]这种理念和方法论平台其实就是区域社会史的方法——通过深度细致的田野调查获取以往被研究者忽略的民间文献，将地域社会中的具体事项置于宏大历史背景下加以考察、研究。另一位长期关注华北宗族研究的著名学者常建华提出了类似观点，他认为学者多采取地方史的研究策略，田野调查与改变解读史料的方式在宗族研究中十分必要。对地域性宗族，学者开始关注民间社会、社会治理对宗族自治的影响。[③]总之，就明清家族史研究方法而言，无论华南学派还是华北研究，都是把区域社会史作为一种方法论平台。

从区域社会史的角度出发，研究、解决传统史学话题是近年来中国史研究领域出现的新气象。赵世瑜教授指出，20世纪90年代以后的中国史研究出现了新的研究取向，即对国家与社会关系问题的探讨和区域社会史研究的开拓。不仅表现为研究课题、研究对象的问题，而且是方法论的问题，它们都集中反映了"自下而上"的研究视野。从民间信仰、传说的角度探讨国家与社会的关系近年来成为新的热点，一些学者开始利用人类学的方法，注意将文献文本与口

---

① 参见代洪亮：《中国社会史研究的分化与整合：以学派为中心》，《清华大学学报》2015年第3期，第163页。

② 参见代洪亮：《中国社会史研究的分化与整合：以学派为中心》，《清华大学学报》2015年第3期，第158~163页；赵世瑜：《小历史与大历史：区域社会史的理念、方法与实践》，生活·读书·新知三联书店，2010，第3页。

③ 常建华：《近年来明清宗族研究综述》，《安徽史学》2016年第1期，第150页。

传文本等异文进行比较，以重新阐释这些民间传说的文化意义。①

赵世瑜进而提出"小历史"与"大历史"的概念。所谓"小历史"就是那些"局部的历史"，比如个人性的历史、地方性的历史，也是那些"常态"的历史，包括日常的、生活经历的历史，喜怒哀乐的历史，社会管制的历史。所谓"大历史"是那些全局性的历史，比如改朝换代的历史，治乱兴衰的历史，重大事件、重要人物、典章制度的历史等。②对于区域社会的建构过程，赵世瑜指出，应该通过对国家社会关系的梳理而得到理解，然后进一步理解这一过程在整个国家整合过程中的作用。由此区域社会史成为中国史研究的一种方法论。③

就此话题，陈春声教授同样提出了非常有建设性的理论思考。他在《历史·田野丛书》的总序《走向历史现场》中提出"民间历史文献学"的概念，这包括族谱、契约、碑刻、宗教科仪书、账本、书信和传说等。该丛书针对区域的、个案的、具体事件的研究表达出对历史整体理解的风格。近年来针对中国传统社会区域的研究成果越来越多。这就解决了历来区域研究所虑及的是否具有"典型性""代表性"，区域的"微观"研究是否与"宏观"的通史叙述具有同等价值之类带有历史哲学色彩的问题。针对传统区域社会，要有追寻历史内在脉络的学术自觉，要避免通史教科书写作模式的窠臼。在研究方法上，国家的存在是无法回避的问题，研究者要在心智和感情上尽量置身于地域社会实际的历史场景中，具体地体验不同历史时期地域社会的生活，力图在同一场景中理解过去，在了解国家整体历史的基础上解读民间文献。④

赵世瑜、陈春声都强调，所谓区域社会史的研究范式既要"自下而上"，关注族谱、传说、账簿、碑刻等民间历史文献，还要"自上而下"，关注一

---

① 赵世瑜：《20世纪中国社会史研究的回顾与思考》，载赵世瑜《小历史与大历史：区域社会史的理念、方法与实践》，生活·读书·新知三联书店，2010，第27、30、31页。

② 同上书，第10页。

③ 同上书，第30页。

④ 陈春声：《走向历史现场·丛书总序》，载赵世瑜《小历史与大历史：区域社会史的理念、方法与实践》，生活·读书·新知三联书店，2010，"丛书总序"第3—5页。

些王朝更迭之类大的历史事件以及国家典章制度等。换言之,眼光向下固然使我们注意到以往并非广为人知的历史信息,从而对具体历史人物有更为深刻、全面的认知,但仅仅眼光向下似乎不能解决全部问题,还需要一个自下而上的思考过程。

此外,历史人类学家王铭铭对区域社会史研究的理论思考同样有可鉴之处。他在《社会人类学与中国研究》一书中指出,在国家与社会关系变迁的历史过程之中,对汉人社区内部社会秩序、行动、互惠以及它们与外在政治、社会、文化的互动加以考察,可以建构一部有益于理解大社会及其变动的社区史。国家与社会关系的探讨强调在社区中展示地方性的文化——权力网络和超地方性的行政细胞网络的联结点,它一方面能够展现富有浓厚的人类学特色的"地方性知识",另一方面能够充分反映大社会的结构与变动,因此是很有潜力的研究方向。①

(2)研究路径:历史记忆——传说、历史书写与民俗生活

就具体研究路径来说,历史记忆日益受到史学研究者注意。据赵世瑜于2003年初统计,当时无论记忆理论还是个案分析,国内史学界的研究还不多。时隔十年,情况发生了极大改观。中国学界于20世纪末开始进行历史记忆研究,经二十余年的发展已具有一定规模,产生了不少颇具价值的成果,形成了族群认同、传说故事、历史事件、历史人物等多个历史记忆研究的固定领域。

何谓历史记忆?赵世瑜在《传说·历史·历史记忆——从20世纪的新史学到后现代史学》一文中提出,无论历史还是传说,它们本质上都是历史记忆,有的被固化为历史,有的成为百姓口耳相传的故事,还有一些一度被遗忘。在传说、历史、历史记忆这三个概念背后,历史学、民俗学、人类学的知识方法、概念和理论以及后现代的思考都可合而为一。②也就是说,不仅仅是传说、历史书写,在史学、民俗学、人类学等学科方法交叉运用的过程

---

① 王铭铭:《社会人类学与中国研究》,生活·读书·新知三联书店,1997,第55–58页。
② 赵世瑜:《传说·历史·历史记忆——从20世纪的新史学到后现代史学》,《中国社会科学》2003年第2期,第175页。

中，一些民俗事象同样可归属历史记忆的范畴。①从某种意义上说，历史记忆的概念是在具体研究过程中积累、衍化形成的。这些历史记忆的载体分为文本的和非文本的。文本的包括史书、地方志、族谱、日记、小说等文字记录。非文本的包括口头传说、纪念馆场、仪式观览、遗址遗迹等表征物。②所谓纪念馆场、仪式观览、遗址遗迹就是历史遗留或流传至今的民俗事象。就宗族研究而言，笔者认为历史记忆载体主要包括官方历史书写（比如官修史书、地方志）、民间历史书写（比如族谱、日记、民间文学）、口头传说及日常生活中基于某种民间信仰或特殊历史情境而形成的节庆仪式、丧葬习俗、建筑形制、图像呈现、艺术赏鉴等民俗习惯。

一般来说，族谱是家族历史记忆的主要载体，因此在各种文本书写载体中，族谱是中国宗族研究最基本的史料依托。族谱研究历来受到宗族研究专家的重视。著名历史学家、民族学家罗香林先生在所著《中国族谱研究》开篇绪论中就专门谈及中国族谱研究的史学意义。③继后，1998年11月，上海图书馆与上海海峡两岸学术文化交流促进会联合召开"全国谱牒开发与利用学术研讨会"，并将会议论文结集出版了《中国谱牒研究》。其中，葛剑雄《在历史与社会中认识家谱》、严佐之《"信以传信，疑以传疑"——家谱修纂例则琐议》、刘志伟《附会、传说与历史真实——珠江三角洲族谱中宗族历史的叙事结构及其意义》等文已较早注意到族谱与社会变迁、族谱记载真伪、族谱与传说等问题。稍后，冯尔康《清代人物传记史料研究》专门述及族谱传记史料，对族谱的写作、立传的原则、族谱传记史料的优点进行了深入分析。尤须指出的是，在利用族谱进行宗族研究的过程中，近几年这种将族谱与官方文献相结合的研究方法日益受到学界注意。2014年天津古籍出版社出版的《清代宗族史料选辑》就体现了这种学术意识。冯尔康在序言中概括，

---

① 有些民俗实践行为承载着历史的记忆，往往成为百姓纪念、记忆历史事件，表达某种情感的形式。比如赵世瑜对我国东南沿海太阳生日这一岁时习俗的分析，这种民俗现象就是为了纪念朱明王朝和崇祯皇帝。

② 郭辉：《中国历史记忆研究的回顾与思考》，《兰州学刊》2017年第1期，第69页。

③ 参见罗香林：《中国族谱研究》，香港中国学社，1971，第1–12页。

该著特点之一就是将官方有关宗族的方针政策文献与民间宗族活动的文献结合，并给予高度评价："不但于宗族研究，同时对历史学的整体研究有特殊的意义——为勾勒中国历史全貌提供丰富的不可或缺的素材，为史学的综合研究法的进一步实现提供可能。"①

　　如何利用族谱？如何充分挖掘族谱这种历史书写载体的史料价值？目前研究中存在哪些问题和不足，又该如何弥补？对此，宗族史专家常建华教授和青年学人赵华鹏的思考非常值得借鉴。常建华指出："对宗族这样一个内涵丰富、外延广泛的话题，研究者仍需进一步改善知识结构，在史料方面，考古发现、文集史料、契约文书，特别是族谱的全面利用，还有待进一步重视和改进。解析祖先故事正在成为宗族研究的重要途径，这些故事结合地方社会才能深刻理解，族谱世系的早期部分也焕发出新的资料价值。"②宁夏大学赵华鹏在《社会人类学视野下的族谱文化研究综述》一文中就对社会人类学视野下如何利用族谱资料做了较为出色的述评。该文在修谱过程研究、修谱行为意义研究、族谱记忆研究、族谱与认同研究、族谱与权力研究等方面进行探讨与总结，指出了当前研究的不足之处：其一，对修谱过程中人和事以"深描"式的家族志（这包括修谱过程中各房之间的矛盾及处理方式、编撰者的心理、精英的话语权控制等）来展现的论著并不多见；其二，家谱撰写既是一种社会行为，也是一种建构行为，这种行为背后的意义及价值取向值得关注；其三，有关祖先记忆研究，往往忽略了精英阶层的研究，其追溯方式、攀附名人的目的、自身支房的价值地位及文化控制手段都未曾涉及；其四，作为社区的政治文化"事件"的修谱行为，忽略过程中出现的有利或阻碍修谱的事件，并深入探讨背后原因的研究很少，在人类学视野下将家谱作为宗族的重大事件的针对性研究很少。③

---

① 冯尔康：《中国宗族的历史特点及其史料——〈清代宗族史料选辑〉序言》，《社会科学战线》2011年第7期，第82页。

② 常建华：《二十世纪的中国宗族研究》，《历史研究》1999年第5期，第162页。

③ 赵华鹏：《社会人类学视野下的族谱文化研究综述》，《中山大学研究生学刊》2013年第34卷第4期，第88-94页。

概而言之，在利用族谱开展宗族研究的过程中，不能仅仅将其作为史料，还需要注意分析研究族谱编撰的社会文化背景、族谱编撰者的心理动机，要根据具体研究对象在地域社会的独特性，将族谱与传说故事、民俗生活、官方书写等其他历史记忆的载体放在一起，进行比较研究和更加深入、全面的解读。

从目前成果来看，将族谱与官方文献结合，进行比较研究的论著较为少见。一方面，族谱与官方文献存在较大差异的案例较少，在区域研究中并不具备典型性和代表性。一般来说，民间与官方历史书写差异的情况多出现在经历剧烈社会动荡、参与重大历史事件的个别政治人物身上。比如明清易代之际，一大批降清明臣就遭受先扬后抑的境遇，他们在官方文献和族谱中容易呈现出不同的面相。另一方面，受研究方法、关注焦点等因素影响，研究者即使论及这样的案例，也往往容易忽视官方文献与族谱记载之间的差异。比如申红星在《明清时期的北方宗族与地方社会——以河南新乡张氏宗族为中心》一文中对降清明臣张缙彦家族宗族建设的研究，就忽略了《贰臣传》与《张氏族谱》中有关张缙彦历史书写的比较分析。张缙彦是明清易代之际比较重要的历史人物之一，明亡前夕崇祯十六年官拜兵部尚书。崇祯十七年李自成攻破北京后，张缙彦先是降闯，继而又投南明弘光政权，即授原官，予总督河南、河北、山西军务印。顺治三年二月降清，后因编刊无声戏，自称"不死英雄"遭御史萧震弹劾获罪。清廷将其革职、追夺诰命、籍没家产、流放宁古塔。[1]类似这样的历史人物，族人在编撰族谱时如何书写其历史，如何在国家对其贬斥的情况下进行宗族权威建构，当地是否形成一些与其有关的传说，这些都是比较有意思的话题。将这些基于不同立场而形成的书写进行比较，往往有意外收获，更能反映一个地方家族与国家、地方社会的互动。遗憾的是，尽管该文作者将张缙彦视为新乡张氏家族重要的代表人物，却并没有对其降清明臣的政治身份予以足够重视和剖析。同样是对明清

---

[1] 参见王钟翰点校：《清史列传》第二十册（卷七十九），中华书局，2016，第6622-6624页。2017年4月中旬，笔者向中国社会科学院杨海英教授请教。杨教授特别指出，张缙彦是研究明清易代、南明史一个非常重要的历史人物。

易代之际历史人物及其家族的关注，我国台湾学者孙慧敏做出了积极探索，她在《书写忠烈——明末夏允彝夏完淳父子殉节故事的形成与流传》一文中就对有关官方文献、民间野史、地方传说所描述夏氏父子事迹的异同进行了较为细致的比较分析，提出夏家的传说与历史书写既反映了明清易代之际士人面临的困扰之一——统治权与诠释权转移造成的价值错乱，也反映出清末国族主义思潮对历史书写的影响。

相对来说，将族谱与民间文学、民间仪式等民俗事象进行比较分析的论著较为常见。除去前文所述华南宗族研究、华北学者对山西族群与宗族的研究成果，近几年针对四川、安徽、江西宗族史的研究也出现了值得关注的优秀成果。这包括梁勇《移民、国家与地方权势——以清代巴县为例》、章毅《理学、士绅和宗族——宋明时期徽州的文化和社会》、唐力行《延续与断裂——徽州乡村的超稳定结构与社会变迁》、黄清喜《石邮傩的生活世界——基于宗族与历史的双重视角》等。这些论著在结合族谱解构祖先传说故事的过程中，往往都注意到地方风俗民情对宗族权威和历史记忆建构的影响。这充分反映出，在学术研究过程中，学科间的界限愈来愈模糊，民俗学与历史学的结合就越来越紧密。正如赵世瑜在《历史民俗学》一文中针对历史民俗学概念所论，自从现代民俗学在中国产生之日起，学者们一直关注历史时期的民俗事象，其程度甚至超过对现实民俗事象的关注。尽管民俗学与历史学在研究视角、方法、目的等方面有学科差异，但不同学科共享某些研究对象是很自然的。[1]结合历史上的民俗事象来研究家族史的研究路径正日益受到研究者重视。

2. 明清山东家族史研究综述

近年来，明清时期山东仕宦家族、文化家族日益受到研究者关注，涌现出一些成果。有对山东家族文化、社会贡献等做整体讨论和比较分析的，如朱亚非等著《明清山东仕宦家族与家族文化》。有的则以山东某一家族为中心，针对宗族社会、宗族建设、宗族权威建构做专门探索，如常建华对青州

---

[1] 赵世瑜:《历史民俗学》,《民间文化论坛》2018年第2期，第125–127页。

邢氏及莒地宗族的研究、王宪明对明清诸城王氏家族文化的研究、吴欣对聊城运河地区傅氏家族变迁的研究等。此外，还有针对淄博毕氏，新城王氏，平度官氏，诸城丁氏，即墨蓝氏、杨氏、黄氏、周氏，胶州高氏、法氏等家族在文化传统、成就等方面所展开的个案研究。

就此话题，同期也涌现出一批较为优秀的硕士、博士论文。这些论文基本上覆盖了山东各区域一些影响较大的文化、仕宦家族。这包括安丘曹氏、曲阜孔氏、即墨蓝氏、临朐冯氏、诸城刘氏、临沂大店庄氏、日照丁氏、无棣吴氏、福山王氏、新城王氏、济宁孙氏、高唐朱氏、莱阳左氏等。

相较而言，《明清山东仕宦家族与家族文化》是较有代表性的力作，代表了目前学界对山东宗族研究的水平。有学者对该著给予了高度评价，认为是家族史研究的一部创新之作。①就目前明清山东家族史研究现状而言，该著确是一部填补空白的力作。因为长期以来有关山东家族史研究一直比较薄弱。尽管山东自古以来就是一个文化大省，在历史上形成了许多卓有影响的世家大族，但这些仕宦大族的文献资料并未得到充分挖掘和整理。该著的亮点在于注重普遍性与特殊性相结合，从鲁东、鲁北、鲁中、鲁南等不同地区选取有代表性的家族，看到了地域文化差异所导致的家族文化差异和特色，从宏观上总结了山东仕宦家族的发展规律，但其研究方式似乎仍未脱于一般性"文化总结"的窠臼。事实上，这种研究范式也基本体现了明清山东家族史的研究特点：研究者多执囿于传统史学研究范式，从宗族建设、历史发展、文化传统、文学成就着眼，注重一般意义上家族文化的总结，在研究过程中缺乏新视野和新方法。

尽管也有个别学者开始关注名门望族与地方社会的互动，以地方传说、历史书写、民俗实践为线索，探讨家族在区域社会生存、发展的内在文化网络。比如常建华《明后期社会风气与士大夫家族移风易俗——以山东青州邢玠家族为例》以丧葬习俗改变为线索，探讨了明清时期山东士大夫家族对社

---

① 宗周：《家族史研究的一部创新之作——读〈明清山东仕宦家族与家族文化〉》，《东岳论丛》2010年第5期，第191页。

会风气的影响。吴欣《村落空间与民间信仰——明清山东东阿县苫山村的民间信仰》一文则从民间信仰的角度展现了北方村落宗族竞争、博弈状态,令人耳目一新。王日根、张先刚《从墓地、族谱到祠堂:明清山东栖霞宗族凝聚纽带的变迁》从墓地、祠堂祭祀、族谱撰修等民俗事象观察明清时期栖霞县宗族建设问题。这几篇文章反映出,针对山东宗族研究开始出现利用新方法、新视角的学术气象。然而相较赵世瑜、常建华、张俊峰、邓庆平、韩朝建等学者对山西仕宦家族的研究,刘志伟、陈春声、陈学霖、贺喜等学者对华南地区宗族与地方社会所展开的讨论,这种以传说、历史记忆、民俗生活为线索探讨山东地方家族与国家、地域社会互动的研究范式尚未形成气候,相关论著数量较少。

总之,目前针对山东仕宦家族的研究多囿于较为传统的学术视野和研究方法,相较华南学派及华北其他学者对地方家族的研究,山东宗族史研究在学科交叉、学术视野方面似乎稍显薄弱。以区域社会史、历史人类学、社会人类学、文学人类学、民俗学、艺术学等不同学科方法展开探讨的优秀论著并不多见。

就研究区域而言,学界对鲁中、鲁西北、鲁东地区关注较多,针对鲁东南地区仕宦家族展开的个案研究较少。事实上,沂蒙地区在明清时期同样形成了较多仕宦家族,这包括莒地庄氏、五莲管氏、沂南高氏、蒙阴公氏、诸城臧氏和丁氏以及本书所要探讨的沂水"刘南宅"等。

就研究路径和学术视角来说,目前从国家政治变动、社会思想变迁与山东仕宦家族互动的角度解读家族记忆建构的论著也不多见。一些成果对族谱资料的利用还不够深入,所讨论的内容仍专注于家族文化的介绍,其眼光多仍局限于族谱记载的"家史",缺乏将"家史"置于"国史"之下考察的更为广阔的学术视野。这就导致只见其一,不及其余,难以看到社会、国家对家族的影响以及地方家族对这些影响的调适和回应。具体来说,有过类似"贰臣"特殊经历的山东地方望族在"国家""地域社会"场域中如何调适与国家主流意识形态之间的关系?又呈现出一种什么样的生存状态和历史记忆呢?这是一个非常值得探索的话题。

3. 清初山东贰臣及其家族研究综述

明清易代之际，明朝灭亡已是不可逆转的历史趋势。面对清军入关，并非大部分汉人都采取了强烈的抗拒态度。相反地，不少汉人出于地区利益、家族利益或个人利益考虑，为了换取政治稳定，都被迫或自愿接受了清廷的统治。①随着清朝政权在军事上的节节胜利，大批汉族士大夫改节降清，成为清初"贰臣"。

清初"贰臣"现象近年来日益引起了学界注意。总体来看，学界对这一话题的讨论主要集中于文学领域，具有以下特点：其一，侧重于对贰臣文学风格、政治心态、文化交游的研究；其二，侧重于对贰臣文学名家的研究，比如被誉为"江左三大家"的钱谦益、吴伟业、龚鼎孳，"京师三大家"的王铎、薛所蕴、刘正宗，以及王崇简、梁清标等；其三，侧重于将清初贰臣作为一个群体性存在，对其整体面貌进行考察研究。②

相对来说，真正针对"贰臣"展开讨论的史学研究成果并不多见。相关成果或者集中于洪承畴、钱谦益、吴伟业等社会名气和历史影响较大者，或者是从降清原因、政治活动、身份认同、社会记忆、历史贡献等方面针对这一群体做总体分析，以"贰臣"及其家族在清代的生存与发展为主题的个案研究则基本没有。就清初贰臣个案研究来说，杨海英教授所著《洪承畴与明清易代研究》是较有代表性的学术精品。该著突出的价值在于一方面厘清了洪承畴与清廷及满洲贵族之间的关系，将历史人物放置于清初错综复杂的政局之下考察，这就弥补了以往研究的薄弱点；另一方面通过洪承畴这样一个易代之际的重要人物，对清军征服江南和西南的历史做了非常充分的挖掘和考证。③就降清明臣改节原因、历史贡献方面的讨论而言，台湾地区学者的研究较为细致和深入，并在一定程度上突破了传统"汉奸论"的研究范式。值得一提的是，他们较少以"贰臣"为题，而是以"降清明臣""仕清明臣"来概括这一群体。这同大陆学者的研究形成鲜明对比。比如唐启华著《明臣

---

① 陈永明：《清代前期的政治认同与历史书写》，上海古籍出版社，2011，第7页。
② 参见白一瑾：《清初贰臣心态与文学研究》，博士学位论文，南开大学，2009，第1—6页。
③ 参见杨海英：《洪承畴与明清易代研究》，商务印书馆，2006，前言。

仕清及其对清初建国的影响》，较为详细地探讨了明臣在鼎革之际相继面临明、顺、清三朝之代兴，而后又面临顺、清与南明三个政权的抉择，在饱受身心煎熬之后，最后大多入仕清朝，由明朝亡国之臣到清朝开国佐命之臣的历程。在对"贰臣"的评价方面，与以往单纯从"道德维度"批判的论调不同，该著通过对清朝统一中国、清初制度建立和清初治汉政策三方面的具体讨论，较为客观地总结了一部分卓有作为的"贰臣"的历史贡献。①再如叶高树著《降清明将研究》则对"贰臣"中的武将群体做了较为全面而深入的考察。一般来说，降清文臣受到的关注较多，而关于武将的研究相对较少。从叶著的研究来看，在清初政治中，降将集团占有举足轻重的地位。该著以社会学的"三位体"理论，分析了明政权、清政权、降将集团三大势力之间的联合与斗争，从三者此消彼长的过程中透视出明末清初的历史进程。②就"贰臣"群体身份认同和社会记忆的讨论来说，我国台湾学者陈永明所撰《降清明臣与清初舆论》《〈贰臣传〉〈逆臣传〉与乾隆对降清明臣的贬斥》较有新意，谈到了以往没有谈到的话题——清初到清中叶，在国家主流意识形态影响下，针对"贰臣"的社会舆论由宽松转向严苛。③这对清代"贰臣"及其家族生存与发展话题的讨论是非常重要的补充。

明清时期，北方一直是国家政治中心，因此国家对华北一些省份的控制、干预和影响更为直接，势必会影响到山东地方大族，特别是类似具有"贰臣"特殊经历的家族的生存、发展以及历史记忆。正如赵世瑜针对华北研究所强调的那样，一定要注意国家的在场。相较华南、江南、西北、华中等地区的省份，山东在历史上有着与众不同的特性。自古以来山东就是一个文化大省，形成了举世瞩目的齐鲁文化，被世人誉为礼仪之邦、中华文化的源头之一。明清以来，山东省籍的举人、进士及文化名人为数众多。这一

---

① 参见唐启华：《明臣仕清及其对清初建国的影响》，载王明荪主编《古代历史文化研究辑刊》二编第26册，花木兰文化出版社，2009，第5-86页。

② 参见叶高树：《降清明将研究》，载《台湾师范大学历史研究所专刊》第23辑，台湾师范大学历史研究所，1993，第304页。

③ 参见陈永明：《清代前期的政治认同与历史书写》，上海古籍出版社，2011，第42-67、220-262页。

点，不难被研究者发现。同时，我们更应注意到：宋元以来，山东地处南北连接要冲，长期处于中原汉民族与北方游牧民族冲突、竞争的范围之内。先是宋辽、宋金战争，最终金朝占领了汉文化的发源地和历来的根据地，也就是整个华北。①及至元灭金、宋，明代元，清代明，建立大一统中央王朝，在几百年的时间里，山东地区的民众始终处于汉族政权与游牧民族政权交替统治的状态。因此从宋元到明清，山东地区民众的族群意识、身份认同、生活习俗相较江南、华南等地有着较为独特的个性。这与河北的情况相仿。燕地民众在改朝换代之际的表现可资参考。比如辽亡前夕，燕人投宋者之中，不乏仍将逃亡在外的辽朝末帝视为故主者。从时人评论，其实并不难得到理解："南朝每谓燕人思汉。殊不知自割属契丹，已多历岁年，岂无君臣父子之情？"②中国思想史专家葛兆光关注到这种情况。他在历史上的中国、北人与南人之分的讨论中曾列举了类似例子：据范成大记载，原来北宋的汴京为当时金国的南京，民亦久习胡俗，态度嗜好与之俱化。最甚者，衣装之类，其制尽为胡矣。另据时人楼钥记载，宋使访金，原属宋朝的相州人指使者曰，此中华佛国人也。言下之意自己已经是另一国人了。③也就是说，本来同一王朝同一民族的人群在异族统治下，其习俗及身份意识都会出现改变。元亡之际之所以出现大批汉人元遗民情况也与此有很大关联。

山东和河北情况差不多。因为这种特性，明清时期山东地区的士大夫及其家族的夷夏观、政治抉择，与华南、江南等地区相比，有着较为悬殊的差异。尤其明清易代之际，山东的情形表现特别突出，出现了大批降清明臣。美国历史学家魏斐德较早注意到这一现象，并以"山东的投降"为题做了细致、深入的统计分析。"山东的情形表明，在乡绅与满族征服者结为同盟镇压城乡义军盗匪上，它比其他任何一个省份都要来得迅速。"据魏斐德统计，1644年及以后降清文官共计五十七名，其中山东籍文官共计十八名，北直隶

① 姚大力：《追寻"我们"的根源：中国历史上的民族与国家意识》，生活·读书·新知三联书店，2018，第41页。

② 同上书，第42页。

③ 葛兆光：《宅兹中国：重建有关"中国"的历史论述》，中华书局，2017，第62、64页。

籍文官共计十名，山西籍文官四名，河南籍文官六名。也就是说，华北降清文官居然达到一半以上，其中山东籍文官最为突出，占比高达三分之一。①乾隆朝编《贰臣传》载山东籍官员共计十九名，其中入甲编者有王鳌永、李化熙、任濬；乙编人数较多，依次为谢陞、房可壮、黄图安、高斗光、左梦庚、刘应宾、张凤翔、李若琳、谢启光、孙之獬、李鲁生、刘正宗、魏琯、潘士良、张若麒、张忻。近年来这一现象只是引起了个别研究者的注意，比如曲阜师范大学硕士研究生骆兰友著《清初山东贰臣研究》就是一篇不错的研究论文。该文是近年来少见的以山东籍降清明臣为主题，并对这一群体的成因和具体情况做比较分析的论文，其亮点在于根据鲁东、鲁西、沿海地区不同的历史地理状况分别讨论了山东明臣降清原因。然而遗憾的是，该文依然没有涉及这些家族在清代生存与发展的讨论。实际上，这些官员不仅仅在明清易代的历史瞬间较为活跃，他们成功地保存了生命、家业，入清后，有些通过科举入仕以及其他生存策略，延续了家族的兴旺繁盛，成为卓有势力的仕宦家族、地方望族。这些家族在编撰族谱时如何回顾祖先历史？他们在清代如何生存与发展？当社会舆论对降清明臣由宽松转为严苛时，他们如何应对？针对这些问题，截至目前基本没有研究者关注。

以刘应宾家族为例，迄今只有刘宝吉《消失的迷宫：沂水刘南宅传说中的神话与历史》、张运春《困局与应对：对刘南宅家族神话的一点看法》寥寥两篇。至于针对其他山东籍"贰臣"及其家族历史的研究，则基本未见。鲜有几篇谈及王鳌永、孙之獬、孙廷铨、高珩等，也仅仅是泛泛而论，并没有对其降清后家族的生存与发展话题展开深入讨论。

"刘南宅"家族之所以一直未引起学界注意，主要缘于以下两方面。一方面，明清时期，在山东地方社会形成了许多仕宦大族。相较而言，无论科举数量、文学著述，还是社会影响力，"刘南宅"的相关情况其实并不突出。由明至清，"刘南宅"考中进士者五人、举人者十人，科举入仕者十余人。就个人著述而言，只有刘应宾所著《平山堂诗集》流传至今，现被收录于《四

---

① 魏斐德：《洪业——清朝开国史》，江苏人民出版社，2008，第271-274页。

库禁毁书丛刊·补编》，但影响并不广泛。刘家最著名的人物刘应宾虽然历宦万历、泰昌、天启、崇祯、弘光、顺治六朝，但官位并不高显。用他自己的话说"年过五旬始晋卿"①，直到弘光政权覆亡前夕，才被任命为通政使司通政使。降清后，刘应宾被清廷委任为首任安徽巡抚，但任职时间较短。顺治二年七月六日任职，顺治三年十月十二日革职。②相较于同期其他历史人物，如洪承畴、吴伟业、钱谦益、龚鼎孳、王铎等，不论政治地位、文学名气、家世传承、社会影响，刘应宾都要逊色许多，所以并不广为人知。另一方面，除去族谱里的相关记载，有关刘应宾及其家族成员的文献材料较少。

上述沂水"刘南宅"的情况也大体反映出其他山东籍"贰臣"及其家族历史未能得到充分挖掘和研究的原因。首先，尽管在历史研究者眼中，"贰臣"只是一个中性的词汇，代表一种历史现象，但在传统社会观念的影响下，民间社会对"贰臣"一词的理解往往带有贬义的主观倾向。在这种情况下，"贰臣"后裔往往背负着一定的心理压力，他们将祖先的这段历史视为家族隐疾，是家族历史的"负资产"，因此很忌讳外人讨论这一话题。其次，乾隆皇帝在编撰《四库全书》的过程中"寓禁于征"，很多明末清初士大夫的文集遭到禁毁。那些名列《贰臣传》的降清明臣更是首当其冲。他们的话语被清廷"文化霸权"屏蔽了。这就导致相关历史文献资料较少，不利于对清初"贰臣"的研究。再者，"贰臣"的功业、品行、结局有很大差别：有些"贰臣"卓有政绩，对社会发展做出了社会贡献；有些本就没有什么值得称道的作为；还有一些入清后逐渐退出政治舞台，在社会舆论的压力下，由于种种原因，其家族并未发展为有影响力的大族，其事迹也就渐渐湮没无闻了。

尽管如此，刘应宾及其家族值得关注。刘应宾不仅是"刘南宅"诸多传说中的主人公，而且是明清易代之际许多重大历史事件的亲历者。作为历史人物，刘应宾具有多重身份，不同的历史书写者留下了截然不同的历史记忆。

《消失的迷宫：沂水刘南宅传说中的神话与历史》一文不失为一篇值得

① 刘应宾：《平山堂诗集》，载王钟翰主编《四库禁毁书丛刊·补编》第78册，北京出版社，2005，第644页。

② 钱实甫编《清代职官年表》第二册，中华书局，1980，第1517-1518页。

参考、借鉴的民俗学佳作，刘宝吉认为"刘南宅"神话、传说的成因在于刘氏家族在与地方社会互动的过程中掌握了文化霸权。这一识见诚然有一定道理，但似乎难以完全对这些神话、传说及刘家的历史作出充分解读。换言之，在家族史研究领域，尤其对那些有过特殊"历史经历"的家族来说，民俗学的方法固然可以提供解决问题的方法和思路，丰富我们对历史的解读，但并不能完全解决"历史"问题。因此，类似"刘南宅"历史的研究仍然要在史学研究的范畴之内展开，对一些具体问题的分析和考察则可相应借鉴民俗学、社会学、心理学、艺术学的理论方法。

此外，我们还应该注意到，国家主流意识形态的变化对地域家族生存与发展的影响。比如乾隆皇帝下令编撰《贰臣传》《钦定胜朝殉节诸臣录》，决意"为万世立纲常"，这导致针对降清明臣的社会舆论由清初宽松转为严苛。他还下令禁毁书籍，很多名列《贰臣传》者的著作被禁毁，刘应宾著《平山堂诗集》《江南抚事》正是其中的著作。显然，国家政策导向的变化对沂水刘氏家族产生了非常大的负面影响。随着乾隆皇帝对待降清明臣的态度发生急剧转变，很多文人、官员的声音被国家文化霸权屏蔽了。在这种情况下，如何在编撰族谱时书写祖先历史也成了摆在沂水刘氏家族后人面前的难题。实际上，沂水刘氏家族形成了独特的文化策略。在编撰族谱时，如何题写族谱序言、碑传，如何取舍祖先事迹材料，如何追溯先世来历，如何避免触碰乾隆皇帝的禁忌，如何达到敬宗收族之目的等方面，编撰者是动了一番脑筋的。"刘南宅"社会神话之所以能够产生，与刘家自我形象建构有着较为密切的关联。刘宝吉《消失的迷宫：沂水刘南宅传说中的神话与历史》一文虽然指出了《刘氏族谱》收录的《中丞公遇仙记》是社会神话的本源，但对刘氏族谱编撰的背景、书写方式、心理动机等方面有所忽略，对"刘南宅"的历史认知似乎不够透彻。因此，类似"刘南宅"这样经历明清易代、曾经身仕两朝的家族必须打破时间限制，放到历史变迁、社会思潮更迭、政治形势转变这样大的历史场景下考量，进行长时段研究，并对刘氏族谱中的细节和民俗实践中的特殊仪式进行深度分析，似乎更为妥切。

三、研究思路和方法

本书研究方法深受赵世瑜著《小历史与大历史：区域社会史的理念、方法与实践》、肖文评著《白堠乡的故事：地域史脉络下的乡村社会建构》、贺喜著《亦神亦祖：粤西南信仰构建的社会史》等著述的启发。他们所研究的山西汾河流域地方家族、雷州半岛冯氏家族、潮州杨氏家族与本书所讨论的沂水"刘南宅"家族有着非常类似的情况。历史上，这些家族在当地都极具影响力，都在地方社会形成了种种关于祖先的神话、传说，有的形成了独具特色的民俗仪制。尽管他们的研究对象分处华北、华南不同的历史文化区域，在发展过程中形成了带有鲜明地域文化色彩的特征，但区域社会史的研究方法使各自的问题都得到了妥善解决。他们通过长期深入的田野调查获取碑刻、族谱、传说等民间文献资料，结合官方文献进行深度解读，以总体史的形象，展示了在地域社会历史脉络下某一家族在社会变迁中的权威建构过程。因此，本书将效仿上述论著的研究思路，以区域社会史作为方法论平台，一方面眼光向下，以传说、民俗现象为线索，探讨明清时期"刘南宅"与地方社会的互动；另一方面自下而上，通过关注明清时期重大历史事件对沂水刘氏家族的影响，探究刘氏家族与国家之间的互动关系。

此外，图像艺术对明清文人及其家族生存发展所产生的影响也是本书尝试阐发的路径之一。英国学者哈斯克尔认为，历史与图像艺术有着十分紧密的联系。中世纪至今，西方社会流行的壁画、油画、肖像画、插图、雕塑无不体现了艺术对往昔的阐释。[1]另一位英国学者柯律格持有类似观念："艺术作品能产生政治和社会以及文化的意义。基于这一观点，图像研究不仅受到艺术史论者的关注，也吸引了纯粹历史研究者的目光——以图像为视角来重新阐释传统。"[2]出于这一认知，柯律格教授把艺术图像成功引入了明代大艺术家文徵明及其家族研究，从文化艺术视角揭示了文氏家族社交网络与声望

---

[1] 参见哈斯克尔：《历史及其图像：艺术及对往昔的阐释》，孔令伟译，商务印书馆，2018，第1-12页。

[2] 参见柯律格：《明代的图像与视觉性》，黄晓鹃译，第2版，北京大学出版社，2016，第1页。

建构。①在国内，图像研究同样成为热门话题，受到历史、传媒、考古、艺术等多学科的关注。2019年9月，南京艺术学院举办的第五届全国青年学者艺术论坛就以"探赜索隐：艺术史研究中的'他域'探寻"为题，吸引了青年学人的目光。笔者有幸携拙文《图像之道与身份认同——由沂水"刘南宅"历史、神话谈起》与会交流，深受启发。其中，论坛所聚焦的图像流传与误读、身份表述与辟谣、神话跨域与地方三个话题恰与本书研究对象的历史轨迹契合。同年10月，山东大学主办的"论道稷下：图像入史的可能性及其限度"学术论坛再次倡导了图像研究之于拓宽学术视野的重要性。赵世瑜、郑岩所作《回到水乡：对江南史研究的反思》《龙缸与乌盆：器物中的灵与肉》的学术报告充分证明，艺术和图像可以成为解析具体历史事项的重要新证：作为跨学科研究的新对象，图像史学成为人们视觉化地认识历史、了解历史、诠释历史的新范式。由此观之，明清时期"刘南宅"家族的生存发展就与八卦图像、吕祖画像、名人书画等艺术事象有着非常紧密的联系，这些图像及艺术赏鉴背后的文化隐喻对探解"八卦宅"之谜卓有意义。

综观"刘南宅"家族历史，最核心的特征就是"贰臣"与"望族"身份符号。因此，本书重点解读刘氏家族是如何实现从"贰臣"到"望族"的身份转换。以此为线索，在具体研究中围绕以下内容展开讨论。

其一，对关键人物的讨论和分析。"刘南宅"历史上最关键的人物是四世刘应宾。因此研究"刘南宅"历史，势必要全面、深入解析刘应宾的历史。易代之际刘应宾的心理动态、思想转换、政治实践、文化活动将是本书重点讨论的内容之一，从而展现刘应宾如何纾解"贰臣"身份在家族内外所造成的压力。

其二，对国家主流意识形态和社会思潮的讨论和分析。随着清朝统治的日趋稳定，清廷对待"降清明臣"的态度逐渐发生转变。为了巩固皇权统治，倡导"君臣大义"，乾隆皇帝将程朱理学作为官方主流意识形态。出于

---

① 参见柯律格：《雅债：文徵明的社交性艺术》，刘宇珍、邱士华、胡隽译，生活·读书·新知三联书店，2016，第77-193页。

"为万世立纲常"之目的，他开始在降清明臣身上做文章，组织编撰了《贰臣传》。这意味着清朝统治者对待降清明臣的态度发生了剧烈转变，由宽松转向了严苛。这种国家主流意识形态的转变，在国家层面和地方社会对刘氏家族产生了什么样的影响？这是本书重点讨论的内容之二。

其三，对典型民俗事象的讨论和分析。作为清代地方望族，除重视科举、崇尚建功立业和扶危济贫、保持与地方大族联姻等一般性士大夫生存策略之外，"刘南宅"还有一些与其他望族不同之处。这包括"八卦"形制的家宅、"向南叩头"的春节仪式、族谱记载的"家族神话"、"薄葬但场面要大"的丧葬习俗等较为独特的民俗事象。这些民俗事象背后隐含着什么样的寓意？相关文化符号和形象建构对"刘南宅"发展具有什么意义？换言之，"刘南宅"如何淡化"贰臣"身份所造成的负面影响，在地方社会树立声望，从而最终实现向"望族"身份的跨越？这是本书重点讨论的内容之三。

其四，对历史人物与艺术图像、视觉实践的讨论和分析。艺术图像已经深植于明清文人及其家族的家居生活。"刘南宅"的历史就与艺术图像息息相关。这包括八卦图像、吕祖画像和刘氏家族收藏的名人字画等。尽管有些艺术作品与图像已经消失无闻，有些散落于民间无处寻觅、真伪难辨，但毕竟在相关文献和百姓野闻中存在相关记录。那么这些历史上发生的艺术赏鉴和图像表达活动有着怎样的隐喻和情思？这是本书重点讨论的内容之四。

基于此，本书主要从以下四个方面解读"刘南宅"历史：辨识历史书写之真伪，还原历史本来面目；探究不同传说和书写背后的成因；解读传说、宅院、节庆仪式等民俗事象背后的隐喻，分析历史事件、历史书写、地方传说、民俗事象之间的关联；阐释八卦图像、吕祖画像的视觉实践之于刘氏家族的现实意义。

从整体构思来说，地点感与时间序列是本书着重强调的两点。在中国社会发展的历史进程中，任何人或家族都不是孤立地、静默地、被动地生活和发展的。他们总归生活在具体的国家、社会、地域的历史场景中，并无时无刻不在受到国家制度、朝代更迭、地域文化等外部因素的干扰和影响。就"刘南宅"而言，伴随国家政治形势的波动，不同时代中国社会的主流思想、地方文化和社会舆论往往呈现不同面相。这些情况都对刘家的日常生活、政治实践以及相关历史书写的形成和传说的滋生产生深远影响。

刘应宾是明清易代之际的历史人物，但相关神话、传说所形成的时间是在清代或者近代。因此，在对相关传说解构的过程中，这些具体问题可以聚焦于同一个话题：究竟应该如何看待明清史与近代史之间的联系？对此，赵世瑜教授在《明清史与近代史：一个社会史视角的反思》一文中进行了鞭辟入里、发人深省的探讨。按照赵世瑜教授的观点，从社会史的角度出发，明清史和近代史之间不仅存在时段上的直接联系，而且就某些研究主题而言，两者之间还存在相当的连贯性。从某种角度讲，所谓"明清史""近代史"的学科划分将某些具体研究事项自身存在的"传统"人为割裂了。当我们将视野放宽，从长时段社会发展的角度来看问题，就会发现"明清""近代"或者"史"只是标记时间的符号罢了。时代在变，相应的政治、军事、经济、文化、法律等诸方面都在变化，然而不变的是中国传统文化的延续和衍化。在研究过程中，我们无法忽略的是，中国传统的典章、纪传、风土、五行等文化仍在以某种方式延续。鉴于此，只有将"传统"与"社会变迁"揉合在一起考察，我们才能更进一步接近"历史真相"，或者说才能真正把握"历史发展的内在脉络"。①

因此，在对"刘南宅"历史人物、历史书写、民间传说、民俗实践、艺术图像做具体分析的过程中，本书将密切关注时间、空间两个维度，以明清以来社会文化及思想变迁为统领，将研究事项置于相应历史时段和社会空间背景下解析。

四、学术价值与创新

诚如一些研究者所论，在中国数千年王朝更迭的历史中，"贰臣"现象始终是人们不愿面对但又无法绕开的尴尬话题。对"贰臣"的讨论是一个难以

---

① 参见赵世瑜：《小历史与大历史：区域社会史的理念、方法与实践》，生活·读书·新知三联书店，2010，第38-51页。

言说的话题。①因此，尽管自古以来"贰臣"就作为一个较为庞大的社会群体而存在，但因为"难以言说"和"尴尬"，长期以来清初山东籍"贰臣"及其家族基本没有得到学界充分的关注和研究，他们在清代的生存与发展情况屡屡被研究者忽视。本书所讨论的"刘南宅"就属于这种情况。难道仅仅因为历史上的"贰臣"经历，这一话题就不值得讨论吗？从历史研究的角度出发，这一点当然值得探讨。毋庸讳言，从降清的那一刻起，他们就不得不背负某种道德上的压力。及至乾隆皇帝发明了"贰臣"一词，给他们贴上"贰臣"身份标签，这种压力就愈加彰显了。这些人及其后裔如何应对这种压力，在中国传统社会其家族又呈现出怎样一种生存状态？对此，目前基本没有得到足够的重视和研究。本书希望通过对"刘南宅"历史的个案分析，对这一问题做系统的整理和研究。

前文已述，研究"刘南宅"历史的关键在于抓住刘应宾这个历史人物，种种书写、传说以及民俗生活实践都与其有着极为密切的关联。迄今为止，还没有人对刘应宾做过专门研究。实际上，刘应宾身宦明清两朝，曾经参与了一些重大历史事件，因此是一个非常值得关注的历史人物。作为清代首任安徽巡抚，刘应宾有其值得肯定的历史功绩。这一点他在自撰笔记《江南抚事》中留下了较为详细的记录。一方面他为清军征服江南、平定安徽做出了重要贡献，有利于国家的统一。另一方面在连年战乱、民变四起的情况下，刘应宾所采取的一些举措有利于社会秩序早日恢复，百姓安居乐业。然而由于该著存世不多，很少引起研究者注意。诸多南明史、清朝开国史论著基本没有提及刘应宾的事迹。

刘应宾另一本文集《平山堂诗集》则在乾隆朝被禁毁。该文集主要记录了顺治四年至顺治十四年刘应宾在扬州的文化交游活动。由于资料匮乏、分散，有关清初扬州文化向来很少有人研究。美国学者梅尔清所著《清初扬州文化》弥补了这方面研究的空缺。该著引起了国内学界的注意，其中文译本

---

① 参见白一瑾：《清初贰臣心态与文学研究》，博士学位论文，南开大学，2009，第1页；张仲谋：《忏悔与自赎——贰臣人格》，东方出版社，2009，第1页。

已于2004年在国内出版，并被列入国家清史编纂委员会"编译丛刊"。该著以明末清初扬州的标志性建筑遗迹诸如平山堂、红桥、文选楼、天宁寺等为线索，探究了清初扬州文人身份认同重建的努力。但该著所关注的清初文人多是清顺治朝以后的文人，如王士祯、邓汉仪、吴绮等。王士祯于顺治十六年被任命为扬州推官后方才来到扬州。实际上，早在王士祯到扬州赴任之前，扬州文人的文化活动就已经开始了。从刘应宾、李元鼎、熊文举所著文集来看，顺治十六年之前，刘应宾、李明睿、柳寅东、赵开心等降清明臣，或在朝、或在野，他们以扬州为中心开展的文化活动同样十分频繁。就清初扬州文人身份认同重建和清初扬州文化这一话题而言，以李明睿、刘应宾为中心的文人群体在扬州的文化活动值得进一步探究。基于上述两点，本书希望通过对刘应宾事迹的梳理，能够对明清易代这段历史有所补论。

此外，在学科交叉逐渐成为学界阐微溯源重要路径的学术背景下，艺术符号、图像表达是否可以成为史学研究的新途径，或者说，具体就地方文化望族与地域社会研究而言，那些历史上曾经发生的、现存或已经消失的艺术活动及图像呈现能否为治史者探赜索隐提供借鉴，这是本书不揣浅陋，努力尝试的方向。

第一章　明清以来"刘南宅"
生活背景　≫

第一节　社会变迁与士大夫文化传统

一般来说，明清时期地方望族以科举入仕为主要发展途径和维系手段。因此，他们大多属于"士大夫家族"，具备"士大夫群体"的性格特点和文化特征。在望族之路的历程中，其生成和衍化都是在一定的社会时空中发生、完成的，难免受到社会变迁中的思想主张、政治实践、文化氛围的影响。同时，他们还有着较为强大的适应能力和应变能力。[①]

在中国社会变迁的历史长河中，士大夫往往扮演着多种角色，具有双重性格。一方面，他们具有一定的主观能动性。作为官僚政治体制内的政治精英，士大夫群体是国家机器的主要操纵者。作为文化精英，士大夫又是时代思想变革的发起人和实践者。作为家族精英，他们又从"传

---

① 徐新：《二十世纪无锡地区望族的权力实践》，博士学位论文，上海大学，2005，第19页。

统"和"时代"文化中撷取营养，进行宗族建设，从而形成各自不同的家族文化。另一方面，作为社会个体，他们无力与国家主流意识形态相抗衡。因此在国家政治嬗变、社会思想更迭的浪潮中，士大夫往往无所遁逃，只能被动接受和相应调适。受此影响，在生存、发展过程中，他们在政治抉择、价值取向、道德标准、理想追求等方面也会随之发生一些转变，并在生活实践中具体展现出来。

士大夫如此，其家族亦然。明清以来，中国社会在政治、经济、文化、思想等方面多次发生剧烈变化。这些变化对士大夫及其家族的影响是非常深刻的。从时人笔记、民间野史、族谱，乃至当时的小说、戏剧等文艺作品来看，士大夫家族的生活实践和文化传统中不免带有时代印痕。因此，探讨沂水"刘南宅"家族由移民、商人、士人、"贰臣"向"望族"身份的转变过程，必须以社会变迁中的士大夫文化传统为统领。

本书所讨论的沂水"刘南宅"家族就是明清时期形成的科宦望族、士大夫家族。据《刘氏族谱》记载，其家族成员所获得的功名及官职的来源涵盖了科举、捐纳、荫封三种途径。这些人中既有出仕者，也有人虽有进士、举人身份，却终身未仕；既有考中进士做官者，也有通过捐纳、恩荫步入官场者。

在中国古代，士、农、工、商是社会构成的主要阶层。士居四民之首，在政治权利、文化涵养、人格精神等方面迥别于普通百姓，因此有其独特的文化特征。士大夫家族在发展过程中，往往形成世代相传的家族文化传统。这种家族文化传统就是在族内精英——某位或某几位士大夫——的干预和影响下形成的。也就是说，士大夫家族、地方望族的文化传统和行为实践承载着某些士大夫的价值观念、哲学思想和历史痕迹。

本书所讨论的"刘南宅"家族历史大体可分为四个阶段：晚明崛起期、明清易代波折期、清初至清中叶稳定发展期、清末民初衰落期。在这四个阶段中，"刘南宅"家族都会受到时代文化和主流思想的影响。据此，本节主要探索总结以下四个时段社会变迁与士大夫文化传统之间的关系。

一、晚明时代

关于晚明时间断限，一般多指万历十年张居正去世、明神宗亲政至崇祯十七年李自成农民军攻入北京。然而据研究对象差异，学界对晚明时间断限又有一定灵活性。谢国桢、李洵、樊树志、刘志琴、万明等前辈因视角、主题之异，对晚明定义表述各一。①参考上述学术观点，结合研究对象"刘南宅"历史，本书对晚明时间上限大致界定为嘉靖朝中后期。刘应宾在明朝的政治活动直至南明弘光政权覆灭，因此以南明弘光朝灭亡为下限。

晚明时代，中国社会发生了许多令人瞩目的变化。这种社会变迁不单发生于政治、经济领域，还引发了思想文化和社会风气的变化。

就晚明政治而言，最大的特色就是党争不断，官场风气颓败。近世以来，谢国桢先生是较早关注晚明党争问题的学者之一。他在《明清之际党社运动考》中，开篇即概述了晚明党争景状。②党争风气一开，国家政治开始出现多元化倾向，结党成为一种官场风气，不仅大臣们结党，下层官员们也通过结党形成可以与大臣对抗的力量。这些下层官员以言官为主，以致小臣不畏大臣，言官攻讦成风，旧有的官场秩序遭到极大破坏。③

党争对明朝政治机制和秩序的打击是巨大的。自万历末年始发，明朝败象渐显：党争之下，朝政混乱，皇帝昏昏沉沉，官员相互倾轧，国家大事却长期得不到及时处理，以致国势日衰，王朝覆亡。这一点已是学界共识。④

党争之下，士大夫集团的表现大体可分为两类。一部分士大夫积极参与党争。在旷日持久的党争中，很多党人因为政治争斗断送了政治生涯甚至生命。另一部分静观其变、明哲保身者也不乏其人。这些士大夫置身事外，独善其身，或缄默不语，或引疾归里，最终保全了身家。此外，连年党争还导

---

① 参见阳正伟：《"小人"的轨迹："阉党"与晚明政治》，中国社会科学出版社，2016，第1页。

② 参见谢国桢：《明清之际党社运动考》，上海书店出版社，2004，第4-5页。

③ 参见商传：《走近晚明》，商务印书馆，2014，第125-127页；赵园：《明清之际士大夫研究》，第2版，北京大学出版社，2015，第168-170页。

④ 费正清、樊树志分别在《中国：传统与变革》《南明史》中表达了类似观点。

致士大夫群体出现另外一种分化，有些人对党争充满厌恶，党争之下糟糕透顶的政治局面致使明朝统治的"合法性"在一部分士大夫心中摇摇欲坠，这为清军入关后部分士大夫弃明降清埋下了伏笔。①

尽管政局混乱，晚明经济、文化却一度出现繁华景象。这一时期，中国社会商品经济极为发达。伴随贩运贸易的兴盛，许多大中城镇出现了商业化趋势，商业店铺林立，商品种类繁多，商人队伍不断扩大。很多士大夫开始参与商业活动。②商业的空前发展，引发了社会风气变革。就士大夫群体而言，一方面开始出现竞奢享乐之风，这体现在饮食、服饰、居所、器物等诸多方面。另一方面士商互动现象频繁，既有由商转士者，弃儒就贾者也不乏其人，士商关系日益密切。这就导致社会上出现商人"士大夫化"和士大夫"商人化"的现象。③

在这样的社会基础之上，儒家社会思想有了新发展，针对"义利之辨"这个传统哲学话题开始出现"义利双行"的观念。晚明时代，持这种主张者日益增多。④不惟如此，明代中期阳明学派的异军突起对晚明时代的儒学思想产生了极大的震动。儒学从政治取向转为社会取向，逐渐带有宗教色彩。尽管王守仁及其弟子被明廷定为"伪学""伪小人"⑤，但阳明学说的发展和传播对民间社会的渗透之势已不可逆转。王守仁提倡人人皆有良知、人人皆可为尧舜的思想主张。自阳明学说流行以来，出现了君父可以不恤、名义可以不顾的现象。其弟子王艮则提出了"明哲保身"的安身说及"待价而沽"的尊身说。他在《明哲保身论》中说："明哲者，良知也。明哲保身者，良知良能也。"继阳明心学之后，实学思潮兴起。这股社会思潮对贯彻"存天理、灭人欲"理学思想的阳明心学进行了深刻的批判和反思，主张反虚务实、以救

---

① 参见陈永明：《清代前期的政治认同与历史书写》，上海古籍出版社，2011，第45、70、71页。

② 参见张显清：《明代社会研究》，中国社会科学出版社，2015，第320-323页；万明主编《晚明社会变迁问题与研究》，商务印书馆，2016，第89-100页。

③ 参见商传：《走近晚明》，商务印书馆，2014，第260-308页。

④ 参见赵世瑜：《小历史与大历史：区域社会史的理念、方法与实践》，生活·读书·新知三联书店，2010，第295页。

⑤ 樊树志：《晚明大变局》，中华书局，2016，第268页。

世为己任、为私欲辩护。①比如罗汝芳肯定了人对私欲的追求，认为"欲"本身就有自然合理性。李贽对这些思想做进一步发挥，去除了圣人、圣学的光环，进一步肯定了百姓在日常生活中的利欲观念的合理性。②这些思想更加贴近民众，容易为民间社会所接受。这对当时士大夫群体的精神转向产生了深远影响。

在宗教领域，阳明心学中的宗教思辨推动了儒释道三教合流。实际上，纵观整个明代社会，士大夫阶层与佛道两教的关系历来比较紧密。以佛教来说，其在宗教性、文化性、社会性等方面对士大夫阶层都有一定吸引力。在一些县域出现了大量士绅捐赠寺院的情况。当其因政治斗争中的失败而隐退，寺院不仅带给其心理上的安慰，还成为其展现权力的公共领域。寺院从士大夫那里得到了好处，至少是经济方面的支持。同时，士大夫及其家族也是受益者。通过捐施既满足了他们心中因果福报的愿望，在现实生活中也为其构建社会网络、展示权威搭建了桥梁。③至于道教和士大夫群体的关系，则更为直接和密切。明朝的皇帝们信道，而且还制定了道官制度，在朝廷和地方都建立道教衙门和职官。这样一来，身处官僚政治体系的士大夫自然就和道教产生了撕扯不清的联系。道教不仅影响到士大夫的精神生活，还对他们的日常养生生活产生了影响。④

在文学艺术方面，小说、戏曲开始进入全新发展时代，士大夫阶层主动参与这方面的创作，这批文人较知名的有冯梦龙、凌濛初、汤显祖、金圣叹等。在士大夫文学创作过程中，宗教影响开始凸显。宗教思想、宗教神灵、宗教仪式等逐渐渗透到士大夫阶层的文学创作与娱乐生活中。最典型的例子就是传奇剧和神怪小说的风行。明传奇是一种发展成熟的戏剧体裁，其中宗

---

① 参见张显清：《明代社会研究》，中国社会科学出版社，2015，第218-230页；何冠彪：《生与死：明季士大夫的抉择》，联经出版事业公司，2005，第5页。

② 参见万明主编《晚明社会变迁问题与研究》，商务印书馆，2016，第614-627页。

③ 参见卜正民：《为权力祈祷：佛教与晚明中国士绅社会的形成》，张华译，江苏人民出版社，2005，第194-212、319-320页。

④ 参见寇凤凯：《明代道教文化与社会生活》，巴蜀书社，2016，第147-408页；刘康乐：《明代道官制度与社会生活》，金城出版社，2018，第14-30、112-148页。

教类传奇占了相当大的比重。这一类型传奇的叙事模式有求道历幻型、积德善报型、仙佛纪传型等，佛道诸仙、民俗诸神、鬼魂精怪、僧道术士都是其中的重要角色。在民间社会，这些宗教类传奇剧对民俗风情、宗教心理、文化心理都产生了重大影响。比如民众形成了拜月祈愿、游历寺观、进香祈愿、占卜术数的民俗习惯。在观赏戏剧的过程中，宗教思想悄无声息地渗透到民众的心灵里，逐渐产生了诸如天意弄人、窥先机以为用、我命由我不由天的宗教心理，喜好隐逸与游仙、遇神仙亦难舍富贵功名的文化心理。[①]神怪小说对民众的影响同样不可小觑。若以体系而论，则包括天人感应、幽冥鬼魅、妖异、魂梦、僧佛等。这样一来，天道轮回、因果福报、求仙问神的思想深入人心，说奇谈异逐渐成为流行于庶民和士大夫阶层的一种生活习惯。[②]

商品经济的发展则带动了文化商品化。小说、戏剧、笔记等文化事项开始被作为商品来出售。以书籍出版和流通而论，随着商业逐渐渗透到士人圈子，出版印刷业得到了大规模发展。自明代中叶开始，社会上流通的书籍数量越来越庞大。士人群体、士大夫家族藏书的现象不断增多。[③]在书籍商品化流通的过程中，国家对书籍的检查制度并不严苛。尽管明廷对"违禁书籍"有明确的律令和禁令，但在北京之外往往遭到蔑视。[④]这无疑有利于知识和思想的散播。阳明心学、李贽"异端邪说"、宗教经典都得以在民间广泛流传。

如此一来，晚明时代士大夫的精神世界开始呈现多样化：追逐魏晋名士之风者有之，游乐山水者有之，仕隐山林者有之，谈佛论道者有之。尤需注意的是，一部分士大夫开始将儒家的安身立命观念与道家的达生观融为一体，这对明末仕宦者在明清易代之际的出处观、忠孝观、节义观、生死观、

---

① 参见赖慧玲：《明传奇中宗教角色研究》，载曾永义主编《古典文学研究辑刊》三编第22册，花木兰文化出版社，2011，第217—259页。

② 参见林辰：《神怪小说史》，浙江古籍出版社，1998，第15—30页。

③ 参见商传：《走近晚明》，商务印书馆，2014，第203—223页；卜正民：《纵乐的困惑：明代的商业与文化》，方骏、王秀丽、罗天佑译，广西师范大学出版社，2016，第145—149页。

④ 卜正民：《明代的社会与国家》，陈时龙译，商务印书馆，2015，第182—186页。

生活观都产生了深远影响。①

二、明清易代

"明清易代"常见于有关明朝遗民、贰臣以及为明朝死节者的讨论，大致是指明末清初这段时间。②本书对明清易代之际的讨论主要涉及降清明臣刘应宾在清初顺治朝的政治、文化活动。刘应宾于顺治二年降清，顺治十七年去世。因此本书对明清易代的时间界定大致为清初顺治二年至顺治十七年，对社会背景的讨论则大致限定于明末崇祯、弘光朝至清初顺治、康熙朝。

从年限来看，明清易代之际时间并不算长，大约近四十年。在历史长河中，只是很短暂的瞬间。然而，这段时间却是各种政治力量、政治主张、政治思想、政治实践发生激烈碰撞的历史阶段。从崇祯到南明弘光、鲁王、唐王政权，无不承接晚明余绪，党争之风非但没有收敛，反而愈演愈烈。朝堂之上、村野之间，到处弥漫着一股戾气。这种时代特征不惟体现在皇帝、士大夫身上，也波及庶民百姓。尽管崇祯皇帝素有励精图治、挽狂澜于既倒的雄心，但在内外交困的局面下，明王朝已是积重难返，无力回天。万历荒政以来留下的种种政治后遗症交相爆发，明王朝终于走到山穷水尽、无可收拾的地步。党争之下，常常出现政治暴虐的境况。对廷臣而言，廷杖、诏狱、因言获罪、动辄得咎几乎是家常便饭。昨日还是国之栋梁、江山股肱，今天就已沦为阶下囚、死刑犯。崇祯执政十七年，宰相走马灯一样，换了又换。直至崇祯皇帝在煤山自尽，总共任用了五十位宰相，却没有一位能妙手回春，开出延续国运的良方。③至于言官、阁属、封疆、督帅被逮杀者不可计数。在混乱的朝政之下，贪污受贿之风甚嚣尘上，成为一种官场风气，人事任免几成儿戏。士大夫群体所遭受的精神创伤自不待言，很多人对明朝政治

---

① 参见陈宝良：《明代士大夫的精神世界》，北京师范大学出版社，2018，第217-451页。

② 何冠彪：《生与死：明季士大夫的抉择》，联经出版事业公司，2005年，第2页。

③ 参见赵园：《明清之际士大夫研究》，第2版，北京大学出版社，2015，第3-8页；谢国桢：《明清之际党社运动考》，上海书店出版社，2004，第48-66页；魏斐德：《洪业——清朝开国史》（上），陈苏镇、薄小莹等译，江苏人民出版社，2008，第52-87页。

失望至极。除了参与党争，结社也成为当时士大夫迎合的风尚，其中以江南复社影响最大。在文人雅集、讲学思辨的过程中，士大夫群体的精神、思想十分活跃。这种情况一直延续到清初康熙朝。①

明后期政治腐败透顶，国家财政趋于破产，民间社会也在剧烈变动。土地高度集中、赋税加派、水利失修、灾荒频仍、裁撤驿站等诸多因素使得民不聊生，因此民变和农民起义不断发生。在北方有李自成、张献忠、罗汝才等大规模起义军的袭扰，在南方则表现为接连不断的佃变、奴变。暴力杀戮成为一种时代主色调，冤家报复、抢劫焚掠、草菅人命的现象在各地多有发生。士大夫群体及士家大族既是经历者，也是受害者。以江南为例，嘉定城破前，当地大族李氏就在内讧残杀中损失殆尽。战争状态引发了非理性仇杀，像传染病一样四处蔓延开来，攻杀大族一时在江南靡然成风，释放着快意恩仇般的嗜血痛感。不惟内乱，清军攻陷城池后的屠城现象也非常严重，后世留下了诸如扬州十日、嘉定三屠、江阴八十一日等等痛苦的记忆。在这场变乱中，江南大族迅速衰落。士大夫比较集中的松江地区六十七家望族中，三分之一于明清易代时期败落了。乱局之下，旧有的社会政治秩序和经济秩序被摧毁，这直接导致民众心理失衡、信任感降低，对朱明政权乃天命所归的信仰也动摇了。无论农民起义、民变，还是清军破城，士大夫群体总是被攻击的主要对象。②乱世之中，生存问题成为困扰社会各阶层的首要大事。

李自成攻占北京城后，形势遽变。清军乘势南下，击败李自成大顺政权，占据了北方大部分地区。与此同时，南方相继建立了弘光、鲁王、唐王、永历等南明政权。在上述几股政治势力激烈争斗的过程中，各地乡兵、义军、湖寇、海盗、南明残军蜂拥而起，反清斗争此起彼伏。有的以复明为志，也有的自立旗号，以图割据一方。城头变幻大王旗，你方唱罢我登场。

---

① 参见谢国桢：《明清之际党社运动考》，上海书店出版社，2004，第1—9页；何宗美：《明末清初文人结社研究》，上海三联书店，2016，第360—370页。

② 参见顾诚：《明末农民战争史》，第2版，光明日报出版社，2017，第44、266—270页；商传：《走近晚明》，商务印书馆，2014，第161—163页；杨念群：《何处是"江南"：清朝正统观的确立与士林精神世界的变异》，生活·读书·新知三联书店，2010，第35—43页；陈永明：《清代前期的政治认同与历史书写》，上海古籍出版社，2011，第49页。

因为各类军事力量的存在，地方政治和社会秩序一塌糊涂，令百姓无所适从。有的地方甚至存在清军和大顺政权委任的官员同时并存的局面。[①]这场王朝鼎革的斗争最终以清廷的胜利而宣告结束。

在传统中国观和正统观的影响下，"夷夏之辨""夷夏大防"成为这个纷繁复杂时代的突出主题。在社会政治环境剧烈变动的情况下，士大夫面临一连串的抉择，生死问题成为必须面对的首要问题，因此士大夫群体的政治抉择出现了极大的分化，呈现复杂多元的状态，其背后的动机、身处的环境也往往因人而异。从总体来看，可分为两大类：降清者与未降者。在庞大的降清士大夫群体中，按降清的时间、地点、方式、动机、功业、结局又可分为以下数种情况：不战而降者、兵败投降者、降而复叛者、降闯又降清者；李自成攻陷北京城之前投降者、北京城破之后投降者、南明诸政权败亡后降者；清廷优礼招降者、逼降者、自诣军门请降者；贪图富贵者、为故明君主报仇者、以苍生为念保全万民者、保全身家者、"我本欲死，奈何小妾不肯"者、为养亲尽孝者、虚与委蛇者、为故国存文化者、待机复明者；卓有功绩者、身无寸功者；革职者、流放者、明正典刑者、自请致仕者、荣宠终身者等。未降清的士大夫群体的情况同样比较复杂，包括抵抗者、殉国者、明遗民等。参与抗清运动的人物历来被视为"前朝忠烈"，事实上并不符合历史实情。在一众抵抗者中，其出发点不尽相同。除为报国恩、矢志复国者外，还有以下情况：报答上司知遇之恩者、报家仇者、道德至上者、坐待时机者等。对当时形势的走向，很多抵抗者都有清楚的认识，明朝覆亡的命运已无可挽回，清代明祚只是时间早晚的问题了。因此，他们的抵抗不过是在传统忠孝观念的驱使下，明知不可为而为之的无奈选择罢了。至于殉国者，有兵败自杀者、兵败被杀者、战乱遇害者、基于"生难死易"观念自杀者、保全名节自杀者等。[②]明遗民的情况也不完全一致：有的终生未变，有的半途更

---

① 参见司徒琳：《南明史》，李荣庆等译，上海人民出版社，2017，第66-70、102-103页；顾诚：《南明史》，光明日报出版社，2017，第5-29、371-372页。

② 参见何冠彪：《生与死：明季士大夫的抉择》，联经出版事业公司，2005，第6-50页；陈永明：《清代前期的政治认同与历史书写》，上海古籍出版社，2011，第3-22页。

张；有的为前朝守节，有的因为环境不合适而放弃出仕；有的本无仕宦之意，有的因个人、家族经历、社会名望带来的思想压力放弃了出仕。①

上述士大夫群体在明清易代之际的种种抉择既受宋明以来理学滥觞之影响，比如不仕二姓的传统忠君思想、舍生取义与杀身成仁的道德观念，也受到新思想、新观念的牵绊。伴随晚明以来士人风气的转变，士大夫群体对"君子与小人""出处仕隐""忠孝节义""生死观""夷夏之辨"等传统话题有了新的思考与实践。比如明末大儒刘宗周的弟子陈确，针对"气节""死节"问题提出了自己的见解。他认为，国变之际，在朝官员不死为不忠，在野回籍者不论；当在野回籍者无法避免对前朝不忠的前途时，他应该选择殉国。未仕者则可以无死，只要以某种方式保持气节就可以了。对当时社会上出现的"不必死而死"的现象，陈确提出了批评，否定了死是节的最终表现形式，掐断了死与节之间的必然联系。②黄宗羲对"君臣之义"提出了"师友论"，认为士大夫应以天下为事，反对对一姓愚忠的做法。顾炎武则在《日知录》中提出："有亡国，有亡天下。亡国与亡天下奚辨？……保国者，其君其臣，肉食者谋之；保天下者，匹夫之贱，与有责焉耳矣。"在他的眼中，保卫某一政权，是君主和臣子等"肉食者"的责任，其他"非肉食者"则无须对此负责。在夷夏关系方面，许多士大夫延续了"用夏变夷"的传统，在"文化主义"的原则下认同清廷的统治。③这些文化传统和思想变动对易代之际士人在生死、出处、降清还是抵抗等方面的抉择产生了重要影响。

---

① 以上士大夫的政治选择情况主要根据下列专著总结、整理：何冠彪《生与死：明季士大夫的抉择》、陈永明《清代前期的政治认同与历史书写》、叶高树《降清明将研究》、谢国桢《清初流人开发东北史》、魏斐德《洪业——清朝开国史》（上）、赵园《明清之际士大夫研究》、白一瑾《清初贰臣心态与文学研究》等。

② 赵世瑜：《小历史与大历史：区域社会史的理念、方法与实践》，生活·读书·新知三联书店，2010，第297-307页。

③ 参见陈永明：《清代前期的政治认同与历史书写》，上海古籍出版社，2011，第8-9、23-33、90-91页。

三、清代中叶

明清易代之际，经过近四十年四方征伐后，清政权相继平定了南明政权、大顺政权以及各地蜂拥而起的抗清军事力量，成为天下共主。明末以来杀伐不断的乱局基本告一段落。在军事征服过程中，清政权也顺势采取了一系列有助于民生恢复和收揽民心的开明举措，社会秩序逐渐恢复稳定，国计民生有了长足的发展。这种形势上的转变不惟饱受战乱之苦的普通百姓所乐见，一些原本对清廷持有偏见的明朝遗民也渐次转变了态度，由敌视转向认同、合作。黄宗羲就是非常典型的例子。由于康熙皇帝在文化和政治层面尚儒纳贤，采取了较为宽厚的政治措施，满汉之间紧张的族群关系得到缓和。因此，黄宗羲对康熙皇帝极为欣赏，不止一次盛赞康熙皇帝。①不惟黄宗羲，许多明朝遗民尽管自己不参与清朝政治，却积极鼓励本家子弟参加清朝举办的科举考试。这充分说明，清朝统治的合法性已逐渐得到汉人社会的认可。及至康熙朝平定三藩之乱、征服噶尔丹、收复台湾，清朝统治者的注意力已从军事转向完善政治制度和建立文化霸权。

汲取明亡教训，清朝统治者着力剔除明代政治弊端——内阁与宦官之间的党争，对相关机构进行了全面改革。雍正皇帝即位后设立军机处，其权限在内阁之上，但只是辅佐皇帝的机关，并非为百官之长的宰相。军机处下设六部，负责行政方面的实际工作。②这样一来，权力集中在皇帝一人手中，封建专制主义至此达到了顶峰。承接康熙朝政治遗产，在一一剪除政敌威胁后，雍正皇帝开始着手收拾康熙朝后期留下的乱摊子。清查亏空、惩罚贪官只是应时手段。至关重要的是，针对时弊，雍正在制度层面采取了一系列改革措施，这包括耗羡归公、建立养廉银制度、士民一体当差、摊丁入亩制度等。这些举措于国于民都有极大的好处，在一定程度上减轻了普通民众的负担，改善了地方官场陋习，有助于庶民与国家、庶民与士绅之间紧张关系的

①陈永明：《清代前期的政治认同与历史书写》，上海古籍出版社，2011，第34-35页。
②大谷敏夫：《清代的政治与政治思想史》，载森正夫、野口铁郎等编《明清时代史的基本问题》，周绍泉、栾成显等译，商务印书馆，2013，第291页。

缓和。在推行上述制度的过程中，士大夫阶层原有的政治、经济特权受到限制和削弱，这就势必引发士绅阶层与国家之间的紧张关系。比如士绅阶层的免役权被免除，过去凭借特权在地方包揽词讼、包纳钱粮、拖纳钱粮的现象受到了严重打击。摊丁入亩制度使有土地者增纳赋税，无地和少地者可以减轻负担。这种利贫损富的赋税征收办法必然遭到士绅阶层的抵制。从康熙年间讨论要不要实行，到雍正决策实施，再到乾隆中期彻底在全国推行，历时近半个世纪。可见，这一政策受到了来自士大夫阶层的重重阻力。①

在思想文化领域，自清初立朝至乾隆年间，统治者的文化管控政策与手段日益严苛。清朝皇帝历来重视对汉族士大夫集团的掌控。一方面，通过对汉族文化的认同，特别是接受儒家思想的正统地位，逐步取得汉族士大夫的好感。通过种种举措，拉拢汉族士大夫集团为清廷所用。另一方面，他们对晚明以来士大夫结党结社现象十分警觉。顺治、康熙、雍正三朝屡次严禁廷臣结党、士子结社，晚明以来士大夫通过党社活动参与政治的情况在清朝中期基本上销声匿迹。②与此同时，清朝统治者对晚明以来士大夫著述中不利于自身统治的言辞一直耿耿于怀，始终保持高度警惕。于是乎文字狱接连而生，一些士大夫及其家族因此而锒铛入狱甚至被杀。影响较大的文字狱有顺治朝函可案，康熙朝明史案、南山集案，雍正朝吕留良案、曾静案，乾隆朝胡中藻案、沈德潜案等。这种对士大夫文字书写的管控在乾隆朝达到顶峰。在乾隆皇帝的主导下，文字案数量为清代历朝之冠。在撰修《四库全书》的过程中，他还实行了寓禁于征的政策。许多明代、清初士大夫的著作，因为有违碍文字而遭到禁毁。受此影响，士大夫在各种题材文学创作的过程中无不谨小慎微、如履薄冰，以免触犯清廷禁忌。

为巩固皇权统治，倡导三纲五常的理学思想再次成为清代社会的主流思想。出于"为万世立纲常"和建立"文化霸权"之目的，清朝统治者不仅对民间书写加强管控，而且还亲自主导和参与官方书写，从康熙到乾隆无不高

① 参见冯尔康：《雍正传》，人民出版社，2008，第139-179页。

② 参见谢国桢：《明清之际党社运动考》，上海书店出版社，2004，第5-8、80-163页。

度重视对前朝历史的书写和总结。清修明史，自顺治二年开始到乾隆四年进呈天子，总共经历了九十五年。在清朝诸位皇帝中，乾隆对官方史学编撰工作格外热情，其在位六十年内共主持了超过六十项史学撰修计划。尤须注意的是，在乾隆皇帝的主导下相继编撰了《贰臣传》《逆臣传》《钦定胜朝殉节诸臣录》。清初抵抗者受到了表彰，合作者却遭到贬斥。在乾隆皇帝倡导下，针对降清明臣的社会舆论由清初宽松转为日益严苛。[①]这就必然会对降清明臣的声名及其家族的后续发展造成负面的冲击。

在民间，随着经济发展和社会财富增长，各阶层追求社会地位的愿望十分强烈，社会上流行的观念也在改变，这些都推动了社会流动的力度。有的通过科举、经商、战功跻身社会上层，有的则在竞争中失败，流向底层。在向上流动的过程中，科举考试成为改变身份地位的重要捷径。那些新近向上流动的人们想尽办法标榜、显示他们的精英身份：通过编修族谱、重建祠堂得到社会对其精英身份的认可；通过衣食住行方面的富足甚或奢侈生活展现他们的优越性。旧的科甲精英吃惊地看着新贵们向他们在文化和社会仲裁方面的权威地位发起挑战，农民的孩子都有可能成为学者和官员。向上的观念在民间谚语、戏剧、传说故事中处处得到体现。有关转世、占卜和命运的说法则将个人向下的流动解释为合理的现象。[②]

四、清末以来

自鸦片战争以来，伴随西方资本主义对华侵蚀不断加深，中国社会遭遇了千年未有之变局。英、法、德、日等列强用枪炮打开了中国的大门，逼迫清政府签订了《南京条约》《北京条约》《中法条约》《马关条约》《辛丑条约》等一系列不平等条约，其内容涉及割地、赔款、领事裁判权、传教自由、开放口岸等方面。随着这些条约的签订，清王朝一步步丧失主权，在中西文化的对抗中摇摇欲坠。与此同时，中国社会在经济、政治、文化、宗教

---

① 陈永明：《清代前期的政治认同与历史书写》，上海古籍出版社，2011，第160、183页。

② 韩书瑞、罗友枝：《十八世纪中国社会》，陈仲丹译，江苏人民出版社，2008，第62、122、124页。

等领域都发生着巨大的变化。在这场变局之中，士大夫阶层不可避免受到新器物、新思想、新观念的冲击，并相应在思想和政治实践方面做出回应。从林则徐、魏源等倡导"开眼看世界"，大谈"经世致用"之学，到曾国藩、李鸿章、张之洞等自发地开展以"自强""求富"为口号，主张"中学为体，西学为用"的"洋务运动"，再到戊戌变法、清末新政，士大夫阶层在坚持文化本位的同时，对"西方何以富强，中国何以羸弱"的反思逐渐加深。中国上层文化精英对西方文化的引入和效仿逐渐从器具之学深入到政治体制。然而上层文化精英的努力并未能挽狂澜于既倒、成功改变国运。中日甲午战争以中方惨败告终的屈辱结局刺激了整个士大夫阶层的思想和精神，致使清末社会思想文化领域新潮涌荡。在这种情况下，士大夫群体开始出现分化。为挽救民族危机，一部分士大夫群体走上资产阶级改良与革命的道路。在他们的带动下，改良与革命的思想逐渐深入民心，清政权的合法性不断受到质疑，激起全国各地各阶层的反抗。辛亥革命后，中国仍然面对列强环伺的局面，民众的生存状态并没有得到真正意义上的改善，中国社会仍然处于半殖民地半封建社会。于是五四运动风起云涌，马克思主义革命思想传入中国社会，中国进入新民主主义革命时期，社会主义思潮开始传遍中国大地。①

在风云激荡的社会变迁中，士大夫阶层所受到的影响是显而易见的。科举制度的终止斩断了士大夫产生的根基和源泉，各种思潮及运动的冲击也促使士大夫群体出现了分化。有的经过新学教育转化为中国最早的知识分子阶层，汇入革命运动的历史洪流之中；有的则在各种社会变动的冲击下，流向了社会下层。随着革命运动的不断深入，封建制度逐渐土崩瓦解。"士农工商"结构的错动，等级身份制度的废除，使得维系士大夫特权地位的封建功名、身份被逐出了法律范围，士大夫作为一个封建阶层由分化逐渐走向消亡。②

在士大夫消亡的过程中，受时代思想意识影响，中国社会观念也在不断发生着变化。这种变化带动了史学观念和价值观念的变化。尤须指出的是，

---

① 参见陈旭麓：《近代中国社会的新陈代谢》，生活·读书·新知三联书店，2018，第372-379页。

② 参见王先明：《近代绅士——一个封建阶层的历史命运》，天津人民出版社，1997，第316-323页。

史学革命和政治革命都对士大夫群体的历史地位和评价产生了负面影响。自甲午战争后四五年间，传统历史观念被挤出了中心地位。历史进化论在中国知识阶层迅速传播，梁启超等人发起的"新史学"运动昭然而兴，其典型特征之一就是群体代替帝王成了历史书写的主体。在种族主义、国族主义思潮下，满汉之分、夷夏之别的话题再次凸显，近世知识分子对"士大夫"的评判带有强烈的种族主义色彩，成为排满革命的工具。为了煽动社会各界的仇满情绪，明清易代之际清军屠城、忠明者誓死抵抗的历史屡屡进入革命者的视野，被重新书写。在革命史观和汉族主义立场的影响下，凡在族群竞争中进行抵抗得到了表彰，被视为"民族英雄"。反之，与中国历史上汉族以外其他族群合作者，则不由分说，一律视为"汉奸"。[1]这种以中国历史时期族群竞争为分畛的历史观不仅在当时社会上引起了很大反响，而且在今天人们的价值评判体系中，这种特殊时代形成的社会观念依然留有痕迹。及至新民主主义革命时期，革命和阶级斗争成为普遍流行的社会观念，对士大夫阶层批判的论调贯穿始终。士大夫及其家族被称为土豪劣绅、封建余孽、剥削阶级，成了革命及改造的对象。

第二节　地域社会中的沂水地方文化

所谓"地域社会"一词中的"地域"并非一般习以为常的自然地理空间，通常地理学仅以自然地貌为划界的标准，而是指不同历史时期的人文地理空间，更为注重人文社会现象的内部关联性，其研究焦点关注于国家与环境在社会变迁中所扮演的角色。因此，地域社会既可视为各种经济、政治、文化意识等关系的运作场所，也可视为一个提供各种社会关系的操作概念。作为人们生活的基本场所，地域社会并非固定不变的地理空间，而是以人际

---

① 参见姜萌：《族群意识与历史书写》，商务印书馆，2015，第199—200、246—247页。

间的关系网络和认知共同体为边界。有关明晴时期沂水望族"刘南宅"历史
发展脉络的讨论就与"地域社会"的空间范畴十分契合。从狭义的地域社会
角度来说，沂水县是刘氏家族的主要生活空间，然而明清至今，沂水县域的
地理空间屡经裁析，行政隶属也有变化，因此相关文化背景需置于明清时期
沂水行政区划的框架内加以讨论。就广义的地域社会空间而言，作为地方望
族，"刘南宅"相关联的人文交往空间乃是以历史上的沂水县域为中心向四
周辐射，基本涵盖了鲁中山区的大部分区域。

一、地理沿革

沂水县位于山东省东南部，临沂市北部。东与莒县相邻，西与沂源、蒙
阴交界，南与沂南毗连，北与临朐、安丘接壤，总面积为2484.8平方公里，其
面积在山东各县中位居第二位。沂水县地形以低山丘陵为主，境内多山，共
有大小山头3794个，其中海拔500米以上的有318个。因沂水、蒙阴多崮，素
有"蒙阴、沂水七十二崮"之称。这些山崮多为风景秀丽的自然景观。境内
河流众多，较大的河流有沂河、沭河、浯河三条。沂河是境内最大的河流，
源于沂源鲁山，自沂水西北而入，由县境东南而出。沂水县即因沂河过境而
得名。

自明清至今，沂水隶属及地理区划屡经变更。据《明史·地理志》，洪武
三年，沂水属青州都卫，洪武八年改属山东都指挥使司，洪武九年沂水县属
山东布政使司青州府莒州，此后很长一段时期，沂水隶属青州府管辖。明末
又改属沂州府。清初，沂水的行政建制大体沿用明制，雍正八年属莒州直隶
州，雍正十二年改属沂州府。自此，沂水县在清代的隶属未变。

1913年废清制，改府设道，沂水县属岱南道，1915年改属济宁道，1925
年又改属琅琊道。1928年废道，沂水县直属山东省政府，1934年改属山东省
第三行政区督察专员公署。1936年，行署由沂水迁往临沂，沂水县属之。中
华人民共和国成立后，沂水县相继归属沂水专署、临沂专署、临沂地区。
1994年临沂撤地设市，沂水县属临沂市。

明清时期，沂水县辖区大体保持稳定。抗日战争时期至新中国成立之

初，沂水县辖区屡遭析裁，情况比较复杂。抗战时期，根据斗争形势需要，沂水县被重新析划。1939年10月，中共山东分局（驻沂水王庄）沿泰石公路将其划分为南沂蒙和北沂蒙。1940—1944年间，原沂水县和临沂县北部、莒县西部和西北部又先后被划为七个县：沂临边联县、沂南县、莒沂边县、沂中县、沂北县、沂东县、沂源县。其中，沂南县1940年由沂水、临沂、莒县析出部分地区设置。1958年11月复又被裁入临沂、沂水、蒙阴、莒县四县。1961年析出沂水、蒙阴二县及临沂市部分地区重新复置。沂北县于1940年析出沂水县东北部、莒县西北部设置，1949年被裁入莒沂县。莒沂县又于1953年分别被裁入沂水县、莒县。沂源县则是1944年析出沂水县西北部、蒙阴县东北部设置。1961年再次被析出部分辖区重置沂南县后，沂水县区划保持稳定，一直延续至今。据上所述，明清时期的沂水县辖区比现在的管辖范围略大，基本上包含今天沂水县全境、沂南县大部分地区以及沂源县西北部。沂水的近邻莒县存在类似情况。如现属日照市的五莲县，即1947年析出诸城、莒县、日照三县部分地区设置。现属临沂市的莒南县，系1940年析出莒县南部设置。也就是说，五莲县部分地区、莒南县在明清时期归属于莒县。[①]

从上述县域的地理沿革和归属关系来看，历史上沂水县与现在的沂南、莒县、莒南、沂源、青州、淄川、博山等都有着较为密切的关联。[②]因为这种天然的地缘关系和区划、隶属渊源，这些县域在文化表征、日常习俗、民间信仰等方面比较接近，来自民间的人际交往和文化交流也就较为频繁，基本上属于同一文化区域。比如青州府和沂水，因为历史上长期存在的行政隶属关系，青州府官员和沂水的联系比较密切。这一点从沂水方志中有所体现。康熙朝《沂水县志》艺文卷共收录诗文28篇，其中青州府官员及益都籍官员所作诗文即有8篇，这包括青州两任知府朱鉴《沂水道中即事》、李学道《登

---

①参见《沂水县地名考略》，载沂水县地名委员会编《山东省沂水县地名志》，山东省沂水县印刷厂印刷，1988，第7-15页；牛平汉主编《清代政区沿革综表》，中国地图出版社，1990，第188、189、200、201页；张在普编著《中国近现代政区沿革表》，福建省地图出版社，1987，第112页。

②据牛平汉主编《清代政区沿革综表》，清雍正七年重新析划前，青州府辖益都、博山、临淄、博兴、临朐、安丘、沂水、莒州、蒙阴、日照等。

沂山》，青州府兵备王世贞《清明雨中过穆陵关》，青州等处海防道张能鳞《沂水朝发》《二贤祠》《孟母墓》《雪中行役》，时任礼部郎中益都宋延年《过穆陵关》等诗，占比达四分之一强。[1]淄川一带士人和沂水的联系也比较密切。时任礼部尚书兼文渊阁大学士的淄川张至发在为刘应宾母亲题写的墓志铭中开篇就讲道："余居淄，去沂水里门匪遥，素闻刘母间史。"[2]从这段话来看，张至发应邀题写墓志铭并非全凭刘应宾提供的行状，而是对刘母品行素有耳闻。可见淄川与沂水两地民众往来甚密。清代文学巨匠淄川蒲松龄曾到沂蒙山区一带采风，对沂水的民俗文化、历史掌故非常熟悉。《聊斋志异》中涉及沂蒙山区的篇目达34篇，其中与沂水有关的计11篇。[3]

至于沂、莒、郯、蒙一带，同处沂蒙山脉腹地，在民俗文化、社会风气方面更是十分接近。清代张曜等所修《山东通志》风俗篇对这些地方风俗的概述相差无几，论及风气皆言淳朴、淳厚。[4]

按照区域社会史方法论关于"地域社会"的研究概念，本书对沂水县社会文化变迁的讨论并非仅限于自然地理空间，而是基于历史关联、人文联系而设定的文化空间概念，其范围远较实际行政辖区要大。具体来说，以明清时期沂水县、莒州为中心向四周辐射，北至博山、淄川，东达青州、诸城，西部、南部则大体包括沂蒙山区蒙阴、费县、临沂等县市。

二、文化变迁

从历史上看，沂水及其周边区域同属东夷文化带。据地方文史专家研究，春秋时期，沂水、莒县、沂南、临沭、日照、五莲、诸城等县市皆属莒

---

① 黄垆登主修《沂水县志》卷六《艺文》，载沂水县地方史志办公室整理：康熙《沂水县志》，中国文史出版社，2015，第116-138页。

② 四修族谱编撰委员会编《刘氏族谱》卷一，2008，第93页。

③ 宋希芝：《论〈聊斋志异〉与沂蒙民俗的双向互动》，《兰州学刊》2012年第11期，第59页。

④ 张曜、杨士骧修，孙葆田等纂：《山东通志》卷四十，载山东省地方史志办公室整理《山东通志》，齐鲁书社，2014，第11页。

国版图，受莒文化（东夷文化）影响很大。①淄川、博山则属齐文化区域。无论齐文化还是莒文化，其渊源都属于东夷文化。在历史上，该区域有信仰巫术的传统。明清及近现代山东黄河以南和江苏北部地区属于一个傩文化区。傩文化区的特点就是历史上曾经巫风盛行，在鲁中南地区其表现形式为"装姑娘"的傩祭歌舞，其目的是请神还愿、驱魔镇灾。②现今博山、淄川一带流行的"拌玩"，莒县、沂水一带流行的秧歌这种民俗表演形式就是从古代"傩祭歌舞"衍化而来的。著名历史学家史景迁在《王氏之死：大历史背后的小人物命运》中生动地描述出清代沂水邻邑郯城县巫术风行的情况："鬼魂和梦魇的世界依然是郯城的一部分。《县志》提到居民是如何超乎寻常的迷信——半数以上相信鬼魂和法术；他们尊敬女性巫者，这些巫者像神一样能召唤出幽灵的世界；生病时，他们从不吃药，而去咨询地方的术士；邻居常常聚集成群，彻夜祈祷。"③

在古代，当地民众不仅信仰巫术，对各路神灵的信奉也十分普遍。明清时期临沂地区民间信仰种类众多，分布广泛，既有对碧霞元君、东岳大帝、玉皇大帝等自然神，关帝、地方名宦等人格神的信仰，也有对龙王、八蜡等灾害神的信仰。这些民间信仰总体上呈现出种类多样性、地域广泛性、主体普遍性、目的功利性的特点，除具有心理慰藉、社会整合的作用外，对当地民众生活也产生深远影响。④

民间信仰的繁盛推动了寺、观、祠、庙等神圣建筑空间的修建。据《沂水县志》载，明清时期城内城外曾设有坛、宫、庙、祠、寺、观等二十余处，这包括社稷坛、风雨雷山川坛、文庙、武庙、文昌祠、蒙阴阁、玉皇阁

---

① 参见莒县文史资料委员会编《莒县文史资料》第十辑，载莒县文史资料委员会编《莒文化研究专辑》（一），莒县印刷厂印刷，1998，第1-23页；沂水县地名委员会编《山东省沂水县地名志》，山东省沂水县印刷厂印刷，1988，第7-8页；沂水县民政局、沂水县地名委员会办公室编《沂水县地名文化考》，科学文化艺术出版社，2012，"序言"第1-4页。

② 车锡伦：《民间信仰与民间文学》，博扬文化事业公司，1998，第214、223页。

③ 史景迁：《王氏之死：大历史背后的小人物命运》，李孝恺译，广西师范大学出版社，2015，第31页。

④ 胡梦飞：《明清时期临沂地区民间信仰述略》，《临沂大学学报》2015年第37卷第2期，第24页。

等庙宇。^①博山县的庙观建筑同样不少,仅保存至今的就有"文姜祠""玉皇宫""红门""炉神庙"等。烧香、拜神、祈愿成为当时民众日常生活的重要内容之一。莒县浮来山定林寺、沂水灵泉寺、博山正觉寺至今香火不断。在道教信仰方面,博山县民间信仰传统遗存较为典型。当地群众出于福报心理和功利心态,除逢神灵诞辰日在玉皇庙、红门举办盛大宗教仪式外,凡涉及生子、考试、徙居、就业等事也往往习惯于到这些宗教场所烧香、做法事,以禳灾祈福、祈求神灵保佑。^②

就社会风气而论,莒县、沂水一带百姓历来淳朴。《山东通志》载:"莒州,士风淳厚,绝无奔竞之习,民性驯朴,号为易治。民朴而愚,不见纷华藻饰之行。沂水县,沂俗质鲁,多椎少文,衣布食粟,环堵茅茨之间,不知世间有淫冶靡丽事也。游士不入其境,强豪无所容足,最称易治。"^③这种民间风气一直延续至今。^④

总体来看,民风淳朴、巫风盛行、民间信仰繁盛是古代该地民间文化的典型特征。所谓穷乡多异,在这样的文化土壤下,极易滋生民间故事和传说。这些传说、故事的内容非常丰富。以沂水为例,1956年山东大学中文系师生到沂水,搜集整理了20多万字的文学资料,有歌谣、民歌、莲花落、故事传说、戏剧等。1960年作家刘知侠到沂水体验生活,编写了《沂蒙山的故事》一书。1961年县文化馆编写了45万字的《沂水县民间文学资料集》,1987年又整理编辑《沂水县民间文学集成》。^⑤在沂水县民间传说中,神话传说占有相当大的比例,与吕洞宾有关的就有若干则。这包括"刘南宅"来历的传

---

① 参见沂水县地名委员会编《沂水城考》,载沂水县地名委员会编《山东省沂水县地名志》,山东省沂水县印刷厂印刷,1988,第18—19页。

② 因工作关系,笔者近两年常驻博山原山景区,工作地点紧邻玉皇宫、红门、文姜祠等古迹,对当地民众在这些庙宇的祭拜情况有较为直观的了解和体会。

③ 张曜、杨士骧修,孙葆田等纂:《山东通志》卷四十,载山东省地方史志办公室整理:《山东通志》,齐鲁书社,2014,第11页。

④ 尽管时过境迁,在商业文化侵蚀下,近年来沂水及周边县域都在大搞旅游文化建设,商业元素、功利思想几乎无处不在,但相对而言,"朴实"仍然是许多外地人对沂蒙山区民众的第一印象。

⑤ 沂水县民政局、沂水县地名委员会办公室编《沂水县地名文化考》,科学文化艺术出版社,2012,第12页。

说，刘应宾搭救了吕洞宾，吕祖为报恩赐予刘家一座宅院——八卦宅；《一烛青松和天书石的传说》讲述了吕洞宾指点"刘南宅"大公子的故事[①]；沂蒙山区还流传着吕洞宾与白牡丹仙子的故事[②]、吕洞宾曾在沂水圣水泉边修道等传说[③]。这充分说明，神仙吕洞宾对当地民众有较大影响，吕祖信仰在当地及其周边区域曾经盛行一时。另外，这也反映出当地士庶阶层乐于通过创造神话传说来表达心中喜恶和价值取向。

从"士"的角度而言，明清时期当地科举文化兴盛，题名科甲者数量较多。尽管有研究者认为，明代山东沂沭河流域的科举水平受自然地理环境、人文地理环境等因素的影响，较鲁西运河沿岸济宁、德州、临清州、聊城等地略低[④]，但如果将明清两代情况做比较，则呈现递增趋势。比如莒县在明清时期考中进士者共30人，其中明代12人，清代18人；五莲县计13人，其中明代7人，清代6人；沂水县计31人，其中明代14人，清代17人。[⑤]在科举文化的背景下，当地士人阶层形成了以下文化特征：

其一，圈子文化。在高中进士者中，不乏出身科举世家、科宦望族者。这包括沂水"刘南宅"、高氏家族，莒州庄氏家族、管氏家族，诸城刘氏家族、王氏家族，蒙阴公氏家族，新城王氏家族，博山赵氏家族等。这在当地百姓编撰的歌谣中有所体现。莒县流传"大店庄、北杏王，功名出在小窑上"，蒙阴县有"蒙阴县、公一半"的说法，沂水县则有四大家族"高、刘、袁、黄"的说法[⑥]。这些歌谣只是一种笼统的说法，实际上各县域有实力的家族并不止这几家。以沂水为例，仅著名的刘姓家族就有"刘南宅""八

---

① 郭庆文编《雪山传说》，山东省地图出版社，2001，第147–150页。

② 参见沂水县文学创作研究室编《沂水民间故事集》，中国广播电视出版社，2007，第186–190页。

③ 李立刚：《东皋志异》，时代文艺出版社，2005，第189–193页。

④ 梁姗姗：《明代山东沂沭河流域科举人才的地理分布、特点、成因及其影响》，《内蒙古农业大学学报》2010年第2期，第334–335页。

⑤ 数据主要依据以下材料整理：日照政协编《日照进士录》、沂水县地方史志办公室编《沂水年鉴（1991—1999）》之《沂水县明清科第名录》、梁姗姗《明代山东沂沭河流域科举人才的地理分布、特点、成因及其影响》、宋祥勇《明清大店庄氏家族文化述略》。

⑥ 刘宝吉：《消失的迷宫：沂水刘南宅传说中的神话与历史》，《民俗研究》2016年第5期，第104页。

楼刘""南店子刘""北店子刘",其他还有杨氏、相氏、武氏等影响较大的家族。有些家族声气相投,世代联姻,形成了盘根错节、相互倚助的关系网络,成为举足轻重的地方力量。有些家族在资源竞争的过程中,关系并不融洽,彼此间没有较为密切的交往。当地望族在姻亲方面的取舍选择就颇耐人寻味。"刘南宅"就和当地高氏、庄氏世代联姻。这从侧面也反映出当地士人非常重视"圈子文化"。除姻娅关系外,师承关系、同年关系同样为当地士人阶层所重视。沂水县图书馆收藏的清代咸丰朝山东省乡试《履历》手抄本就充分反映了这一问题。①在这份《履历》档案上,每位中式者的家族、师承、姻亲等主要社会关系的情况一目了然。可以推断,这份档案最初的拥有者绝非普通百姓,而是出自某位读书人之手,其传抄这份履历的目的之一就是为了便于拉关系。

其二,家族文化。在沂水、沂南、莒县、莒南、五莲等地田野调查期间,笔者发现了大量明清时期编修的族谱。这些族谱有的散落民间,有的则被当地图书馆、档案馆收藏,反映出明清时期该区域内几乎每个县都形成了若干文化家族、科宦家族。这些家族具有共同的文化特征,都非常重视文化传承和族谱编撰工作。比如沂水"刘南宅",沂南刘家店子刘氏、大庄高氏,莒南庄氏近些年就相继重启了族谱修撰工作。族之有谱,如国之有史。一部家谱记载了家族在历史上的起伏兴衰,记录了祖先的嘉言懿行,是延续血脉、凝聚亲情、厘定长幼之序、传承家族文化的重要文本。这种民间自发的书写家族历史的文化行为,充分体现出中国传统社会的"家族主义"思想。这些家族非常重视家风、门风和文化传承,重视个人德行和社会名声。

其三,济世文化。这是山东仕宦家族普遍具有的特点。据相关文献记载,明清时期沂水籍官员无论在朝在野都非常关注民间疾苦,为官则刚直不阿,他们往往利用手中的权力,在平反冤狱、取贤汰劣、救济灾民、厘正风俗等方面做出卓越贡献。在他们的影响下,其家族往往是地方公益事业的积

---

① 据沂水县图书馆工作人员讲述,这份文献是解放沂水县时,从国民党县政府接收过来的。除记录乡试中式者的考中名次外,这份档案详述了他们的年龄、籍贯、婚配、家族成员、师承等方面的情况。

极倡导者和践行者。中国儒家传统中的济世思想在这些士大夫心中根深蒂固，成为家族世代相传的文化传统。

其四，谈异文化。该地区士人向有说奇谈异的传统。佛教、道教的受众不仅仅限于庶民阶层，还包括士大夫阶层。一些士大夫之家，将宗教类、术数类书籍作为日常读物。这一点从地方图书馆收录的清代书籍可见一斑。如在沂水调研期间，笔者在该县图书馆发现了《历代仙人史八卷》（清光绪七年刻本）、《列代仙史》、《劝诫三录》（清道光印本）、《沂坛训录》、《观世音菩萨本迹感应颂》（民国十五年刻本）、《异谈随笔录》（清刻本）等宗教类古籍。据工作人员介绍，这些书籍基本都是从当地民间征集而来的。青州市图书馆同样馆藏了大量宗教类、术数类古籍。①

士大夫文化与庶民文化并非截然对立，两者间的界限很难划分，士大夫文化有时也会受到民间通俗文化的影响。受民间文化之影响，士大夫不仅对志怪异事、佛经道论、宅经相术喜闻乐见，还善于利用民间搜集的素材进行文学创作。最典型的例子是蒲松龄，所著《聊斋志异》乃是当时志怪小说集大成者。其他诸如新城王士禛撰《池北偶谈》、博山孙廷铨撰《颜山杂记》、青州邱琼玉撰《青社琐记》也都收录有神仙鬼怪之事。这些著述的素材多来源于民间社会。

在猎奇谈异的文化背景下，随着《聊斋志异》在齐鲁大地的广泛传播，蒲松龄这个落魄书生声名鹊起。清代至今，蒲松龄是当地卓有影响的历史人物之一。沂水县流行蒲松龄曾在沂水"刘南宅"、沙沟李家坐馆的说法。②可见，蒲松龄在沂水民间社会深入人心。当地百姓深信蒲松龄创作的《聊斋志异》与沂水县有密切关联，并与有荣焉。这种心理在现实生活中仍留有痕迹。比如21世纪初沂水县开发建设的"刘南宅商业步行街"北首即矗立着一

---

① 文化青州大型书库编撰委员会编《青州文史系列之四·青州古籍名录》，青岛出版社，2010，第224、283-294页。

② 这一说法在沂水当地文史工作者编写的文史资料中多次出现，如《沂水县文史资料》第一辑之《沂水县同盟会兴学纪要》、第十二辑之《沂水城》、第十六辑之《商略黄昏雨：刘纶襄传》等文献。另据宋希芝《论〈聊斋志异〉与沂蒙民俗的双向互动》一文研究，蒲松龄曾多次到沂水县采风。

座蒲松龄雕像。雕像背后有几行文字说明，大意是说我国古代著名文学家蒲松龄曾在沂水采风，并在"刘南宅"坐馆当私塾先生云云。如此看来，历史上的文学巨匠摇身一变成了今天沂水县经济发展的商业名片。令人错愕的是，这片在"刘南宅"旧址基础上开发的商业区，虽然以"刘南宅"冠名，却没有一点与"刘南宅"直接相关的文化元素。在历史上曾经活跃的刘氏名人没有一个被雕塑成像，反倒是异乡客蒲松龄充当了沂水县的文化符号。所谓蒲松龄在"刘南宅"坐馆云云，不过是为了借助这位名满天下的文学家的声望，来提升商业街的名气罢了。这充分反映出蒲松龄及其创作的鬼神故事在当地具有巨大的影响力。类似的情况还出现在博山县原山森林公园，景区内竖立着十余位淄博历史名人雕像，而蒲松龄正是其中之一。由以上两个案例可见，蒲松龄在沂水及其周边地区的名气和影响都比较大。

其五，商业文化。明季以来，随着商品经济的发展，明清士人对"治生""人欲""私"逐渐产生了新的理解，对从商的态度有所转变，因此士商互动成为这一时期较为普遍的社会现象。以地方经济而论，明清时期商业在沂水一带民众生计中占有很重要的地位。万历朝进士公鼐在《沂水县志》序言中就曾说道，经商是沂水县土地贫瘠而民不重困的重要原因。[①]当地大族"刘南宅"与大店庄氏发迹前就是商户出身。虽然通过投身举业改换了门庭，步入仕宦阶层，但家族仍然延续了经商传统。比如庄氏家族有七十二堂号之说，每个堂号都经营有钱庄、油坊、酒坊、商铺等实业。[②]据"刘南宅"十六世刘统业讲述，清末民初刘家在沂水开办了"盛和隆"商铺，在济南开设了"东裕隆"烟草公司。[③]士人经商，其家族文化自然就难免受到商人伦理精神的影响。

尽管地处鲁中南山区，沂水却是南来北往的交通要道，北衔京津、南联苏皖，地理位置非常重要。沂水县境穆陵关、博山县境青石关都是古代重要

---

① 公鼐：《沂水县旧志明万历公鼐序》，载沂水县地方史志办公室整理：道光《沂水县志》，中国文史出版社，2015，第7-8页。

② 朱亚非等：《明清山东仕宦家族与家族文化》，山东人民出版社，2009，第376页。

③ 采访时间：2018年4月13日；采访地点：沂水县刘统业家；采访人物："刘南宅"十六世刘统业。

关隘。明清士子北上南下，往往途经青石关、穆陵关一线。蒲松龄南下宝应做幕僚，正是经青石关过沂州，始达江苏境内。[1]据道光《沂水县志》，在沂水留下足迹的文人雅士就有宋代文豪苏轼、苏辙，明代官员公鼐、薛瑄、王世贞、宋延年等，明清易代之际的重要人物周亮工、王士禛、孙廷铨等。他们留下的诗文多是以穆陵关为主题的。因此相较其他地方而言，在中国传统社会信息传播不发达的情况下，这一带在资讯方面并不闭塞。明代蒙阴进士公鼐在沂水县旧志序言中有一句话非常精辟："地接五州流民，往来客主杂处。"[2]通过南来北往的士人、商人、武人、僧人各色人等，当地民众尤其士人阶层很容易获得来自外界的信息，地方文化也难免会掺入外来文化元素。

20世纪以来，随着中国传统社会向现代社会转型，当地文化发生了剧烈变革。总体来看，可分为两个阶段。

第一个阶段是20世纪初至20世纪70年代。这一阶段，革命文化是当地文化主旋律。在沂水县政协文史资料委员会所编二十辑《沂水县文史资料》中，对革命英烈事迹、革命活动的叙述占了很大篇幅，其中既有革命者的回忆录、口述资料，也有普通民众的回忆。从这些资料来看，自清末面临民族危机以来，沂水民众逐渐形成了光荣的革命传统。在辛亥革命、五四运动、土地革命、抗日战争、解放战争等历次革命运动中，当地民众无役不与，表现出沂蒙山人的爱国热情和革命情怀。抗战胜利后，沂水民众积极参军参战、踊跃支前，与中国共产党领导的解放军子弟兵鱼水情深。沂蒙山区作为革命老区，为解放战争的胜利做出了不可磨灭的贡献。[3]尤其值得一提的是，在残酷的战争年代，沂蒙山区涌现出无数善良的沂蒙母亲、沂蒙红嫂。她们不顾个人安危，用自己的乳汁救助八路军、解放军伤员，形成了享誉全国的

---

① 邹宗良：《蒲松龄年谱汇考》，博士学位论文，山东大学，2015，第205-206页。

② 公鼐：《沂水县旧志明万历公鼐序》，载沂水县地方史志办公室整理：道光《沂水县志》，中国文史出版社，2015，第6页。

③ 相关情况采自胡奇才撰《人民战争的胜利：忆解放沂水城之战》，马玺伦提供、庞守民整理《孟良崮战役陈毅指挥所》，靳星五撰《革命老人刘民生》，韩鸿钧和胡士俊回忆、庞守民整理《解放战争时期的沂河大木桥》，张家朴整理《后坡：华东特纵特科学校的诞生地》等文。参见沂水县政协文史资料委员会编《沂水县文史资料》第十辑、第十九辑。

"沂蒙精神""红嫂精神"。在浓厚的革命传统熏染下，新中国成立后至"文革"结束，"无产阶级革命""阶级斗争"始终是革命老区沂水县的主流话语。

20世纪80年代至今，随着改革开放的不断深入，旅游业成为当地支柱产业。旅游文化、商业文化是沂水县文化特色之一。凭借得天独厚的自然、历史人文资源，沂水县开发了大峡谷景区、天然地下画廊景区、地下荧光湖景区、天上王城景区、雪山彩虹谷景区、沂蒙山革命根据地景区等。[①]在这样的时代文化背景下，地方史、乡土文化回归人们的视线，日益受到关注。为发掘旅游文化资源，当地政府和文史爱好者对搜集整理民间传说、书写历史名人、传承家族文化正产生浓厚兴趣，一些地方史志资料、民间文学相继涌现。

---

① 王志东、丁再献：《山东旅游绿皮书》，中国旅游出版社，2008，第227—233页。

第二章　晚明"刘南宅"历史　》

第一节　生存策略探析

晚明时代，"刘南宅"家族相继经历了移民、商户、士人、官宦家庭的身份转换。在这一过程中，自一世刘堂至四世刘应宾，刘家筚路蓝缕、奋发图强，不仅成功摆脱了"外来户"的尴尬，在沂水县站稳了脚跟，而且一跃成为在当地拥有一定社会声望和影响力的仕宦家庭。这与刘家先世聪慧、机敏、务实的生存策略有着极为密切的关联。

一、转机：因商而富、由商入仕

1.移民的困惑：地方歧视

"刘南宅"是明清时期沂水当地赫赫有名的仕宦家族。从四世刘应宾考中进士、入朝做官开始，刘家子孙有多人考取举人、进士，相继被委任为朝廷和地方官员。这无疑为刘氏家族在沂水地方社会积攒了声望。毫不夸张地说，有清一代刘氏家族在沂水当地拥有极大的影响力。然而刘氏先祖并非当地土著，而是由川入鲁，又辗转从山东潍县迁入沂水定居。因为在当地缺乏根基，刘家先世早期的生存状况十分艰难。

中国古代民众向来安土重迁，宗族尤重于此。由于战争、出仕、经商及政府有组织的移民，总有一些人移居到新地方，成为后来发展起来的新宗族的始迁祖。[①]据《刘氏族谱》记载，刘应宾曾祖刘堂是沂水刘氏家族始迁祖，其先人为莱州府潍县人，明洪武年间自四川省内江县玉带溪村徙居于潍县。刘堂的父亲名叫刘英，困于军灶而殁，其字号生平行谊已无可考。[②]

早期移民日子过得十分艰辛，但是通过积极的贸易活动，为家族发展赚取了第一桶金。[③]"刘南宅"先祖的早期历史正是如此。

刘堂由潍徙沂，"举家仅三口，困瘁萧条，莫可名状，僦居于沂水城南南庄，只有茅屋数椽，不避风雨。父子贩布为生，时向苏村贸易。"[④]刘堂去世后，刘志仁[⑤]子承父业，继续从事贩布贸易。在母亲佐助下，由于经营有道，从事不数年即累至千金。从二世刘志仁开始，刘家经济状况才有了极大改观，由不名一文的移民家庭转变为资产颇丰的商户，在当地拥有相当可观的产业。当刘志仁去世的时候，其遗业有丘村旧墅、九松书斋、沂城南关舍。[⑥]

刘氏由贫转富固然与刘堂父子勤勉努力密切相关，但也得益于天时地利。明代中叶以后，农作物商品化程度提高，商业得到了长足的发展，不受商业影响的偏僻村落变得寥寥无几。在行商贩卖中，丝、棉织品占有很大的比重。在商品经济蓬勃发展的刺激下，很多地方形成了商品集散地"集市"或者"市镇"。[⑦]具体就当时沂水县来说，蒙阴进士公鼐的总结可谓鞭辟入里："铅松、屦丝、夏翟、孤桐之属，兼青徐之产，采山煮海，鱼泊之利，不蓄

---

① 冯尔康、阎爱民：《宗族史话》，社会科学文献出版社，2012，第135页。

② 四修族谱编撰委员会编《刘氏族谱》卷一，2008，第77页。

③ 梁勇：《移民、国家与地方权势——以清代巴县为例》，中华书局，2014，第79-80页。

④ 四修族谱编撰委员会编《刘氏族谱》卷一，2008，第77页。

⑤ 刘志仁是刘堂之子，其子刘励。刘励之子为刘应宾。刘志仁是刘应宾的祖父。

⑥ 四修族谱编撰委员会编《刘氏族谱》卷一，2008，第80页。

⑦ 参见卜正民：《纵乐的困惑——明代的商业与文化》，方骏、王秀丽、罗天佑译，广西师范大学出版社，2016年，第127-131页；张显清：《明代社会研究》，中国社会科学出版社，2015，第63-72页；樊树志：《晚明史（1573—1644年）》上卷，第2版，复旦大学出版社，2016，第65-66页。

而富，则土瘠而民不重困之明验也。"①也就是说，在土地贫瘠的情况下，沂水百姓并不完全以农业为生。蚕丝、手工及贩卖之业在当地百姓生计中占有相当大的比重。尤其蚕桑丝织之业乃是当地的一大特色。对此，博山孙廷铨在《山蚕说》中称赞道："山蚕，齐鲁诸山所在多有，今他省亦间有之，而以沂水产者为最。"②就集市来说，沂水邻境莱芜县共有十七处集市，各处集市日期不同，大体五日一集，这对莱芜乡民来说，就保证了每天都有集市。③沂水县商贸方面的情况也不遑多让，据康熙《沂水县志》载，共有集市二十一处。④如上种种，浓厚的时代商贸氛围、沂水县独具特色的丝织业以及境内众多商品交易场所为移民无产者谋生提供了必要的社会环境。

然而，经商致富并未完全改善"外迁之户"的生活窘境。虽然刘家有财力营造园林屋舍，但商人身份并不足以使其在地方社会得到足够的尊重和认可。正如魏斐德所论，明清商业的成功不会自动带给商人社会安全。财富的确可以购买政治影响力，但是它不能命令官员服从。⑤刘志仁营造房屋时就颇受沂人之辱，其北面的空地被邻人侵占，南面的地基被当地豪者夺取。⑥对此，刘志仁表现得十分温和，没有与之计较。甚至对方临死悔悟，嘱托后人归还时，刘志仁亦拒不纳。不仅限于邻里之间，刘志仁在日常生活中的人生态度也非常豁达，以平和态度待人。每天经营结束后，他备好酒肉与同伴尽欢而归。这使当地人对移民刘氏产生极大的好感，刘志仁因此赢得了"刘佛"的好名声。⑦这固然是刘氏"仁厚"的良好品性使然，但也包含了移民家庭的某种无奈。对于所受屈辱，刘氏内心其实非常愤懑不甘。这从当事人刘志仁

① 公鼐：《沂水县旧志明万历公鼐序》，载沂水县地方史志办公室整理：道光《沂水县志》卷一，中国文史出版社，2015，第7—8页。

② 张燮主修《沂水县志》，载沂水县地方史志办公室整理：道光《沂水县志》，中国文史出版社，2015，第358页。

③ 樊树志：《晚明史（1573—1644年）上卷，第2版，复旦大学出版社，2016，第69页。

④ 黄胪登主修《沂水县志》卷六《艺文》，载沂水县地方史志办公室整理：康熙《沂水县志》，中国文史出版社，2015，第34—35页。

⑤ 魏斐德：《中华帝制的衰落》，邓军译，黄山书社，2010，第43页。

⑥ 四修族谱编撰委员会编《刘氏族谱》卷一，2008，第79页。

⑦ 同上书，第79、86页。

嘱托儿子刘励的私话可略见一斑:"今以逆旅沂上,沂之人藐我为外户,汝其大吾门,勿忽吾言也";"吾辛勤征逐仅能立基,然自念多隐行,予勉旃当以儒大吾门"。为激励子孙举业成功,他还购置了一个大鼓,说:"将为汝庆鹿鸣也。"[①]可见,刘氏先祖急于摆脱移民身份带来的尴尬,获取地方社会认同。

2. 移民的应对:科举入仕

如前所述,经商致富只是带来了经济上的改观和物质生活的丰富,却并不足以提升移民、商人家庭的社会地位。当物质需求得到满足后,二世刘志仁开始谋求社会声望,提高政治地位。明代科举制度为刘志仁的政治追求提供了条件。科举制度发展到明代,已经比以往历朝历代更加完善和兴盛,无论考试的手段、文体,还是实施过程,都相对比较公平,这为寒士或商人子弟进入官僚体系、改换门庭提供了门径。[②]因此,刘志仁非常重视文化教育,将科举入仕看作家族延存、壮大的希望所在。刘志仁的这种打算和期许是对中国传统价值取向的反映——通过科举考试,考取功名,从而解决移民身份带来的困扰。同时,这也符合晚明社会商人阶层向上层流动的一般形式。随着商品经济的发展,商人社会地位逐步上升,士、农、工、商的传统秩序逐渐演变为士、商、农、工,并且士、商之间出现了双向互动。在由商向士的流动过程中,许多商人子弟进入了士的行列。[③]

商人刘志仁之子刘励,不辜父望,十分争气,"于书无所不读,篝灯五夜,寒暑不辍。尝与中丞公外父廪生耿公讳光暨张某读书上元寺。荒山破壁、淡饭黄齑、蛇鼠纵横,山鬼复于夜窗咿唔或时伸毛手索饮,张惧而归,公恬不为怪"[④]。若干年后,其子刘应宾被授为户部主事,故地重游,再访上元寺,感慨万千,作诗纪念其父山中读书的这段往事:"山衲诵经哦,因忆先

① 四修族谱编撰委员会编《刘氏族谱》卷一,2008,第80、86、87页。
② 张丽敏:《论明代科举制中的公平理念》,载中国明史学会编《明史研究》第11辑,黄山书社,2010,第217-221页。
③ 商传:《走进晚明》,商务印书馆,2014,第317-320页。
④ 四修族谱编撰委员会编《刘氏族谱》卷一,2008,第82页。

严隐。业同亡岳磋，曾闻风雨夜。破壁鬼来摩，同伴渐惊去。"①

三世刘励发奋读书，取得了成效，万历戊子刘励以明经出庠。尽管未能一跃龙门，取得举人、进士功名，但为刘家收获了声名。当时，对刘励的学识，县大夫多赏识之。然而声望之外，一如明季其他秀才，刘励还必须解决谋生问题。秀才们谋生的职业有很多，比如为幕、经商、务农等，但以做教书先生者居多。②一如其他士子，刘励做教书先生以维持家计。"学愈奋，生徒愈广。传经授徒，户外之履常满。以至有仕宦家族以为好秀才，意欲罗致门下，百计诱怵，终屹然不动。"③通过刘励投身举业，刘家开始跻身士人家庭。面对地方纷争，"刘佛"之子刘励不再沉默，甚至敢向政府发声，维护家庭权益。尽管按照明朝禁例，生员不许言事，但到了晚明时代，儒林为公论所出，这一点不仅为生员所信奉，而且为一般的地方官员所接受。于是，一些生员借公论之名开始积极参与地方事务。这其中就包括出入衙门。④当时沂水县赋役繁重，百姓多有因此而家破人亡者。一日以两大户畀伯季，刘励慷慨陈说，县官为动，减其一。⑤

尽管刘励成为当地颇有声望的读书人，开始参与地方事务，但刘家并未成为真正的仕宦人家。明人最重科举一途。凡经科举者与未经科举者，其身份自有所别。晚明得入士大夫之列者，多数仍然是取得过官员身份的人，或者至少是取得过生员、举人身份的人。⑥从这个角度来说，"刘南宅"真正解决移民困惑，是从刘励之子四世刘应宾开始的。

受慈母严父影响，刘应宾一心投身举业。刘侃在《四世祖御史中丞公传》中留下这样一段描述：五岁入塾读书。因为塾师不用心教学，诸童常聚在一起嬉戏。于是刘应宾回家对父亲刘励说，我跟着这样的老师学习，只是

① 刘应宾：《平山堂诗集》，载王钟翰主编《四库禁毁书丛刊·补编》第78册，北京出版社，2005，第548页。

② 吴晓龙：《〈醒世姻缘传〉与明代世俗生活》，商务印书馆，2017，第175页。

③ 四修族谱编撰委员会编《刘氏族谱》卷一，2008，第82页。

④ 陈宝良：《明代社会转型与文化变迁》，重庆大学出版社，2014，第121-123页。

⑤ 四修族谱编撰委员会编《刘氏族谱》卷一，2008，第82、86、87页。

⑥ 商传：《走进晚明》，商务印书馆，2014，第308-310页。

背负空名，时间长了学业就会荒废，不如父亲亲自教导我吧。自此，刘应宾随同父亲在上元寺读书，"丙夜不休，寂寥风雪中，功益苦，虽饥寒弗恤也"①。这样的情况一直坚持了十年。万历四十年，刘应宾25岁考中了举人；万历四十一年，刘应宾26岁考中进士。②

金榜题名是古代士子梦寐以求的事情，很多人终其一生连秀才都未能考取，至于考中举人、进士者更是寥寥。关于科举一途之难，张仲礼在19世纪中国绅士与中国社会的研究中，曾列举如下数例：有的考生，八战秋闱，自后不复应试矣；有的七次应乡试不中；还有的十四次应试不中。至于举人应考会试，也是旷日持久。有的考四次不中，第五次方中；有的屡次不中，终于罢休。据张仲礼先生统计，考生在各级科举考试中的平均年龄为：生员约24岁，举人约30岁，进士约35岁。对一个幸运者来说，从生员到进士，平均需要花十年以上的时间。③

刘应宾26岁即考中进士，无疑是科考众生中为数不多的幸运者。通过科举考试，移民、商人后裔刘应宾具备了入仕资格，开始改变门庭，步入官绅行列。

3. 新仕宦的努力：实心任政

关于晚明士人阶层，吴晗先生曾提出新仕宦阶级的概念，既包含贵族、官僚士大夫和士，还包含参与政府基层管理者。这些人正是当时的统治者集团。因为在明太祖心中，有的只是官与民的身份区别。即便是富户，如果没有身份，也只能算是民。只有统治者、管理者，即所谓新仕宦阶级才是社会主导群体，才会引发社会的变化。④刘应宾在赞皇、南宫、礼部的政治实践正是其跨入新仕宦阶级后引发社会变化的直接反映。

万历四十二年，刘应宾受明廷委派，担任赞皇县令。在等待明廷分配工

---

① 四修族谱编撰委员会编《刘氏族谱》卷一，2008，第103页。

② 同上。

③ 张仲礼：《中国绅士——关于其在19世纪中国社会中作用的研究》，李荣昌译，上海社会科学院出版社，1998，第173-174页。

④ 商传：《走进晚明》，商务印书馆，2014，第300-301页。

作岗位的过程中，刘应宾做了一个梦，梦在西山，原以为是曲沃县。结果明廷谕旨一发，才知道被分配到赞皇县担任县令。赞皇县较为贫瘠、穷困，这对青年书生刘应宾是不小的挑战。上任伊始，刘应宾就遭逢荒年。刘应宾在《西山》一诗中对当时赞皇荒情有生动的描述："斗大乱山中，石田以亩计。槐河枕北流，砂砾荡无际。一旱逾六月，火风刮面戾。……因思大邑宰，敢怨积棘系。殚力活饥民，西山指顾厉。"①随干旱而来的是饥荒。在中国古代社会，由于通信、交通、财政、政治等多方面原因，饥荒是威胁社会安定的重要隐患。因为只要面临饥饿，或者仅仅是担心遭受饥饿，人们即随时准备外逃，这可能是中国古代在危机状况下最独特的场面。在这种情况下，流民、饥民四散，十分容易产生动乱。饥民最初的攻击目标是富民、囤粮居奇及放高利贷的地主和漫天要价的商人。更容易爆发动乱的是那些偏远的乡村，几乎没有什么力量能阻挡制造混乱的饥民群。②明清时期，荒年往往是地方县令面临的重大挑战，倘若处置不慎，往往会引起军民哗变，引发政治动荡。灾区社会稳定与否，官员的能力与素质至关重要。如果地方官重视荒政，临灾救助得法，灾民不至于逃荒，灾区社会自然呈有序状态。③因此，荒政也就成为考量地方官员行政能力的重要参考。由于中国地方史志历来的记叙传统，《赞皇县志》中并没有留下与此相关的只言片语。或许对当时县志编撰者而言，类似事情不胜枚举，但这样的善绩对施善者来说是非常重要的。刘应宾之孙刘侃在家传中留下了这样一段文字记录："公条议救荒，发廪赈赡，众赖以活。课农桑，劝兴行。民爱之如慈母。"④

对刘应宾而言，这是其明末仕途中值得夸耀的政绩，自然乐于在日后的追忆中作诗留念。对于族谱编撰者来说，这件事正是鞭策后世子孙景仰祖先

---

① 刘应宾：《平山堂诗集》，载王钟翰主编《四库禁毁书丛刊·补编》第78册，北京出版社，2005，第545页。

② 魏丕信：《18世纪中国的官僚制度与荒政》，徐建青译，江苏人民出版社，2003，第32、46、48页。

③ 参见赵玉田：《环境与民生——明代灾区社会研究》，社会科学文献出版社，2016，第186-187页。

④ 四修族谱编撰委员会编《刘氏族谱》卷一，2008，第103页。

的极佳素材。尽管刘应宾赞皇救荒之事，只有《西山》一诗和其孙刘侃在家传中极为简短的概述，但是据法国历史学者魏丕信对中国18世纪官僚制度与荒政的研究，事情恐怕远比刘氏所述繁复得多。仅就地方人事而言，一名县官可以有五六名属员，但实际上并不总是这样，况且一个州县的人口通常在10万人以上。因此，地方实际行政工作多是由下层人员书办、皂隶、差役、练勇、捕役等操办。他们社会地位低下，但掌握着实权。然而，这些人游离在中央政府的实际控制范围之外，所以很难保证这些人坚定不移、忠心耿耿地服务于一个并不总是树立清廉榜样的官僚政府。在灾荒之年，官员要想荒政成功，不得不挖空心思抗衡下层办事人员。[①]

刘应宾究竟采取何种措施确保赈粮如实发放到灾民手中，我们不得而知。但是移民、平民、商人家庭的出身经历，显然对其处理地方事务大有裨益。翌年，刘应宾之父在邻境寿张县同样积极参与了救荒工作。《刘氏族谱》中对此事的记录要详细得多。壬子年，因为儿子考中举人，刘励得领乡荐，与刘应宾一起公车北上参加谒选，被明廷授以寿张县司训之职。在任期间，因为刘励公正平和，事上以敬，周济穷困，受到当地人的爱戴，县令对他也十分倚重。乙卯年灾荒，明廷赈灾，发内帑银十万两。刘励受县令的委托，在县域西南乡主持放赈，煮粥散米，日夜操劳，事必躬亲。刘励要求下属务必要把米洗干净，分配公正平均，使数千饥民得以果腹，被时人称赞为活菩萨。[②]

正如魏丕信所言，救荒的关键在于官员的清正廉洁和财务上的公正严明。要想救荒成功，最根本的是消除平时存在于官僚政府与农民间的鸿沟。[③]从刘励救荒的举措来看，可谓老于世故，抓住了救荒的要害。他不辞辛苦，事必躬亲，并提出公正、干净两点要求，这就确保了救荒工作能够取得成功。

刘励救荒是在万历四十三年，刘应宾则是万历四十二年甫任县令就遇灾年。因此，我们无法得出刘励向其子刘应宾传授经验的推论。但从刘励所采

---

① 魏丕信：《18世纪中国的官僚制度与荒政》，徐建青译，江苏人民出版社，2003，第69—71页。

② 四修族谱编撰委员会编《刘氏族谱》卷一，2008，第87—88页。

③ 魏丕信：《18世纪中国的官僚制度与荒政》，徐建青译，江苏人民出版社，2003，第75—76页。

取的较为务实的救荒举措来看，至少可以推断，平民、商人家庭出身起到了作用。显然刘励熟知民情，了解如何在救荒过程中避免被胥吏愚弄。平民、商人家庭出身同样会对刘应宾处理地方事务产生重要影响。刘应宾担任赞皇县令的时间较为短暂，抚按嘉其廉能，上报朝廷荐调南宫县。①万历四十三年，刘应宾转任南宫县令。②刘应宾担任赞皇县令仅仅大约一年时间，本人及其子孙对此留下的记录仅涉救荒一事，可见这是其平生较为得意的一件事情。刘应宾因为救荒有方的政绩获得上级嘉许、推升。刘应宾在《忆大司寇宪葵王老师》中曾经忆及赞皇救荒的这段往事："枳棘大贤叹，深蒙国士知。退而上条议，贾生治安咨。敬献救荒策，泛舟活饥疲。剧邑南宫调，金石不可移。卓异升畿南，特疏非为私。"③从这段诗句可知，刘应宾积极献言献策，参与赞皇县救荒工作。他的表现曾得到上司王纪的赏识。④刘应宾任赞皇、南宫县令时，王纪正担任保定府巡抚。因为刘应宾政绩突出，王纪上疏荐举刘应宾调升南宫县令。

南宫县是位于京畿南面的大县，相比赞皇县更难治理。

其一，南宫徭役繁重，而胥吏执法为奸。南宫有大马之徭，苦于此役，很多百姓家破人亡，无法生存。⑤所谓大马之徭即指明代马政，马政是明朝政治的重要内容之一。明王朝对北方政权作战，需要华北平原提供大量战马，华北平原的养马业一度很兴旺，但是后来的养马苛政致使华北农村走向萧条。明初马政进行较为顺利，尽管从万历朝开始，国家采取了分摊养马费用

① 四修族谱编撰委员会编《刘氏族谱》卷一，2008，第103~104页。

② 胡胤铨纂修《南宫县志》（清康熙十二年刻本）卷六，载北京图书馆编《地方志人物传记资料丛刊》（华北卷）第37册，北京图书馆出版社，2015，第549页。

③ 刘应宾：《平山堂诗集》，载王钟翰主编《四库禁毁书丛刊·补编》第78册，北京出版社，2005，第570页。

④ 王纪，字惟理，号宪葵，芮城人。万历十七年进士，授池州推官。入为祠祭主事，历仪制郎中。秉礼持正，时望蔚然。万历二十九年，帝将册立东宫，数迁延不决，纪抗疏极论。其冬，礼成，擢光禄少卿，引疾去。万历四十一年，自太常少卿擢右佥都御史，巡抚保定诸府。连岁水旱，纪设法救荒甚备。税监张晔请征恩诏已蠲诸税，纪两疏力争，晔竟取中旨行之。纪劾晔抗违诏书，沮格成命，皆不报。居四年，部内大治，迁户部右侍郎，总督漕运兼巡抚凤阳诸府。参见张廷玉撰《明史》卷二百四十一。

⑤ 四修族谱编撰委员会编《刘氏族谱》卷一，2008，第104页。

的措施，但是腐败和杂税使得马徭成为民众的重要负担。[①]商人子弟刘应宾抓住了马政扰民的关键在于腐败和杂税，立法平其值，使胥吏无法从中渔利，从而减轻了民众负担。[②]

其二，豪家大族众多，不易管理。明代权贵势要之家利用特权掠取财货的现象十分严重，其方式之一就是兼并土地。那些皇亲勋臣之家自不必说，即便是一般势家大姓，占田数十、数百顷者也大有人在。明中叶就有人说：“势家巨族，田连郡县。”可见这种现象十分普遍。至于西山，位近京畿，权贵侵夺、兼并土地的现象更加严重。“形势稍胜者，非赐墓、敕寺，则赐第、赐地，环城百里之间，王侯、妃主、勋戚、中贵护坟香火等地，尺寸殆尽。”这种土地兼并的蔓延之势引发了地方官员的忧虑。[③]

南宫县即属西山一带的县邑。对南宫政事之难，刘应宾之孙刘侃留下这样一段生动的描述：“南宫，畿南剧邑也，供役繁费，而吏胥骫法为奸，豪右世族，户相比向之。宰斯邑者，刚则愤，柔则豪强易之。”[④]

在南宫复杂的政治环境下，刘应宾是如何应对豪族和胥吏的呢？其孙刘侃在家传中只用“不吐不茹”一词概述，意指刘应宾刚正不阿，绝不欺软怕硬。时人朱延禧在为刘应宾之父刘励所撰墓志铭中记载一事，恰巧可见端倪。南宫县土豪范姓杀人，按律应抵命。范姓土豪派家人持重贿找到刘应宾父母说情。刘应宾之母严词拒绝，命家奴谢绝其人，态度十分坚决，并警告家奴若不谢绝其人，吾今毙汝矣。对此，刘励也十分赞成，叱之曰：“三尺凛凛，颐敢污我，汝意我不安苜蓿盘耶？”嘱托刘应宾依律法办。[⑤]

值得注意的是，家庭对刘应宾的支持和影响并非仅此一例。刘应宾父母在其仕进的过程中给予了很大支持。这样的事例在刘应宾本人及其父母的家传、墓志铭中占了很大篇幅。从这些叙述可见，刘应宾做官后，刘家人非常

---

① 王建革：《传统社会末期华北的生态与社会》，生活·读书·新知三联书店，2009，第152、164页。

② 四修族谱编撰委员会编《刘氏族谱》卷一，2008，第104页。

③ 参见韩大成：《明代城市研究》，中华书局，2009，第215~220页。

④ 四修族谱编撰委员会编《刘氏族谱》卷一，2008，第104页。

⑤ 同上书，第88页。

珍惜这次步入仕途、改换门庭的机遇。作为家庭今后兴旺发达的希望所在，刘应宾得到了家庭极大的支持。换言之，在担任地方县令期间，刘应宾之所以能够有所作为，与父母的支持密不可分。

刘应宾任赞皇县令后，打算迎养母亲。刘母王夫人为了不影响应宾工作，以陪伴其父为由拒绝了。刘励从寿张县转任邱县教谕，此时刘应宾甫任南宫县令。由于邱县、南宫两县毗邻，刘应宾迎养，但刘励并不久居，盘旋几日即去。由于赈灾有功，赈院举荐，刘励不应。有人劝他："赈使荐剡以奏闻朝廷，广文得剡，下犹可宰百里。况且两县相隔不远，父子还可在一起，应该高兴地接受啊。"刘励回答："正因为父子距离太近，所以不能在此久居。南宫县民富但是狡黠，容易被人利用、说闲话。"为了不牵累儿子的前程，刘励辞职返籍，临行前题壁曰："我辈青山白云人也。"归家后，刘励在宅后开辟西园，养花种竹、含饴弄孙、杯酒自娱，绝不与人交往。甚至县令登门拜访，刘励都谢绝不见。[①]

不仅如此，刘励夫妇以身作则，为刘应宾及后世子孙树立了良好的家风。刘励任职县吏，其妻王夫人随夫暂居学舍。学舍萧条，不蔽风雨，王夫人居之若素，处之怡然。当刘励外出交际的时候，王夫人必定问清事由，并劝说丈夫推掉这些应酬以避嫌。[②]

因为安民有方、持法公正，万历四十六年刘应宾升任礼部主事。[③]离任时，百姓攀辕而泣。有的家中挂有其肖像，饮食必祝。几十年后南宫县士大夫仍说："刘父母实心实政。"[④]

刘应宾原本应被提拔为谏官，但由于不向权贵行贿，上司以少年轻浮为由，抑置。在礼部，他受到礼部主政赏识。当时正值明熹宗登极不久，准备举办结婚大典，仪郎缺员。刘应宾悉心辅佐礼部尚书，礼部尚书对他十分

① 四修族谱编撰委员会编《刘氏族谱》卷一，2008，第83、88页。

② 同上书，第94页。

③ 现存资料并无刘应宾礼部任职时间的具体记载，根据清康熙《南宫县志》之《官师表》部分，刘应宾的接任者张廷箴于万历四十六年任，据此推断。

④ 四修族谱编撰委员会编《刘氏族谱》卷一，2008，第104页。

倚重，顺利完成熹宗结婚大典。由于承平日久，诸司办事人员荒于政务。明廷宗藩起名、请封、请婚等，前后任都疏于管理，导致旧案沉积。各藩所呼吁派能干的人管理。刘应宾并不推诿，请示礼部尚书后，积极清理陈案。为了防止案吏懈怠，即使太阳下山了，他仍不回家，饿了就派人到外面买饼充饥。经过两个月的努力，结清历年陈案。刘应宾勤勉清理历年积案，受到上官称赞："吾为诸王孙谢也。"诸王府的舍人都欢呼刘主事之恩德。[1]在礼部任职期间，刘应宾还做了一件值得称道的事情，参与编撰了《礼部志稿》。[2]

二、危机：党争中的出处抉择

通过投身举业，尤其在刘应宾高中进士、做官之后，刘氏得到了国家层面的身份认同，开始步入仕宦阶层。这在一定程度上缓解了移民家庭的困扰。然而官宦人家、政治人物并非就此没有烦恼和困扰。在皇权专制的封建社会，中国文人历来命运多舛，尤其明代文人的生存处境比前朝更加堪忧。[3]身处晚明党争乱局中的文官更是如此，他们要时刻面对因政治观点、派系不同而导致的政治攻讦。在明末官场政治斗争中，官员属于何种身份——阉党抑或东林党，清官抑或贪官，不仅危及文官本人的政治生涯和生命，甚至有可能波及家庭、家族荣辱兴衰。

费正清在《中国：传统与变革》中论及明朝统治的灭亡，认为党派之间的嫉妒和斗争是王朝衰落的重要原因。其中，阉党与东林党之争尤为惨烈。以魏忠贤为首的阉党集团对东林党大肆报复，炮制出《东林党人榜》。在这份黑名单上记有700名东林党人，主要成员遭到斥责、定罪、革职、贬黜、下狱、折磨，甚至打死。[4]

樊树志著《晚明史（1573—1644年）》基本也是把党争作为叙事线索：

---

① 四修族谱编撰委员会编《刘氏族谱》卷一，2008，第104-105页。

② 林尧俞等撰修，俞汝楫等编撰：《礼部志稿》（一），载《景印文渊阁四库全书》第597册，台湾商务印书馆，1986，第3页。

③ 参见樊树志：《明代文人的命运》，中华书局，2013，第3-149页。

④ 费正清、赖肖尔主编《中国：传统与变革》，陈仲丹、潘兴明、庞朝阳译，江苏人民出版社，2017，第184-185页。

从张居正与万历新政开始，先是张居正、冯保与高拱斗法，继而"国本之争""妖书案""梃击案"，阉党与东林党之争，崇祯清理"阉党"逆案，温体仁与周延儒的互相倾轧，这些党争直至清军攻占北京后仍未终止。南明弘光政权成立后，阉党余孽马士英、阮大铖把持国政，不思进取却忙着为阉党翻案，掀起与东林党的新一轮党争，直至弘光政权覆灭。[①]

如上所述，党争是晚明政治的重要内容。因此研究晚明社会和历史人物，无法忽略党争之影响。有关晚明社会、文化及政治人物等话题的讨论往往是从党争这个时代背景切入的。刘应宾在明朝的官场生涯从万历末年开始，至南明弘光政权覆灭而结束。这段时间，正是明朝党争最激烈的时候：先是阉党与东林党之间你死我活的斗争，继而又发生复社、东林党与阉党余孽的对峙。可想而知，身居吏部文选司郎中要职的刘应宾显然无法置身事外，这必定会对其仕途产生一些影响。

刘应宾少年得志，26岁考中了进士，翌年即被委任为河北赞皇县令，从此开始了长达二十余年的仕宦经历。他在明朝的仕宦经历大体可分两个阶段。第一个阶段是万历至天启朝；第二个阶段是崇祯至弘光朝。刘应宾第一个阶段的作为，主要见于《刘氏族谱》及《平山堂诗集》。第二个阶段的仕宦经历不仅在当时给刘应宾带来了困扰，在后世也留下了争议。因为吏部文选司郎中的经历，在后来一些南明历史文献中，刘应宾成了颇受争议的人物，其争议的焦点在于刘应宾是否贪渎。

按照儒家传统观念，士君子所必须具备的大节包括两方面；一是明义利之辨，二是决去就的选择。出处进退，一向被儒家士大夫称为士君子的"大闲"。究明代士大夫选择进退的原因，亦各不相同，大致可归结为以下三种原因：一是由于对朝政失望，最终导致士大夫选择处与退；二是得罪权势，不得已而退归；三是有感于官场习气，使得立功之心不兴，转而产生遁世之情。[②]

刘应宾在明末官场的出处选择正符合上述情况。在明末党争中，宦官、

---

① 参见樊树志：《晚明史（1573—1644年）》，第2版，复旦大学出版社，2016，第177-186、421-473、635-666、743-760、931-956页。

② 陈宝良：《明代士大夫的精神世界》，北京师范大学出版社，2018，第219-220页。

权贵干政现象非常严重。天启、崇祯两朝，刘应宾两次离职归籍正是受此影响。因为不满权宦魏忠贤，刘应宾于天启朝接受家人建议，请假归籍。崇祯朝，刘应宾不与权贵同流合污，因而遭到排挤、诬陷，不得已再次解职归籍。李自成攻陷北京后，在家闲居的刘应宾闻讯星夜南逃，投奔南明弘光政权。然而在危如累卵的局势下，弘光皇帝和文武官员非但没有励精图治、东山再起的雄心，反而依旧夜夜笙歌，"直把杭州作汴州"，官场贪腐贿败的现象比以往更加严重了。这使刘应宾大失所望，只得缄默不语、静观其变，再次做出明哲保身的选择。

1. 宦官干政的挑战与应对：归籍避祸

天启五年，刘应宾由礼部转调吏部，为吏部勋曹。天启六年，刘应宾被明廷擢升为吏部稽勋司郎中。[①]此时明朝政局混浊，阉党擅权，"入其党则华官厚禄，不则褫夺桎梏，祸及其宗"[②]。

晚明党争中的重要一党即阉党。天启朝阉党的首领是大太监魏忠贤。中国古代士大夫向来瞧不起刑余之人的宦官，即使在事实上与其有所勾连，也要极力遮掩，讳莫如深。但在天启后期，士大夫们竟明目张胆地拜倒在太监魏忠贤脚下，其人员之众、行为之乖张、影响之广泛，实为明朝国史之罕见。[③]

宦官与文官之间的矛盾，在晚明时代具体表现为以魏忠贤为首的阉党与东林党之间势同水火的斗争。这场斗争不仅是政治立场、政治观念、政治路线之争，甚至演变为你死我活的身家性命之争。我国台湾学者蔡石山就宦官与文官之间的关系，以阉党、东林党核心人物魏忠贤、杨涟为对象，从出身、经历、身体、观念、志趣等诸多方面做出如下比较：如果说杨涟读书、从政之路是一场精神苦楚、心情疲惫的体验，他不得不把年轻岁月投注在八股文和古文句法上，压抑思想自由，扼杀创造力，那么对魏忠贤来说，其经历的是身体受苦、心理狂乱之路，因为身体缺陷，每天晚上魏忠贤都担心尿

---

① 四修族谱编撰委员会编《刘氏族谱》卷一，2008，第95页。

② 同上书，第105页。

③ 阳正伟：《"小人"的轨迹："阉党"与晚明政治》，中国社会科学出版社，2016，第4页。

湿床铺。像杨涟一样的士大夫出仕后，往往以家国天下为己任。而魏忠贤这样的宦官因为身体残缺，往往心胸狭窄、有妄想症，变得乖戾，心怀报复，像个忠狗般站在皇帝主人的身后，协助皇帝残民以逞。①因此，晚明宦官集团和文官集团注定会出现你死我活的斗争。

魏忠贤依靠天启皇帝的信任，掌权之后充分利用职权骚扰或罢黜他不中意的人，展开恐怖统治。文官集团与宦官集团之间的矛盾最终爆发。御史杨涟决定冒死弹劾魏忠贤，列出其所犯二十四条罪状。另有约一百名官员谴责魏忠贤，但皇帝站在了魏忠贤一边。结果魏忠贤将杨涟与十二名大官下狱，然后打死或处决。在魏阉权势熏天的这段时期，有七百名士大夫惨遭整肃。②

刘应宾初仕吏部正是魏阉乱政时期。然而刘应宾清介自持，"即要路时有请托，概格不行，以致朝多侧目"。有人劝他少委蛇以自全，刘应宾说："我只知道上不负朝廷，下不负所学，如果阿附阉党权贵，以苟且取禄，恐怕会连累子孙。况且我不是谏官，不必直言贾祸，像杨涟、左光斗诸君子一样，身陷囹圄，但也不至于俯首就之，被天下后世僇笑。二亲老矣，吾将解印绶去。"天启六年五月，准假归籍。③

在阉党浊乱朝政的时候，对于刘应宾这样平民出身的普通官员来说，归籍无疑是十分明智的决定。从当时局势来看，阿附阉党固然可得一时富贵，但必然不能见容于君子，入仕以来辛苦积攒的声望就会付诸东流。况且，明代对交结近侍、上言大臣德政、结党的行为有非常严厉的法律规定——奸党罪，对触律者的刑罚包括廷杖、充军、杖戍、磔死、凌迟等。④自明朝开国以来，因奸党罪受惩的官员不在少数，这一点京官群体想必了然于心。但若反对阉党，则势必陷入党争的泥潭，受到阉党的打击报复。从晚明之季士大夫忠孝观念的转换来看，刘应宾归籍避祸也有一定的思想渊源。传统士大夫自幼受儒家思想熏陶，无不以忠臣孝子自期。然而到了晚明，士大夫群体有了

①蔡石山：《明代宦官》，联经出版事业公司，2011，"前言"第2、3、6页。

②同上书，"前言"第8页。

③四修族谱编撰委员会编《刘氏族谱》卷一，2008，第105页。

④参见高金：《明代奸党罪研究》，人民出版社，2017，第100—112页。

不同的意见，一种认为有父母在堂可以不必死，另一种仍然坚持"尽忠即所以尽孝"。于是在行为实践层面，儒家传统的节义观发生了两大分化。一是真正的豪杰，可以超脱常情，不再拘于小节。从刘应宾与时人的对话中可见，二亲尚在是其解绶的原因之一。还有就是仍然没有逃脱专制皇权的束缚与控制，因言贾祸，如杨涟等东林君子。①

从刘应宾家庭的思想观念来看，毁家纾难并不符合刘家的生存哲学。在刘应宾避祸归籍这件事情上，家人的思虑对其影响很大。其父刘励当面劝诫刘应宾："此非士大夫行志之日，汝性拙而典职最要，恐为当门之兰，曷图归，盈虚消息，与时偕行。"后来又写信催促归籍，叮嘱刘应宾："无诱利，无怵祸，精白一心，可以报主，可以全身。"见其不归，还在书信中教训刘应宾："此岂汝司选时耶？"②可见，刘励极力劝诫刘应宾不要自取祸端，应归籍避祸，保全身家，待时而动。刘应宾之妻耿淑人也劝其"请息不挂于祸"③。

2. 权贵干政的挑战与应对：清官还是贪吏

崇祯皇帝登基后着力清理阉党，凡逆党时用事者概为褫夺。由于天启六年请假归籍，刘应宾成功躲过这次政治纷争。崇祯九年春起复为验封司郎中，又转文选司。④

尽管刘应宾在任职吏部期间，官位并不显赫，但是司职官员铨选，可谓爵位不高而权重。明初废中书省，六部地位上升，吏部由此成为中国历史上品级最高、权力最大的文选部门。吏部的崛起引发了明代中枢权力的重新分配与组合，促成了复杂而精妙的权力制衡机制，其重要性仅次于内阁。就具体运作而言，吏部司官通常由尚书选除，以稽勋司—验封司—考功司—文选司的基本次序递迁。尚书掌握部内最高决定权，郎中掌握基本决定权，主事是基础工作的负责人，而侍郎、员外郎参与部政的程度多取决于同尚书、郎

---

① 陈宝良：《明代士大夫的精神世界》，北京师范大学出版社，2018，第285-286页。
② 四修族谱编撰委员会编《刘氏族谱》卷一，2008，第84-89页。
③ 同上书，第116页。
④ 同上书，第106页。

中的关系。①

文选司郎中位居要枢，权力极大。时人吴宽在《侍郎黄公传》中谓："文选尤为要秩，使其人不贤，虽有贤太宰，不能独治，百官由之不得其人。此其所以为要也。"对明代选郎权力之重，于慎行有"后世以天下之大、士人之众而委一郎之手，不尤舛耶"的质疑。②

从崇祯九年起复为文选司郎中，直至南明弘光政权灭亡，刘应宾的政治舞台几乎一直在吏部文选司，职掌铨选。当此之时，文选司郎中既是美差、要职，也是政治风险极高的官职。一方面，就明代文官铨选制度而言，万历时期，随着制衡机制发生畸变，基层铨选中出现了掣签法，高层铨选中出现了类奏，吏部职权遭到破坏和干扰。明思宗针对时弊，虽然对铨选进行了切急的改革，但只是徒然增加了混乱。③另一方面，明末内阁频换，崇祯执政期间内阁宰相竟达五十位之多。在党争的政治背景下，这五十位宰相又分为东林党派系、周延儒派系、温体仁派系等。随着内阁更迭，人事任免升黜自然就比升平之日敏感许多，受到百官的关注。吏部郎官也就自然成了高风险职业。再者，明末官场贿败成风，这已是诸多晚明史料和论著中公认的史实。如何在污浊混乱的晚明官场脱离党争牵绊，做到秉公选材、恪尽职守，这是文选司郎中刘应宾必须时时面对的十分棘手的挑战。

关于刘应宾在吏部文选司任职的这段人生经历，现存史料中存在清官、贪吏两种截然相反的说法。据刘应宾之孙刘侃在《四世祖父御史中丞公传》中的回忆，其祖父任职吏部期间，不畏权贵，秉公行事。刘应宾在个人年谱诗中回忆吏部往事时，除了表达对当时吏政贿败现象的痛恨之情，同时也为自己被人冠以"贿败"之名的事情予以辩解。然而诸多南明史料在提及刘应宾时无一例外都指责应宾贪贿，有的甚至将其归于"马阮"一党。我们当然不能轻信族谱的一面之词，毕竟族谱就是为祖先歌功颂德而作，难免有为尊者讳的情思。但是作为当事人，刘应宾在诗文中的申辩需要引起研究者的注

---

① 潘星辉：《明代文官铨选制度研究》，北京大学出版社，2006，第1、23页。
② 同上书，第37~38页。
③ 同上书，第6页。

意。相较而言，当事人的叙说往往更接近于历史本身。历史研究就是要在爬梳史料的过程中，存真去伪。尽管我们不能轻信刘氏之言，毕竟"利己"是人的本性之一，但是不加分辨就把明末清初私人所撰史书中的历史信息照单全收，以至作为信史，对刘氏而言也有失公允。

值得注意的是，以贪污之名攻讦往往是明末党争的重要手段。天启五年三月，杨涟、左光斗、魏大中等入狱，就是阉党以贪贿罪名下狱，说他们收了熊廷弼的贿赂，杨涟、左光斗坐赃二万两，魏大中、袁化中等坐赃数千两不等。①

赵园先生论及明代"言路"，明代"言官风裁"之盛，被作为明代士人精神风貌的一种象征。②对于这种风裁，当其世即有批评。如《今言》卷四以嘉靖朝户部尚书王杲、兵部尚书刘储秀、山西巡抚孙继鲁为例，说："今之大臣，实难展布。上为内阁劫持，下为言官巧诋，相率低头下气者以为循谨。"万历朝梅之焕上言："言官舍国事，争时局。部曹舍职掌，建空言。天下尽为虚文所束缚。"到明亡之际，追究言路的党争背景，成为言路批评的一大主题。

对明代言路更深入的反省，明亡之后主要是由遗民进行的。如王夫之尤其痛恨"讦谤"，是非之外的毁誉……尤其以暧昧之罪加人。商传对此也有同论："言官们的放肆，成为明中期以后朝中政治变化的生动写照。"通过对弘治初南北两京御史案的分析，他认为："当明建国百年后，御史们或依附于权臣，或自身亦不清白，虽自别于权臣与内臣，但不过五十步与一百步的差别。"③根据商传、赵园先生对明代言路及言论的研究，刘应宾是否属于王夫之所言是非之外的毁誉呢？

有关刘应宾贿败的史料主要针对其在吏部文选司执掌铨选时的仕宦经历，按照时间序列可分为崇祯、弘光两个阶段，其中以弘光朝刘应宾担任文选司郎中的批评最多。崇祯、弘光两朝政治形势不同，因此对其是否贪渎的

---

① 谢国桢：《明清之际党社运动考》，上海书店出版社，2004，第48页。
② 赵园：《明清之际士大夫研究》，第2版，北京大学出版社，2015，第163页。
③ 商传：《走进晚明》，商务印书馆，2014，第83—84页。

讨论也应分阶段进行。

针对崇祯朝刘应宾贪贿的指摘仅有一条记录，见于南明弘光朝时御史郭贞一上疏弹劾刘应宾的奏疏，开篇提及刘应宾在崇祯朝的往事：当先帝丙子年夤缘掌选，黩货无厌，降南礼曹。寻营躐南考功，又复谋转南玺秩，为御史刘熙祚所劾，先帝严旨罢斥。[①]

郭疏对刘应宾在崇祯朝吏部任职的作为，叙述十分简略，但透露了三条信息：（1）应宾贪黩无厌；（2）因御史刘熙祚弹劾，降职南京礼部；（3）应宾钻营。

刘侃的记录则要详细得多，但说法截然不同。据刘侃所述，其祖刘应宾持法公平，据实选材，因此招致很多人仇视，并暗地中伤。这包括文书房中贵人、某部堂主官、某故相等。当刘应宾推举嘉湖道陈以诚为郧襄道时，中贵人借故阻挠，并派小吏转告应宾：寄语选郎，此后我辈事幸加意。又如某公署部堂，每欲改旧制以逞其私，刘应宾辄引成宪框之，某公怒，竟与中贵人比而齮龁，刘应宾终以陈以诚事，改任南京吏部考功司郎中。崇祯十四年京察，南京吏部考功司主之。刘应宾取在任在籍四品以下官员秉公澄汰。有故相某里居，托其私人某于公，乞勿芟刘，被刘应宾严词拒绝。京察事毕，刘应宾因功升京秩，晋尚宾卿。已奉谕旨，而故相某适复用秉国，竟追回成命，命以原官。这仍不足以快故相之愤，又嗾言者摭拾风影指为某某亲党，从中调旨曰：刘某着冠带闲住。刘应宾归田里。[②]

简而概之，崇祯朝刘应宾任职吏部期间，清正廉洁，不附权贵，因为抵牾部堂某公和中贵，借口选配郧襄道有失职之过而被降职南京礼部。主持南京京察时，又因秉公裁汰劣员，得罪了某故相，故相复职后大肆报复，指使亲党捕风捉影，以党附之名攻讦，刘应宾因此去职。

刘侃所说是否可信？关键在于找出某公、某故相究竟是谁，从而可以佐证事情的真伪。查阅《崇祯实录》《明通鉴》等明史资料，刘熙祚弹劾刘应

---

① 佚名：《偏安排日事迹》卷十一，载《台湾文献史料丛刊》第五辑，台湾大通书局，1987，第231页。

② 四修族谱编撰委员会编《刘氏族谱》卷一，2008，第107—108页。

宾的奏章现已无法找到。毕竟文选司郎中这一职级官员与朝廷大僚之间的纷争琐事难以收载于官史。目前唯一与此相关的记录见于刘应宾的个人诗集。早在刘侃作传之前，当事人刘应宾在《郧襄》《黄河》两诗中就详细记录了此事："苦矣郧襄，蜀豫为疆。流寇荡之，蛇豸斯张。官不乐就，干戈载扬。千里锁钥，山河无光。道缺三季，危疆惶惶。寇氛日掠，……嘉湖做道，三年是程。以地以人，适得其平。相君阴骛，桑梓用情。谓予弃之，回奏设阮。大选是急，不遑将迎。……授意抚按，保留至再。不救当事，而处忧退。既非膴仕，岂谓贿败？为官择地，主爵罣碍。百年铨规，自予而废。饶阳作宰，乌程为对。大内谗贼，御笔不贷。"①

对于选拔道台一事，当事人刘应宾认为：郧襄当时已是危疆，由于没有人愿意去此地任职，郧襄道已经空缺三年，亟须委派。当政者却视而不见，弃之不顾。应宾为国事计，选拔嘉湖道陈以诚调任郧襄道。但是相君打算安排同乡担任郧襄道。应宾不从，被其攻讦。

《郧襄》一诗记录的是崇祯十年选拔郧襄道台之事。时任吏部尚书先后为谢陞、田维嘉，但谢陞于崇祯十年二月十二日罢职，那位刘侃口中欲改旧制以逞其私的某部堂应为田维嘉，此时为相者正是温体仁。②田维嘉，河北饶阳人；温体仁，浙江乌程人。③从"饶阳作宰，乌程为对。大内谗贼，御笔不贷"两句诗中，部堂某公、相君阴骛显见是指田、温二人。

对于这件事情，刘应宾大感不平。他认为自己为国家安危考虑，及时补充能吏担任郧襄道。这个官位并不是什么肥差，怎么能说是贿败呢？的确，这句辩解切中要害。郧襄即襄阳，自古为兵家必争之地。用时人计六奇的话来说："邻界秦、蜀，左右荆襄，楚之极孤危地也。"④崇祯末年，李自成、张

---

① 刘应宾：《平山堂诗集》，载王钟翰主编《四库禁毁书丛刊·补编》第78册，北京出版社，2005，第542—543页。

② 张德信编著《明代职官年表》第一册，黄山书社，2009，第672页；谢国桢：《明清之际党社运动考》，上海书店出版社，2004，第68—69页。

③ 王鸿绪编撰《明史稿》列传第132，载北京图书馆出版社古籍影印室辑《明代传记资料丛刊》第一辑第26册，北京图书馆出版社，2008，第260页。

④ 参见计六奇：《明季北略》下册，中华书局，2012，第361页。

献忠等多次进犯襄阳一带，郧襄周边战火连绵。崇祯十四年正月二十六日，李自成围河南府；同年二月，张献忠陷襄阳；十一月，李自成复陷襄城，又陷南阳，即是明证。①

苗胙土曾于崇祯五年担任郧襄兵备副使，崇祯九年担任金都御史、抚治郧阳，他在《抚郧杂录》中对郧襄的破败情况留下了十分清楚的记录：

其一，缺兵少将。郧镇标下兵名标兵者仅三百人，名义勇者仅二百人，新浙内邓四邑马兵仅一百三十人，马仅一百三十匹，……纵五营兵合并而寸步不离，亦不足与一二十万大寇对垒争锋。

其二，兵饷断缺。王元美先生疏请减兵饷，止存六千余金以供全镇官廪、吏廪、兵粮马料制械犒赏之需。至天启初年辽事孔棘，又抽去六百余金，而郧饷遂同乞儿之室，烟断釜尘。

其三，民蔽城破。郧阳外六县失陷已尽，文卷衙宇付之一炬。……周环千余里芜城无官无民，只留一镇城，孤悬于汉江岸上。……郧阳府城外一望无砾，四顾无人，断壁焦梁，破灶寒烟，种种酸鼻。

其四，大寇屡犯。崇祯丙子春仲望日，余方以监军使者督秦总戎兵暂住麻城，忽闻大寇数股于光化县涉江。崇祯丙子夏秋之交，余方奉旨，扼防荆襄，日与大寇对垒。②

时相温体仁安排私人任郧襄道台自有相君的如意算盘，但从郧襄守土官苗胙土据亲身经历所描述的郧襄一带缺兵断饷、民蔽城破且不时有大寇犯境的窘状来看，无论如何崇祯十年在郧襄一带做官都不是一件令人称羡的美差。刘应宾推荐嘉湖道陈以诚升郧襄道实在算不上提拔、关照。毕竟嘉湖自古农商发达，况且嘉湖地处江南腹地，远离战场。若陈以诚向刘应宾行贿，由安定、富饶的江南腹地升调战火频仍的是非之地，实在不划算，因此从逻辑上讲不通。倒是田、温二人，在诸多官史、野史中的形象确是贿败的典型。

再看托私人的某故相，此人应为周延儒。崇祯十四年，刘应宾正是因为

---

① 参见计六奇：《明季北略》上册，中华书局，2012，第291、297、298、300页。

② 苗胙土：《抚郧杂录》，载北京图书馆古籍出版编辑组主编《北京图书馆古籍珍本丛刊·别集类》第112册，北京图书馆出版社，1998，第154-156、158-160、164页。

"时相"中伤而由南京北返，途经黄河。在《黄河》一诗开篇题记中，刘应宾隐约提及此事："辛巳年予官南京察竣，腊冬方转南玺卿，即为时相所中。"①

根据相关史料记载，相君周延儒素有受贿任私的毛病。早在第一次入阁为相时，就惯用私人。崇祯四年春，周延儒姻亲陈于泰廷对第一，及所用大同巡抚张廷拱、登莱巡抚孙元化皆有私，时论藉藉。其子弟家人……兄素儒冒锦衣籍，授千户，又用家人周文郁为副总兵。②以此来看，刘侃所说刘应宾因未党附温体仁、周延儒而招致政治报复的真实性较大。从刘应宾何谓贿败的自辩，可以推断崇祯朝御史刘熙祚弹劾刘应宾正是针对郧襄道台选拔之事。御史有风闻奏事之权，但风闻往往并非实事。

郭贞一所谓刘应宾钻营之说，似乎也不能成立。明崇祯、弘光二朝，刘应宾不过是部堂郎中，年过五旬才在弘光政权覆亡前夕司职通政使司通政使。这样的履历和其同年相比，实在谈不上所谓"钻刺之术，到老弥工"。万历四十一年这一榜官职最高者是状元周延儒，崇祯初年即为相国。同年关系，历来为明清官场所重。如果钻附周延儒，刘应宾官位应不止于郎官。从"时相所中"一事来看，刘应宾与他这位宰相同年关系并不融洽。万历四十一年考中进士者多人官高爵显。如李日宣任吏部尚书，吕维祺任南京兵部尚书，田仰、冯诠任户部尚书，崔呈秀任兵部尚书，仇维祯曾任南京兵部尚书，张捷于南京弘光政权任吏部尚书。③相较之下，反倒是刘应宾仕途蹭蹬、磕磕绊绊，这样的官场履历实在谈不上什么钻营有术。

实际上，刘应宾的人脉网络还是较为深厚的。以科考师脉而言，刘应宾的乡试座师是后来的甘肃巡抚梅之焕、贵州总督杨述中，会试座师是相国叶向高、方从哲。④刘应宾与崇祯朝另外两位大学士朱延禧、张至发交情匪浅。

---

① 刘应宾：《平山堂诗集》，载王钟翰主编《四库禁毁书丛刊·补编》第78册，北京出版社，2005，第552页。

② 王鸿绪编撰《明史稿》列传第132，载北京图书馆出版社古籍影印室辑《明代传记资料丛刊》第一辑第26册，北京图书馆出版社，2008，第251-252页。

③ 参见张德信编著《明代职官年表》第一、二册，黄山书社，2009；文史哲出版社编辑部编《明清进士题名碑录索引》（下），文史哲出版社，1982，第2590-2593页。

④ 张德信编著《明代职官年表》第四册，黄山书社，2009，第4088页。

这两位当朝大学士应刘应宾之请分别为其父母撰写了墓志铭。如若果真善钻营，刘应宾仕途不至于南北颠簸。刘应宾在年谱诗《南玺卿》中曾对"年过五旬始晋卿"的窘状自嘲曰"惭愧要人拙逢迎"①，此言不虚。

再者，诗以言志，诗中自见真性情。《平山堂诗集》收录与菊相关的诗达十六篇之多。从这些诗篇来看，刘应宾爱菊、养菊、赏菊、懂菊。菊花秋寒而放，孤芳高洁。梅、兰、竹、菊有"四君子"之称，自古为文人代代吟诵。从这些咏菊诗来看，刘应宾应该是一位有一定生活情趣和节操的明末文人。从所撰年谱诗来看，刘应宾在青壮年时代素怀报国安民、为明朝尽忠的青云之志。早在万历年间初任赞皇县令，恰逢荒年，"一旱逾六月，火风刮面戾。……因思大邑宰，敢怨枳棘系"②。刘应宾认为，作为大县的负责人，要尽职尽心，全力救灾安民。天启三年冬大雪，他由故乡返都，诸亲友送别时，依依不舍，"祖道故人挥手难，却怜亲友亦漫漫"。当时大雪路滑，途经穆陵关时，"穆陵道滑车难过"。尽管亲友难别，雪路难行，但是"独有君恩当答报"的思想驱使刘应宾冒雪返朝。在礼部任职期间，为答报君恩，刘应宾不辞劳苦，清理积滞三十载的宗室积案。至崇祯朝吏部任职，秉公选材，不惜抵牾田维嘉、温体仁这样的朝中大佬，"虽谪靡悔"。③天启五年，刘应宾提调吏部，与潘虞庭、焦涵一两位御史同年登鸣远楼作诗："人士于今称盛际，定期揽辔报明庭。"④甲申国难之际，李自成称兵犯阙。刘应宾听闻崇祯皇帝携太子南迁，痛哭流涕，"主上不保，臣子安得顾家"，于是星夜南驰。⑤

对于投奔弘光政权的这段往事，刘侃的记载与祖父刘应宾在诗中的回忆基本一致。刘应宾的叙说更加生动详细，他在《埠杨庄》一诗前叙中描述了当时的情景：甲申春大霾，天地尽晦……举家惶惶，与余弟应震哭别，话南

① 刘应宾：《平山堂诗集》，载王钟翰主编《四库禁毁书丛刊·补编》第78册，北京出版社，2005，第644页。

② 同上书，第545页。

③ 同上书，第543页。

④ 同上书，第642—643页。

⑤ 四修族谱编撰委员会编《刘氏族谱》卷一，2008，第108页。

征之计……先墓未及辞也。①可见刘侃所云"星夜南驰"并非虚言，刘应宾报君恩的心情十分迫切。

刘应宾在上述年谱诗中，历陈万历、天启、崇祯、弘光朝仕宦往事，报主之心，跃然纸上。无论任职县令还是部院郎曹，刘应宾始终实心任事，不避艰辛。由此来看，"贪渎"之名似乎不能轻易扣在能臣刘应宾身上。

另外，刘应宾本人对明末贪贿之风深恶痛绝，认为铨选贿败、用人不明是明亡原因之一，因此多次在诗中对明末铨选乱象提出批评。如《纪遇》一诗中"法刻多逸刑，用人少次第"；《甲申夏五》中"用人如置棋，臧否不斟量"；《金陵行》中"用人以贿闻，成宪未之恭"。②类似这样的笔调应该不会出自贪官之口。从情理来说，如刘应宾果真贪渎，对吏部铨选之类的话题避之犹恐不及，怎么可能一再作诗咏忆？因此，所谓指摘崇祯朝刘应宾贿败的时论未必属实。

物以类聚，人以群分，古今中外，概莫能外。通过追溯刘应宾的交游，也可窥探刘应宾的政治品格。《平山堂诗集》中有关崇祯朝刘应宾交游情况的诗篇较少，只有《登雨花台同盛进士》《游牛首山同盛进士》《游灵谷寺谒宝志公同金比部》《同南总宪张华东、大司马仇庸足饮同乡焦弱侯半山园》等寥寥几篇。盛进士、金比部很难确查其人，但南总宪与仇庸足容易锁定。张华东，即张延登，明末名臣，清初文学大家王士禛之妻的祖父，《明史稿》有载。仇庸足，即仇维祯。据《明代职官年表·南京部院大臣年表》，崇祯十三至十四年，张延登任南京都察院都御史，仇维祯任南京兵部尚书。刘应宾因郧襄道一事，得罪权贵温体仁、田维嘉，贬谪南京。《同南总宪张华东、大司马仇庸足饮同乡焦弱侯半山园》一诗记录了刘应宾与仇、张二人在焦竑私人园林半山园饮宴的事情。诗云："畅怀饮宴舒……二老获我心，徘徊

---

① 刘应宾：《平山堂诗集》，载王钟翰主编《四库禁毁书丛刊·补编》第78册，北京出版社，2005，第601页。

② 同上书，第543—555页。

共歆歟。"①由此来看，刘与仇、张二人交情匪浅。刘应宾与仇维祯是同榜进士、同年至交。刘应宾侨寓淮扬期间，仇维祯归籍，二人仍不断有书信往来，"自言弟兄老，相见无多时"。仇维祯去世前，刘应宾夜梦仇维祯重病，未几即听闻仇维祯已逝。李楷点评曰"生死交情俱见一梦"。仇维祯去世后，刘应宾作《哭南大司马同年仇庸足》一诗哭祭，备述维祯生平，尽显至交情谊。

刘应宾与明末名臣郑三俊也交情匪浅。据《江南抚事》，郑三俊曾托付刘应宾为一明朝宗室谋道地。刘应宾因受此事牵累，遭洪承畴弹劾"滥给武职札付"而去职。明清易代之初，札付、明宗室皆属清廷关切、忌讳之事。从郑三俊托付之事可见刘、郑二人关系密切。仇维祯、张延登、郑三俊皆明末崇祯朝卓有政声的大僚，在朝野素有清望。如若刘应宾果真贪腐，仇维祯、张延登、郑三俊不可能与其结交，更不可能畅怀共饮、托付机密要事。事实上，刘应宾从政生涯素有"清贞"的追求，他在回忆大司寇王纪时表白："我慕王夫子，清贞是吾师。"②王纪，号宪葵，芮城人，素以清廉为人称道。如果刘应宾贪渎，恐怕难以入王纪、张延登、仇维祯、郑三俊等人法眼。

以姻亲关系而论，刘应宾做官后，与其家结为姻亲者多为沂水周边仕宦之家，较知名者有沂水高名衡③、蒙阴公鼐、临朐傅国。在相关历史文献中，高名衡、公鼐、傅国都为官清廉。倘若刘应宾果为蝇营狗苟之辈，高氏、公氏、傅氏不可能与之结亲。

明史资料中所述刘应宾贪渎之事，主要针对他在弘光朝廷任文选司郎中期间的作为。在《三垣笔记》《偏安排日事迹》《续明纪事本末》《幸存录》《思文大纪》《三藩纪事本末》《爝火录》等南明史料中，刘应宾无不是贪贿的形象，甚至有的将其归为马阮一党。比如，时人李清在所撰《三垣笔记》中就认为刘应宾卖官鬻爵，为马阮一党。

---

① 刘应宾：《平山堂诗集》，载王钟翰主编《四库禁毁书丛刊·补编》第78册，北京出版社，2005，第551-552页。

② 同上书，第570页。

③ 高名衡，字平仲，历任明兴化县知县、云南道监察御史、河南巡按、兵部右侍郎。崇祯十四年，李自成犯开封，高名衡坚守开封，力保城池不失。崇祯十五年，清军破沂水城，高名衡夫妇双双殉节。

诸多南明史料对刘应宾的指责可以概括为两点。其一，刘应宾卖官贪渎；其二，刘应宾为马阮一党。刘应宾是否为马阮一党，首先要查看其在弘光政权的起复、升迁的原委。据《偏安排日事迹》载，顺治元年即崇祯十七年十月，准文选司郎中王重回籍，以原任南吏部郎中刘应宾代。庚午，加文选司郎中刘应宾太常寺少卿，照旧管事。第二年二月乙卯，升加衔文选司郎中刘应宾为太仆寺卿。同年三月庚寅，升刑部右侍郎朱之臣兵部添设左侍郎、太常寺卿刘应宾通政使司通政使。①

刘应宾之所以能够起复原职文选司郎中，在弘光政权谋得一席之地，用他自己的话说，因为自己是取途老马，用人在求旧，因此以原职复任。刘应宾在《再掌选》一诗中回忆了当时情景："南渡复经铨署过，清卿兼管意如何。取途老马曾千里，折服良医畏二魔。草创敢辞绵力殚，兴朝偏觉出身多。只今仕路犹凌兢，争似芜城叹钓蓑。"②这与刘侗的说法"用老成人，于是以公为太常寺少卿，复典铨司，旋升正卿，又升通政使"相符。从表面上看，刘应宾复职文选司源于弘光新朝草创，要沿用旧人的思路。事实上，时任吏部尚书同年张捷的力荐才是主要原因。一般说来，调补属官的权力由尚书掌握。在明代一些史料记载中，这样的案例非常多。③刘应宾在《大宰张》一诗回忆老友张捷时提及，南逃之后与张捷在京口船中相晤，"将伯求予助，为郎白首憎"④。从这句诗来看，两人见面之后，张捷邀请刘应宾返朝。张捷于顺治元年十月任吏部尚书，⑤刘应宾复职在该年十月。两相对照，刘应宾复职的荐主正是吏部尚书张捷。张捷的荐主是阮大铖。按照这层关系，时人很容易推出刘应宾是马阮一党的结论。

---

① 佚名：《偏安排日事迹》，载《台湾文献史料丛刊》第五辑，台湾大通书局，1987，第115、194、225页。

② 刘应宾：《平山堂诗集》，载王钟翰主编《四库禁毁书丛刊·补编》第78册，北京出版社，2005，第644-645页。

③ 参见潘星辉：《明代文官铨选制度研究》，北京大学出版社，2006，第27-28页。

④ 刘应宾：《平山堂诗集》，载王钟翰主编《四库禁毁书丛刊·补编》第78册，北京出版社，2005，第571页。

⑤ 佚名：《偏安排日事迹》，载《台湾文献史料丛刊》第五辑，台湾大通书局，1987，第115、194页。

刘应宾对此时的朝政慨叹："草创敢辞绵力殚，兴朝偏觉出身多。只今仕路犹凌兢，争似芜城旧钓蓑。"密友李楷既是时人，也是了解刘应宾仕宦生涯最深者，他在该诗后面题评："愿仕者众，又当草昧，繁政最难料理。"①所谓繁政之难，刘应宾在《题扬州太守萧五云先生滁州琴堂有序》中有较为详细的描述："甲申冬，余筦南选。时封疆告急，当事者有划江之思。……阁部史实柄其事，诸镇踵上荐章纷纷各求所以寄长城者，数几近千，吏部不能给，余为核汰之。公以广文授滁州守焉，依阁部原题也。"②

刘应宾的这段自述再次陈述了官多选的乱况，想要做官的人很多，荐主很多。吏部尚书张捷见难以处理，委派刘应宾办理。刘应宾因萧五云有文才，授之以滁州太守之职。事实上，这位萧五云先生能够得任滁州太守，得力于阁部史可法的举荐。

萧五云即萧瑄。萧氏于崇祯十七年秋冬间，"经督师史相国题授"，出任滁州太守。他是史可法督师扬州期间奉派往守江北地方的幕下士之一。③由此来看，刘应宾在赠萧瑄的诗序中所述属实。从除授萧瑄滁州太守一事来看，刘应宾这位文选司郎中在官员选拔上还是有原则的，他在政治倾向上似乎更倾近于史可法。

据刘应宾自述，他并非马阮之党徒。弘光朝大部分时间，政事皆操于马士英、阮大铖。这是诸多述及南明弘光历史的正史和野史著述公认的史实。刘应宾复职时，马、阮早已掌控朝政。刘应宾在"折服良医畏二魔"诗句中所说的"二魔"当指马士英、阮大铖。视马、阮为魔，显见刘应宾并不赞同他们的作为。他对马士英的作为颇有微词。渡江之后，刘应宾对弘光政权曾经抱有极大的期许，"所贵清贞相，树之以素风。百官庶象指，江左可固穷"，意思是说如果任人唯贤，明祚仍有可为，至少可以保住江南半壁江山，但是"奈何贵阳子，素乏为国忠"，"用人以贿闻，成宪未之恭"，结果"王气

① 刘应宾：《平山堂诗集》，载王钟翰主编《四库禁毁书丛刊·补编》第78册，北京出版社，2005，第645页。
② 同上书，第662页。
③ 何龄修：《清初复明运动》，中国社会科学出版社，2016，第279页。

三百终"。马士英，贵阳人，贵阳是马士英的别称。在诗中，刘应宾对马士英提出了批评，认为马士英贿败，无所作为，对明亡负有不可推卸的责任。政见不同，遑论一党。但是"畏"字说明此时刘应宾和他的上司张捷一样，画诺而已，不过是掌管铨选的傀儡罢了。

尽管后来有这样的思想认识和总结，但刘应宾于弘光政权期间应该并未抵悟马阮之辈的权贵。这符合刘应宾的性格和行事方式。他在《睡起》一诗中谈及了出世、入世的看法："出世不离处世，入群还应超群。"①刘应宾是一位知机的人，处世灵活，能够变通。他曾作诗："圣神洞未然，达士贵知机。千古立名子，素心多自违。"②早在天启朝升任吏部文选司郎中时，阉党擅权，刘应宾就以责非言官，不必直言取祸，接受家人的建议，辞职归家。弘光朝政浊乱，他很有可能同样出于避祸自保的因由，没有同权贵抗争而是俯首听任马阮卖官鬻爵。"素心多自违"一句或许正是他对俯首马阮这段历史的慨叹。

李楷可谓知刘应宾甚深者，刘应宾侨寓扬州期间，二人过从甚密。刘应宾结束侨寓生涯归籍时，李楷作《送前吏部刘公诗序》，借天命思想总结、告慰密友刘应宾在吏部的任职经历：前期崇祯朝时，坚持原则，进贤退不肖；到了后期弘光政权，流行坎止，顺应马阮为奸的政治环境，听任天命。③

关于刘应宾是否受贿，时人李清、郭贞一与刘应宾说辞各一。作为历史研究者来说，如果找不到更加确凿的证据，轻信任何一方的言论都失之草率，因此刘应宾在南明弘光政权担任文选司郎中期间是否参与卖官鬻爵，有待更多材料的发掘和佐证。但有一点可以确定：刘应宾在弘光朝复任文选司郎中后，在无法改变朝局的情况下，顺其自然，随波云舒卷，并没有做激烈抗争。这使他得以保全身家，进退余裕。

综上所述，平民、移民是刘氏先世的身世标签。这种移民、平民身份使

---

① 刘应宾：《平山堂诗集》，载王钟翰主编《四库禁毁书丛刊·补编》第78册，北京出版社，2005，第687页。

② 同上书，第610页。

③ 李楷：《河滨文选》（清嘉庆谢兰佩、谢泽刻本），载《清代诗文集汇编》编撰委员会编《清代诗文集汇编》第34册，上海古籍出版社，2010，第69页。

刘应宾的祖、父辈深知生活之艰辛，为改善生活状况，不懈努力。作为没有基业的移民家庭，刘家迎合商贸活动大行其道的时势，依托沂水县丝织业发达、商贸市集繁多的背景，积极开展纺织品贸易活动，从而很快就摆脱了物质层面的生存困境，从几乎一无所有、贫无立足之地转而拥有书斋、房舍、私人园圃。这充分说明刘家先世非常聪敏，锐意进取。在沂水站稳脚跟、发家致富后，刘应宾父辈并没有故步自封、不思进取，而是敏锐地认识到投身举业的重要性，开始追求政治地位和社会影响力。这种思想认识成为明清时期刘氏家族代代相传的文化传统。从四世刘应宾考中进士开始，后世子孙专心举业，相继有多人考中进士、举人。刘家逐步发展成为科举联第的仕宦大族。正是因为祖辈"经商累至千金"、面对屈辱的"既置不较"、置鼓"庆鹿鸣"的勉励、"我辈青山白云人"的通达、慈母贤良明事的滋辅，刘应宾才能够专心举业，考中进士，步入仕途。尽管出身并不显赫，但刘应宾足够幸运。刘应宾的祖父、父亲、母亲都非常开明，这为其日后发迹奠定了坚实基础。

晚明时代，刘家真正意义上通过科举正途涉身官场的仅刘应宾一人。作为家庭的希望所在，刘应宾的政治表现和出处选择关乎家庭的起落兴衰，因此父母、妻子都极其关注和支持刘应宾的前程，并在关键时刻对其出处进退施加影响。因此，刘应宾的政治实践不仅体现了他个人的价值观念和思想，还体现出刘家人的生存处世观念。

从二世刘志仁经商致富营建居舍，到鼓励其子刘励投身科举，再到后来四世刘应宾考中进士做官，家庭利益始终是刘家人在生活消费、职业转换、政治实践等方面所考虑的首要问题。就刘应宾在晚明的政治实践来说，无论实心任政、获取名望，还是缄默不语、明哲保身，都是出于家庭生存、延续、发展的考量。

第二节 社会网络呈现

据《刘氏族谱》记载，刘堂由潍迁沂，只是个人行为而非宗族集体行动。这种非宗族组织的移民，由于同宗人口少，一时无法开展宗族活动。直到有了一定经济实力，甚至族人考中功名，宗族建设才变为可能。[①]但这并不意味着，晚明时代刘家没有相关活动。总体来看，晚明时代，随着刘氏身份、地位的改变，其社会网络相应得到了拓展，这集中体现在家宅建筑、人脉交往、礼仪实践以及宗教生活四个方面。通过拓展社会网络，刘氏"新仕宦家庭"地位得到巩固，这为其在清代发展成地方望族奠定了基础。

一、九松书斋与西园

累至千金后，刘志仁有了营建居所的打算。这种想法不仅出于生活中对物质层面的实际需要，如人口的繁衍、财物的存储、居住的舒适程度，还有精神层面的盘算。明代后期的商人开始寻求进入更高的社会阶级了，在这种身份转换的氛围中，商人渴望得到士绅身份，乐此不疲地尝试各种方法以实现从商人阶层到士绅阶层的转变。其方法之一就是模仿士绅的行为举止。[②]晚明时代的士大夫们喜于居住在城市繁华的生活环境，追求市镇生活。也有的因为感到乡间生活不安全而迁居城镇。因此一些较富有的士绅放弃乡间的庄园别墅，迁居城内，一般在县治或府治，也有在省城购买的。[③]除居住地点的

---

① 冯尔康、阎爱民：《宗族史话》，社会科学文献出版社，2012，第138页。

② 卜正民：《纵乐的困惑——明代的商业与文化》，方骏、王秀丽、罗天佑译，广西师范大学出版社，2016，第241-242页。

③ 商传：《走进晚明》，商务印书馆，2014，第308-309页；卜正民：《纵乐的困惑——明代的商业与文化》，方骏、王秀丽、罗天佑译，广西师范大学出版社，2016，第241-242页。

变化外，晚明士大夫形成了讲究庄严华丽与园林违式增建的居室风尚。[1]

据《刘氏族谱》介绍，"刘南宅"二世刘志仁去世时有遗业丘村旧墅、沂城南关旧舍及九松书斋。关于丘村旧墅的情况，没有具体记载，但另外两处居所从侧面透露出刘氏先世对士大夫身份和文化生活的追求。

刘堂迁居沂水后，"僦居于城南南庄"。[2]也就是说，刘堂在沂水落脚后，租住在沂水城南面一个叫作南庄的地方。既然族谱中称城南关旧舍为刘志仁所属遗业，那显然不是刘堂在南庄的租住处。从城南关的称谓来看，这座宅子位于沂水城内。这同刘志仁负贩商人的身份相契合。一方面，晚明时代商贩定居化是一种社会趋势。中小城镇勃兴，城镇人口增多，城镇市场趋于成熟并向周围地区辐射，这对商人而言很具有吸引力。另一方面，安居乐业是汉民族自古以来的传统心理。因此很多商贩乐于在大中城市和小城镇定居。[3]

从农村地区迁居城内，对商贩来说固然有物质层面的考虑，但其在城内修建宅院的位置就很耐人寻味。明清时期，社会上存在按照社会层次划分居住区域的现象。居住区域的划分所反映出的身份、等级制度的界限，使人们按照社会地位形成了不同的生活空间，每个生活空间有着使人们得以凝聚的共同的文化。以社会学的概念来说，这样的空间可以称为"人文社区"。[4]

因为在沂水城内位置重叠，刘志仁营建的沂城南关旧舍极有可能是后来所谓"刘南宅""八卦宅"的前身，但相关文献中没有留下具体建筑情况的记载。据沂水地方志中的城郭图，城内县衙所在地与城南关相近。在实地田野考察中，据当地知情者介绍，也确是如此。刘氏故居旧址与县政府大概只有500米的距离。现在县政府所在地正是明清县衙旧址，旁侧就是城隍庙旧址。也就是说，刘志仁在城内修建的新居处靠近沂水县的行政中心。明清时期这里一般是士绅之家居住之处。这隐约反映出刘志仁对士大夫阶层身份及生活方式的一

① 参见谢忠志：《明代的生活异端》，载王明荪主编《古代历史文化研究辑刊》八编第十四册，花木兰文化出版社，2012，第136-139页。

② 四修族谱编撰委员会编《刘氏族谱》卷一，2008，第77页。

③ 参见万明主编《晚明社会变迁：问题与研究》，商务印书馆，2016，第112-122页。

④ 刘凤云：《明清城市空间的文化探析》，中央民族大学出版社，2001，第56-57页。

种羡慕之情，想要通过家宅建筑搭建联系桥梁，向士大夫群体靠拢。

至于九松书斋，则更能直观反映刘志仁模仿士绅行为的心理变化了。对于晚明商人模仿士绅行为，加拿大学者卜正民教授在《纵乐的困惑——明代的商业与文化》中引述了这样一个案例：建阳出版商余象斗不仅将他的笔名"三台"印在封面和每卷卷首，或者用自己的名字装饰扉页和末尾版页，把自己打扮成一副学者的模样；而且将自己理想中的肖像插入书的目录后面。在这幅画像中，他坐在庭园里的书桌前，摆出一副读书人的姿态。左手处摆着几卷书，面前还放着一本，已经打开。①同为商人，刘志仁与余象斗的心思别无二致：既包括对士大夫读书生活的向往，也隐含对士大夫身份的渴望。

"刘南宅"三世庠生刘劢，顺遂其父欲做书生之志，"早年于书无所不读，寒暑不辍，校雠古今文字最精"②，成了真正意义上的读书人。刘劢还营建了私家园林，名曰西园。其子刘应宾侨寓扬州期间在思乡诗文中留下了这样一段描述："余家西园落住宅后，先君蔬圃也。方十亩余，种竹种柏，亦先君手植。长廊庭池中有吹藜馆……与苍柏、怪石共峥嵘于西山之傍，遂为八咏。"③从这段文字来看，刘氏先世家宅建筑颇有江南园林气象。④在这座庭园里，刘劢莳花种竹，啸咏其中，含饴弄孙，杯酒自娱，俨然一派晚明士人风范了。

尽管刘应宾对西园的介绍非常简短，只有寥寥数行文字，但通过中国古代园林艺术的相关研究成果，我们依然可以透视这座园林之于刘家的文化内涵。正如唐代诗人白居易园居生活所反映，文人一旦感到传统的政治、道德及审美的价值观念不足为训或不合时宜的时候，他们就努力另辟蹊径。园林

---

① 卜正民：《纵乐的困惑——明代的商业与文化》，方骏、王秀丽、罗天佑译，广西师范大学出版社，2016，第242页。

② 四修族谱编撰委员会编《刘氏族谱》卷一，2008，第82页。

③ 在田野调查过程中，有刘氏后裔提出"八卦宅"始建于二世刘志仁时期的说法，但言不甚详，并没有文献资料佐证。清代"刘南宅"所在位置正是在沂水县城南关一带。从沂城南关旧舍的名称来看，极有可能是八卦宅的前身。相关西园的描述见刘应宾：《平山堂诗集》，载王钟翰主编《四库禁毁书丛刊·补编》第78册，北京出版社，2005，第600—601页。

④ 刘应宾对西园的描述中有傍山之说。沂水城内无山，因此这个西园必为刘氏在乡间祖居的附属建筑。从西园面积、园内植物、馆舍等方面的情况来看，该园当于刘志仁时期就已建成。

家居正是蹊径之一。园林的兴衰变化不仅反映了园主的地位变化，而且是天下治乱很贴切的象征。[1]

对于刘励生活的时代而言，晚明政治的衰退和紊乱促使地方文人更加迫切地寻求私人领域和隐居生活。生逢乱世，安稳地拥有一座属于自己的园子是实现一种生活方式必不可少而又充足的条件，其主导思想就是精神上远离尘嚣而又身不离世的"吏隐"观念。通过园林雅居，刘家在一定程度上实现了为隐的精神超越和为宦的物质利益之间的互相调和与彼此结合。[2]

从日常生活来说，西园还兼具享受家庭天伦之乐和教育子孙的功能。正如刘应宾在回忆中所言："长廊亭池中有吹藜馆，子孙肄业其间，弦歌之声不辍。"西园成为刘氏子孙成年前最先接触的自然环境和儿童乐园。私塾就设在园中，为孩子们营造了一处相当优美的学习环境。[3]在浓郁的生活气息中，刘氏家族成员怡然共处、读书论道，中国古代文人的园林情节自此深植于刘氏文化血脉。

二、同年与姻亲

经过刘志仁、刘励、刘应宾祖孙三代的不懈努力，刘家生活发生了翻天覆地的变化：由居无定所的移民成为富甲一方的商人，从被沂地豪族肆意欺侮的普通商贾之家成功步入士人阶层。尤其青年官员刘应宾，由于政绩突出，短短五年内一再升迁，由县令调升至中央部院任职。这对移民家庭而言无疑是十分荣耀的事情。刘家开始彻底改变家庭身份，步入新仕宦阶层。

在明代，新仕宦阶层广泛享有国家赋予的政治、经济、法律、教育等各方面的特权。对此，魏斐德在《中华帝制的衰落》一书中对士大夫阶层的特权做了如下描述：首先，绅士属于官僚阶层，获得功名的人有资格戴金顶、

---

[1] 杨晓山：《私人领域的变形：唐宋诗歌中的园林与玩好》，文韬译，江苏人民出版社，2012，第2–3页。

[2] 同上书，第30–32页。

[3] 参见高居翰、黄晓、刘珊珊：《不朽的林泉：中国古代园林绘画》，生活·读书·新知三联书店，2018，第278页。

银顶，穿猞猁皮、貂皮，参加文庙的官方典礼，获得地方和国家的津贴，免除徭役，以及免除地方官的刑罚。由于到达上层非常难，举人与进士就意味着巨大的社会声望。少许成为进士的人名扬海内。由贫至富、由经常挨饿的一介书生至受人款待的当朝学者，这一巨大跳跃是不寻常的。其次，绅士还属于社会阶层。作为士，绅士不仅仅归功于政府的创造，还基于财富、教育、权力和影响力等地方特权，拥有自己独立的地位。有钱但没有正式社会地位的人必须努力获得功名，如果获得官职的话，就可以通过官僚关系和政治影响力维持家族的财产。①

魏斐德所论主要总结了士大夫从官方得到的特权。因为这种特权，科举考试的胜利者会同时得到民间社会的景仰。即使是穷书生，一旦考中举人、进士，他的生活面貌就迅速改变了。例如，明末著名东林党人杨涟和刘应宾是同一时人，在成了举人后，杨涟一如其他大部分中举者，享有名望，且常获得邻居、景仰者、夤缘攀附之徒赠予的猪只、瓷器、家用器皿，可能还因此得到些土地。②由此可以想见，刘应宾科举入仕后，刘氏日常生活同样会发生上述类似的转变。除此之外，刘家还会发生其他一些重要变化，比如社会关系网络。

作为中国古代社会一个特殊的社会群体，士大夫因地缘、姻缘、师生、同年、文社等形成了错综复杂的社会关系网络。③这些关系网络使其有别于其他社会阶层，成为士大夫群体的身份标志和象征；同时，这些人脉关系也对士大夫及其家族的生存发展产生重要影响。比如在国家政治生活中，士大夫的言行举止、升降浮沉往往会受到关系网络制约，福祸参半。在大多数情况下，得益于座师、同年、同乡、同社的奥援，士大夫会获得晋升，从而扩大政治影响力。当政治形势严峻，出现党争的情况后，他们则容易受到人脉关系的牵连，成为政治斗争的牺牲品。在地方社会，社会关系网络有助于增加士大夫及其家族的影响力和社会声望。总体来看，这种社会关系网络的营建，对士大夫群体而言，利大于弊。因此，明清时期的士大夫一旦步入仕

---

① 魏斐德：《中华帝制的衰落》，邓军译，黄山书社，2010，第22、24、27页。
② 蔡石山：《明代宦官》，联经出版事业公司，2011，"前言"第2-3页。
③ 参见陈宝良：《明代士大夫的精神世界》，北京师范大学出版社，2018，第77页。

途，对师生、同年、同乡、社友之间应酬往来之事十分重视，且乐此不疲。出于门当户对的传统观念和现实政治、经济利益的考量，他们大多从这些关系网络中寻觅合适的联姻对象，从而使原有的联结纽带更加牢固。

通过科举考试，刘应宾积攒了较为雄厚的科考人脉。考中功名不是参加科举考试的唯一收获，同时还是文人结交的重要纽带，比如同年和同年会。所谓同年指的是同一年科举考试登第的人，同年会则是由同年组成的文人团体。宋时，已有同年会。至明代，同年会更为多见。此外，座主与门生也是科举时代一种较为特殊的关系，这不仅体现在情感和交往圈方面，而且形成了一些约定俗成的惯例，甚至座主与门生之间可以联结为一股政治势力。①

刘应宾在所著《平山堂诗集》中恰好收录了较多有关座师、同年的回忆诗篇，兹整理如下。

表一：刘应宾科考人脉关系表②

诗篇名	人物关系	人物姓名	人物官职
《大座师叶相国》	师生	叶向高	建极殿大学士
《大座师方相国》	师生	方从哲	文渊阁大学士
《乡座师贵州总督杨》	师生	杨述中	贵州总督
《大宰张》	同年	张捷	吏部尚书
《哭南大司马同年仇庸足》《同南总宪张华东、大司马仇庸足饮同乡焦弱侯半山园》	同年	仇维祯	兵部尚书
《乡座师甘肃巡抚梅》	师生	梅之焕	甘肃巡抚
《忆大司寇宪葵王老师》	师生	王纪	刑部尚书
《大司空习鲁靳老师》	师生	靳于中	工部尚书
《乡房师少司马耿》	师生	耿定力	兵部侍郎

---

① 何宗美：《明末清初文人结社研究》，上海三联书店，2016，第53-54页。
② 本表据刘应宾著《平山堂诗集》、张德信主编《明代职官年表》整理。

诗篇名	人物关系	人物姓名	人物官职
《上元寺会年姻傅振阳因访先太常读书处》	同年	傅国	户部郎中
《会房师司经局洗马王公》	师生	无考	司经局洗马
《同潘虞庭、焦涵一两御史同年登鸣远楼望阙》	同年	焦源溥 潘士良	御史
《詹庠师》	师生	詹子忠	长乐县令
《怀季师》	师生	无考	无考

按照张仲礼将整个绅士阶层划分为上层和下层两个集团的定义，上层集团由学衔较高的以及拥有官职（但不论其是否有较高的学衔）的绅士组成。① 上表所列是根据刘应宾诗集搜集到的与其关系友善的同年、座师姓名。这些人基本都是通过科举正途获取功名，步入仕途。其中，官衔最高者为大学士，其他依次为部院尚书、总督、部院郎中、御史等。这些人无疑属于上层绅士集团，也是刘应宾在晚明官场可资依赖的人脉网络。

座师、同年是科考过程中自然产生的身份、人际关系。就座师而论，无论乡试、会试，考生如考中，主持该榜考试的两位主考即考中举人或进士者的座师。同年则是同一榜考中举人、进士者，因此人数甚众。由上表罗列的诗篇可见，刘应宾对科考人脉关系非常重视，不仅留在记忆中念念不忘，而且专门作诗把这些与自己关系亲密的老师、同年的事迹及活动记录下来。其中某些诗篇的内容反映出刘应宾善于经营科场、官场人脉。例如在《乡房师少司马耿》诗文前记中，刘应宾写道："余卷脱出，两主考以送先生，先生快快不受，曰非其亲子也。诸人劝之方纳。一时师席颇多同年，有三父八母之嘲。"② 所谓三父，不难推论即两位乡座师梅之焕、杨述中及耿少司马；至于

---

① 张仲礼：《中国绅士——关于其在19世纪中国社会中作用的研究》，李荣昌译，上海社会科学院出版社，1998，第4页。

② 刘应宾：《平山堂诗集》，载王钟翰主编《四库禁毁书丛刊·补编》第78册，北京出版社，2005，第657页。

八母，其姓名不得而知。显然，刘应宾对所谓三父八母之嘲非但并不讳言，反而有洋洋自得之意。通过拜少司马耿氏为师，刘应宾结识了更多科场人脉。再如工部尚书靳于中与刘应宾并无直接的科考师承关系，但刘应宾依然尊称靳于中为老师，并在诗前交代，"予其门生故吏也"。[①]

刘应宾为何不顾别人略带善意的嘲讽而乐于拜本没有直接关系的耿少司马为师？又为何乐于把这些师承、同年交游的回忆通过诗的形式记录下来？抛开情感因素，现实利益肯定在其中发挥了重要作用。因为一个人的关系网越大，他与不同职业、不同地位的人的联系形式就越多样化，在社会上灵活处理事情的能力就越强，从当官的那里获取资源和机会的次数也就越多。扩大一个关系网要靠一个中间人来介绍，他是两人共同的朋友，他能明确向对方担保这个人的品格和可靠性。[②]刘应宾赞皇救灾成功，进阶为礼部主事，这源于他视为老师的王纪的赏识。正是在救灾过程中，刘应宾与王纪相识，进而得到王纪的认可和推荐，成为部院官员。刘应宾通过本房师推荐拜耿少司马为师，就进一步拓宽了官场人脉网络，因为这些所谓同年都有将来高中进士、做官后成为官场奥援的可能性。

刘应宾与个别同年的交往也较为密切，其交往方式之一就是结为儿女亲家。例如傅国，山东临朐人。[③]临朐与沂水邻近。因为天然的地域联系，刘应宾与傅国相善，并结为姻亲。在二人分别被提升为礼部仪曹、户部主事之际，刘、傅二人相约共游沂水上元寺，刘应宾之父、岳父曾共同在此读书。刘应宾睹景感叹："当时两姻苦，今日两姻歌。"[④]此外，一同游览山水、楼阁、庭园也是加深彼此感情的重要方式。天启五年，刘应宾与同年潘虞庭、

---

① 刘应宾：《平山堂诗集》，载王钟翰主编《四库禁毁书丛刊·补编》第78册，北京出版社，2005，第655页。

② 杨美惠：《礼物、关系学与国家：中国人际关系与主体性建构》，赵旭东、孙珉合译，江苏人民出版社，2016，第58页。

③ 傅国，字鼎卿，号丹水，晚号云黄山人，临朐县人，明万历四十一年进士，历任许昌知县、户部主事、户部郎中。参见刘廷銮、孙家兰编《山东明清进士通览·明代卷》，山东文艺出版社，2015，第328页。

④ 刘应宾：《平山堂诗集》，载王钟翰主编《四库禁毁书丛刊·补编》第78册，北京出版社，2005，第549页。

焦涵一共同游览京师鸣远楼,写下"人士于今称盛际,定期揽辔报明庭"的诗句。万历四十年九月刘应宾与同年同登云门山,并作《云门》一诗,诗云:"白云生石上,出没群峰来。共友一登跻,踏云倏往回。黄花被菊径,秋气有余哀。"①

如上所述,通过科举考试,刘应宾在官僚体系内建立了较为深厚的人脉网络。同时,借助子侄辈姻亲婚配,刘应宾及其家庭与沂水当地及周边县域的仕宦人家建立了较为密切的人脉关系。

明清时期,人们在择偶时首先注重的是选择对象的家庭状况,即门第和财产。关于择偶范围,人们在择偶时非常注重门第相当,这其实为择偶的社会圈划定了基本的界限。②郭松义在有关清代婚姻关系的讨论中指出:"尽管无法律定规可循,却因利害所系,存在着许多有形无形的限制,自然地划出了一个个高低错落的圈子,若非身份相等,是很难混淆其间的。"③就地域而言,"中上阶层,特别是上层家庭,由于社会影响较大,地域流动和社会交往面较广,择偶的地域面也明显较宽。不过总体上,邻近地域的婚配仍占优势。"④

根据《刘氏族谱》所载,刘应宾祖孙五代的姻亲情况正是对上述明清时期等级婚姻、门第婚姻的生动反映。显而易见,刘应宾是刘家姻亲情况发生巨变的分水岭。刘应宾曾祖、祖父、父三代婚配人家,皆为平民。从刘应宾这一代开始与读书人家结亲,但这些人家只是下层士人家庭。虽然是士,但由于没有官职,不能算绅。因此,这些家庭不属于官宦家庭。至刘应宾兄弟、子侄辈,刘家姻亲网络发生了十分显著的变化,开始与官宦人家结亲,其中多为沂水当地及周边莒州、蒙阴、临朐的官宦人家。

---

① 刘应宾:《平山堂诗集》,载王钟翰主编《四库禁毁书丛刊·补编》第78册,北京出版社,2005,第548、642页。

② 余新忠:《中国家庭史》第四卷,广东人民出版社,2007,第59、66页。

③ 郭松义:《伦理与生活——清代的婚姻关系》,商务印书馆,1990,第78页。

④ 余新忠:《中国家庭史》第四卷,广东人民出版社,2007,第68页。

表二：刘应宾家庭姻亲情况统计表①

姓名	与刘应宾关系	姻亲
刘堂	应宾曾祖父	娶潍人解氏，继娶徐氏
刘志仁	应宾祖父	杜氏
刘励	应宾父	王氏，沂水县人，其父豪于乡，节侠尚义
	应宾姑母	一适田，一适拔贡生邓楠
刘应宾		耿氏，其父廪生
	应宾妹	适庠生张应麟
刘应震	应宾弟	娶怀庆府别驾张时英女
刘玮	应宾长子	娶蒙阴高邮州牧秦士桢女
刘珙	应宾次子	聘蒙阴礼部尚书公鼐男光禄寺署丞公端女
刘玠	应宾三子	娶莒州侍御庄谦女
刘琼	应宾侄	娶开封府太守张时俊孙女
	应宾长女	适临朐户部郎中傅国男
	应宾次女	字曲阜兵部职方司主政魏肯构男
	应宾长孙	聘兴化县知县留部考选高名衡孙女

通过科举考试、门第婚姻，刘家结识了一大批熟人②，营建出比较广泛的社会关系网络。他们相互之间往来密切，如匹配婚姻、生辰死丧、互通庆吊，形成了一个排斥性很强的社交圈子。他们往往能够团结对外，形成利益共同体，以捍卫整体利益。③

① 本表根据《刘氏族谱》中的《迁沂始祖公传》《二世赠太常公传》《三世曾祖赠太常公传》《四世祖父御史中丞公传》整理。参见四修族谱编撰委员会编《刘氏族谱》卷一，2008，第77—111页。

② 熟人指的是在关系网中个人能向其求助的人，通常是一些处于一定有利地位上的、能影响某些好处和好东西再分配的人。通过熟人之间的交往，人们可以获得某些好处或者想要的东西。参见杨美惠：《礼物、关系学与国家：中国人际关系与主体性建构》，赵旭东、孙珉合译，江苏人民出版社，2016，第58页。

③ 参见吴晓龙：《〈醒世姻缘传〉与明代世俗生活》，商务印书馆，2017，第183页。

三、国家礼仪渗透

16世纪以来，中国的"礼仪革命"向全国各地渗透，具体表现在祖先祭祀、地方神祭祀、家庙祠堂建构以及冠、婚、丧、祭等礼仪方面的改革。比如在珠江三角洲边缘地区，国家通过地方官倡导理学，发展教育。随之又将承载主流价值观念和思想的国家认可的礼仪形式渗透到华南宗族社会，从而实现了对地方力量的整合与控制，确保了政治稳定。在北方，山西的情况同样如此。祠堂、碑刻、族谱等宗族建设的主要元素无不带有国家在场的影子。[①]毫不夸张地说，在中国古代社会，无论哪个王朝执政，除武力征服、法律惩治的手段之外，礼仪教化才是确保地方服从中央、民众服从地方官、官员报效朝廷的关键所在。在国家与士大夫群体之间的互动中，陟罚臧否、薪俸赏赐固然是驱使士大夫听命于朝廷的重要途径，而来自国家层面的诸如封赠、省亲、墓志铭题写等礼仪实践则在精神层面激发士大夫的忠君爱国之情，心甘情愿俯首听命。国家通过礼仪传达出一种讯息——认同士大夫及其家族的功绩和德行。这无疑有利于士大夫及其家族提升地方声望，因此仕宦之家无不重视这种恩赐，将其写进族谱里世代相传，成为家族权威建构的重要手段。

明代社会特别讲究封号，从朝廷到乡野都形成稳定的封赠制度意识。官员祖上三代及其母亲、妻子获得封赠情况在明代政治文化中特别受到重视。这在时人的文章笔记中多有反映。[②]

由于刘应宾入朝做官后政绩突出，刘励夫妇受到明廷的封赠。明代刘励总计受封三次：第一次刘应宾担任南宫县知县，刘励受封为文林郎；第二次刘应宾担任礼部仪制司主事，刘励受封为承德郎；第三次刘应宾任吏部稽勋司郎中，刘励受封为奉政大夫。应宾母王夫人母以子贵，累封太孺人、太安人、太宜人。[③]这在《刘氏族谱》和《沂水县志》中都有记载。如果祖辈受封赠的光荣事迹被收录于地方志，那么这个家族在当地社会的影响力无疑会大

---

① 参见科大卫：《明清社会和礼仪》，曾宪冠译，北京师范大学出版社，2017，第3-24页。

② 参见王红春：《明代进士家状研究》，上海书店出版社，2017，第219-221页。

③ 四修族谱编撰委员会编《刘氏族谱》卷一，2008，第83、84、94、95页。

大增加。

国家在礼仪方面对臣子的褒奖还体现在墓志铭撰写上。从表面上看，墓志铭只是士大夫之家的个人行为：由传主子孙提供家状，然后请名人撰写。但如果撰写铭文的名人是某位朝廷大僚，那么其中的意味就不止于此了。从某种意义上讲，六部尚书、大学士这一级别的官员在一定程度上能够代表官方态度。尽管他们位高爵显，但绝不会在题写墓志铭这种小事上和皇帝唱反调，承担政治风险。应僚属之请，撰写墓志铭也可从侧面反映出来自国家层面的肯定。

刘应宾父母的墓志铭就是当朝大臣应其所请撰写的。刘应宾之父的墓志铭《明故诰封吏部稽勋司郎中、丘县教谕刘公墓志铭》，其撰写者为光禄大夫、柱国少傅兼太子太师、吏部尚书、建极殿大学士朱延禧。刘应宾之母的墓志铭《明故沂水刘选部母王太宜人合葬太封公墓志铭》，撰写者为光禄大夫、太子太保、礼部尚书兼文渊阁大学士张至发。[①]由当朝大学士、尚书这一级别的达官显贵撰写的墓志铭显然是为刘家增色之笔。铭文内容固然重要，撰写者所署一大串官衔名称更是求铭者所需要的。墓志铭上的文字信息可以世代流传，供后人瞻仰。这样一来，以墓志铭为传播媒介，国家对刘氏家族的身份认同自然就顺延到沂水地方社会，在沂水地方民众心中确立了官宦权威形象。

此外，刘应宾回籍省亲同样对刘氏家族官宦地位的确立和巩固卓有意义。明代省亲制度承担着社会教化功能：明代文官省亲与展墓制度同养亲制度一样，具有协调忠孝关系的作用。省亲通常在父母寿诞、获得封赠的时候，展墓则为祭扫、焚黄，文官之间渐渐发展出一套庆贺、送别等礼仪。正所谓人子以显亲为孝，仕者以还乡为荣。归省本是个人私事，但在"孝子忠臣"时代，省亲、展墓等行为则在私情与公义、孝亲与忠君的思维下被定义成一种奖孝劝忠的社会政治行为。[②]

①参见四修族谱编撰委员会编《刘氏族谱》卷一，2008，第79-80、82-85页。
②赵克生：《明代国家礼制与社会生活》，中华书局，2012，第101、110、112、113页。

事实上，文官省亲的意义绝不止于此。文官省亲，或为父母做寿，或为将获得封赠的喜讯告知父母，这对文官本人及其家族来说都是光宗耀祖、极为荣耀的体面事。朝廷封赠文官父母既体现了国家层面对文官本人绅士身份的认同，也是对文官家庭及家族步入上层官僚阶层的肯定。当文官将父母获封赠的喜讯带回家乡，也就意味着同时将这种国家意义上的身份认同蔓延到一县、一乡、一隅。天启朝刘应宾曾三次回乡省亲。一次是万历四十六年被提升为礼部主事，其父母受封为承德郎、太安人，他和同年傅国同游沂水上元寺，并留诗纪念。第二次是天启三年刘应宾提任吏部稽勋司郎中后，其父母受封为奉政大夫、太宜人。天启六年，刘应宾因避阉党祸乱，请假归籍。平民之家因子弟做官得到国家褒奖，刘氏先世移民、平民、商贾的身份也就自然被仕宦身份所替代了。

四、宗教生活转向

宗教自古以来就在中国传统社会具有强大的、无所不在的影响力。古代中国几乎每个角落都有寺院、祠堂、神坛和拜神的地方。[1]这些祠庙成为当时民众重要的信仰空间，各种社会群体都卷入其中。民间信仰也就成为中国传统社会的重要组成部分。[2]明清时期，沂水县佛、道建筑空间就比较普遍。据康熙《沂水县志》，沂水城内建有城隍庙、二贤祠、关帝庙、三皇庙等；城外则建有寺庙十三处、道观四处。[3]

明清时期庶民生活具有多神崇拜的特点，既信仰道教之神，包括八腊、关帝、城隍、火神、龙神等，也信奉佛教观音、达摩、燃灯佛、释迦牟尼佛等。据《刘氏族谱》，晚明时代刘氏家庭宗教生活十分符合当时民众宗教生活的特征。随着地位、身份的改变，刘家的宗教生活内容有一个渐变的过程。

最早的相关记录见于《二世赠太常公传》。刘志仁年过四十无子，因此

---

① 参见杨庆堃：《中国社会中的宗教》，范丽珠译，四川人民出版社，2018，第6页。
② 参见王见川、皮庆生：《中国近世民间信仰：宋元明清》，上海人民出版社，2010，第1页。
③ 黄庐登主修《沂水县志》卷之六《艺文》，参见沂水县地方史志办公室整理：康熙《沂水县志》，中国文史出版社，2015，第116–138页。

五鼓谒庙，到城隍庙进香。[①]城隍神是地方守护神，至明初朱元璋将城隍祭祀引入国家正祀后，带动了民间对城隍神的信奉。一般城镇必定建有城隍庙。其职司广泛，不仅包括守卫城池、保境安民，还有祛病消灾、扬善惩恶、求子祈福等。[②]

刘志仁只是因事相求才到城隍庙进香，而城隍庙就建在沂水城内。对刘志仁来说，这是一种相对廉价、便利的祈求神灵保佑的方式。刘志仁的家传中并没有留下参与宗教建设活动的记录，比如修葺祠庙、城隍祭祀等。到刘励、刘应宾时，情况发生了改变。这一点在刘氏女性的生活空间中最为彰显。

刘应宾之母王氏因早年有异尼叩门指点："修行菩萨，必生贵子，并留隐语云云。"因此，刘母王夫人"奉事大士终身惟谨，家中常设佛龛，龛中供一大士像，暇则焚香合掌，竟日危坐，名山古刹辄施捐"[③]。刘应宾之妻耿氏同样是虔诚的佛教徒，"饭僧祝呗以大做佛事"[④]。对耿氏参习佛事的生活场景，刘应宾在《灯偈》一诗中留下了记录。该诗开篇提到准提菩萨一灯长明，内子耿淑人处供。诗云："莹莹一灯，大士灵通。有感必应，无瞻不逢。慈颜不漏，变现其中……夜半呼寐，司香㩴屏。神光勿亵，稽首皈铭。"[⑤]可见，耿氏供奉的是准提菩萨，她对菩萨敬奉之心非常虔诚。

在浓郁的佛教氛围中，受母亲和妻子影响，刘应宾也是虔诚的佛教信徒。这在《和叔则观予家赵松雪所书金字金刚经》一诗中有所反映，其中诗云："自从玩帖拜释氏，悟得无生是宗风。"[⑥]这充分说明刘应宾本人也是虔心奉佛的，他在家中收藏了赵孟頫所书金字金刚经。

上述刘家习佛的几个事项看似简单，但背后蕴藏的信息十分耐人寻味。

---

① 参见四修族谱编撰委员会编《刘氏族谱》卷一，2008，第79页。

② 参见戴建兵主编《明代的府县》，天津古籍出版社，2017，第80-84页；王存奎、周志钧：《民俗学视角下城隍信仰的社会功能探析》，《江苏师范大学学报》2013年第39卷第4期，第90-91页。

③ 四修族谱编撰委员会编《刘氏族谱》卷一，2008，第95页。

④ 同上书，第116页。

⑤ 刘应宾：《平山堂诗集》，载王钟翰主编《四库禁毁书丛刊·补编》第78册，北京出版社，2005，第542页。

⑥ 同上书，第663页。

从异尼叩门、焚香危坐、辄施捐到供奉准提菩萨像、大做佛事、收藏金字金刚经，这些事项都是刘氏家境转变，成为士绅之家之后才发生的。在参习佛事过程中，刘氏宗教行为内容不断丰富、升华，类似佛像、金字金刚经这样的宗教艺术品成为家庭必备之物。这与明代佛教对民间社会的渗透密切相关。

有明一代，佛教在士绅生活中的存在从未间断。尽管这种现象间或受到一些社会精英的批评，但依然不能阻挡佛教在士绅文化中的蔓延之势。到了晚明之际，儒释道三教合流及其世俗化成为突出的文化特征，佛教文化和士绅文化的结合更加紧密，既有士大夫主动参与佛教活动，比如修习佛经、结识方外交，也有僧尼主动接近士大夫家庭。在士绅的文学创作中，寺院成为相当重要的主题。士绅与僧侣之间通信的现象也逐渐增多。谈禅、听经、拜佛、施捐成为当时士大夫阶层流行的文化现象。①

异尼叩刘家之门就是佛教向士绅之家渗透的表现。尽管当时刘家还没有后来的官宦人家气象，但俨然已有富贵士大夫之家的风范了。九松书斋、沂城南关旧舍、丘村旧墅这样的深宅大院自然会引起僧尼的注意，因为有钱人家能够在经济上给寺院带来实惠，比如施舍捐纳。

就施捐寺院来说，性别有较为独特的意义。在明代，礼佛的女性远较男性为多。尽管整个明代和清朝初期妇女参访寺院会受到反对者的谩骂，但晚明时期妇女在节令日参访寺院的现象司空见惯。妇女直接向寺院施捐成为可能。在女性处置财产权利受到男性限制的情况下，她们的捐赠往往带有男性意愿的影子，甚至会成为引发男性直接施捐的重要因素。②也就是说，刘应宾之母、妻子代表家庭参与了宗教文化活动。施捐的行为不仅体现了捐纳者的意愿和信仰，而且还有重要的现实意义。通过宗教活动，士大夫顺理成章参与到地方公共领域，这样一来既宣扬了士绅身份，有利于在地方社会树立权

---

① 参见卜正民：《为权力祈祷：佛教与晚明中国士绅社会的形成》，张华译，江苏人民出版社，2005，第94-97页；陈宝良：《明代社会转型与文化变迁》（下编），重庆大学出版社，2014，第326-352页。

② 参见卜正民：《为权力祈祷：佛教与晚明中国士绅社会的形成》，张华译，江苏人民出版社，2005，第186-189页。

威，也帮助家庭拓宽了社会关系网络。

刘家先世礼佛的社会效果，在《刘氏族谱》和其他文献中都没有留下文字记载。但是同一时期，诸城丁耀亢家族对当地光明寺的捐赠活动可以作为较有说服力的参照。诸城与沂水相距不远，丁耀亢的家势与刘家相仿。当丁氏先世因军职迁居诸城后，与当地其他社会精英的联系并不紧密，因此丁氏并没有进入诸城士绅世界。有限的经济基础和社会影响力使他们没有能力像其他当地精英一样参与光明寺的日常事务。尽管到丁耀亢时期，通过扩张和努力，丁家达到了中等富裕的程度，也有了参与佛教事务的想法和实践，比如1637年饥荒席卷诸城县，丁耀亢慷慨捐让100亩土地，援助了当地另一所寺院源通庵——一个叫明空的游方僧人新建的小寺院。但直至丁耀亢去世后几十年，丁家也没能成为当地大寺光明寺的施主。这虽受家庭财力所限，但家族中没人金榜题名，致使丁氏在当地的政治影响力有限才是问题的关键所在。1681年修撰的《光明寺志》留下了一份17世纪施捐者的名单。这份名单显示，对大寺院的显著支持并不是来自所有士绅，它几乎完全来自大士绅家族。捐赠者不仅要具有雄厚的经济实力，还要拥有良好的声望和社会关系网。社会关系网不太好的人不会被邀请参与这种显示精英地位和赢得公共名声的活动。[①]

由此来看，刘氏家庭女性的礼佛活动不单是一种个人宗教行为，还体现了整个家庭的文化动向和社会地位变化。刘应宾之母王氏经常向名山大刹施捐，这反映出刘家已具有雄厚的经济实力和地方影响力。在一定程度上，这也成为刘家开始步入当地上流精英社会之表征。

---

① 参见卜正民：《为权力祈祷：佛教与晚明中国士绅社会的形成》，张华译，江苏人民出版社，2005，第240-245页。

第三章　从明臣到清臣：刘应宾身份转换与形象建构　》

第一节　刘应宾与清初政治

　　明清鼎革之际，对汉族士大夫来说，易代之下应如何自处，是一个亟待解决的切身问题，有必要小心和认真考虑。特别是在南明抗清运动将近失败的时候，出处问题便成了社会关注的课题。[①]在王朝更迭、社会动荡的过程中，大江南北、士庶官民无不经受生死存亡的严峻考验。在这样的特殊历史时期，沂水刘氏家族生存策略主要体现于前明官员刘应宾的政治考量和出处抉择了。作为刘家崛起的关键人物，刘应宾的政治选择不惟关乎个人荣辱，而且身系整个家族的生死存亡。总体来看，明清易代之际刘应宾历经南京降清、安徽建功、扬州侨居三个阶段。清军攻破南京城后，刘应宾投诚，被授以都察院右佥都御史、巡抚安庐池太兼理军务，成为清代首任安徽巡抚。受任后，刘

---

　　① 陈永明：《清代前期的政治认同与历史书写》，上海古籍出版社，2011，第91页。

应宾勤劳王事、夙夜在公，竭力建功，为清军平定安徽立下了汗马功劳。可是随着军事形势好转，降臣刘应宾在新朝的政治斗争中败下阵来。由于清廷猜忌、上司洪承畴排挤，清廷以"滥给武职札付事"，将刘应宾革职。官场失意后，刘应宾并没有回归原籍，而是侨寓淮扬十年。在此期间，他与各色文人悠游林下、诗酬唱和，创作了很多诗篇，为清初扬州文化的恢复注入了活力。

一、降清原因

明末，山东降清明臣较多是比较突出的政治现象。美国历史学家魏斐德较早关注到这一点，"山东的情形表明，在乡绅与满族征服者结为同盟镇压城乡义军盗匪上，它比其他任何一个省份都要来得迅速。尽管这里的民众中也有一些著名的忠明之士，但在维护共同利益而携手合作上，山东士绅对满族征服的态度最为典型"①。他从山东半岛与辽东半岛的历史渊源、经济、宗教、乡绅、乱民等角度归纳了山东文人降清的原因。这诚然是较为合理的解释，但受研究主题所限，魏斐德的讨论仅限于宏观方面的分析。

继后，这个话题基本没引起学界足够的关注。直到近年，曲阜师范大学硕士研究生骆兰友以《清初山东贰臣研究》为题，再次专门探讨了山东籍明臣降清的原因。相较魏斐德之论，骆兰友的讨论进一步细化。该文以山东各地区域经济、文化差异及其在明朝的仕宦情况为线索，重新归纳了山东籍明臣降清的原因。

上述论著对后学者了解、观察山东籍降清明臣提供了有益参考，但都是宏观角度的研究，似乎不能充分解答个案问题。比如陈宝良教授就提出："那些明末降臣其心态也是各异，值得去进一步深入其中，从心理层面去分析考察。"②从政治立场来看，这些官员具有同一性，但若按降顺清朝的时间、地点而论，这些官员还是有所区别的。据魏斐德在《洪业——清朝开国史》一书中的统计，北京城破后先降李闯而后降清者有之，清军攻占北京后投降者

① 魏斐德：《洪业——清朝开国史》（上），陈苏镇、薄小莹等译，江苏人民出版社，2008，第274页。

② 陈宝良：《明代士大夫的精神世界》，北京师范大学出版社，2018，第360页。

有之，在地方就地投顺者有之，再就是南京城陷及以后降清者了。其中，南京城破前就降附清朝者占绝多大部分。^①从这个角度来看，同为降清明臣，但在政治转向的过程中，他们所面临的历史情境各不相同。因此，具体到每位山东籍降臣，其降清的原因必然会存在差异。不同的家世背景、生活体验、人生经历、政治思想以及其他种种不为人知的苦衷都会影响时人政治立场的转向。

南京城破后，逃跑已是不可能的事情。兵荒马乱之际，各种武装力量林立。在各方势力冲突不断的情况下，交通几近瘫痪。从一个城市逃往另一个城市，从北方逃往南方是一件非常困难的事情。著名山东籍遗民郑与侨的南逃经历就是当时乱况的真实写照。甲申北京城破后，郑与侨为躲避李闯军队，偕家人三十余口南逃，一路风雨颠簸：好不容易走到济宁城，又因乡兵不容一人南下而受阻，直到捐资行贿后，方得放行；又遇乡勇阻拦，幸得远族施援，从后门悄悄潜出；待到丰县丁家口，当地豪族以郑氏诸人为奇货，扣押车马，勒索无度，再次施贿十八金得脱；至亳县，遇蒙城贼，垂涎其车马财物，以至郑氏发觉后，通宵不寐……一路风尘辗转，逃避兵寇，直到二十一日才抵达扬州。在逃亡途中，郑与侨六岁的孙子因风寒殒命。^②

对时人郑与侨逃难的经历，刘应宾自己就有切身体会。早在崇祯十七年，南逃投奔弘光小朝廷途中，刘应宾在下邳就差点被刘泽清的乱兵捕杀。^③南京城破后，形势一片混乱：清军、明残军、乱民、逃官各色人等杂处其间，想要逃出南京城已是奢望之事。在《风》一诗中，刘应宾对这次劫难描述如下："天台不可问，黎庶纷纵横。甚与东人难，尤恨在川兵。城内严行遁，厉令不放行。乱民喜得志，将我系长缨。"危急之时，风云突变，一匹花

①　参见魏斐德：《洪业——清朝开国史》（上），陈苏镇、薄小莹等译，江苏人民出版社，2008，第271-274页。

②　郑与侨：《蒙难偶记》（不分卷），载《山东文献集成》编撰委员会编《山东文献集成》第二辑第13册，山东大学出版社，2007，第261-263页。

③　刘应宾：《平山堂诗集》，载王钟翰主编《四库禁毁书丛刊·补编》第78册，北京出版社，2005，第554页。

马疾驰而来，乱民四散，刘应宾才得以脱身。[①]在这种情况下，倘若遽然北归或逃往他处，则生死难料、前途未卜，显然不是明智之举。

既然逃跑无望，对刘应宾而言，那就只能面对以下三种选择：抵抗、投降、自杀殉国。连弘光政权所凭靠的江北几十万大军都在转瞬间土崩瓦解了，作为一介文臣，武力抵抗委实没有实际意义。更何况，南京城破前夕，弘光皇帝已经逃走，掌持朝政的马士英、阮大铖二人也已乘乱潜逃，不知所踪。如此一来，以弘光皇帝为首的南明政权实已陷入了群龙无首的局面。最后只能在朝廷勋贵的带领下，文武百官迎降。这样的话，刘应宾只有投降和自杀殉国两条路可走了。

从家世背景、仕宦经历、社会地位、政治主张、个人性格和思想等几方面来看，刘应宾都不存在以死殉国的可能性，降顺清朝才是其必然选择。

前文已述，刘应宾出身移民、平民、商人家庭，并非世受国恩的世家大族。刘应宾考中进士、做官后，刘家境遇方才有了极大的改善：从普通民户转为仕宦家庭。当诸多朱明宗室、累世勋贵、内廷达官相继顺降后，对屡不得志的吏部郎官刘应宾责以所谓"国家"大义，似乎有失公道。要知道，刘应宾先世从四川迁至山东潍坊，又由潍坊迁至沂水立足，筚路蓝缕，艰辛万状。在科考发迹之后，刘家人非常珍惜现有的家势局面，依然保持着小心、谨慎的风格。在对政治方面的看法上，刘家带有典型的商人伦理精神。晚明商业繁盛，士商互动成为一种较为普遍的社会现象。在这一过程中，儒学自然对商人的经营之道产生影响，同时商人的伦理精神也在无形中渗入儒者心中，产生了肯定"义利双行"的社会观念。刘应宾的祖父刘志仁正是在经商致富、累计千金后才有了由商入仕的盘算。在士商互动的社会风气下，这样的家庭环境必然对自幼参习儒业的刘励和刘应宾的价值观产生影响。

比如天启年间阉党乱政，刘应宾的父亲刘励、妻子耿氏就力劝刘应宾归籍避祸。除当面劝诫外，刘励仍不放心，专门写信开导刘应宾速下决心避

---

① 刘应宾：《平山堂诗集》，载王钟翰主编《四库禁毁书丛刊·补编》第78册，北京出版社，2005，第555页。

祸。信中有"可以报主，可以存身"之语。这充分反映出刘劢对于君臣之道的看法。刘劢虽然将报主置于句前，但不过是时代语言习惯下的一种虚辞罢了。从当时的情境来看，刘劢的意思是说只有先躲避阉党陷害，保存自身，将来才能报效国家。报主是将来的事，当下首先要保存自身生命和家庭。这句话虽然简短，却道出了泰州学派王艮所提倡的"尊身"说的真谛。换句话说，刘劢教育刘应宾在政治实践中要懂得适时而动，明哲保身。基于家庭历史和思想传统，对刘应宾来说，如何在乱世之中保家续脉才是其在政治实践中首先考虑的问题。

除受到家庭文化传统和政治伦理观念的影响外，当事人刘应宾自身的人生经历、思想主张更是探讨其政治选择的关键所在。

清代学者魏禧有言："事后论人，局外论人，是学者大病。事后论人，每将知人说的极愚；局外论人，每将难事说的极易。二者皆从不忠不恕生出。"[①]这一识见可谓史论真谛。到了近代，史学大家陈寅恪进一步提出同情理解的研究方法。这和某些西方史学家所提出的"移情"方法大体相同。循照这一思路，我国台湾学者陈永明对明清易代之际明臣投降行为的议论就十分中肯："在政局动荡以致意识形态控制失效的现实环境中，当事人对这个复杂问题的看法，却未必如后人在时过境迁之后所想象的一样。"[②]基于上述思想，笔者以为要想理清刘应宾降清的原因，必须走近那个时代，走近刘应宾这个历史人物。

有关刘应宾降清情况，官方文献和《刘氏族谱》中留下的记录并不多。《清史列传·刘应宾传》中只是说："顺治二年五月，大兵下江南，应宾投诚。"[③]其孙刘侃在家传中则说："眷求遗老，诸臣交荐，公辞不奉诏，恩纶至再，典礼有加，方才受命。"[④]这两份材料都没有说清楚刘应宾降清缘由。好

---

① 魏禧：《魏叔子文集·日录·里言》，转引自白一瑾《清初贰臣心态与文学研究》，博士学位论文，南开大学，2009，第28页。

② 陈永明：《清代前期的政治认同与历史书写》，上海古籍出版社，2011，第46页。

③ 王钟翰点校《清史列传》第二十册（卷七十九），中华书局，2016，第6549页。

④ 四修族谱编撰委员会编《刘氏族谱》卷一，2008，第109页。

在刘应宾自撰文集《平山堂诗集》中留下了较为清楚的线索。

其一，这与刘应宾并不算顺利的明末官场生涯有关。刘应宾是万历四十一年进士，其明末仕途从赞皇县令始发，直至南明弘光小朝廷覆亡，刘应宾为明政权服务了32年。然而在明末激烈的党争情况下，早年登鸣远楼望阙，立志"人士于今称盛际，定期揽辔报明庭"的有为青年刘应宾，并未能一展抱负成为明廷大臣、重臣。受权监、权贵、言官影响，刘应宾或被迫引疾归里，或贬谪南京，或被迫家中闲居，直到弘光政权覆灭前一月才得任通政使。这样的官场履历与周延儒、张捷等同年相比实在寒碜。刘应宾作诗自嘲："年过五旬始晋卿。"以此来看，他对"明珠暗投"的明廷是有不满情绪的。当南京城破后，刘应宾最终断绝了对明王朝的诉求欲望。32年明朝仕宦生涯的坎坷经历，自然是促使素有大志的刘应宾顺势投清的重要因由之一。再者，以刘应宾在明朝的官职、地位而言，他在当时社会上的影响力有限。倘若不是乾隆皇帝下令将其编入《贰臣传》，倘若不是南明野史中寥寥数笔的记载，刘应宾大概也会像大多数明末官员一样湮没无闻。这样的官员在易代之际出处选择时所面临的社会压力并不大。明廷中央衙署四品以下官员自不必说，各省、府、县的官吏投顺清朝的在所多有，成为清军占领府县后治理地方的得力助手。至于那些少量的殉国者中类似刘宗周、祁彪佳这样的人物，其原意也不是要殉国的，只是清廷征召，迫于自身名望和社会影响，不得已而自尽。名士大僚尚且如此，遑论刘应宾这一级别的官员了。同刘宗周、祁彪佳等名人相比，刘应宾的名气和社会影响力要小很多。从道义上讲，刘应宾既没有殉国的必然动机，也没有类似大儒、名流、重臣在降清时所面临的思想压力和舆论压力。

其二，这与刘应宾在明末乱世的几段经历有关。明末战乱频仍，烽烟四起，在这样的社会环境下不仅仅普通百姓居无定所，生如草芥，就是官宦人家也无法摆脱飘摇、流离的悲惨命运。刘应宾自崇祯末年归籍直至弘光政权覆亡，就曾屡屡濒临险境，感受深切。据《青骢》一诗，崇祯十四年，饥寇十万侵犯沂水，刘应宾全赖此马逃出城外，躲入沂水西北六十里外桃花洞中，记曰："予避乱一饭而旁舍群至，不能入行……因思秦乱尚有桃花源，明乱更无桃花洞，亦可以观世矣。"甲申四月，刘应宾南逃途经下邳，遇刘泽清部乱兵，几遭不测："依违进城去，毛窝来大兵。家奴潜逃窜，狼狈独出城。问兵从何来，主帅刘泽清。……一阻司马路，再断给谏头。予几遭虎口，山谷匿其声。"及至南京城破，刘应宾再次外逃，然而"甚与东人难，尤恨在川兵。城内严行遁，厉令不放行。乱民喜得志，将我系长缨"。刘应宾以为必死无疑，慨叹："一死堪塞责，惜哉不分明。"幸赖不知从何而来的军马冲散乱民，刘应宾才得以侥幸逃脱。[①] 如此种种，刘应宾几经生死，一路飘零，非常渴望社会恢复安定局面。自明朝开创以来，民生思想就是部分传统士大夫群体的精神面相之一。在政治实践中，他们密切关注攸关国计民生的现实问题，主张为民谋利。到了晚明之季，在明朝政治江河日下的情况下，士大夫的救世情怀就更加强烈了。就刘应宾的政治实践来说，无论赞皇救荒、南宫立法持平，还是后来抚皖之初首先张榜安民、革除太平府姑溪桥米税及金柱山商税，都体现了乱世之中济世救民的政治思想。

其三，这和刘应宾对政治局势的判断有关。如果说北京城破时刘应宾还抱有光复故国、答报主恩的想法，那么经历弘光乱局的前吏部郎中显然已对明王朝彻底死心了。他在《平山堂诗集》中不止一次述及明朝弊政的种种往事，失望之意跃然纸上：大到国策诸如藩王不准带兵政策，赋役、驿递制度，藩镇拥兵，吏治贿败，小到任通政使司通政使时衙署崩坏，屡咨工部却以财拙见告，每升堂时有陨坠之患，左右二堂多辞不出，章奏委积，予窃病之的琐事。刘应宾于此发出"累叶凌夷王气尽，国家真是叹奇穷"的哀叹。[②]

此时正是明王朝覆亡前的最后一段时光：吏治腐败、贪渎成风，党争四起、党同伐异，内有民变匪患肆虐，外有强虏屡屡犯境，加之连年战乱、民生凋敝，明王朝已渐渐病入膏肓。这一点，身居文选司郎中要职的刘应宾有

---

① 刘应宾：《平山堂诗集》，载王钟翰主编《四库禁毁书丛刊·补编》第78册，北京出版社，2005，第553—555、624页。

② 相关内容见《平山堂诗集》中的《派征》《驿乃》《高宝蝗》《纪遇》《下邳道》《甲申夏五》《再掌选》《通政》等诗篇，参见王钟翰主编《四库禁毁书丛刊·补编》第78册，北京出版社，2005，第543、554、571、589、592、593、594、644页。

着非常清楚、直观的认识。比如，他在《纪遇》一诗中便以自身仕宦经历为线索，对明末政治乱象做了较为系统的总结。①

明朝之覆亡是多方面原因造成的，既有军事指挥的失措，也有政令不明、经济乏术等因素的困扰。对此，刘应宾分别针对明末驿递政策、派征政策、军事指挥以及吏治、宗藩等方面做出了批评和反省。

对驿递政策，刘应宾认为"四海兵符连昼夜，普天机密报辰琚。事关重大未易裁，一马一夫亦难虚。"也就是说，驿递既关系到军事信息的传递，也牵涉到朝廷与各地的联络，不能随便裁撤。可是神宗"弛驿禁凌夷，光熹事全疎"。自神宗始，驿递政策逐渐废弛，经光宗、熹宗蹉跎之后，以至"坐衙不问谁家子，讨马未知孰氏书。水陆供奉脂膏竭，朝廷金钱委沟渠"。崇祯皇帝即位后，虽然看到了驿递政策的弊端，打算裁减驿站，腾省经费以充军饷。然而事与愿违，"惟正裁驿不裁银"，以致"驿倒吏逃令人怨"。②

对于派征政策，刘应宾更是深恶痛绝，派征之弊在于劳民伤财，以至官逼民反。他在《派征》一诗中对此提出十分尖锐的批评："海内用兵三十年，庶民空丽在天星。民间脂膏已剥尽，富国强兵岂无经。债帅九边挟索饷，庙堂会议靠履丁。一加再加傲不恤，为练为义吞无声。更有预征过八年，天下寇起尽为兵。天下财富半入辽，中州秦晋江汉屏。未及出师先问饷，饷供转入大珰扃。腹背受敌不择将，督抚节钺乏威令。或以水火遣，或以监司娉，或以部署廷，或以巡方膺。"结果"往往丧师更辱国，抚军已逮大帅仍。国宪及文不及武，戴罪立功殊可憎。总是金钱大有神，兵冗饷多日日增"。这就导致"为兵兵弱弱投强，为民民弱作寇狞"。③

对于清兵侵犯京畿，刘应宾对崇祯朝当局者的作为也很不以为然："指授纷纷乏方略，棘门灞上真儿戏。清兵善战如有神，十月中国任蛇委。……朝舍出师仍携妓，逗留败后始追随。军中密议大捷闻，百万赏功朝廷虵。赏有

---

① 刘应宾：《平山堂诗集》，载王钟翰主编：《四库禁毁书丛刊·补编》第78册，北京出版社，2005，第543—544页。

② 同上书，第593页。

③ 同上书，第594页。

兵无何处销，就将此物充作私。……仍是卖官卖狱智，藐看先帝如小儿。"①

对明朝宗藩政策，刘应宾认为同样有失策之处。甲申夏五月，周王薨于舟，相传为某总兵炮击惊悸而亡。周王守汴经年。李闯多次犯境，守官决黄河以淹全城，独抚按及周王乘舟逃脱，然而最终周王却因炮击受惊吓而逝。他特作《周藩叹》，追忆了周王守汴的功绩，以示纪念。在诗尾处，李楷道出了刘应宾为周藩作诗的原委："先朝之制不许亲王典兵，以致寇贼猖獗。予窃痛诸藩之拘于法也。周藩能固守城藩，散财募兵，独为贤者。先生此作深以相许，并记其决汴灌城之事。"②

对弘光小朝廷之乱政，作为亲历者，刘应宾在多篇诗文中予以批评。诸如《甲申夏五》云："朝内角同异，立贤仍有方。用人如置棋，臧否不斟量。开国设四镇，跋扈鲜忠良。……敕书天子降，和事宰相长。立国无规模，主威日已丧。"甚至当清兵即将渡江进犯南京之际，仍然是"边报秘不闻，宫中方射扬。道旁似会议，召对亦戏场"的景况。③在《金陵行》中，刘应宾对弘光荒政有如下生动的描述："奈何贵阳子，素乏为国忠。褚小覆怀大，绠短欲汲冲。睦邻不择使，遣将反弯弓。用人以贿闻，成宪未之恭。当朝两阁老，臧谷情好同。……忽起江广甲，再举河洛烽。不闻何方略，暗里许奔从。城守不复问，阍人不为通。"④

从上述刘应宾侨寓淮扬期间对明末时政的批评和总结来看，曾经矢志报国的刘应宾对病入膏肓的明王朝已经彻底失望了。面对新朝召唤，归顺也就成为自然而然之事。

其四，这与刘应宾达观知命的处世观念有关。晚明时期，随着儒释道三教合流，士大夫和方外之士的交往日益密切，佛教和道家的思想渐渐渗透到士大夫的精神世界，对其生死观、节义观、忠孝观、出处观等都产生了非常

---

① 刘应宾：《平山堂诗集》，载王钟翰主编《四库禁毁书丛刊·补编》第78册，北京出版社，2005，第581-583页。

② 同上书，第590页。

③ 同上书，第554页。

④ 同上书，第555页。

重要的影响。晚明时代，许多儒者参修佛家思想，开始关注佛学提倡的"生命关怀"。许多人从过去"以生制死"、以遵从礼义实践来面对死亡的态度中走出来，真实体验超越生死之念的豁达。个体生命与群体生命间的区隔被泯除，而强调一种共进共化、共臻于解脱的理想；出世与入世的观念不再决然对立，一种超脱世俗而又以慈悲大愿积极入世的精神被宣扬。①

就易代之际的进退出处而言，很多士大夫形成了达观知命、顺应时势、应时而动的思想理念。前文已述，受母亲和妻子礼佛的影响，刘应宾也是一名佛教信徒。他把危难之际屡屡化险为夷的事情归因于"菩萨保佑"。比如崇祯十三年，刘应宾由南京北返，途经黄河遇险，船只因波浪滔天，差点翻覆。然而有惊无险，一船人最终安全渡过黄河。事后，刘应宾始终念念不忘，认为"赖神之灵"，得以逃脱水厄。不惟佛教思想，道教也在刘应宾的人生轨迹中留下了痕迹。据刘应宾自述笔记《遇仙记》，其青年时代偶遇一道人，为其指点迷津，不仅准确预言了他考中举人、进士的时间，还断定他中年有敌国之富。当他生病时，这位道人还派人送药，不久他便痊愈。几十年后，他才悟出这位道人是神仙吕洞宾。类似这样神奇的经历促使刘应宾产生了天人之际的人生观：一方面，他重视天意、天命，进而在政治实践中主张顺应天命；另一方面，他认为自己是受到天意、天命保护的。对于刘应宾的天命思想，其侨寓淮扬时的密友李楷在为其所作《送前吏部刘公诗序》中说得非常清楚："天岂有二天乎？天者人之身也，人者天地之心也。参赞则心之能事，浊乱则心之昏聩也。嗟乎！尚书之言曰：天工人其代之。"刘应宾侨寓淮扬十年，李楷是与其交往最密切者，可谓知应宾深者。在这篇送别诗文中，李楷道出了刘应宾降顺清朝的思想缘由。

易代之际，怀有类似思想的士大夫不乏其人。他们对传统节义观做出了新的解释，提出了"人力尽而无奈天何者"的说法。很多降清者正是以此作为易节的解释。比如南京城陷后，忻城伯赵之龙等人投降后，传檄劝谕汉人

---

① 吕妙芬：《儒释交融的圣人观——从晚明儒家圣人与菩萨形象相似处及对生死议题的关注谈起》，载吕妙芬主编《明清思想与文化》，世界图书出版公司，2016，第49、64页。

降清时就用到了"天命有归"的说法。①尽管有人认为这是降清者的借口，但如果了解一下晚明士大夫阶层的精神转向，结合当时的形势，这种天命观未尝不是他们内心想法的真实反映。明祚气数已尽，清朝为天命所归的思想是导致刘应宾降顺清朝的重要因素。

其五，这与刘应宾家庭在政治选择上的分化和家族利益考量有关。在降顺清朝这个问题上，刘应宾实有不得已的苦衷。持平而论，危难之中，每个人兼顾的问题往往是多方面的，除去个人的荣辱，家人和所属群体的利益往往是一个重要的考虑因素。在同一个家庭中，出或处的选择竟然同时并存。②面对清军入关，并非大部分汉人采取了强烈抵抗的态度。相反地，很多汉人从地区、家庭、个人利益考虑，被迫或者自愿接受清廷的统治。比如说江南地区，很多抵抗运动是在清廷下达剃发令之后才开始大规模发生的。③刘应宾的家庭就有多人先后抗清。崇祯十五年，清军攻打沂水城时，其弟刘应试倡义勇，设守备，众倚重之，至城破被执，与弟应唯、仲子刘珠一同不屈被杀。④顺治元年清军南下之际，在沂水、莒州一带遭到了地方力量的抵抗。当地一些大族子弟参与其中，成为领头人。刘应宾次子刘珙和他的亲族高氏、庄氏子弟都是当地抗清队伍主事者。其中，高家高名衡之子高钤、高镠和刘珙是一股，庄氏庄谦的堂弟庄调之是另一股。有关刘珙抗清的最早记录见于顺治元年八月二十八日奉命招抚山东、河南等处的户部侍郎王鳌永的启本：本月（八月）二十六日，据沂水县札委招抚游击刘斌报称，沂水县土寇高钤、高镠、刘珙等招聚万人，自沂水、莒州、日照、赣榆以及东海、黄河之岸，皆

---

① 参见陈宝良：《明代士大夫的精神世界》，北京师范大学出版社，2018，第353页；陈永明：《清代前期的政治认同与历史书写》，上海古籍出版社，2011，第49~50页。

② 陈永明：《清代前期的政治认同与历史书写》，上海古籍出版社，2011，第51~52页。

③ 参见陈永明：《清代前期的政治认同与历史书写》，上海古籍出版社，2011，第7页；有关清廷剃发令对清初抗清运动的影响，参见南炳文、顾诚及美国学者司徒琳等著《南明史》、魏斐德著《洪业——清朝开国史》，这些论著都以专门章节讨论了清初剃发政策对汉人抵抗运动的影响。

④ 参见张蘩主修《沂水县志》，载沂水县地方史志办公室整理：道光《沂水县志》，中国文史出版社，2015，第265页；四修族谱编撰委员会编《刘氏族谱》卷一，2008，第101页。

连为一党。①

　　刘玘起事之时，其父刘应宾正在南京等候弘光政权复职。待到陈锦上章弹劾，刘应宾已在南京降顺清朝。两者之间大约相隔近一年时间。对于刘玘的作为，其父刘应宾很有可能是知情的。陈锦在向清廷指责刘应宾时，言其纵子倡乱投逆。其中"纵"字就很耐人寻味。在汉语中，"纵"有放任、不约束的意思。从词义不难推断当时情景，陈锦的言外之意是说刘玘抗清之事，刘应宾是知道的，但没有采取措施约束。这是登莱巡抚陈锦弹劾刘应宾的罪状之一。

　　登莱巡抚陈锦的说法有一定可信度。作为清廷派驻山东省的最高军政长官，他有专门的信息渠道。或许沂水、莒州一带的地方官在汇报中提到了刘应宾父子有书信往来的蛛丝马迹。这使他对新降明臣刘应宾于新朝的忠诚度产生了怀疑，因此上章弹劾。

　　从理论上说，刘应宾与刘玘等家人书信往来还是存在可能性的。这与晚明时期民间保持联系的方式有关。早在明代以前，中国就是一个书信的世界，当时人们书信往来十分频繁。通过书信来联络感情，交流信息。到了晚明，又出现了新事项：一是名人将他们的书信出版；二是商业性邮政服务的出现。②尤其商业性邮政服务，这使人们之间的书信联系更加方便。尽管当时已处乱世之下，但商人对利润的追求能够促使他们想办法将通信业恢复起来。前述郑与侨南逃途中通过行贿通过重重关卡，那么商人们同样可以花钱过关。在明清之际很多文人雅士的自刊文集中，朋友之间的往来信函往往占有一定比例。这也说明乱世通信是存在可能性的。

　　值得注意的是，据刘侃描述，刘玘多才艺，善书画，有立功名志。③如此看来，刘玘是颇富才学的文人。这符合当时的社会风气。明末清初，整个

① 参见中国人民大学历史系、中国第一历史档案馆合编《清代农民战争史资料选编》第一册（下），中国人民大学出版社，1984，第45页。

② 参见卜正民：《纵乐的困惑——明代的商业与文化》，方骏、王秀丽、罗天佑译，广西师范大学出版社，2016，第209~214页。

③ 四修族谱编撰委员会编《刘氏族谱》卷一，2008，第155页。

社会文人风气甚浓，各种文人结社遍及大江南北。刘应宾自己就是当时典型的文人做派。从青年时代开始，他就作了很多首诗，后收录于《平山堂诗集》。同样的文采风流，按道理来说，刘应宾应该对次子刘珙非常喜爱，但在整部诗集中，刘应宾却对次子只字未提，反而收录了好几篇与长子刘玮有关的诗篇，爱子之情溢于字里行间。这种逆于常情之事恰恰说明刘应宾似乎有所顾忌，因此隐瞒了一些情况，掩盖了自己的情绪。

即便刘应宾确实不知道刘珙抗清之事，但清廷对此一清二楚。前有其弟聚众抗清，后有其子倡乱谋逆，这可以成为清廷迫使刘应宾就范的把柄。顺治二年五月，南京城破前，清军早已占领了沂水县城。此时，刘应宾的很多家人尚在原籍。在这种情况下，面对清廷征召，刘应宾也有不得不降、不能不降的苦衷。如若抵触清廷，后果不难想象，对于这样历来有抗清传统的家庭，毁家灭族只在旦夕之间。即使刘珙抗清之事罪不及家人，待到新朝一统天下后，这也必将成为家庭、家族的政治包袱，危及家庭、家族的生存和发展。如果参与新朝的官僚体系，情况就大不一样了。通过向清廷投诚，积极为新朝建功，刘应宾可以使其家重新获得新王朝的政治认同。这才是刘家转危为安的唯一出路。

二、江南抚事

刘应宾曾任安庐池太巡抚，即清代首任安徽巡抚。据刘应宾自撰《江南抚事》，其抚皖时间虽不长，但对清军平定皖南起到非常重要的作用。这一点在诸多南明史及清朝开国史的论著中却几乎没有被提及，相关论著多凸显了洪承畴及张天禄等降将的作用。《清史列传·刘应宾传》中也只是提纲挈领，简要述及了刘应宾抚皖期间的几件功绩。但在清朝统治者眼里，功难抵过，乾隆朝还是将其编入《贰臣传》乙编，对刘应宾予以贬斥和否定。据刘应宾所撰《江南抚事》，刘应宾于顺治二、三年抚皖期间，为清军平定安徽之乱立下了汗马功劳，这包括调和清军主将、洪承畴和各武将之关系；安定地方，减免杂税，恢复生产；参与军机，制定方略，剿除叛乱等。

明清易代，前明官员摇身一变成为新朝征服江南、开疆拓土的封疆大吏，其政治身份发生了剧烈转化：由明人变为清人，由明朝属吏成为清朝官员。刘应宾虽得清廷赏识，蒙获皖抚要职，一定程度上在国家层面获得清朝给予的政治身份认同，但在局势尚未完全稳定的情况下，这种认同必然是暂时和有限度的。获得清朝颁发的委任状只是第一步，宦海浮沉、政局迭变，要想巩固这种身份认同，必然还需要降臣取得军政实绩，才能向清廷表明忠心，真正获得清廷信任，在新朝站稳脚跟。

作为当事人，刘应宾显然对此有深刻的理解。在皖抚任内，他不遗余力、绞尽脑汁从立信、立功、立威三方面，着手构建、巩固在新朝的政治身份和政治地位。

1. 立信

所谓立信，就是要让清廷看到投诚的真情实意。这一点从刘应宾对待两位上司豫王和内院招抚大学士洪承畴的态度可见端倪。刘应宾和荐主豫王的关系较为融洽，用他自己的话说："江宁府五月投诚，日侍豫王左右，委抚江南。"①受命之后，刘应宾没有丝毫懈怠，马不停蹄，单骑赴任，大有朝发夕至、毕其功于一役的壮志。他向豫王报告："庚寅发江宁，辛卯次采石。臣受命之后即便单骑就道，为群吏先业，于十一日抵采石镇，入境受事。沿途招集流亡，晓谕乡民……臣又亲阅江防，陟采石，俯牛渚，望二梁。天门中画，屹若雄关，实江南第一要害也。二十日进太平府城，暂为驻劄。"②

及至豫王奉命凯旋还京，刘应宾又于八月初五日上《豫王师旋上书》："臣奉命镇抚上游。值徽人不靖，窃据一府六县，又侵宁国之旌、太、泾、宁四县，池州之石埭、青阳二县。两郡岌岌，人心大骚。臣孤立寡援，日夜忧思，单骑趋芜，无兵无将，寓居城外，倡先三镇，鼓励守令。仗王之威，将士用命，获奏奇捷，幸保危城。此虽一隅，实江左之半壁而金陵之藩篱也。且为寇者，半属衣冠，勾连数省，号召亡命，阴图割据。"③

荐主豫王北归，临别书信致意，为之送行自是人之常情，官场交酬往还

① 刘应宾：《江南抚事》卷一，清顺治刻本，北京大学图书馆藏，第80页。
② 同上书，第1—2页。
③ 同上书，第33页。

题中应有之意。除此之外，更紧要的是刘应宾在该信中委婉表达出以下两方面意思。其一，表白功绩。受王知遇之恩，即使在缺兵少将的情况下，刘应宾仍然马不停蹄，单骑趋芜，可见效忠新朝、立功之心甚切。刘应宾用实际行动回报了豫王的信任。其二，临别之际，刘应宾向清廷提出了平定江南的中肯建议。

对待上司洪承畴，皖抚刘应宾同样毕恭毕敬，小心伺候，凡事及时请示、汇报。这种态度在刘应宾致洪承畴的书信中多见。在信中，刘应宾对洪承畴每以"我翁"尊称之。不可否认，无论明末官场还是清初政坛，洪承畴的政治地位和社会声名确实远较刘应宾显赫。洪承畴在明末官场一帆风顺，基本上都是循例升迁，最后官至太子太保兵部尚书兼蓟辽总督。清军准备征讨江南之际，毛遂自荐招抚江南者不乏其人，如明降将副总兵蒋承恩、参将唐虞时、顺天巡按柳寅东、吏部左侍郎陈名夏等。然而在众多降清明臣中，清廷独选洪承畴为平定江南的带路人，授以"招抚南方总督军务大学士"的关防。[1]可见清廷对洪承畴之重视。就官职而论，皖抚自在招抚江南大学士麾下。作为下级，事上以敬固然是官场例习，但刘应宾在信中屡屡以"我翁"呼之，确有肉麻之嫌。毕竟招抚大学士与安徽巡抚职级相埒，况且洪承畴于明万历四十四年考中进士，比刘应宾资历略晚。刘应宾在信中却时时以晚辈自居，这种谦恭姿态实有讨洪氏欢心之意。甚至在书信中，刘应宾频频标榜洪氏之功绩、才能，以后生晚辈的姿态向洪承畴请教。

这样的姿态和为官处世之道与刘应宾担任县令、礼部及吏部郎曹时的表现大相径庭。同为降臣且官阶差距不大，刘应宾为何对上官洪承畴如此恭顺？这只能说明刘应宾怀有和上司洪承畴搞好关系，从而获得洪氏信任、提携、帮助的美好愿景。换言之，这也正是新降臣子刘应宾构建政治身份认同的努力之一。

2. 立功

刘应宾将自著有关抚皖事宜的文章、信札结集命名为《江南抚事》。何

---

① 参见杨海英：《洪承畴与明清易代研究》，商务印书馆，2006，第1、122、123页。

谓江南？最狭义的"江南"范围应包括苏、松、常、镇、杭、嘉、湖七府之地。明代两浙地区的农业经济发展居全国前列，故"江南"的含义已超出了纯地理的范围，而被赋予了"经济富庶区域"的含义。[①]江南之重要，钱谦益作如下表述："夫天下要害必争之地不过数四，中原根本自在江南。长淮汴京，莫非都会，则宜移楚南诸勋重兵，全力以恢荆襄。上扼汉沔，下撼武昌。大江以南，在吾指顾之间。江南既定，财赋渐充，根本已固，然后移荆汴之锋，扫清河朔。"[②]这番言论确实切中时势要害。

江南之重于时人所画《长江控制图》亦可见一斑。刘应宾曾在扬州寓中向好友李明睿展示此图。这幅《长江控制图》出自江南宣城王龙光手笔，原本为仇惟庸所画。因仇氏北归，王龙光将此图转赠刘应宾。而李明睿见之，言渠家青莲亦用此图遨游。由此可见，明末士大夫阶层对江南之推重，江南地形图成为他们日常居家必备之物。

相较于饮酒赋诗以托故国之思的一般做法，在清军彻底平定江南之前，江南文人的文化自信表达更为激烈。除了自杀殉国或隐遁山林者，相当一部分江南遗民聚众反抗，这给刚刚奄定金陵的清王朝当头棒喝。

弘光政权覆灭后，江南地区的抵抗并没有停止，此起彼伏，主要有：吴易领导的抗清斗争；陈明遇、阎应元领导的江阴反薙发斗争；沈犹龙等据守松江；侯峒曾、黄淳耀领导的嘉定抗清斗争。安徽的抗清运动同样非常严重。在弘光政权覆灭后的两三年间，皖南地区的抗清活动几乎遍及所有的府州。据南炳文先生对皖南抵抗运动之统计，较有名的有：金声在绩溪的斗争；温璜坚守徽州府城；邱祖德、麻三衡于宁国举兵；尹民兴、吴汉超等起兵泾县；吴应箕在池州府的抵抗等。[③]

上述明清鼎革之际安徽省抵抗运动的领导者几乎是清一色明末进士。他们或为明朝故吏，如邱祖德，或是名满天下的名士，如吴应箕。清初安徽

[①] 杨念群：《何处是"江南"——清朝正统观的确立与士林精神世界的变异》，生活·读书·新知三联书店，2010，第12页。

[②] 同上书，第13页。

[③] 参见南炳文：《南明史》，故宫出版社，2012，第114-126页。

首抚刘应宾对此有非常清醒的认识，待之以首要大敌。他在给清廷的奏报中说：且渠为衣冠之盗，连及江湖闽广云贵，建号称王，人心响应，不比寻常草窃。①

然而，诸多有关南明历史及清军平定江南的论著中，如顾诚、钱海岳、南炳文诸先生及美国学者司徒琳等，对清军征讨安徽的过程，虽有述及，却言不甚详。中国社会科学院清史研究所杨海英教授所著《洪承畴与明清易代研究》对安徽的抵抗、清军的扫荡有着较为详细的描述及讨论，然而主线是招抚江南大学士、内院大臣洪承畴。其中虽有涉及刘应宾的部分，但关注焦点并非刘氏。

《清史列传·刘应宾传》中倒是较为粗略地提及刘应宾在安庐池太巡抚任上的两件功绩。刘应宾之孙刘侃在家传中也只是简要述及祖父在安徽的军功政绩。对此描述最为详细的莫过于刘应宾的自述笔记《江南抚事》了。从这份史料来看，刘应宾投诚后在清军平定江南，尤其在平定皖省之乱的过程中发挥了极为重要的作用。然而长期以来，因为各种情由，清代安徽首抚刘应宾的作用竟然被忽略了。

作为清初安徽首抚，刘应宾任职时间并不长，但其抚皖之时正值清军征定江南的关键时刻。南明弘光政权虽已覆灭，但浙江有明鲁王政权，福建有明隆武政权，其他如遗民、明宗室及各色人等的抵抗在江南一带此起彼伏。可以说，顺治初年的江南并不安稳，成为清政权心腹大患。安徽与同样反抗激烈的浙、闽两省毗邻，处江南核心地带。安徽平稳与否，牵涉到整个江南大局。刘应宾接手皖省时，正值兵凶战危之际，作乱者交相呼应。据刘应宾自述当时情景："地方无一兵一马，臣名为巡抚，实空拳耳。"②这段记述并非没有根据的浮夸。清军在平定南京后，在江南一带的军力布置确有失察之处。杨海英教授论及此时清政府对江南的部署："清军奄定南京之后，对南方形势的估计过于乐观，等到清廷注意到南方广大地区远非如想象的那样可以

---

① 刘应宾：《江南抚事》卷一，清顺治刻本，北京大学图书馆藏，第76页。
② 同上。

传檄而定，抗清势力高涨后，清廷在顺治二、三年间对南方重新部署。"①

受命于危难之际，士为知己者死。对清廷的信任，刘应宾投桃报李，勇于任事。未即任，即于初十日单骑先行，随路招抚。到任后，刘应宾不辞辛苦，旦宵劳作。对抚皖期间的往事，刘应宾在《姑孰河》一诗中留下了如下回忆："姑孰河，姑孰河，日暮三军刺船过。风起水涌势浩浩，太平隔峤望中峨。兵船不足更番渡，火炬夜看如织梭。"再如《安庆》一诗："皖镇雄江上，巡游听早莺。山回江作堑，烽起鹤为兵。正月惊开杏，墟烟自立营。"②

《江南抚事》详细记录了刘应宾在军事、政治、经济三方面相继采取的适当措施，在清军平定江南过程中发挥了极为重要的作用。在政治上，他发布告示，晓谕徽民，解散乡兵。刘应宾的招抚措施之一就是发动宣传攻势，发布政治告示《檄谕徽民》："照得本院到任无几，未及颁示。适闻徽州府属尚有一二迷民，只为剃发一事，遂致连寨汹汹，拒府县官，不使莅任。此是何意？尔民既已投降，而复旅拒，是叛也。叛则必讨。大兵一临，立齑粉矣。以数茎之发而轻丧其元，一何惑也？牌到即宣解散归业，毋为奸棍簧鼓。"③这份告示对矢志抵抗尽节的遗民或许奏效甚微，但对徽民而言是政治警醒。此之谓教而后诛，这为此后军事征剿做好了舆论铺垫。

此外，刘应宾还着力解决明末江南一大痼疾"乡兵"问题。晚明时代是中国历史上"民变"最为多发的时期，晚明民变的发生是国家政权与权力发生异化的结果。④乡兵的存在，正是国家政权与权力异化的催化剂。江南乡兵在南明时期较为繁盛，成为明末清初易代之际影响地方社会稳定和国家一统的政治顽疾。明末江南很多地方的奴变、兵变正是因此而起。到任之初，刘应宾看到了稳定地方的关键——解散乡兵。

在经济上，江南迭遭弘光乱政和鼎革兵乱，经济穷蔽。为安定民心，恢

① 参见杨海英：《洪承畴与明清易代研究》，商务印书馆，2006，第128页。
② 刘应宾：《平山堂诗集》，载王钟翰主编《四库禁毁书丛刊·补编》第78册，北京出版社，2005，第582、603页。
③ 刘应宾：《江南抚事》卷一，清顺治刻本，北京大学图书馆藏，第10页。
④ 商传：《走进晚明》，商务印书馆，2014，第143-144页。

复民力，一方面，刘应宾勉力赈济平民："四民失业，无食无居，环辕门而泣。余为恻然，县仓亦焚，无可拯救。幸府仓尚有余粟，矫发数千，复谕当涂，多方设处，一赈再赈。"①

另一方面，刘应宾积极革免冗税。以芜湖、姑孰为例："芜湖一县，水陆交冲。差使辐辏，要船马者无宁日，索廪粮者非一人。况兵戈凋残之后，民力竭矣。奉令旨，此后凡公差俱照牌内开载，马匹、船只、廪给口粮数目照牌给发，不得额外应付。如差官仍敢勒索银两，锁打夫头，地方官即指名启报，前来治以重罪。该抚选派旧有乡兵四千名，镇守徽宁池太四府，每府一千名，严行约束，勿得生事，罪及首领。""姑孰旧有桥税。下江一带买稻者，每石抽二升，岁可得数千金。本地乡民载稻出入，亦为抽及。一方称骚，严示禁革之。"②

此时安徽第一要务当属军事问题，刘应宾抚皖最主要的功绩也正是奉清廷令旨，相机协调诸将，指挥并亲自参与了皖省平叛、剿乱事宜。这包括平定吴应箕等的遗民抵抗，明宗室唐王、瑞昌王抗乱，"土寇""湖贼"叛乱等。

刘应宾大致于顺治二年七月上任理事，正逢兵凶战危之际，江南各地抗争不断。据《徽人拒道府县官之任》记载，因剃发一事，各处汹汹，而独徽州为甚，恃其山溪之险、经商之富，不识王化久矣。高淳民叛杀知县吕福生……六月二十一日，江宁发大兵至高淳杀民千余，徽人金声及尹民兴等起兵为乱。徽人陷太平县，知县王仁锡、县丞徐恒忠自刎死。徽人据泾县。吴应箕陷东流县，得典史鲍鲸鳌，知县谢昊逃。吴应箕家贵此，旧亦称为名士辈，号召亡命作乱，于七月十二日陷东流。③

安徽遗民之乱是有一定社会基础的。尤其剃发令下之后，徽人有钱者为金声、吴应箕、邱祖德等起兵提供了经济援助。"九月初一日田抚报，尹民兴募瞿、萧二姓助饷：乡官瞿之琏助银四百两，本姓共助六千五百零七两；有富户萧思继助银四百两，本姓共助银三千六百一十两；二姓通共助银一万零

---

① 刘应宾：《江南抚事》卷一，清顺治刻本，北京大学图书馆藏，第7页。
② 同上。
③ 同上书，第7、10、11、38页。

一百一十七两。"①

除去遗民抵抗运动，当地与南明隆武政权颇有牵连的"土寇""湖贼"也是影响皖省安定的重要因素。"土寇""湖贼"作乱，看似仅是地方治安问题，但实际上不容小觑。当此之时，南明隆武政权正雄心勃勃，力图"兵发五路"收复南京。主其事者，正是刘应宾口中的江南"大贼"黄道周。黄道周是隆武政权恢复南都计划的积极策划者和支持者，其计划步骤之一正是"救徽援浙"。②在这种情况下，"土寇""湖贼"已上升为国家层面的政治问题、军事问题。如果"土寇""湖贼"不除，将与南明隆武政权交相呼应，汇入恢复南都的南明大军。他在《与张提督书》中谈及此事："昨见捷报献俘，大为称庆。自有闽事以来，人心汹汹，未有宁宇。朱、尹尚跳梁于太、棣之间，湖寇复狂于横、采之内。虽究竟同尽，而目前犹尔披猖。麾下建捷，令闽人售输不返，徽人从此不反矣。附逆之愚民渐次可定，不肖亦可借以告成事矣。"徽闽相连，若使"湖贼"之类的"土寇"与闽人相连，则皖省无法平静。

事实上，"湖贼"与隆武政权已有联络。据《三塌塘、石臼湖及丹阳万顷等湖寇聚》一文记录："金坛、宜兴、溧阳三处湖贼为总兵马得功所败，遂从溧阳窜至三塌塘、石臼湖内，有两千余人，大张告示。上写徽宁镇守总兵王，为中兴事业事，后书隆武元年。"顺治三年三、四月间，安徽巡抚刘应宾给洪承畴属下提督张天禄写信说，"闽兵死战不休，各郡民心俱为所惑，宁、太遍地是贼"，还提到"闽藩家家都督、人人总制，大张伪示，征兵征饷，乡愚趋之若鹜，举国若狂"。③

刘应宾看到了这一问题的重要性，剿抚兼施，收效甚巨。他给卜从善写信，命其"可遣一旅，伺水阳贼果否聚散，假道歼之"。在致总兵胡茂祯的信中又云："水阳土贼既有顺机，即当抚之。广德告急，已飞檄移会卜镇，令遣兵驰援。麾下可暂驻宁郡，再行进止。卜镇返徽州，皖镇黄鼎取恒山、丰

---

① 刘应宾：《江南抚事》卷一，清顺治刻本，北京大学图书馆藏，第49页。
② 参见杨海英：《洪承畴与明清易代研究》，商务印书馆，2006，第130-181页。
③ 刘应宾：《江南抚事》卷二，清顺治刻本，北京大学图书馆藏，第195页。

山，就抚者三十余寨。"①可见，对于招抚一策，刘应宾持肯定态度，主张先抚后剿、剿抚兼施。

刘应宾对付"湖贼"之辈所采取的先抚后剿、剿抚兼施的手段收效显著："捉渔船二百只……以马兵为声援，步兵入湖。分派已定，余镇、卜镇等大兵又报渡江，贼闻胆丧。复与黄镇计议，持帖再谕，方决进止。帖到而赵正等危惧之极，欢若更生，罗拜哭泣。即令伊叔、伊子、首事黄忠等，率铳手数十人，厥角来降，愿以二百鸟铳手跟黄镇……南北之邻氛渐清。"②

瑞昌王之乱也是影响安徽之治的要患。据《瑞昌王聚众于孝丰》："瑞昌王，故明江西藩也。孝丰去宁国县百余里，聚众数千人，劫掠宁境。"另据《瑞昌王围广德州》："初七日平旦，忽有广德州郭镇黑夜差出都司郭成虎等，报称瑞昌王流贼万余，围广德州，四面不通。郭镇兵少，力实不支，乞发兵应援。"③

刘应宾运筹帷幄，经管皖省军政，取得了实效：顺治三年四月十一日擒鲁君美；四月二十三日，投诚渠首如太平丁子龙，宁国郑璧、汪之灏、夏士辅、叶俊、包国鼎等，皆蜂目豺声，能服役众贼，一就戎索，千人立废。此役诛戮者数千，投降者数万。顺治三年六月十五日，程济被擒。清军在徽宁池太地区的汶口、深潭、东阳村唐山寺"三战"后，当阵生擒巨寇程济，杀贼千余。④

3. 立威

抚皖期间，刘应宾的政治身份构建还包括在僚属中立威的努力。《江南抚事》所收录的刘应宾与洪承畴、诸将及道台往返信函的主题之一就是其充当各军的联络人、润滑剂，协调诸将与江南招抚大臣、清廷之间的关系。据顺治四年洪承畴上报清廷的《徽宁池太安庆广德总兵将领清册》，当时参与安徽剿抚事宜的各级军事降官，在降清之前分属不同的军事集团。南京城破后，

---

① 刘应宾：《江南抚事》卷二，清顺治刻本，北京大学图书馆藏，第119、121页。
② 同上书，第66页。
③ 同上书，第89、101页。
④ 参见杨海英：《洪承畴与明清易代研究》，商务印书馆，2006，第166—167页。

这些降军就被投入了一线战场。在这种情况下，皖省诸军很难形成统一思想进而在军事进止方面统一步调。事实正是如此，刘应宾在致洪承畴的信中写道："故以徽寇虚声，未悉底里，而诸将迁延未果，亦恐师久养寇，遂有请满洲大将督兵之说。"[①]诸将迁延说明人心不齐，几至于洪、刘二人有了请满洲大兵的打算。

另外，皖省军事事权不一。从表面上看，刘应宾是指挥安徽剿抚事宜的军事主官，皖省诸军皆归其调遣。然而事实并非如此简单。据《清实录》《江南抚事》等史料记载，清廷对安徽军事进展极为关切，不时直接干预军事部署，严旨督责军将进剿。清廷远在千里之外，战场形势却是瞬息万变。清廷对安徽情形的了解不过是通过洪承畴、刘应宾等人的奏报。驿递往来之间，清廷所获情报的时效性不免大打折扣。在这种情况下，越级指挥自然犯了兵家大忌，很难令诸军信服。此外，作为安徽巡抚刘应宾的顶头上司，江南招抚大学士洪承畴同样有权提调皖省军事。这样一来，在平定安徽的军事行动中，难免会出现令出多门、事权不一的困扰。

面对这一难题，安徽巡抚刘应宾作为联络人、润滑剂的作用开始凸显，对诸军与清廷、招抚江南大学士之间的误解、矛盾极力弥缝，确保皖省军事进展顺利。他给洪承畴写信随时报告、请示、解释军事行动。其中一封信写道："凡有可为者，宾极力为之，不作彼此观也。若太平郡，内可以屏蔽江宁，外可以控制江南北。且南湖……实为各邑叛薮。扼吭捣虚，微明旨亦当返顾。……我翁师中丈人，熟于军务，应谅知应宾之苦心者。"[②]从此信内容来看，刘应宾显然有向洪承畴解释，争取谅解、支持之意。

清廷对皖省总兵官下旨督责时，刘应宾不遗余力居中协调，其中颇多回护之意。如总兵卜从善进展缓慢，引发清廷不满，连发几道令旨，严命卜从善速赴绩溪："卜从善到徽后，看贼情缓急以定行止；十四日严促卜从善自应速赴徽州，听张天禄调度合剿，不宜再迟取罪；十七日，奉有徽州已严，催

---

① 刘应宾：《江南抚事》卷一，清顺治刻本，北京大学图书馆藏，第62页。
② 同上书，第72页。

卜从善领兵驰赴，不许托故迟留，自取重罪之旨。"[1]

卜军为何迟缓，由以下两篇疏报可略见端倪。"奉令旨，卜从善抵徽原迟。张天禄身膺重任，利害迫切，自应疾呼。该抚即速令该提督平心和气，同力奋剿，以成全功，仍行该总兵鼓锐先登，自赎大罪，不时将情形报内院转启。"而在另一篇疏报中，刘应宾写道："该职看得总兵卜从善不学无术，止知功成身退，与刘泽泳遄归芜采，只其汛地，不知未奉王命，分宜候旨。既奉王命，即宜兼程，仍迁延不果，致烦令旨诘责。"[2]

由上述材料可以提炼两点：其一，提督张天禄因身担重任，将卜从善抵徽迟误之事报给清廷。同为新降明将，卜从善对划归张天禄调度指挥一事似有不满。其二，卜从善似乎也有故意迁延、保存实力之嫌。

对此，皖抚刘应宾洞若观火，两次为其辩解。他以不学无术之托词，将贻误军机的重罪巧辩为不学无术、缺乏识见以致进军迟缓。刘应宾甚至直接向贝勒勒克德浑建言保全，令其戴罪立功："独思此将朴勇为国，心实无他，殿下歌大风而思猛士，想亦为国而加怜宥也。"[3]

不仅于卜从善，当清廷切责皖省他镇总兵时，刘应宾同样采取了周旋回护的态度。如胡茂祯、于永绶二将。"该职看得胡、于二镇，职前两启俱留。乃提督张天禄连声疾呼，欲一赴祁门、一赴徽州。此自从封疆起见，但于镇有饶州之警，胡镇有广德之警，设防东建、镇定反侧。"[4]

对地方守土官，刘应宾谆谆告诫他们守好本分，勿参军机，及时做好军粮保障和选留人才。他在《与徽宁道书》中言道："宛陵近事颇定，贵道守御良苦。诸镇进止，我辈不必代谋，只凭他做去。张提督调遣亦似有方者。恩诏应蠲征分数，诸县待以开征，南粮恐迟，而一檄下，行动耽搁，旬日误事……朱南陵真救时之吏。缘清朝新旨，不用胜国宗室，见官者俱令解任。本院不胜扼然。守城功次已荐居首矣，此时且须勉留朱郡……闻谢司理踪

---

① 刘应宾：《江南抚事》卷二，清顺治刻本，北京大学图书馆藏，第66页。
② 同上书，第128、133、134页。
③ 同上书，第66页。
④ 同上书，第136页。

迹，诡蜮貌上擅回。即丁艰亦当见过本院，具启请旨，方可放行，贵道岂不闻乎？"[1]这位徽宁道台即故明给事中庄则敬。南京城破后，庄则敬与大学士王铎、礼部尚书钱谦益等一起开门纳降。顺治二年六月乙卯，吏部议豫亲王多铎委署江南官职三百七十三职，其中庄则敬被清廷允准实授按察使司金事兼徽宁道台。[2]

刘应宾写给道台庄则敬的这封信可谓恩威并施、用心良苦、情真意切、娓娓道来。开篇先是送一顶高帽，表彰庄道台守城劳苦功高。所谓"诸镇进止，我辈不必代谋"则对庄则敬以文官身份参与军事谋划、越俎代庖的行为委婉提出批评。进而刘应宾着重嘱咐庄则敬做好筹粮和留用人才的分内之事。最后借谢司理、丁艰回籍却未向抚院请假之事，敲打下属庄则敬：不得纵容属下擅自行动，凡事必须向其汇报后，由其请旨方行。明知庄则敬违反清廷礼制规章，刘应宾并没有过多苛责，更没有报知清廷以邀功。显然，刘应宾的这封信札意在道台庄则敬面前树立恩威，使庄氏对其感恩戴德。

事上以敬，御下则恩威并施，刘应宾的为官之道取得了实效。他与庄则敬、卜从善之间的公交私谊都不错。《平山堂诗集》中专门收录了与此二人有关的两篇诗文。一篇是《怀庄司道》，刘应宾与庄则敬于扬州相逢，刘应宾喜而作诗曰："天时人事诧不同，同作寓公喜相逢。"[3]另一篇是《教场赴卜帅懿之席看诸将马射》，记录了刘应宾应卜从善之邀赴教场饮酒，阅赏将士军技的往事。文臣与武将因阅历、识见、性格等因素影响，往往难称默契。卜从善于军营设宴，邀请文官刘应宾参加，可见二人交谊。这或许正是卜从善对刘应宾屡加回护之善意的回应。

---

① 刘应宾：《江南抚事》卷一，清顺治刻本，北京大学图书馆藏，第64页。

② 中华书局编《清实录》第三册《世祖章皇帝实录》卷一九，中华书局，2008，影印本，第1640、1660页。

③ 刘应宾：《平山堂诗集》，载王钟翰主编《四库禁毁书丛刊·补编》第78册，北京出版社，2005，第595页。

三、刘应宾与清初政局

1. 刘应宾与清廷

有关刘应宾降顺清朝的情况，刘侃在家传中留下这样一段记录："眷求遗老，诸臣交荐，公辞不奉诏，恩纶至再，典礼有加，方才受命。"①这段记录虽然未必完全属实，但眷求遗老、诸臣交荐确有其事。早在努尔哈赤时期，清廷对汉族知识分子的作用就极为重视，后来皇太极、多尔衮乃至顺治皇帝都沿袭了这一政治策略。在清朝早期立国征战的过程中，汉族知识分子发挥了很大作用。在李自成攻占北京之前，一些汉人谋士就为清廷设立了取明而代之、一统天下的方略。清廷决策者们原本在逐鹿中原和以劫掠财富为目的的袭扰之间摇摆不定。待到多尔衮才下定决心南下，先是与吴三桂里应外合，顺利击败李自成，占领北京。随后在追击大顺残军的过程中，取得节节胜利。清军南下之顺利超出了清廷的想象，大量新占领的城池需要委派官员管理，在北京登基的顺治政权急需经验丰富的文职官员，在这种情况下，吸纳汉族士人，尤其是前明旧臣成为解决燃眉之急的有效举措。在新朝任职的山东籍官员极力鼓动山东文人归顺，如新任山东巡抚王鳌永、新任礼部侍郎沈惟炳等。②可见，早在南京城破之前，刘应宾就已经进入了清朝统治者的视野，举荐者正是同乡王鳌永。顺治元年七月十二日，钦命招抚山东河南等处、户部右侍郎兼工部右侍郎王鳌永遵旨举荐地方人才的名单中，原任吏部文选司郎中刘应宾的名字赫然在列。③

尽管清军一路势如破竹，占据非常有利的局面，但清廷在南下过程中仍是谨慎行事，以积极笼络来降文武官员为首要之务。这样一来既可以防止这批明臣投入其他政治势力的怀抱，又可以吸纳进来为清廷所用，壮大自身力

---

① 四修族谱编撰委员会编《刘氏族谱》卷一，2008，第109页。

② 参见魏斐德：《洪业——清朝开国史》（上），陈苏镇、薄小莹等译，江苏人民出版社，2008，第190-200、266-322页。

③ 中国第一历史档案馆编《清代史料档案丛编》（十三），中华书局，1987，第33-34页。

量。①伴随军事征服的胜利，劝降、招降、受降成为清廷绥定地方、巩固阵营的重要手段。

刘侃所说刘应宾辞不奉诏，恩纶至再，典礼有加才降顺，则恐怕未必尽显当时之情境。作为一种姿态，客气一番或许有之，但是刘应宾并非坚辞不受。

清廷给予刘应宾的礼遇的确诱人，顺治二年七月乙卯，刘应宾任安庐池太巡抚之职，在清王朝正式亮相。②虽然早已获王鳌永之疏荐，但在江南未全平复的情况下，委以安徽巡抚的要职则源于豫亲王多铎的赏识和举荐。据《清实录》载，乙卯，吏部议和硕豫亲王多铎委署江南官职三百七十三员，准其实授，以故明通政使刘应宾为都察院右佥都御史巡抚安庐池太兼理军务。③多铎攻破南京后，并未在江南久留。顺治二年七月清廷就诏令以贝勒勒克德浑为平南大将军代之。十月，豫王奏凯还京。④

也就是说，代表清廷超擢委用刘应宾的实际决策者是豫王多铎。清廷对江南三百七十三名官员所任命名单、职衔俱出自多铎的主意，没打半点折扣。作为多尔衮的亲兄弟，豫王地位本就特殊。加之南下过程中，多铎领军一路势如破竹，渡长江、破扬州，几乎兵不血刃就攻占南京，击垮了南明弘光政权。这为接下来清军征服江南的军事行动开启了好兆头。这样的功绩自然使豫王在清廷的地位和影响力陡增。作为清军在江南的最高军事统帅，没有谁比豫王更了解江南的情况。因此，清廷对豫王奏议照单全收。这样看来，与其说是清廷重用刘应宾，不如说是豫王的赏识。那么为什么豫王对刘应宾青睐有加、另眼相看呢？

据刘应宾在《江南抚事》中回忆："江宁府五月投诚，日侍豫王左右。"这句话虽然简短，但包含的信息很丰富。其一，刘应宾与江南清军主帅豫王声气相投，有共同话题。这是刘应宾在新朝立足的政治依靠和资本。日侍豫

① 参见叶高树：《降清明将研究》，台湾师范大学历史研究所，1993，第116-117页。
② 钱实甫编《清代职官年表》第二册，中华书局，1980，第1517-1518页。
③ 中华书局编《清实录》第三册《世祖章皇帝实录》卷一九，中华书局，2008，影印本，第1660页。
④ 于浩辑《明清史料丛书八种》第3册，北京图书馆出版社，2005，第366-367页。

王左右谈什么，无非就是平定江南的方略罢了。其二，不同于一般腐儒和官僚，刘应宾有真才实干，并且知兵。在清初诸王中，豫王的军事才干是较为突出的。倘若刘应宾只是泛泛之辈，豫王决然不会建议清廷委署刘应宾为安庐池太巡抚，更不会让其兼理军事。其三，"日侍豫王左右"，短短六个字道出了刘应宾的复杂情绪，有激动、有感激、有得意，还略带诚惶诚恐之情。

豫王多铎确为老于兵事的统帅，慧眼识珠。他选拔的这位安徽首抚在顺治二三年间平定安徽的过程中发挥了实际效用。从军政表现来看，刘应宾是一位下马能理政、上马能带兵的文武全才。然而，刘应宾之才似乎不足以让豫王如此超擢。豫王对江南那些降兵降将的委任不过是平级或升一级使用，有的甚至降一级使用。[①]可见，豫王的用人策略乃是"以观后效，论功行赏"。刘应宾在明末长期任五品郎官，且受任之前寸功未立，可是豫王一出手就将其提拔为正二品级别的巡抚。可见除才干外，刘应宾必有独到之处。

清军南下席卷江南之际，南明弘光政权大部分军队都投降了，降兵降将如过江之鲫。当多铎率军进城时，开城迎降的官员中，仅副将就多达五十五员；而沿途来归者，计有总兵二十三员，副将四十七员，参将、游击共八十六员，马步兵共二十三万八千三百人。[②]由此观之，武将选任并不难。基于清廷尚武传统，在大讨四方的杀伐征战中，本已积累了大量老于军务的将佐，更何况在二十余万降军中挑选若干称心的中下级军事主官并非难事。真正让多铎头疼的是文官选任。多铎委署官员共计三百七十三员，有文臣，也有武将。也就是说，可资委用的文职官员不会超过这个数字。军事胜利的局面固然令人欣喜，可幸福的烦恼也随之而来。一方面，作为游牧民族政权，清廷本就缺乏管理汉地的经验，随着攻占的地域越来越大，大批地方官、文职官员需要甄选、委任。同时，在军事部署方面，清廷的兵力实已捉襟见肘。豫王奉命返京前后，清廷在南方的兵力本不雄厚，加之新占领的地方需要分派部队镇守，这就加剧了军力的紧张。于是，新降的前明军队摇身变为

---

① 参见于浩辑《明清史料丛书八种》第3册，北京图书馆出版社，2005，第289-326页。
② 参见叶高树：《降清明将研究》，台湾师范大学历史研究所，1993，第117页。

清廷绿营军，在很大程度上承担着地方防务。[①]在兵变四起、局势尚未完全明朗之前，清廷自然对这些降兵降将的忠诚度有所忧虑。另一方面，南京城破后不久，出逃的弘光皇帝就被清军虏获，但事情远没有结束。特别是剃发令下达后，江南一带人情汹汹，抗清运动接连不断。在弘光政权覆灭之后近一年半的时间，安徽南部地区的抗清运动几乎遍及所有的府州。[②]在这种局面下，对皖抚人选，清军在江南的最高统帅多铎自然要慎之又慎，任安徽巡抚者需要具备以下条件：既懂政治，又懂军事；既熟悉文武降官情况，有能力左右协调弥缝、指挥如一，又不致尾大不掉、半途反叛。从这个角度来说，刘应宾都非常符合条件。这是豫王重用刘应宾的深层原因。

尽管明末弘光朝出现了武将跋扈、不听文臣调遣的现象，但有明一代基本维持文臣政治、文臣统领武将的局面。自明太祖朱元璋立国，为避免重蹈晚唐藩镇跋扈的覆辙，采取了重文轻武的策略。这就导致文官不仅在精神上轻视武官，而且在实际作战中，他们常常对高级将领指手画脚，提出无理的指责。为了避免廷臣掣肘，及时得到后援，一些边关主将往往想尽办法与阁臣搞好关系。比较典型的例子就是万历朝名将戚继光。在受命北调总理蓟州军务之后，戚继光就着意与刚任阁臣不久的张居正保持良好关系。为了取悦张居正，戚氏不惜重金购买被称为"千金姬"的美女作为礼品进献。这笔人脉投资取得了良好的效果。在张居正秉国的十五年中，戚继光与张居正始终保持较为密切的关系。戚继光在财政、后勤、方略、人事等诸方面都得到了张居正的支持、襄助。从某种意义上讲，戚继光人生后期的军事功业在很大程度上得益于妥善处理了与秉政文臣的关系。[③]

清廷入关后不久，顺治皇帝登基，开始建章立制，并在很多方面效仿了明朝的做法。文臣驾驭武将的策略是其中之一。在江南，豫王是这一策略的积极践行者。这样一来既可避免新降南明诸军内斗，又可避免这些降军拥兵自重、心生异志。

---

① 参见杨海英：《洪承畴与明清易代研究》，商务印书馆，2006，第117-130页。

② 参见南炳文：《南明史》，故宫出版社，2012，第114-126页。

③ 参见黄仁宇：《万历十五年》，生活·读书·新知三联书店，2003，第169-202页。

通过北京投诚的一众降臣，豫王不难了解刘应宾履历。从崇祯九年开始，到南明弘光政权覆灭，刘应宾几乎一直在吏部各司兜转，尤以文选司郎中之位，任职最久。在南明弘光朝，几乎大半时间文选司郎中一职是由刘应宾担任。文选司号为吏部头司，就选任官员而言，尚书掌握部内最高决定权，郎中则掌握基本决定权。[①]由此推断，作为弘光朝文选司郎中，刘应宾既对南京城破后投降的文臣情况比较了解，甚至还有可能与很多人有着公私两面的种种利益瓜葛，比如许多人在任用提升方面冀望得到刘应宾的关照。这种情况是客观存在的。比如刘应宾在《题扬州太守萧五云先生滁州琴堂有序》中就提及选任史可法幕僚萧珛为滁州太守的往事。[②]

事实上，不单萧五云在仕途上得到刘应宾的帮助，南明弘光政权很多"所以寄长城者"都是文选司郎中刘应宾挑选的。由此可以推断，在新降诸臣和安徽地方官中，受刘氏之惠者不乏其人。这段历史使刘应宾在江南一带拥有他人无可比拟的人脉优势：既孚众望，也有利于招降尚未降顺者。

再者，在弘光朝，文选司郎中刘应宾虽然在一定程度上掌握着人事任免实权，但郎中品级只是正五品，这就注定其在新降文臣武将中的影响力是有限度的。在平定安徽及周边抗清运动的清军中，前明降兵降将占了很大比重，来源较杂。比如胡茂祯部原为史可法中军；张天禄部，在西北以义勇从军起家，原本驻防瓜州，在豫王下江南时投降；许定国部早在豫王至孟津时就投降了。[③]这些军队要么原本出自西北，要么原属"江北四藩"，都是些骄兵悍将。以刘应宾在明朝的地位，纵使其怀有二心、半途生变，也不具备振臂一呼、诸军响应的号召力。更何况刘应宾的原籍沂水县早已在清军的掌控下，加之其子刘珙抗清之事，为家人计，刘应宾只会勤劳新朝王事，不会轻易产生叛乱之心。

以资历来说，在众多降清明臣中，刘应宾可算是不折不扣的前辈。从

---

① 参见潘星辉：《明代文官铨选制度研究》，北京大学出版社，2006，第37页。

② 刘应宾：《平山堂诗集》，载王钟翰主编《四库禁毁书丛刊·补编》第78册，北京出版社，2005，第662页。

③ 参见叶高树：《降清明将研究》，台湾师范大学历史研究所，1993，第95、96、103页。

万历四十二年起刘应宾就久浸明末官场，积宦三十余年，历万历、天启、崇祯、弘光等朝，宦海沉浮之间已是熟知人情世故、善于协调弥缝的老臣了。在文选司郎中这个要职上，几经起伏却又失而复得的经历足以说明刘应宾的能力和手段。这样的履历自然使豫王动心、放心，追根究底这才是以豫王为代表的清廷重用刘应宾的关键所在。

顺治二年九月二十一日，刘应宾正式接到清廷明旨，以右佥都御史协理军务，巡抚安庆、庐山、池州、太平四府，兼辖光州、固始、蕲州、广济、黄梅、德化等处地方……遂择于二十七日到任。[①]以此来看，清廷似乎对刘应宾颇为信任，将安徽政务、军事尽皆交予刘应宾办理。

刘应宾接到清廷关防，正式走马上任。"庚寅发江宁，辛卯次采石。臣受命之后即便单骑就道，为群吏先业，于十一日抵采石镇，入境受事。"这份勤于王事的忠诚之心固然与豫王赏识、清廷信任有关，但与其子刘珙抗清之事也有不可分割的牵连。

顺治二年六月辛巳，登莱巡抚陈锦疏言："东省文武乡绅初以惧乱南逃，近皆络绎回籍。请分别南窜月日，系未归顺以前者，准给故业，仍听荐用。其在归顺后者，似应酌议处分。"清廷回复：回籍乡绅俱准赦罪。[②]作为南逃乡官，刘应宾得以免罪。然而六月戊子，登莱巡抚陈锦再奏，弹劾故明吏部郎中刘应宾"纵子珙倡乱投逆，宜籍珙家。应宾自南中回籍，并请酌议处分。"清廷回复："回籍乡官已概准赦罪。刘应宾姑免议。刘珙家产本应入官，但应宾既已宥罪，则珙产应归其父。嗣后南逃官，无父子兄弟者方许籍其家。如有父子兄弟，俱照此例给与。"[③]

面对陈锦的弹章，对于刘珙抗乱的事实，清廷非但没有议罪，反而将珙产交于伊父刘应宾。这份恩德自然使新臣刘应宾感激涕零。刘应宾是通过邸报得知此事，专作《谢给还家产疏》拜谢清廷厚意。

可见，甫任新职的立功心切难免与急于免受刘珙牵连的心事有关。清廷

---

① 刘应宾：《江南抚事》卷一，清顺治刻本，北京大学图书馆藏，第73页。
② 中华书局编《清实录》第三册《世祖章皇帝实录》，中华书局，2008，影印本，第1650页。
③ 同上书，第1652页。

已宽大至极，接下来就要看刘应宾如何表现了。

平心而论，值此用人之际，不株连亲族而用嫌疑之人，实在是清廷大胆、明智的决策，但这样的举措也是客观条件使然。明清易代之初，相当一部分地区的首任巡抚是汉族籍。这既与顺治初年对汉族降官的笼络政策有关，也与个别省份的抗清局势有着极为密切的关联。郧阳、偏沅、湖广、安庐池太、江宁都是顺治二年清军新征服地区，反清情绪严重，局势复杂混乱，难以治理，故汉族籍官员出任巡抚者居多。[1]如此一来，必然使新降诸臣为清廷效死力，对江南的迅速平定大有裨益。清廷确实给予刘应宾很大的信任，但这种信任绝非毫无保留。作为北方游牧民族，在与汉族争夺统治天下大权的过程中，清廷统治者对汉族心存戒备，在掌握大权的督抚人选上十分慎重。[2]

顺治初年，清廷对新降明臣还是有所提防的。以洪承畴为例，杨海英教授论及洪承畴甫到江南时地位略显尴尬，其初镇江南，清廷虽赋予"便宜从事"之权，但并非毫无保留。尽管洪承畴在降官中颇有声誉，但毕竟降清未久，既不能与天皇贵胄平南大将军勒克德浑相提而论，甚至在感情上也不能与旧汉军旗人相埒。[3]

事实上，清廷之所以敢于启用聚众倡乱者刘珙之父刘应宾，基于当时的两点布置。其一，在豫王班师前，清廷明旨预留了军事骨干和监军："顺治二年七月，令豫亲王班师还京，派贝勒勒克德浑、固山额真叶臣、总督洪承畴等代……王所统将士可留满洲每旗护军参领一员，每甲喇护军校一员，每牛录护军二名，骁骑营每甲喇下章京一员，不留兵。汉军每翼梅勒章京一员，每旗章京一员，每甲喇骁骑校一员，每牛录马兵五名。"[4]豫王班师还京，却非全师而归，而是按照军事建制逐级留下少数军事骨干。这点人马显然是不能直接执行大规模剿乱军事行动的，其目的只能是留作监军，监视降兵、降

---

① 参见王景泽：《清初顺治朝巡抚之属籍》，《东北师大学报》2007年第5期，第46页。

② 同上书，第42页。

③ 参见杨海英：《洪承畴与明清易代研究》，商务印书馆，2006，第127页。

④ 中华书局编《清实录》第三册《世祖章皇帝实录》，中华书局，2008，影印本，第1658页。

将、降臣的表现。更何况贝勒勒克德浑、固山额真叶臣排名在名义上负责招抚江南的洪承畴之前。可见，清军在江南真正的军事统帅是嫡系勒克德浑、叶臣二人，而非近日降臣。

顺治四年七月，洪承畴上报："为议设徽宁池太安庆五府广德一州应议用总兵将领等官，现在职名逐一顺序备造履历，用备查核，尚有职名履历不明已经驳查未到，俟到日再行造报，另送兵马营制册。"由洪承畴的这段话不难看出，清廷对带兵将官的出身履历非常重视。洪氏这份履历报告显然出于清廷的命令。清廷对降臣降将的出身履历非常重视。南京城破后，豫王向清廷报捷。清廷收到捷报后，先肯定豫王、诸将功绩："览王等奏捷不胜喜悦。前者击败流贼著有茂功，未几平河南、取扬州、破扬子江水陆诸营，直抵金陵，江南遂定。此皆王与诸臣同心报国所致。"然后话锋随之一转，重在布置安定地方诸多事宜。其中第一件事就是明令豫王上报新降官员履历，内云："各郡邑投诚官员或为福王所授，或为王等所委，俱开明履历，分别注册。"①豫王多铎得旨后，积极落实，早在班师之前就在人事方面做足了功夫。他在降兵降将的使用方面，煞费苦心，所拟定的将领清册叙明了徽宁池太安庆五府及广德一州将士履历，包括投降时间、地点、年龄、籍贯等。虽然顺治四年由洪承畴呈报，但履历详查工作基本是豫王亲为。该清册上的诸将绝大部分都是豫王委派。②

顺治二年七月，清廷实授刘应宾为都察院右佥都御史巡抚安庐池太兼理军务。总兵土国宝为都察院右副都御史巡抚江宁，总理粮储军务。③以文臣而兼军务，可见日侍豫王左右起到了作用。豫王一定是了解到刘应宾具备军事指挥才干，因此向清廷举荐他任安徽巡抚兼理军务。清廷既然明令刘应宾兼理军务，从某种意义上讲，安庐池太诸将在安徽省的军事主官正是刘应宾。刘应宾在故明原系文官，与新降诸将几乎没有瓜葛。即使刘应宾怀有异心，恐怕也难以在短期内掌控诸将。如此看来，清廷对刘应宾的信任并非没有限

---

① 中华书局编《清实录》第三册《世祖章皇帝实录》，中华书局，2008，影印本，第1642页。
② 参见于浩辑《明清史料丛书八种》第3册，北京图书馆出版社，2005，第289-326页。
③ 中华书局编《清实录》第三册《世祖章皇帝实录》，中华书局，2008，影印本，第1660页。

度，而是建立在豫王巧妙布局的基础之上。

尽管在安徽巡抚任上，刘应宾兢兢业业，恪尽职守，事上以敬，竭力构建降臣在新朝的政治身份，希望得到清廷认同，但清廷对刘应宾的疑虑始终没有完全散去。顺治三年九月甲申，革安徽巡抚刘应宾职，以招抚江南大学士洪承畴劾其滥给副参札付故也。①

早在顺治三年二三月间，洪承畴就曾疏劾刘应宾。因太平、泾县"土贼"杀官劫印，责其近据宁国失防。清廷并没有追究此事，"上以应宾有整理残疆劳，免究"②。整理残疆的功劳固然是免究的缘由，但未尝没有借刘应宾牵制洪承畴之意。缘何顺治三年九月，清廷接到洪承畴奏报滥给札付事就迅疾做出革安徽巡抚刘应宾职的反应呢？况且刘应宾上疏自理，大诉苦衷，大摆功劳："江南之贼有大于朱胜蒙、吴应箕、金声、黄道周者乎？皆臣擒之，臣戮之。"失防之责免究，而滥给札付的含混不实之词却使勤劳王事的刘应宾被革职。两相对照，大可玩味。前者城防失守不过是军事部署上的疏忽，是技术问题；后者札付一事则属于政治站位问题，两者不可相提并论。如果说城防失守，乱民乘隙作乱，疆臣尚可戴罪立功，剿乱平贼，但是身为封疆之臣、一省巡抚，如果和政治嫌疑犯发生过联系，则不免令清廷心悸。

同洪承畴一样，在札付之事事发前，刘应宾实已处于清廷疑虑之中，只是迟迟引而不发而已。顺治二年六月登莱巡抚陈锦疏言："东省文武乡绅初以惧乱南逃，近皆络绎回籍。请分别南窜月日，系未归顺以前者，准给故业，仍听荐用。其在归顺后者，似应酌议处分。"刘应宾正是南逃乡官之一，已背负"心向旧朝"的政治嫌疑。清廷回复："回籍乡绅俱准赦罪。"刘应宾得以免罪。然而六月戊子登莱巡抚陈锦再奏，弹劾故明吏部郎中刘应宾纵子珙倡乱投逆，宜籍珙家。清廷依然大度处之，没有深究，轻描淡写地回复，不但免究应宾之责，而且将刘珙家产交予其父应宾处理。③但是，清廷就此专门明

---

① 中华书局编《清实录》第三册《世祖章皇帝实录》，中华书局，2008，影印本，第1729页。
② 谢小杉、杨璐主编《谢国桢全集》第三册，北京出版社，2013，第402页。
③ 中华书局编《清实录》第三册《世祖章皇帝实录》，中华书局，2008，影印本，第1650－1652页。

旨传达给时任皖抚刘应宾，显见清廷疑心已起。虽未因南逃、刘珙叛逆之事而深究刘应宾的政治责任、株连惩治，但敲打、警告刘应宾，使刘氏感清廷之圣德，令其戴罪立功的意图十分明显。

　　然而札付一事非同寻常，刺痛了清廷本已十分敏感的神经。诚如杨海英所论："札付是为官凭证，更是护身符。"①江南既定，福王就擒。清廷除了表彰豫王等有功之臣，随即布置降臣印信、文册事宜。清廷在发给豫王的谕旨中特别指出，文武各官印信俟尔除授文册到日颁发。由此可见清廷对官员身份甄别工作之重视。这就直接影响到豫王对降兵降将的招纳工作。在江南，豫王对降官、降将的身份甄审同样非常重视。从洪承畴于顺治四年呈报清廷的《徽宁池太安庆广德总兵将领清册》来看，总兵及以下各级军官札付几乎都为豫王亲授，也有个别将领虽经豫王考察，却未授札付。再者，尽管所报个别将佐马希援、余见龙为刘应宾收用，但其履历详单中根本未提及札付之事，也就意味着皖抚并没有独立授人札付之权。②

　　札付得否表明清廷对受札人政治身份的认同与否。一旦得到札付，也就意味着在政治上得到官方认可，其政治身份必然与"奸人""盗党""抗清人士"划清了界限，从而洗去了政治嫌疑。顺治初年，在江南地区复明运动此起彼伏的情况下，清廷当然要杜绝政治嫌疑犯混入军队的一切可能性。此时刘应宾授人札付一事也就自然比太平时节敏感得多。

　　事实上，清廷对札付的重视不仅限于江南一带，在清廷腹地重兵把守的北京城也是如此。顺天巡按柳寅东和兵部侍郎李元鼎有着和刘应宾类似的遭遇。据《清史列传·柳寅东传》载，只是因为举荐、委用曾经有过盗党经历者为官，柳巡按、李侍郎就都丢官罢职，可见札付一事非同小可，非同寻常。③

　　有关刘应宾滥给札付事的前后原委，杨海英教授在《洪承畴与明清易代研究》一书中已详述。该著从刘应宾写给明末吏部尚书郑三俊的回信谈起，

---

① 参见杨海英：《洪承畴与明清易代研究》，商务印书馆，2006，第227页。
② 参见于浩辑《明清史料丛书八种》第3册，北京图书馆出版社，2005，第289—326页。
③ 参见王钟翰点校《清史列传》第二十册（卷七十九），中华书局，2016，第6611—6612页。

信中写道："人心喜乱，旋灭旋起，而斩木揭竿之众，往往附丽名公巨室，以为簧鼓之计，不特投慈母之杼，亦惧盈中山之箧。前在宁郡，诸老居山不便，业为恳告，已蒙采纳下山矣。地方荒旱，屡催道查□报，今已缮疏具闻，捧台教足见民物痛痒相关之意，尚容次绪请教，临楮眷切。又，朱子托一事，可骇不在札付，渠哓哓有言，不肖以情理诱之，复加呵斥而不改，恐满洲有闻，送之内院，亦以札□难凭，内院今已明之矣。台台为一代元老，出处关头有当倍慎，山居防虎豹，入城自可不然，群情侜张，□防之文屡至，不肖早晚待去之人，亦不敢为台台担也，望之速之。"①

由此信来看，事情缘起于郑三俊为朱姓者出面，请刘应宾帮忙颁发札付。这位朱姓者是谁？杨海英援引了刘应宾写给徽宁道庄则敬的一封信："朱南陵真救时之吏。缘清朝新旨，不用胜国宗室，见官者俱令解任。本院不胜扼然。守城功次已荐居首矣，此时且须勉留朱郡。委是老病，容另咨。"根据这封信，杨海英指出了两点："朱姓者为明南陵王宗室，原任郡吏，守城有功；清朝杜绝明宗室任职，朱须解任，而刘应宾则欲挽回。"②杨海英认为，郑三俊正是为这位明宗室朱南陵谋札付。

显然，刘应宾是出于朱南陵守城首功，治事能力出众而欲挽留之，其出发点不是为明宗室谋官位，而是为清廷选用旧时能吏。平心而论，他嘱托庄道台勉留朱南陵纯属实心任事之举。然而，这点忠心显然难以化解清廷疑虑。清初，清廷对明宗室在官府任职是十分忌讳的。顺治二年七月庚申，清廷以工科给事中朱鼎蒲系故明宗室，赏银令致仕。③

当事人刘应宾对札付之事最为明悉。刘应宾虽因札付去职，但问题的关键在于朱子哓哓有言，虽诱之以理，复加呵斥，仍未悔改。这一点，刘应宾在信中已向郑三俊明言。这是清廷用人选官极为忌讳的一点。因为朱子桀骜不驯，刘应宾恐满洲有闻，把郑三俊托付札付之事及朱子情况报于洪承畴。

① 刘应宾：《江南抚事》卷二《与建德郑太宰先生书》，转引自杨海英《洪承畴与明清易代研究》，商务印书馆，2006，第226页。
② 杨海英：《洪承畴与明清易代研究》，商务印书馆，2006，第227页。
③ 中华书局编《清实录》第三册《世祖章皇帝实录》，中华书局，2008，影印本，第1661页。

毕竟找刘应宾帮忙的郑三俊与洪承畴有师生之谊。刘应宾告知洪承畴此事，目的就是要找洪承畴商量、分担。由"送之内院，亦以札付难凭。内院今已明之矣"一语可见，札付一事刘应宾曾向内院洪承畴请示并遭到洪氏拒绝。因此，皖抚刘应宾于公于私并没有违和之处。一方面，符合官场办事程序。刘应宾因事关重大，特向招抚大学士报告、请示，而札付并没有颁给朱子。另一方面，刘应宾既照顾了一代元老的面子，尽力而为，同时也是想周全洪承畴、郑三俊二人的师生之谊。虽然传说郑三俊因洪承畴改节，避而不见，但郑三俊是否与洪承畴绝无往来，杨海英持怀疑态度。

因为洪承畴拒绝，刘应宾也做好了满洲以闻、早晚待去的准备。刘应宾的担忧果然成真。由于所托非人，原恐满洲以闻之事竟被招抚大学士洪承畴马上报给清廷。刘应宾后来在《赠前翰林黄坤五先生》诗中隐约提及此事，言辞间仍然余恨未消："闻道髯参已从戎，谁期湖海又相逢。功名入幕还岩谷，发鬓渐皤讶老翁。历世无端称鼎革，论人何处较雌雄。羡君出处如龙矫，著述千秋应不穷。"又云"大都俱是幻泡影，信得过时何所谋"（题注：时有湖南参谋之旨，未行也）。[1]

黄坤五即黄文焕，字维章，号坤五，福清人，天启五年进士，授山阳县令，崇祯时任翰林院编修。据杨海英教授考证，黄文焕与洪承畴多有交往。洪承畴的江南幕府，还有一些若隐若现的遗民人士，福建黄文焕就是其一。早在顺治二年，洪承畴疏荐黄文焕任南京祭酒一职。因南京改京为省，不设祭酒，此次疏荐落空。黄文焕很可能入洪承畴幕府。纵未入幕，也多有往还。刘应宾赠黄文焕之诗应写于顺治十年。时洪承畴出任西南五省经略，正广招幕宾。刘应宾在诗前注"时有湖南参谋之旨，未行也"[2]，当指洪承畴此次征招黄文焕入幕府。因为刘应宾、黄文焕都与洪承畴是旧相识，不免旧事重提。所谓"信得过时何所谋"既是发泄对洪承畴密告清廷朱子札付一事的不满，也是对黄文焕的警告：洪承畴信誉欠佳，难以共事。

---

① 刘应宾：《平山堂诗集》，载王钟翰主编《四库禁毁书丛刊·补编》第78册，北京出版社，2005，第666-667页。

② 杨海英：《洪承畴与明清易代研究》，商务印书馆，2006，第233-234页。

　　清廷革刘应宾之职固然源于洪承畴的弹章，但问题的关键在于其触犯了清廷统治者的忌讳。一则事涉札付，受郑三俊之托擅自通过洪承畴为朱子谋取札付。二则刘应宾与明宗室朱南陵有一定往来。这两点都是清廷对刘应宾不满的关键所在。刘应宾未请旨，妄图欺瞒的擅动之举引得清廷愤恨。易代之际，对巡抚级别官员的擅动之举，清廷无法容忍。如顺治四年正月，江宁巡抚土国宝降一级外调使用，以擒获奸细王伯时，不请旨擅杀故也。①

　　上述对刘应宾被革职的原因分析源自清廷官方的说法。札付之事固然紧要，但恐怕不是清廷决意罢免刘应宾的全部原因。刘应宾抚皖期间实心任事，在其调度指挥下，皖南几股重要的反清势力相继被剪灭。正如刘应宾本人辩词所言，江南之贼有大于黄道周、吴应箕者乎？基于刘应宾忠诚的政治表现和出色的军政业绩，一份弹章或者一件札付恐怕不足以使清廷下定罢免刘应宾的决心，毕竟安徽军政形势的好转与皖抚刘应宾的努力密不可分。

　　事实上，清廷对刘应宾的功绩和忠心是知道的。对此，有两点可以反证。其一，清廷只是将刘应宾"下部议，革职"，并没有采取其他惩罚措施。相较之下，清廷对其他类似案例的处理则要严厉得多。比如同为降臣的李元鼎和柳寅东。此二人早在清军占领北京时就已降顺，在新朝的资历要比刘应宾更早。他们对清初政治建设也做出了较为杰出的贡献。李元鼎曾在顺治二年八月向清廷建议仿明旧制设立江西巡抚、南赣巡抚的做法，委派要员赴任。这条建议对清廷加强对江右地区的控制大有裨益。柳寅东则在吏部铨选、律法设置、军事方略、民生恢复等多方面提出了切中时局的建议。然而由于柳寅东收用李元鼎所荐门生倪先任，并给以参将牌札，而倪氏曾为盗党，因此部臣上章弹劾，柳寅东、李元鼎二人都被罢职。从表面上看，刘应宾与柳寅东、李元鼎二人案情类似，都是因滥给武职札付被清廷革职了事。然而据《清史列传》记载，清廷对此三人的处理方式略有不同：对刘应宾只说是下部议，革职；而关于柳寅东、李元鼎的内容则要丰富许多。柳寅东、李元鼎都被逮捕入狱审讯。部议结果，李元鼎应拟斩，柳寅东拟杖徒，后因

────────

① 中华书局编《清实录》第三册《世祖章皇帝实录》，中华书局，2008，影印本，第1745页。

特恩免罪。①刘应宾滥给札付的对象是明宗室，而柳、李一案的倪先任则是盗党。照理而论，明宗室比盗党更易招来清廷忌讳，刘应宾之罪似乎在柳、李之上，理应受到更重的惩罚。可是，清廷只是将其下部议后革职。这就很耐人寻味了。

其二，刘应宾、柳寅东、李元鼎三人都被乾隆皇帝编入《贰臣传》乙编，但在清朝统治者心目中，其历史地位实有高下之分。这体现在两方面：在《贰臣传》中，刘应宾远较其他二人靠前；刘应宾去世，《清史列传》中谓之"卒"，而对柳寅东、李元鼎则用"死"一词描述。"卒"和"死"虽然都有身故之意，但褒贬不一。按古代官方叙事传统，"人臣立品无訾，有始有终者，方得谓之卒。若初终易辙，营私获罪之人，传末止当书'故'，不得概书为'卒'。"根据这个原则，《贰臣传》乙编中下两门在提及传主身故时都用了"死"字。②由此可见，清朝统治者对刘应宾的功绩是认可的。

基于这种情况，刘应宾去职的原因值得进一步深究，恐怕远不是《清史列传》中所说的仅因滥给武职札付一事。洪承畴在清初政坛的进退起伏就是很值得参考的例子。据杨海英教授研究，洪承畴得委江南招抚大学士以及后来的仕宦经历，都与清初复杂的政局有所关联。洪氏与郑亲王济尔哈朗一直保持比较密切的关系，其之所以能够出任江南招抚大学士的要职，源自济尔哈朗的大力荐举。及至济尔哈朗在多尔衮摄政时期失势，洪承畴一度遭清廷怀疑而去职。待到多尔衮去世，济尔哈朗复出掌权，洪氏又洗却嫌疑，重新受到重用。③可见清朝开国之初，汉臣的进退荣辱与清初政局和背后的靠山有着密不可分的关联。

刘应宾的荐主是豫亲王多铎。以豫王在清廷的地位和影响力，即使洪承畴弹劾，刘应宾向其求援，也可转圜待机，甚至有可能保住安徽巡抚位子。然而，豫王早于顺治二年七月北归。刘应宾遭弹劾时，豫王并不在朝，而是

---

① 参见王钟翰点校《清史列传》第二十册（卷七十九），中华书局，2016，第6600、6601、6611、6612页。
② 参见陈永明：《清代前期的政治认同与历史书写》，上海古籍出版社，2011，第247页。
③ 参见杨海英：《洪承畴与明清易代研究》，商务印书馆，2006，第249~258页。

忙于平定喀尔喀蒙古叛乱。①这意味着刘应宾失去了能为其说情的朝中奥援。

另外，从洪承畴因通敌嫌疑而短暂去职的经历来看，清初满族统治者对统兵一方的汉臣并未完全放心。刘应宾的情况与其类似。因次子刘珙抗清之故，从刘应宾受任之日起，清廷对其疑虑就没有完全散去。可以说，刘珙的去处和抗清活动持续的时间会间接影响到其父刘应宾在清初的仕途。

那么刘珙的抗清活动持续了多久呢？史籍中没有明确记载。《清史列传·刘应宾传》中只是说："流贼李自成陷京师，应宾子珙与高钤、高镠等乘乱聚众。闻我朝大兵将至，珙南投明总兵刘泽清，后被杀。"然而至于刘珙于何时何地被杀、被谁杀，则语焉不详。既然提到了刘泽清，是否在刘泽清改节降清时被刘泽清所杀呢？这些问题在官史中并没有交代。《刘氏族谱》中虽有刘侃为其伯父刘珙所作家传，但家传中所谓顺治十三年病卒的说法显然不足为信。

有关刘珙的最终结局，刘氏嫡系子孙流传这样的说法："刘珙被清军所杀，尸体运回原籍安葬时，没有首级。家人为其安了个假头，安葬在沂水某地，并没有葬入祖茔。"这条信息很有参考价值。从上述刘氏家族内部流传的说法透露出两点信息：其一，刘珙是被砍头致死；其二，刘家人得到通知后，将刘珙尸体领回安葬。这种情况看上去非常符合官方的行为方式。如果说刘泽清因政见不同而杀死刘珙，这介乎私人恩怨。乱世之中，按照刘泽清杀人如麻的性格，绝不会有这般好心，通知刘家人将尸体拉回原籍安葬。如果是在战斗中被清军砍杀，即使家人得到了消息，那么刘珙的尸体也很难找回。因此唯一的可能性就是刘珙被清军捕获后，明正典刑，枭首而亡。刘珙作为地方抗清领袖，官方乐于将其被杀的下场晓谕四方，尤其在其起事、活动的区域内散播，这样做的目的在于地方官府将其用作反面教材，威慑民众。

虽然官史中没有明确记载，但刘珙沂水起事之后的事情还可以从相关文献记载所留下的蛛丝马迹来推断。

登莱巡抚陈锦在顺治二年六月初八日弹劾刘应宾的奏章中，曾提到刘珙：

---

① 参见于浩辑《明清史料丛书八种》第3册，北京图书馆出版社，2005，第367页。

"故明吏部郎中刘应宾，纵子珙倡乱投逆，宜籍珙家。"①在这份弹章中，陈锦只是说籍没刘珙的家产，没有谈到对刘珙的刑罚，据此可以肯定一点：陈锦弹劾刘应宾之时，刘珙仍然在从事抗清活动。其抗清活动至少延续至顺治二年六月。倡乱是说刘珙在沂水起事，所谓投逆又是投靠的谁呢？显然绝非指刘珙南逃投奔刘泽清之事。据《刘泽清传》记载，刘泽清于同年四月已经率部向豫王多铎投诚了。此时陈锦口中的"逆"当指其他南明政权或者民间抗清武装。

从王鳌永启本与《清史列传》记载来看，高镠、刘泽清都是刘珙的关系人。高镠是刘珙沂水起事时的同伙。迫于清军压力，刘珙投靠了刘泽清。因此，他们的结局可资为探究刘珙行踪的线索。

关于高镠去处，漕运总督吴惟华在顺治五年八月二十日发给清廷的题本中有明确记载："叛逆高镠、朱灿等阴谋不轨，该臣觉发……除朱灿等遵旨正法外，高镠实为叛首。……遂在赣榆县仲家庄地方，将镠捉获。"清廷随即下旨：高镠着就彼正法。②由这份材料可见，高镠的抗清活动始于顺治元年八月，一直延续到顺治五年八月，维持了近四年时间。

刘泽清则于顺治五年十二月因反清事泄被杀。早在顺治五年五月清军镇压山东曹县抗清武装李化鲸部时，清廷就已得到了刘泽清与榆园军首领李化鲸的往来密信。九月，清廷捕获李化鲸，拿到刘泽清主其事的供词。③

巧合的是，高镠伏法与刘泽清事发的时间相近，都是顺治五年的事情。从相关史料来看，二者之间若隐若现似乎有着某种关联。在被清军俘获前，高镠的活动区域已转战到苏北赣榆一带。同期，刘泽清所联系的榆园军的活动范围是以曹县、单县为中心，波及苏鲁冀豫四省交界处，其中就包含苏北

---

① 山东师范大学历史系中国近代史研究室选编《清实录山东史料选》（上），齐鲁书社，1984，第9页。

② 中央研究院历史语言研究所编《明清史料》已编第一本，中央研究院历史语言研究所，1931，第50页。

③ 参见魏斐德：《洪业——清朝开国史》（下），陈苏镇、薄小莹等译，江苏人民出版社，2008，第519-526页。

赣榆一带。①也就是说，以高镣为首的抗清武装与榆园军的活动区域有重合之处，因此不排除二者之间发生联系的可能性。顺治元年沂水起事兵败后，刘珙南投明总兵刘泽清。虽然刘侃对刘珙之死的原委刻意隐瞒，但在为其父刘玠所作家传中还是透露出一些关于刘珙行踪的线索："比中丞公寄居淮上，二伯父在京为人给券数千金。"②中丞公、二伯父分别指刘应宾与刘珙。刘应宾于顺治三年遭解职后就一直寓居扬州。因此，刘侃所说其伯父刘珙在北京为人的事情发生在顺治三年底或之后。此时的刘泽清居住于清廷在北京为其安排的府邸。也就是说，刘珙投靠刘泽清之后，很可能隐姓埋名，随其来到了北京，藏匿于刘府。从明遗民阎尔梅的经历来看，这种可能性是存在的。阎氏因参与山东榆园军起义，被清廷通缉，后逃到北京张鼎彝家中藏身，才得以脱险。③当顺治五年刘泽清决意与山东榆园军等抗清武装联手，为刘泽清收容的刘珙就有了用武之地。这就符合官史中"南投明总兵刘泽清，后被杀"一句的语境了。刘珙极有可能在刘泽清事件中，被清军杀死。

如若顺治三年刘珙仍然在活动，那么必然进一步加深清廷对刘应宾的忧虑。安徽与山东、江苏相邻。在刘应宾的治理下，安徽各府州逐渐恢复平静。这固然是清廷所乐见的，但也意味着在皖省军民心中刘应宾会声望日隆。刘应宾担任皖抚时间越长，影响力就越大。刘应宾作为抗清分子的父亲，清廷不可能对他完全放心：唯恐父子联合、变生肘腋，带来新的危机。

上述对刘珙抗清活动时间的判断只是一种推论，缺乏有文字记载的铁证。即便刘珙早于顺治三年之前被杀，但明末刘氏子弟抗清之事同样会使清廷如鲠在喉，心中不快，只是碍于用人之际的局势和豫王的面子，没有发作。等到安徽形势好转，清廷正好借机将"嫌疑人"刘应宾革职。这种政治情绪在清朝官方书写中有所流露。《刘应宾传》开篇第一段介绍传主籍贯、科名、官职后，紧接着就简述了刘珙抗清之事。这种叙事范式在《贰臣传》其

① 参见魏斐德：《洪业——清朝开国史》（下），陈苏镇、薄小莹等译，江苏人民出版社，2008，第519—521页。

② 四修族谱编撰委员会编《刘氏族谱》卷一，2008，第156页。

③ 参见朱亚非、陈冬生主编《山东通史》（明清卷），人民出版社，2009，第78页。

他传主的书写中并没有出现。值得注意的是，基于乾隆皇帝的政治目的、个人喜好和价值判断，《贰臣传》的编写有其独特的书写策略，在材料的筛选、词汇的运用、内容的铺排和叙事方式方面都精心设计。最典型的例子就是冯诠、龚鼎孳、钱谦益三人。尽管传记中没有或极少出现对传主的评价，但传主的负面形象赫然纸上，不言自喻。读者很容易进入乾隆皇帝铺设的情境，进而同意他的判断。譬如对冯诠的书写所塑造的是"贪渎结党"的形象，龚鼎孳则是"不忠不孝，寡廉鲜耻"的形象。刘应宾的形象虽然较冯、龚等人好很多，基本上以肯定其在皖抚任上的功绩为主，但并非没有瑕疵。在传记中，前面以其子刘珙倡乱之事为传首语，后面以刘应宾本人滥给武职札付之事结尾，前后呼应之下，这篇文章分明是在指责刘应宾政治立场不坚定、不清白。此文虽为乾隆朝所作，体现乾隆皇帝的主张，但从某种程度上也反映出刘珙抗清对其父仕清后政治生涯的影响。

总之，因次子刘珙抗清之事，清廷对降臣刘应宾并未完全放心。随着形势的好转，在清军与汉族各政权斗争的各种优势日益明显后，清廷开始大量任命汉军旗人担任地方督抚。在这一政策下，一些汉军旗人几乎垄断了地方巡抚之职。洪承畴弹劾刘应宾恰为清廷提供了冠冕堂皇的由头，借机将刘应宾革职。在刘应宾去职后，其继任者为李栖凤，隶属镶红汉军旗人。①

然而刘应宾莅任以来，兢兢业业、劳苦功高，并没有什么大的过失。对这样的功臣，清廷不好遽然下手，妄行处置。毕竟当时江南大部分地区尚未平定，抗清运动此起彼伏，大批降清明臣、明将是清廷绥靖地方所依赖的主力。况且清廷既没有刘应宾勾连刘珙的实据，也没有详究札付一事的原委，只是听凭洪承畴的一面之词，就将皖抚级别的官员革职。这样一来虽然去除了清廷的疑心病，但从程序上说似乎过于草率。如果这个时候对刘应宾采取其他严厉措施，既从道义上说不过去，也会引起江南降臣的疑虑，甚至激起事变。对清廷来说，革职了事是最妥当的处理方式了。对刘应宾来说，他在新朝的政治生命戛然而止。这意味着降臣刘应宾自顺治二年七月至顺治三年九月担

---

① 参见王景泽：《清初顺治朝巡抚之属籍》，《东北师大学报》2007年第5期，第43—47页。

任安徽巡抚期间构建政治身份、谋求清廷政治认同的努力付诸东流了。

尽管如此，刘应宾依然奉清朝为正朔，鼓励子弟积极参加清朝举办的科举考试，尤其对长子刘玮寄予厚望。刘玮，字荆公，号龙麓，别号褐庵。幼警敏端方，稍长喜读书。[1]当闻知刘玮生病，刘应宾忧心忡忡："闻道玮儿病，吾心倍觉忡。家随国运变，人际时艰穷。江海吾其老，薄深尔守躬。隆寒一已过，会与阳和逢。"[2]当刘玮秋捷的消息传到扬州时，刘应宾特作《玮儿秋捷》诗二首以示祝贺，其中有"久断向荣路，乍闻愈自难。老夫望眼破，报子愁肠宽"[3]之语。刘玮廷试高中后，刘应宾作《闻玮儿廷试高等喜而有感》："何处无公道，功名自有真。……归来早晚赋，庶不没门阑。"[4]可见，进身无望的刘应宾希望长子刘玮通过科举再次使刘家进入国家官僚体系。

这是当时许多山东大族的通行做法。虽然这些家族在易代之际不可避免地出现了政治分化，终身为遗民者有之、以恢复故明为志者有之、降顺新朝者有之，但他们并不反对，甚至十分鼓励后辈子弟积极参加清朝科举考试来博取功名，从而延续本家族在国家与地方社会中的官宦地位和利益。就当时政治环境而言，山东士族子弟投身新朝举业面临十分有利的局面。清军入关后，山东许多世家大族较早降顺。一些山东籍的官员还交相引荐。在多尔衮进入北京的三个月内，吏部的汉人尚书、侍郎都由山东人担任。这意味着山东士人在清廷的影响力大大增加。1644年和1645年，进士的名额都增加了。这立刻扩大了获取高官的机会，而名额的分配，主要限于那些束手归顺的地区，如北直隶、山东和山西。

在这样有利的政治环境下，刘应宾之子刘玮于康熙甲辰年高中进士，成为清代刘家第一位考中进士者，从而上承其父刘应宾遗志，下启后世子弟攻读举业、科举入仕之门风。

---

[1] 四修族谱编撰委员会编《刘氏族谱》卷一，2008，第142页。

[2] 刘应宾：《平山堂诗集》，载王钟翰主编《四库禁毁书丛刊·补编》第78册，北京出版社，2005，第615页。

[3] 同上书，第635页。

[4] 同上书，第599页。

2. 刘应宾与洪承畴

刘应宾与洪承畴的关系较为紧张。对于洪、刘二人之关系，杨海英教授在《洪承畴与明清易代研究》中有过十分精辟的分析："洪承畴为洗清自身嫌疑，弃卒保帅，投石问路，借故弹劾刘应宾去职。"[①]

洪承畴本人于顺治四年七月受疑去职。关于此事，杨海英认为，吴胜兆反正事件及谢尧文通海案，都对洪氏有直接影响。首先，吴胜兆是洪承畴旧部，洪承畴因吴江杀县令孔□祖，疏荐吴胜兆提督而参劾土国宝抚院。洪承畴卷入吴、土之争的漩涡。虽然看不出洪承畴有袒护吴胜兆之意，但未支持土国宝十分明显。此后，土国宝眼红吴胜兆大肆收降，以松江滨海重地为由，提出提督总兵吴胜兆原领官兵移防松江，并提出己部额外招兵的请求，但洪承畴仅同意吴部移防，土部增兵之事却未允。洪氏对爱将吴胜兆偏爱之意渐显。及至吴胜兆反正之前，洪承畴虽得密报，但未之信，即以其揭下胜兆，杀吴之部将毕光胜示警。对此，清廷接报后，已对洪承畴产生疑虑。及至顺治四年五月游击陈可抓获奸细谢尧文，中有伪敕一道，反间招抚大学士洪承畴与巡抚土国宝。清廷虽觉其诈而又没有追查此事，但吴胜兆刻意压下此案，不免令清廷对洪承畴的疑虑加重。在这种情况下，洪承畴除了加倍恭顺，也在用心应对。弹劾刘应宾以去满洲之疑心是洪氏的策略之一。[②]据《世祖章皇帝实录》卷二八："革安徽巡抚刘应宾职，以招抚江南大学士洪承畴劾其滥给副参印札故也。"

洪承畴之弹劾刘应宾固然出于自保之意，刘应宾也确因此事去职，但问题的关键原因还是在于当事人刘应宾滥给武职札付招来了祸端。这足以充分说明清廷对降臣刘应宾既用且疑，并没有真正放心。

对洪承畴密告清廷札付之事，刘应宾大为愤慨。因为郑三俊的关系，这本属旧日袍泽僚属之间基于旧日情谊私相嘱托、相机办理的私事，况已被洪承畴拒绝。此事本应到此结束，大家相安无事。然而洪承畴不动声色，煞有

① 杨海英：《洪承畴与明清易代研究》，商务印书馆，2006，第226—229页。
② 同上书，第223—229页。

介事，将之作为向清廷邀功、去疑的工具。刘应宾上疏自理曰："江南之贼有大于朱盛蒙、吴应箕、金声、黄道周者乎？皆臣擒之，臣戮之。"①《江南抚事》所收刘应宾与清廷、内院大臣、道台、各总兵官的往来信函可证刘应宾上疏自理之言不虚。然而问题的关键正在于此。洪承畴弹劾刘应宾，固然有为自身洗刷嫌疑的想法，同时也是官场习气使然，令人不免揣测刘应宾之功已经引起了洪氏之嫉恨。

刘应宾不过是明末久居部院郎曹的一名普通官员，直至弘光政权覆灭前夕才勉强跻身九卿。豫王超擢降臣刘应宾为安徽首抚，这必令其感恩戴德，俯首听命。刘应宾抚皖时间虽短，但为报豫王知遇之恩，殚精竭虑、宵旰图治，受命之后，果然不负豫王之望，内则晓谕徽民服顺、赈济难民、减免苛税、恢复生产，外则协调诸将、谋划方略、剿抚兼施，这才取得擒斩朱盛蒙、吴应箕、金声、黄道周等活跃于徽宁池太各府抗清首领的辉煌战果，为清军迅速平定皖省立下了汗马功劳。截至刘应宾去职之前，安徽大部已基本安定。这样的功绩自然很容易引起上司洪承畴的嫉恨。

刘、洪关系不睦这一点，刘应宾应该心中有数。尽管在致内院招抚大臣洪承畴的信中，刘应宾言必称"我翁"，言辞之间恭顺之至。甚至每有捷报，刘应宾必赞洪承畴方略得当、远见卓识云云。这些客套话恰恰反映出二人关系之疏离。

实际上，刘、洪二人心中早生嫌隙。这一点从《清实录》所载顺治二年至三年有关安徽军情的疏报可略见端倪。从顺治二年七月刘应宾走马上任至顺治三年九月遭革职，有关皖省军情，《世祖章皇帝实录》中收录洪承畴疏报皖省平叛事宜情况如下。

顺治二年十月间，洪承畴疏报："徽州一府夙负险阻。故明翰林金声甘心悖逆，阴结闽寇受唐王伪敕，起乡兵十余万，制造甲胄枪炮等项，分布山隘以拒我师。臣奉贝勒令，会同固山额真叶臣等一面进剿，一面分发告谕宣

_____

① 郑与侨：《蒙难偶记》（不分卷），载《山东文献集成》编撰委员会编《山东文献集成》第二辑第13册，山东大学出版社，2007，第281页。

扬清廷德意。兹提督总兵张天禄同总兵卜从善、李仲兴、刘泽泳等由旌德县进兵，连破十余寨。驰至绩溪县，生擒金声并伪官四员，俱斩于军。师至徽州，驻营城外，不令一兵入城，出示安民，市肆如故。"①

十二月，洪承畴奏报："福建伪阁部黄道周兵寇徽州。提督张天禄统兵进剿，生擒伪总兵伪监纪李筦先、吴志俊等，阵斩贼将程嗣圣等十余人，歼贼甚众。"②

同月，允吏部复江南招抚大学士洪承畴疏……徽宁池太安庆五府并广德一州隶抚臣刘应宾专辖，仍监管光固蕲广黄德湖口等处。③

顺治三年正月，洪承畴奏报："故明唐王朱聿钊兵寇徽州。总兵张天禄等堵剿败之，获其阁部黄道周等，谕降不从，斩道周等于军前。我军追击逸贼，直入浙江开化县，士民薙发投顺。"④

顺治三年二月，洪承畴奏言："潜山、太湖间司空寨贼首石应琏等拥故明樊山王朱常淓啸聚焚掠。遣将士驰剿，斩应琏等五人，生擒常淓，各寨悉平。"⑤

洪承畴在上述致清廷的疏奏中几无只言片语提及刘应宾，只叙战绩及武将张天禄等功劳。这与后来刘应宾上疏自理所云擒斩贼首黄道周、吴应箕等的说法相悖。从《江南抚事》所收录刘应宾致洪承畴、庄则敬、卜从善、张天禄等人的书信内容来看，在徽宁池太安庆五府并广德一州的军事进剿、安定地方的过程中，大到军事方略、诸军协进，小至属下官吏擅离职守，刘应宾事无巨细，殚精竭虑，悉心谋措，无役不与。可以说顺治二三年间，皖省初平，刘应宾功不可没。在致张天禄的信中所述擒拿瑞昌王一事，刘应宾自得曰："前已密计胡镇，料不出吾手。"⑥可见受命协理军务的安徽巡抚刘应宾

---

① 中华书局编《清实录》第三册《世祖章皇帝实录》，中华书局，2008，影印本，第1675、1676页。

② 同上书，第1684页。

③ 同上书，第1687页。

④ 同上书，第1693页。

⑤ 同上书，第1700页。

⑥ 刘应宾：《江南抚事》卷二，清顺治刻本，北京大学图书馆藏，第208页。

绝非泛泛之辈，他是皖省剿贼的实际军事指挥官。

洪承畴身任江南招抚大学士，当然负有随时向清廷报告皖省军务之责，然而在数次上奏清廷的疏报中，只表军将之功，对协理军务、兼理军事、劳苦功高的皖抚刘应宾却只字不提。这种蹊跷之事耐人寻味。刘应宾在致洪承畴的信中，不厌其烦进言献策，所论多合当时情势，颇有章法。应宾之才，承畴已尽收眼底。江南招抚大学士当然乐得皖抚建功，利用刘应宾弥平安徽叛乱，但又不想清廷知悉皖抚之功绩。以常情而论，在己身已为清廷所疑虑的情况下，江南招抚大学士或许担心下僚之能为清廷所知，唯恐刘应宾取而代之。这和吴胜兆、土国宝之争中，洪承畴偏袒吴氏的情思几无二致。

应宾之功非但不报，应宾之失则愿与廷闻。早在顺治三年二三月间，洪承畴就曾疏劾刘应宾，因太平、泾县"土贼"杀官劫印，责其近据宁国失防。刘应宾对此似已有察觉，开始亲自向清廷上疏，奏报军情。

顺治二年七月至顺治三年二月，《清实录》中并无刘应宾之疏奏。这段时间，刘应宾很可能出于恭顺、谨慎之心，凡有军情、战绩皆由洪氏上疏，以免引起上司江南招抚大学士不悦。顺治三年三月，遭洪承畴弹劾宁国失防后，二人的矛盾已公开。既然恭顺之态不足以获内院之欢，于是刘应宾不再心怀忌惮，开始绕过洪承畴直接向清廷奏闻皖省情形。

截至刘应宾再遭弹劾而去职前，《清实录》共收录安徽巡抚刘应宾奏疏两份。一次是顺治三年三月，刘应宾疏报："官兵进剿宁国、太平二府逆贼，斩获无算。招抚贼渠郑璧等二百名，余党解散。"一次是顺治三年九月，刘应宾疏报："伪崇阳王率贼兵来寇歙县，副将张成功等击败之。获伪总兵闵士英、郑鹏远等，命诛之。"①

刘应宾虽有警觉，但绕过洪氏疏报清廷之事或许更加招致洪承畴的嫉恨。刘应宾之所以报洪承畴札付之事，本有公私两便的心思。其一，碍于郑三俊私下所托，且可成全郑、洪师生之谊。其二，安徽巡抚向江南招抚大学

---

① 中华书局编《清实录》第三册《世祖章皇帝实录》，中华书局，2008，影印本，第1708、1728页。

士请示，也完全符合官方程序。不料洪承畴不动声色，虚与委蛇，暗地却借机再劾。顺治三年十月甲申，终因江南招抚大学士洪承畴弹劾，刘应宾遭清廷革职。

第二节　刘应宾与清初扬州

明清易代之际，一如诸多来自大江南北的文人墨客把南京、苏州、杭州、扬州等历史文化名城作为最后的精神家园和生活归宿，清代安徽首抚刘应宾在被解职后并没有遽然归籍，而是侨寓扬州，在这座昔日文化繁盛之地，渡过了晚年大部分时光。在此期间，刘应宾同寓居扬州的各色文人悠游林下，诗酬唱和，纵情于亭园山水之间。通过文化交游活动，刘应宾不仅在清初扬州政治网络之中占有了一席之地，而且逐渐融入清初扬州文化群体，为清初扬州文化的恢复注入了活力。

一、侨寓淮扬

顺治三年十月，清廷接洪承畴弹疏，革安徽巡抚刘应宾职。此后，刘应宾侨寓淮扬十年，与诸公客游广陵者饮酒赋诗，时相过从。丙申秋，以火酒致疾归里，四载而卒。[①]刘应宾为何羁旅扬州达十年之久？一般而言，明清之时，官员遭解职后大多将回归故里作为首选。那么在遭解职后，刘应宾为何没有回到沂水老家，而在扬州滞留十年之久？对此，时任扬州宝应县令、刘应宾的密友李楷在《送吴见始归范序》中道出了原委："予尝欲作扬州流寓传也。若江右太虚、沂水思皇、星沙洞门、蜀中凤詹、范县见始、成都之梅溪鸣九，爵里姓氏可睹记而往来又相密也。流寓诸公尚或存圣人之一体，不敢不谨承焉。当是时，群贤栖迹未能尽同。或出而志在功名，或游而业存著

---

① 四修族谱编撰委员会编《刘氏族谱》卷一，2008，第110页。

述，或和光以同尘，或啸歌以遣闷，或无家可归，或有家而未可以遽归。"①
在序言中，李楷道明了流寓扬州一党李太虚、刘思皇、赵洞门、吴见始等栖
迹扬州的缘由。

刘思皇即刘应宾。据其密友李楷在上述序言中所云分析，刘应宾属于有
家而不能遽归者，当然也包含身处扬州观望、以图东山再起的动机。清朝定
鼎，南北始通。刘应宾长子刘玮毅然先返，"披荆棘，立垣墉，闾里因之安
集"。②显然，刘应宾不属于无家可归者。从当时的社会情势来看，其有家而
不能归者基于以下几方面原因。

其一，对改节降清政治身份的忧虑。虽然山东乡绅基于种种原因对清
廷采取了较为温顺的合作态度，但是清初顺治朝，整个山东地区并不平顺。
尤其沂水及其周边地区，抵抗、叛乱此起彼伏。在鲁中南地区，最初的抵抗
已在乡绅的领导下得以抚平，但随后又爆发了抵抗运动，一些降清者遭到杀
戮。如在淄川孙之獬被杀，在青州王鳌永被杀。③抗乱者还以地方权贵、官
宦世家为攻击目标。与刘应宾相善并为其母题碑的前明相国张至发家就深受
寇乱之荼毒。这件事王培荀在《乡园忆旧录》卷七中记载甚明："国初淄本无
寇，衅起微渺。一旦城破，贵家世族，男女殉难者甚重。初，张相国家……
丁姓委枢于路而去，暗钩桃花山贼谢迁围城，作内应。故张氏一门，受祸最
酷。"④青州、淄川与沂水相距不远，这样的事件，刘家不可能没有听闻。同
为降臣之身、官宦世家，刘家难免有兔死狐悲之戚和提防警醒之心。

刘应宾侨寓扬州期间并没有断绝来自家乡的消息。刘玮由扬州返回沂
水，除了肩负代父重建家园的重任，还要及时将山东的情形报给父亲。因
此，刘应宾虽身在扬州，但对家乡情况十分熟悉。以下数诗即为刘应宾与家
乡书信往还、知悉情状之明证：《玮儿病》《侄琮至》《玮儿送银桃》《送蜜

---

① 李楷：《河滨文选》（清嘉庆谢兰佩、谢泽刻本），载《清代诗文集汇编》编委会编《清代诗文
集汇编》第34册，上海古籍出版社，2010，第70页。

② 四修族谱编撰委员会编《刘氏族谱》卷一，2008，第143页。

③ 魏斐德：《洪业——清朝开国史》（上），陈苏镇、薄小莹等译，江苏人民出版社，2008，第
318页。

④ 参见邹宗良：《蒲松龄年谱汇考》，博士学位论文，山东大学，2015，第95~97页。

饯宣瓜》《玮儿秋捷》《闻玮儿登岱》《闻玮儿廷试高等喜而有感》《闻青
州北大雪》《甲午冬玮儿自山东来·诗二首》《雪夜得江千里螺钿杯酌以青
州苦露余甚快之故咏》。

由上述诗文内容可见，刘应宾通过长子刘玮始终和家乡保持着较为密切
的联系。在日常生活中，刘应宾能够吃到刘玮所送产自家乡的银桃、蜜饯、
宣瓜，能够用青州苦露沏茶，故洋洋自得云："子妇肯供养，他乡亦可家。"[①]
对家乡的情况，小到刘玮生病、登泰山，侄子刘琮兄弟间析产纷争，青州北
下大雪，大到刘玮秋捷、廷试高等的喜讯，刘应宾尽皆与闻。除了书信往
来，刘玮和刘琮曾到扬州与应宾见面，因此对山东变乱，刘应宾应该有所耳
闻。清初，沂水迭遭寇乱。据清康熙《沂水县志》，顺治七年，土寇杜冲等
焚毁南关；顺治十年，胶镇海时行叛，转掠沂水。[②]有孙之獬、王鳌永前车之
鉴，同为降清明臣，刘应宾不敢冒杀身毁家的风险，因此暂避扬州自然在情
理之中。这一点，刘应宾在《夜坐》第二首诗中道出了心中顾虑；"无计家
山住，愁来但抚膺。寇盗人传息，桑麻岁颇登。如何游子恨，翻向故乡增。
四海干戈在，吾其废履冰。"李叔则曰："处世之道在慎，公盖深于此矣。"[③]
可见，基于四海干戈未平须小心处事的思虑，刘应宾不敢贸然归籍。

再者，由于身仕两朝的仕宦经历，刘应宾对家乡舆论的恐惧心理也是久
滞江南而不归籍的原因之一。这一点，从《刘氏族谱》所载刘应宾由扬州返
乡时的情景可见端倪："去县百余里，亲戚故旧趋迎，应宾喜谓伯父曰：'吾
离家二十载，固疑梓里沧桑矣。今见三径犹存，人情如故……'"[④]刘应宾之
喜固然有家园仍在，可以栖身的因素，但戚旧百里相迎、人情如故的场景则
显然是他始料不及的，令其倍感喜悦。由此喜可见，刘应宾对降清后来自戚

---

① 刘应宾：《平山堂诗集》，载王钟翰主编《四库禁毁书丛刊·补编》第78册，北京出版社，
2005，第607页。

② 黄胪登主修《沂水县志》，载沂水县地方史志办公室整理：康熙《沂水县志》，中国文史出版
社，2015，第29页。

③ 刘应宾：《平山堂诗集》，载王钟翰主编《四库禁毁书丛刊·补编》第78册，北京出版社，
2005，第608页。

④ 四修族谱编撰委员会编《刘氏族谱》卷一，2008，第144页。

旧的舆论是有所担忧的。在某种程度上，这种忧虑也是他迟迟不肯返乡的重要原因。

其二，刘应宾身处交通明宗室的政治嫌疑。前文已述，他为明宗室朱南陵谋遭地，后又受郑三俊之托为之谋求护身符——武职札付，这使清廷对其心生疑虑。因此，清廷甫一接到洪承畴弹疏，就借机将刘应宾解职。尽管刘应宾上疏自理后，清廷只是将其革职了事，但其所背负的政治嫌疑并未洗清。清初顺治朝，山东各地来自民间武装的抗乱不断。沂水乃南北交通要地，为各路抗清人马活动必经之地。故官刘应宾既有被倡乱者所杀的可能性，也不排除会被造乱者裹挟谋逆。加之其子刘珙聚众倡乱在先，刘应宾如以嫌疑之身而遽归是非之地，难免会加重清廷忧虑。相比之下，淮扬之所则不然。不同于山东沂水地方，扬州自古以来既是商贾、官宦辐辏之地，也是扼守南北的军事要塞，交通发达、消息灵通。清军在此驻有重兵，非沂水小城可比。虽然目前并未找到清廷令刘应宾寓居扬州的令旨，但扬州确是一个便于清廷对其监控的好地方。作为临靠河流而兴起的文明城邦，扬州城内河道纵横、水网密布，城外则紧紧依托京杭大运河。扬州因运河而盛。自吴王夫差开邗沟、隋炀帝开凿南北运河，至元代开凿京杭大运河，几千年来，扬州始终处于大运河中枢之地。[1]明清时期，扬州驿站比较发达。扬州辖境有六个驿站，均布于京杭大运河沿线。扬州六驿均属驿递网，是国家级干线网络的组成部分，用来传送紧急文报。[2]在这种情况下，刘应宾以政治嫌疑之身身处扬州，既便于收集官场信息，也便于将个人行迹快速直达圣听。刘应宾作为明清两朝臣子，官场故旧袍泽众多。刘应宾身处淮扬繁华之地，自然难掩行迹，其一举一动更容易置于清廷的掌控之下。这样一来自可免去清廷对政治嫌疑人刘应宾的担心。从这个角度来看，刘应宾以政治嫌疑之身寓居扬州很可能有向清廷洗刷嫌疑之目的。同时，身处扬州也便于和家乡互通信息。

其三，刘应宾仍有再仕之意，寓居繁华辐辏之地，以图东山再起。在被

---

① 参见褚蕴霖、刘成富主编《最扬州——扬州历史与文化》，南京大学出版社，2017，第5-28页。

② 参见扬州市档案局、地方志办公室编《〈清宫扬州御档〉解读文集》，广陵书社，2015，第100-101页。

革职后，刘应宾怏怏不乐之意流露于其自辩奏疏，所谓臣擒戮江南大贼吴应箕、黄道周云云，不仅是对政治嫌疑的辩解，也有表功恋栈权位之意，绝非其孙刘侃所说"公宦情本淡"。至于刘应宾在致郑三俊的信中所提"不肖早晚待去之人"，只是刘应宾在当时情势下对自身前途的预判，待去不同于求去。事实上，刘应宾正是被清廷革职，而不是主动上疏求去。

刘应宾这种壮志未酬的不甘之情，在其侨寓淮扬期间的诗作中时有流露。如《妾薄命》一诗云："近闻夫婿忒薄情，不念新婚旧日盟。应有新知续旧爱，痴心不作陌路行。"[①]刘应宾以失宠小妾自况，虽有戏谑自嘲之态，但言外之意还是希望清廷这位夫君回心转意，再践旧盟。

又如《同社》一诗："同社时闻五子歌，春风联玉兢鸣珂。"所谓五子，刘应宾在小注中说明：除自己以外，"太虚、凤詹、梅公、洞门也，时有升沉之异，故及之。"李楷则在诗后题评："五老同心，正在或出或处，先生东山之望于□□矣。"[②]李楷可谓知应宾深者，就此事勉励刘应宾大有东山再起之望。可见，出处之道，必为五子与李楷等友朋间经常谈论的话题。未出者只是因为时机未到，没有接到清廷的召唤而已。

刘应宾素怀大志，遭革职后这种壮志未酬之情在《长江控制图歌》中一览无余。刘应宾借此图纵谈古今天下大事："孙刘割据今已矣，瑜亮相持各开疆。赤壁一战鼎足分，白帝奔波陆逊良。……六朝乘之划南北，披靡不振到隋唐。元人剪宋亦荆楚，明祖定鼎天门阊。……烽火南北照江红，疆臣卸担真诡计。督漕推出安庐来，应抚把将池太逝。润出新开两抚军，江防破坏日多弊。……我昔芜湖亦一游，江干事事锁心头。庾楼老子虽多兴，流落司马泪未休。空碌碌，任悠悠。高歌恐动鬼神愁，但把滩图付钓钩。"[③]

通过诵咏《长江控制图歌》，刘应宾将怀才不遇之苦闷一吐方休。这与之前在致洪承畴的书信中动辄呼之我翁、翁台，以后辈晚生自居的刘应宾截

---

① 刘应宾：《平山堂诗集》，载王钟翰主编《四库禁毁书丛刊·补编》第78册，北京出版社，2005，第583页。

② 同上书，第659页。

③ 同上书，第586页。

然相反，其睥睨天下豪雄、意欲辅佐清廷江南王霸之业的壮志溢于言表，一吐为快。李楷在题评中大赞："篇中起伏操纵，上下古今，千里山川，奔走吞吐。言外之意犹自无尽。皖旧无抚，卸担之语正见国是日坏，公未行其志，故有末句。"①倘若刘应宾遭革职后没有仕进之心，何来李楷所谓言外之意？刘应宾此诗虽名曰咏图，实则一吐心中抱负。刘应宾对自己遭人陷害、怀才不遇的经历每多慨叹，所谓："世事已随残局覆，心情空向壮图睐。沧江一卧岁惊晚，渭钓何人怜子牙。"②这几句诗或许正是对《长江控制图歌》一诗的回应。刘应宾以姜子牙自喻，尽管世事已去，只能对图空叹，但始终还是希望能有姜子牙遇周王的际遇。在《舟阻》第二首诗中，刘应宾谈到偶遇一老僧之事："忽有老僧至，皤然物外幽。不能寻一壑，犹幸对比丘。入定出尘网，乍临照九州。知君多雅意，吾道在沧州。"所谓雅意为何？道在沧州何指？李楷在诗后题评中解释："公宜出山，故以此僧感之。"③可见，雅意就是老僧为其相面，言应宾仍能仕进。刘应宾以陆游诗"心在天山，身老沧州"自况，大有为国效力却壮志未酬之感。

刘应宾的仕进心态还可以从其交游人员的政治身份加以考察。侨寓淮扬期间，刘应宾与在朝官员迎来送往、诗酬唱和较为频繁。这些官员既有扬州地方官员，诸如扬州太守、江都令、扬州盐院等，也有学士、侍郎、御史、总督级别的朝廷大员。以此来看，刘应宾乐于仕进、切望再度出山之心始终未变。在赠别李元鼎的诗中有"忽有阙庭诏，贰枢求旧臣。故人天际去，谁复问迷津"④之句，反映出刘应宾不甘为民的心态。侨居淮扬，原本是悠游林下的惬意之事，远离官场纷争，何来迷津呢？果如其孙刘侃所谓"公宦情本淡"，那么何必发出"谁复问迷津"的感慨呢？由此推测，所谓迷津不过是有关仕宦进退、清廷策令的消息罢了。

---

① 刘应宾：《平山堂诗集》，载王钟翰主编《四库禁毁书丛刊·补编》第78册，北京出版社，2005，第586页。

② 同上书，第648页。

③ 同上书，第617页。

④ 同上书，第558页。

其四，明末扬州文化遗产丰富，成为当时江南的文化要地之一。明清易代之际，扬州文人雅客云集，其中就有一些身仕两朝的贰臣。刘应宾被清廷革职后还面临身份认同、社会形象等现实问题。易代之际改弦更张的这段特殊历史，不仅对其自身造成困扰，而且从长远来看，对其后代的生存和发展也会造成困扰。这对当时许多士大夫及其家族而言是一种较为普遍的社会现象。依托扬州的文化资源和文人群体，刘应宾更容易解决个人的身份认同问题。

明清交替之际，社会变革不但给当时的汉族士人带来一次严重的身份认同危机，而且让他们深深感受到有必要认真反省自身在改朝换代之际的道德责任。[①]侨寓淮扬期间，以何种身份自处，这是摆在刘应宾面前的困扰之一。在政治上，因遭革职，从顺治三年底开始，刘应宾已彻底告别官场，失去了官方身份。但是，曾经仕明降清的政治经历已成为历史事实，无法抹去。在此后的日常生活中，刘应宾难免带有明清易代之际贰臣群体共有的心理和行为特征。

何谓贰臣？张仲谋云："贰臣就是王朝易代之际，兼仕两朝的大臣。"[②]白一瑾在博士论文《清初贰臣心态与文学研究》中更是不厌其烦地从贰臣概念界定、历代贰臣概述、贰臣仕于异族、清初贰臣群体范围划分等维度进行了翔实的考论。自古以来，"贰臣"现象源远流长，但"贰臣"作为固定词汇出现，有案可查的最早记录源于乾隆皇帝下令编修《贰臣传》。白一瑾提出，乾隆皇帝对"贰臣"一词的定义集中在政治失节及道德亏欠两个维度。尤其道德维度方面，在"华夷之辨"的文化背景下，失节者往往背负着沉重的道德债务，成为人格割裂的两截人。[③]

两截人即指人格上的两重性。前后割裂就是俗语所谓"两截人"。人之一生，前后行事截然不同，几乎判若两人，本来不独贰臣，但在生活中于他人是或然，在贰臣则是必然，在他人为渐变，在贰臣则为突变，必然成为贰臣人格的一个基本特征。此外，在人格方面，或慑于新朝政治压力而为家小生命计，或贪图富贵、贪生怕死，或靦颜事敌而良心未泯、自愧自悔，于是又

---

① 陈永明：《清代前期的政治认同与历史书写》，上海古籍出版社，2011，第42页。

② 张仲谋：《忏悔与自赎——贰臣人格》，东方出版社，2009，第3页。

③ 白一瑾：《清初贰臣心态与文学研究》，博士学位论文，南开大学，2009，第7、9页。

有了内外冲突的人格。本欲尽忠而终于降，或欲为"遗民"而再仕，或既为"贰臣"而又欲效"遗民"，可谓进退失据。[①]身为降清明臣，刘应宾必然有贰臣群体的共同属性。无论基于何种原因降清，丢官之后刘应宾确已进退失据，陷入不明不清的尴尬境地。

在近年明清易代研究中，关于易代之际"明人""清人"的讨论，很多学者倾向裴德生的观点，以甲申事变作为判断的分界线，在这一年之前成年的算明人，在此年后成年的都可划作清人。陈永明对这一观点提出批评，认为这种划分太过简单。事实上，不少明朝成年的汉人在清朝会选择以清人自居，有一些清朝成年的遗民后人基于家族名声或者父母遗训，终生以遗民自况。[②]按照裴德生的说法，刘应宾当属于明人。然而刘应宾与一般民众不同，身为前明官员既然已经降清，那么自不可以单纯以明人身份来论。如果按照陈永生之论，刘应宾自可属于清人。然而身遭政治嫌疑，丢官罢职，脱离官场，那么以清人身份定义此时的刘应宾似乎也有偏颇。折中而论，客居扬州的刘应宾已处于不明不清、身份含混的尴尬境地。既已丢官，也就沦为不明不清的平民了。

总之，被清廷革职后，刘应宾面临着"身份认同"危机。就个人而言，则面临如何纾解心灵罪恶感、荒芜感，如何重建人格理想，如何应对公共社会舆论的压力。就家族内部建设和后续发展而言，以何种身份和形象教化子孙？如何向他们解释这段历史？如何在后世面前树立"权威"？这是摆在刘应宾面前亟待解决的问题。

二、文化交游

文人是一个既古老又传统的称谓。一般而言，所谓文人即与武人相对者，可指一切舞文弄墨之人。从广义的角度讲，文人等同于文臣，传统史料亦并不刻意加以区分。但若细究之，文人与文臣有明显的区别。其一，文臣

---

① 张仲谋：《忏悔与自赎——贰臣人格》，东方出版社，2009，第9～12页。
② 陈永明：《清代前期的政治认同与历史书写》，上海古籍出版社，2011，第69页。

是官，属于官僚、缙绅阶层，而纯粹的文人则为民，属于布衣之士。其二，在传统中国，文人的社会地位取决于其官位高下而非所作诗文优劣。尤其晚明时代，文人已从士人阶层中脱颖而出，并成为不同于文臣、道学家、武士而具有个性特征、人格追求、生活方式的群体。①

除专业文人外，明代文人生涯一般经过两个阶段：一是做秀才、举人，习科举之学；二是入仕后有了一定经济、政治基础，从事古文、诗歌一类的文学创作。

就刘应宾而言，早在晚明时期就属于文人行列——科举中式、做官，进而具备了文臣身份，但绝非纯粹意义上的文人。顺治三年遭清廷革职后，刘应宾未能再次跻身仕途。尽管他常怀壮志未酬之感，但失去文臣身份也就意味着成为一介平民。同大部分降清明臣一样，其投降的动机、真正原因无法一概而论，也永远无法说清，但"顺从天命""保全万民"往往成为降清明臣对自己变节行为的自辩之词。一旦脱离政途，也只能在延续华夏文化的前提下，将为故国存文化、为故国存信史作为罢职后的文化行为选择。王朝易代之后，文人身份构建是很多士大夫的时代选择，其中既包括降清明臣，也包括明朝遗民。在寓居扬州期间，刘应宾正是通过与扬州文人群体题画、结社、忆旧、诗文酬答、游览古迹等文化交游活动和文学互动行为重新构建文人身份，从而在扬州遗民、庶民、官员、山人等各色文化群体中得到了身份认同。

诗酬唱和是刘应宾侨居扬州期间的重要文化活动，《平山堂诗集》收录了大量迎来送往、诗酬唱和的诗篇。通观这些诗篇，刘应宾所交游的文人大致可分为三类：其一是文官群体，这包括扬州本地官员及途经扬州的官员；其二是侨居或途经扬州的贰臣文人；其三是扬州本地山人、举人、秀才等民间文人群体。

文人士大夫以文会友，重建文化和社会网络，并不是只有扬州才独有的现象。在这一时期，流动性对文人士大夫及地方精英自身身份的确定起到关键作用。他们四处宦游，抒发对自身和周遭的感慨，通过这些活动，确定并

---

① 参见陈宝良：《明代社会转型与文化变迁》，重庆大学出版社，2014，第82—88页。

维持他们在社会结构中的位置。①通过与扬州官场文人、贰臣文人、地方文人三类文人群体开展的诗酬唱和、游览胜迹、咏物怀古、种花赏花等私人文化活动，刘应宾在扬州建立起较为广泛的文人社会网络，从而与扬州公众社会产生了十分密切的联系，其文人身份得到在职官员、一般士大夫以及当地普通民众的认可。

1. 刘应宾与官场文人的交往

刘应宾与扬州地方文官群体的交往主要包括扬州太守萧琯，盐院陈自德、张椿，江都县令刘玉璜及前宝应县令李楷。通过与扬州地方官员交往，刘应宾对推动清初扬州地方文化恢复和建设起到积极作用。在文化互动的过程中，这些官员以及活动内容都可以成为传播媒介，刘应宾借此向清廷传达出愿做清朝文人的信息。

刘应宾与扬州太守萧琯本是旧相识。②据刘应宾《题扬州太守萧五云先生滁州琴堂有序》所述，刘应宾在南明弘光朝时对其有过提拔之恩。这件事，萧五云先生或许并不知晓，但刘应宾借题写序言之际，告知萧五云原委。因为这层关系，萧太守自然容易亲近、信任刘应宾。萧琯时任扬州太守。这种官方身份就使其所从事的文化活动自然具备官方色彩。据《和五云四章》题记（曲江大社纪事），萧太守在扬州建立了曲江诗社。文人结社是晚明之际非常典型的文化现象。清初，这种文人结社的现象并没有停息。一些明朝遗民也纷纷结社，与反清复明运动息息相关，与反清势力存在密切的联系，有的遗民结社表现出明确的恢复明室的动机。即使没有参与反清政治活动，这些遗民诗社所表达的故国之思也为清廷所忌恨。这种遗民结社活动直到顺治十七年清廷下令禁止士人结社，才大势已去，逐渐衰落。③

在这种文化背景下，扬州太守萧琯筹建的诗社自然带有官方色彩。刘应宾在和诗中说明了这一点："曲江立社枚乘发，太守雅歌振艺林。将重斯文虞

---

① 梅尔清：《清初扬州文化》，朱修春译，复旦大学出版社，2004，第6页。
② 参见阿克当阿修，姚文田等纂：嘉庆《重修扬州府志（三）》卷三十八《秩官志》，刘建臻点校，广陵书社，2014，第1231页。萧琯，云南人，举人，顺治十年任。
③ 何宗美：《明末清初文人结社研究》，上海三联书店，2016，第275-280页。

废业，谁忧四海少知音。"可见，萧太守建立曲江诗社是代表官方重振扬州文化事业。又如第二首："此日蒸蒸矜骏足，他年济济义王家。进贤上赏何人应，取次樽前祝带花。"这就点明了成立曲江诗社的第二个目的——为清廷延揽人才。再如所谓"荆粤攒眉供甲马，朝廷嵩目苦征求。安危呼吸疆臣任，教训成亏主者遒。械朴周家已卜世，鹿鸣伫听歌呦呦"[①]，则道明了诗社教化扬州民众之目的。刘应宾很可能受萧太守之邀，参与了此事。这就意味着他以普通文人身份参与官方主导的扬州文化构建活动了。

在与扬州地方官员交往的过程中，刘应宾对扬州地方政治屡有建言。如在《答萧太守五云咏雪》一诗中，刘应宾咏曰："丰年应卜广陵瑞，剪彩何须隋苑看。太守风流传往事，宜民新政不思寒。"[②]除了扬州太守萧琯，刘应宾与扬州其他要员也保持了良好的交往。他和两任扬州盐官陈自德、张椿[③]都有一定交情。陈自德在维扬书院宴请刘应宾。因书院久不闻书声，惟当事者饮宴时一至耳。因此刘应宾追古抚今，吟诗讽谏："成周勤造士，两汉重斯文。楼阁灵光在，管弦夕照曛。"[④]刘应宾与扬州另一位盐院张椿也有往来。清初设引部，扬人苦之。刘应宾以布衣之身向时任盐院张椿建言："撤部裁新使，疏纲剔宿苛。"又云："封疆尚战伐，军国共咨嗟。财赋江淮地，贤劳王事家。"[⑤]刘应宾与江都县令刘玉璜也有往还。《平山堂诗集》中收录了两首与江都令有关的诗句。一次是二刘在维扬书院饮酒，另一次是祝贺刘玉璜升任庆阳府同知。

由上可见，虽然已遭清廷解职，但文人刘应宾在扬州官场如鱼得水，不仅能成为太守、盐院、县令的座上客，不时把酒言欢，而且官员升迁去就的

---

① 刘应宾：《平山堂诗集》，载王钟翰主编《四库禁毁书丛刊·补编》第78册，北京出版社，2005，第665页。

② 同上书，第658页。

③ 参见阿克当阿修、姚文田等纂：嘉庆《重修扬州府志（三）》卷三十八《秩官志》，刘建臻点校，广陵书社，2014，第1228页。张椿，阳城人，进士，顺治八年任。陈自德，奉天人，贡士，顺治九年任。

④ 刘应宾：《平山堂诗集》，载王钟翰主编《四库禁毁书丛刊·补编》第78册，北京出版社，2005，第612页。

⑤ 同上书，第599页。

消息皆能与闻。在地方文化建设的过程中，刘应宾能够参与诗社筹建、书院兴衰等扬州地方文化建设事宜，这反映出地方官员对刘应宾文才之重视。甚至邻境南昌重建滕王阁这样的文化盛事，刘应宾不仅与闻，而且应总漕蔡士英①之约，为之题写《滕王阁诗序》。②刘应宾的密友李楷在《家宗伯滕王阁记后跋》中也谈及这件盛事，道明了原委：蔡总漕在扬州李明睿的寓所，嘱托李明睿为之题记。刘应宾应该同时在场，应邀撰写诗序。重建滕王阁固然是一件文化盛事，其意义更在于事关江右治安。李明睿、李楷、刘应宾或作题记、或写诗序、或作题跋，可以说是对江右地方文化事业的大力赞襄。如上所述，文人刘应宾颇受扬州一带官场欢迎。他与扬州及其周边各级官员有着较为密切的文化交往。

除上述刘应宾与扬州地方官员的文化交往外，刘应宾还时常表现出地方官员的文化自觉。尽管此时刘应宾只是一介平民，但十分关注扬州百姓的生活。这是刘应宾构建官场文人身份的另外一种表达方式。

刘应宾对扬州百姓民生的关注，在其所作诗篇中多处可见，主要体现于针对扬州雨、雪、干旱等气候现象的咏叹。在这些诗篇中，刘应宾时喜时忧。这源于清初顺治年间扬州的水旱奇灾：顺治六年至顺治十年，扬州连年水旱。大水使民宅漂浮；亢旱又致寸土无青；人行鱼路，人饮水皆无；灾民们鸠形鹄面，瘟疫流行。③

刘应宾在《平山堂诗集》中对这场亘古奇灾就有十分生动的描述。如对久旱盼雨的描述："扬城五六月，大旱使人愁。毒热使人病，存活不得赒。禾秧半未插，粱稻不能谋。沟浍一行竭，江河看缩流。"又如："扬州六月密云屯，大旱民劳无地存。江汉不来丘壑尽，辘轳声断万家村。"在《又旱》一诗中，刘应宾感慨："鸣金碎耳日，市儿叩苍时。七季三遇旱，百姓一无居。刍

---

① 参见钱实甫编《清代职官年表》第四册，中华书局，1980，第1348-1349页。漕运总督蔡士英，顺治十二年二月至顺治十四年八月任。

② 刘应宾：《平山堂诗集》，载王钟翰主编《四库禁毁书丛刊·补编》第78册，北京出版社，2005，第665页。

③ 扬州市档案局、地方志办公室编《〈清宫扬州御档〉解读文集》，广陵书社，2015，第12-13页。

狗坛场占，云龙泽壑垂。"①对连年旱情，刘应宾在诗中表达"为客常忧旱"的心情，为此特作《祈雨》诗："云旱兴歌又亢旸，鸣金击鼓叩天阍。大声帝座真为彻，小旱龙宫几欲扬。喜乱健儿傅快马，放青竖子牧无羊。天心似是弃南土，六事责来不见量。"当久旱逢雨，刘应宾喜悦之情跃然纸上："掩耳畏雷电，开窗看潋滟。虽非竟夜雨，禾活命可求。"②

李楷对刘应宾的忧国忧民之情大加赞赏。他在《祈雨》诗后题评："因雨愁盗，故是忧时巨作。"在《苦旱》诗后题评："读此诗，生当事者忧国仁民之心。"③由此可见，刘应宾虽为处世之身，但对百姓生计的思虑与清廷同旨。刘应宾周游于扬州地方官员之间，或忧水旱民生，或叹维扬书院，或讽谏扬州盐税，这使其居扬期间的某些文化活动既有浓厚的"匡济天下的儒家政治思想色彩"，也有浓厚的官方色彩，也就自然形成了官场文人身份。

明清社会中发达的传播媒体已经建立起一个新的人际互动——人与人、个人与社会互动的方式。社会中的个人可以利用邸报、戏曲、小说之类传播媒体的媒介，人与人的互动可以突破有限空间与具体对象的限制，一方面它可以将个别（或个人）事件迅速传播给广大的社会大众，让其他不在场的公众也可参与此事，另一方面它可以让个人参与非其耳目所及的社会事务。如此，大众传播媒体穿越了个人生活领域，在此之上交集、建构出一个公众领域，在其媒介下，具体的个人可进入此公众领域，与想象中的社会大众发生联系——就此可以说大众传播媒体创造了一个想象的社会，让社会中的具体个人可以在个人有限的现实世界外……建立起来一个涵盖面广大的公众社会。④

根据上述有关明清时期资讯传播与公众社会互动的讨论，我们不难推断出这样一种社会情境：通过与清初扬州官场交际往来，刘应宾穿越个人生

---

① 刘应宾：《平山堂诗集》，载王钟翰主编《四库禁毁书丛刊·补编》第78册，北京出版社，2005，第565、629、679页。

② 刘应宾：《平山堂诗集》，载王钟翰主编《四库禁毁书丛刊·补编》第78册，北京出版社，2005，第565、629、655页。

③ 同上书，第655、679页。

④ 王鸿泰：《明清的资讯传播、社会想象与公众社会》，《明代研究》2009年第12期，第41页。

活领域，进入扬州及其周边地区的公共文化领域，与广泛的社会大众发生联系。通过积极参与诗酒酬答、诗社筹建、盐政讽谏等系列文化、政治活动，刘应宾逐渐渗入扬州官场，并与所交往的扬州地方官员建立起了一个涵盖面广大的公众社会。如此一来，刘应宾自然在扬州公共社会，尤其扬州官场、士绅阶层树立起了良好的官场文人形象。

除上述官场文人的文化表达方式之外，刘应宾还积极投身于扬州文化遗产的复兴和宣教活动。这体现于他和李楷的交往过程。侨寓扬州期间，前宝应县令李楷与刘应宾关系极密。《平山堂诗集》所收录的反映刘应宾交游情况的诗篇中，与李楷相关者最多。刘、李二人时常身处扬州名胜之间，作诗吟赋，为清初扬州文化注入了活力。

李楷，字叔则，号雾堂，晚号岸翁，人称河滨夫子，陕西朝邑人。生年不详，卒于康熙九年。明天启举人。入清后官至宝应知县，以直见罢。康熙初，经荐督修《陕西通志》。擅长古赋，文风朴茂，为钱谦益所赞赏。著述百卷，文名甚盛。有《河滨文选》《河滨诗选》等。[①]

从李楷的上述简历来看，与其以扬州地方官员视之，不如以知名文人待之更为妥切。李楷文名之盛不仅见于江南，也彰显于其故籍关中一带。据刘绍攽著《关中人文传》，李楷与孙枝蔚、张恂、王宏撰等名士同列："张恂虽善画，落笔片纸千金而名稍后。唯华阴王宏撰、朝邑李楷与三李、豹人、黄湄辈齐名。楷字叔则，著《河滨全集》，令宝应，以直废。康熙二年，抚军贾公汉复请董陕志。宏撰尚为诸生，从楷编摩。楷善古赋，文朴茂，钱牧斋极称之，得名在三李前，三李推楷先进。宏撰与三李同时，于楷为后辈。"[②]

宝应乃扬州府治所在。作为卸职高官，刘应宾与地方官员交往互动乃极平常事，但刘、李二人之交更在于声气相投，志同道合。刘应宾与李楷出身颇有相似之处。在七世族孙李元春笔下，其祖李楷乃文仙、书仙、酒仙。"河滨神于文……岸翁者，河滨子晚号也。其父户部公联芳，年三十无子，祷于

---

① 参见《清代诗文集汇编》编委会编《清代诗文集汇编》第34册卷首，上海古籍出版社，2010。

② 钱仪吉：《碑传集》（卷五十八至卷一百二十二），载缪荃孙、闵尔昌、汪兆镛编《清代碑传合集》，广陵书社，2016，第203页。

梓潼神，梦神抱一子举之，遂生河滨子。数岁读书，过目即成诵。华山仙人马峰频见之，抚其顶曰：‘他日当以文名天下。’成童后即淹贯群书，为文顷刻万言如夙构。又善书，喜饮，饮不可量。饮愈多，文愈肆，书愈奇。其文出，天下宝之，书亦然。晚逃于佛，避乱江南，载金刚经数柜。船覆，失其半，默写之……宝邑沙桥寺僧窃卖之，字一金。然则河滨不独文仙也，书亦仙也，即酒亦仙也。"①

李楷的这段故事与刘应宾经历相似。在《刘氏族谱》中，刘应宾之祖父，年五十而无子，后拜谒城隍神，得予赐子。刘应宾出身同样不凡，其母方孕时，有异尼叩门，指点迷津，曰此子大贵；待其出世，邻人隐约听闻有音乐传空；及长，刘应宾又偶遇神仙吕洞宾。

类似神奇的出身经历很容易使刘、李二人生发惺惺相惜、知己之感。《平山堂诗集》所载刘应宾与李楷之间诗酬唱和的篇章最多，共计四十余篇。

尽管李楷于顺治四年已经离职②，但李楷毕竟曾是清廷委任的宝应县父母官。因此，探觅刘应宾官场文人身份构建过程，可以宝应县令李楷为线索，按图索骥。总体来看，以扬州园林为中心的吟诗、赏画、游园、觅古、饮酒等文化活动构成了刘、李二人交往的内容。这些活动对清初扬州风景名胜的重建、地方社会的教化和稳定都具有现实意义。

扬州为世人广知者不惟运河文化，还有园林文化。可以说，园林在扬州的历史文化中扮演着十分重要的角色。有关扬州园林的记录在南北朝时便有，从明朝开始逐渐增多，直到清康熙年间程梦星编《扬州名园记》，扬州园林开始成为一个可供讨论的概念，并越来越多地出现在文本论述中。其中较著名的当属18世纪末李斗的《扬州画舫录》，其中提到"扬州以名园胜"，刘大观则称"扬州以园亭胜"。18世纪前的扬州园林，基本循着私家园林和公共园林两条脉络发展。就公共使用的风景园林而言，基本上是按从欧阳修到王

---

① 李元春：《朝邑县志》（清咸丰元年华原书院刻本）之《三仙人传》，载北京图书馆编《地方志人物传记资料汇刊》（西北卷）第十册，北京图书馆出版社，2001，第309页。

② 参见阿克当阿修，姚文田等纂：嘉庆《重修扬州府志（三）》卷三十八《秩官志》，刘建臻点校，广陵书社，2014，第1262页。

士禛再到孔尚任的线索，以文人官僚为中心进行的风景塑造，而这些风景也随之具备了教化、统治的意义及对其他阶层的排斥性质。[①]

学界针对清初扬州文化的讨论沿用了以历史人物在园林风景内的活动为线索的做法。美国学者梅尔清就是以一系列扬州文化地标和历史文化概念，诸如芜城、红桥、文选楼、平山堂、天宁寺，对清初扬州文化进行了较为详尽的梳理和分析，但所讨论的文人活动则是以王士禛及其同期文人为中心。都铭在对清代扬州园林这一文化遗产展开讨论时，也是以一系列建筑物和大文人王士禛的文化交游活动为线索。二者都认为人们对扬州历史文化的记忆是自18世纪以后逐渐清晰、深刻，而对于清初扬州文化则罕有人理解和关注。

王士禛于顺治十六年十一月谒选得扬州推官。[②]可见清初顺治四年至顺治十四年间，以扬州风景园林为活动场所的文人活动尚缺乏研究。实际上，早在王士禛之前，清初扬州文人围绕"亭台楼榭"等风景文化遗产所开展的文化建构活动就已经开始了。

刘应宾和李楷都是清初扬州地方精英中的佼佼者。他们选取了陈园、梅坞、平山、法云寺等扬州名胜，在此作诗饮酒。在这些文娱活动中，作诗自然是不可缺少的文化活动，这包括写韵诗、和诗、联句等等。在17世纪中晚期，无论官场文人抑或贰臣文人、遗民文人，从某种意义上说，诗歌创作成了彼此之间具有身份识别和身份认同的重要手段和媒介。在社交场合，写韵诗是一种交换礼物的方式。诗文作成之后，将其他友朋同仁的注释、批评一并纳入，以小诗集的形式发行和流通的确是公开加强联系的极好方式。虽然在中国的精英当中，这已经是长久以来的习惯了，但它在清朝早期有着新的重要性。譬如，在红桥的社会交往中，王士禛和他的客人们达成了一种普遍的身份认同和对文化遗产的共享。[③]

毫无疑问，刘、李二人通过吟诗作赋、纵谈古今达到了心灵共鸣。这在明末清初之际是一种十分普遍的文化现象。当时以诗会友在联络文人社交网

---

① 都铭：《扬州园林变迁研究——人群与风景》，同济大学出版社，2014，第2-4页。
② 参见邹宗良：《蒲松龄年谱汇考》，博士学位论文，山东大学，2015，第149页。
③ 梅尔清：《清初扬州文化》，朱修春译，复旦大学出版社，2004，第38页。

络中扮演着举足轻重的角色。他们将扬州风景名胜的重建视为展示他们独特身份的舞台，通过援引共享的文化优先权，通过诉诸共享的历史或经验，为这些社交性联络提供交互相应的环境。[①]

作为地方精英，刘应宾和李楷围绕文化遗产所展开的文化活动对于恢复扬州的著名建筑、重建历史名胜景点卓有意义。景点本身为他们邀妓侑酒、吟诗唱和等娱乐活动提供了环境和气氛。同时，通过参观风景名胜，作为文人精英，刘应宾和李楷也在倡导过去那些伟大人物所代表的价值。[②]

刘、李二人交往之密，不仅限于吟诗作赋的文娱活动，甚至渗入了私人日常生活。李楷赠刘应宾泉水、湖州笔、书籍。尤须特别指出的是，刘、李二人继续践行了明人所风靡的"观看之道"：刘应宾邀请李楷观看自家珍藏赵孟頫题写的金字金刚经；二人同登昭明楼看颜真卿题碑。[③]这足以说明刘、李二人交情已远远超出一般文人间诗酬往还的泛泛之交。在明代，文人观图往往别有意味，是一项较为复杂的重要社交活动。观看的主体、地点和时间以及观看的对象结合在一起往往包含着某种信息。交情深浅、文化情怀、政治立场无一不在这样一种较为私密的社交场合展现。通过这种文化行为，文人的价值观得以交流、测试、重申。[④]以刘、李二人观图所涉人物而论，赵孟頫宋亡降元，颇受元朝统治者礼敬，其书法超绝，在明代文人中影响至深。至于唐代书法大家颜真卿更是文人膜拜的典范，他刚正不阿、忠贞不渝的政治品性深受后世激赞。刘、李二人所观之图都与书法有关。书法向为中华传统文化之根髓。如此看来，他们观看之道的心理共鸣也就不言而喻了——必然寄托了对故国文化的追思和对自身政治身份的辩白。

---

① 梅尔清：《清初扬州文化》，朱修春译，复旦大学出版社，2004，第4、93、94页。

② 同上书，第5页。

③ 有关刘应宾与李楷互赠之事，见诸《答叔则赠法帖诗并惠东坡食饮录》《李叔则苏游倦归贻余诗酒余为答之》《和叔则观予家赵松雪所书金字金刚经》《初秋游法云寺登昭明楼看颜真卿题碑》《湖州笔》《惠泉水》等诗。参见王钟翰主编《四库禁毁书丛刊·补编》第78册，北京出版社，2005，第562、576、632、663、669页。

④ 参见柯律格：《明代的图像与视觉性》，黄晓鹃译，第2版，北京大学出版社，2016，第128-131页。

　　可以肯定，通过上述文化交游活动，刘应宾早已成为宝应县令李楷的文学知己。如此一来，在与李楷等扬州地方官员的文化交往过程中，刘应宾的官场文人形象和身份也就自然生成了。

　　刘应宾不仅熟稔于扬州地方官场，他与一些不时光顾扬州的朝廷大员也有一定交谊。这与当时扬州的文化地位和文化寓意有着极为密切的关联。梅尔清敏锐地看到这一点："17世纪晚期，具有全国性声誉的文学名人光顾扬州，同样促进扬州社交和文化活动，这使得扬州成为文人学士及游宦们向往之所。……这些人有意识地认同扬州的风景名胜，通过将扬州与南京、苏州并列为文化中心，这些人在扬州找到了他们梦中江南的城市风景。"①

　　刘应宾所交往的扬州域外官员大体可以分为三类。第一类是降清后被清廷委以重任的前明旧臣，这包括熊文举、李元鼎、赵开心等。第二类是翰林院编修、国史院学士。这些人一般会外放担任乡试、会试主考官。第三类则是故乡莒州官员。

　　第一类官员是活跃在清初政坛的前明旧臣。刘应宾被革职后并没有完全斩断与清廷官场的联系。这些在扬州作短暂停留的官员很多本是明朝臣子，与刘应宾是旧相识，有着无法割裂的天然联系。如在《相逢行酬吴编修天石先生》中，刘应宾就道明了他和吴孔嘉之间的渊源："甲乙丁国步，旧都初相知。倾盖即如故，曾托妻子驰。君时辞讲筵，余适喉舌司。……君能达故里，予遭乱民笞。"②刘应宾是在南明弘光朝任职时与翰林院编修吴孔嘉相识，二人一见如故，相知默契。南京城破前，吴孔嘉已辞职归籍，而刘应宾却在南京城破后被乱民笞打。刘应宾与熊文举也是旧相识。熊文举，明崇祯四年进士，官吏部郎中。③刘应宾在崇祯朝也任吏部郎官。毫无疑问，刘、熊二人是旧日同僚，他们之间有一定交情。这从刘应宾所作《题少宰雪堂熊母皮安人行述》可以窥见。倘若二人只是泛泛之交，刘应宾不可能看到熊文

---

　　① 梅尔清：《清初扬州文化》，朱修春译，复旦大学出版社，2004，第30页。

　　② 刘应宾：《平山堂诗集》，载王钟翰主编《四库禁毁书丛刊·补编》第78册，北京出版社，2005，第578页。

　　③ 王钟翰点校《清史列传》第二十册（卷七十九），中华书局，1987，第6598页。

举母亲的行述，更不可能在题文中历述熊氏家世。李楷在诗后题评："如此详尽，方见友道之相知。"[①]至于赵开心，《江都县志》里有这样一段记载："字洞门，湖南长沙人。明崇祯八年进士。入本朝官至工部尚书。解组后，侨居江都。"[②]

熊、李、赵三人都属清初降清明臣，在清初官场几经起落。顺治二三年间，熊文举任吏部右侍郎，称病去职。顺治八年，吏部列荐，诏起用。其父熊洪去世后，熊文举闻讣告归。李元鼎投诚后，擢升为兵部右侍郎。顺治三年因荐人不淑，革职。顺治八年二月，因吏部尚书谭泰、陈名夏等疏荐，再次起复。顺治十年又因罪去职。赵开心仕清后同样几经沉浮。刘应宾侨寓扬州期间，这几个人或在朝、或在野，与清廷始终保持着联系。

刘应宾与上述人等诗酬交错，固然是声气相投所致，但也不排除刘应宾怀有与清廷保持一定联系的主观动机。通过游园、吟诗、看剧、赏花、饮酒等文娱活动，刘应宾可以获闻清廷邸报，及时了解朝政人事动向。这从刘应宾与赵开心、李元鼎二人的赠别诗中可以找到一些蛛丝马迹。

从清初李元鼎仕宦履历来看，刘应宾写给李元鼎的赠别诗应作于顺治八年。其中"忽有阙庭韶，贰枢求旧臣。故人天际去，谁复问迷津"之句颇有惆怅之意。赵开心两次离扬赴京，就任新职。第一次离扬，刘应宾与柳寅东、李明睿、赵开心等同社成员相聚吟诗。他在题首小注："时有升沉之异，故及之。"李楷在诗后评注："五老同心，正在或出或处，先生东山之望于□□矣。"[③]所谓五老即刘、李、柳、梅、赵，诗中所言升迁者当指赵开心。从李楷的题评可以看出，刘应宾应还有再入官场的仕宦之心。当赵开心第二次离扬，刘应宾诗云："作客常为送客人，青云来去柳条新。相逢又作别离

① 刘应宾：《平山堂诗集》，载王钟翰主编《四库禁毁书丛刊·补编》第78册，北京出版社，2005，第562页。

② 阿克当阿修，姚文田等纂：嘉庆《重修扬州府志》第四册，刘建臻点校，广陵书社，2014，第1807页。

③ 刘应宾：《平山堂诗集》，载王钟翰主编《四库禁毁书丛刊·补编》第78册，北京出版社，2005，第558、659页。

看，谁道莺花不怆神。"又有："我自无家依水岸，看君报主作劳人。"①除了老友惜别之情，诗句中似乎还掺杂着一种羡慕之意。李楷在此诗后评曰："卒章乃有报主之勉，胸次之间可知矣。"从李楷这句点睛之笔我们不妨推测，与其说是勉励赵开心，不如说是刘应宾自勉。虽然题为送别诗，但别离之际散发出刘应宾报国无门的惆怅之情。

第二类官员就是学官。据《世祖章皇帝实录》卷五十四和卷五十八，高珩于顺治八年二月升任翰林秘书院学士，同年七月任江南乡试正考官。由刘应宾《赠秘书院学士高念东》一诗可以推断，顺治八年高珩因担任江南乡试主考官来到扬州，刘应宾设宴款待并赠诗。刘应宾在《国史院学士李吉津使回邀游平山堂》一诗中所述同游平山堂的李吉津即秘书院编修李呈祥，他曾于顺治五年担任顺天乡试主考官。②另如在《赠别秘书院学士罗篁庵先生》一诗中刘应宾注明了赠诗缘由。这位罗先生正是刘应宾长子刘玮的太座师。③从刘应宾赠罗氏一诗的题注可以看出，刘应宾对清初科考之事非常重视。虽然自己因犯忌遭革职，但刘应宾积极鼓励子弟参加新朝科举考试，尤其对长子刘玮寄予了厚望。刘应宾所作与刘玮有关的诗句主题之一便是科举。这表明了遭革职后刘应宾的政治态度——顺服新朝，鼓励子孙科举入仕。基于这一想法，刘应宾乐于和到访扬州的学官们饮酒作诗也就不足为怪了。

第三类官员即莒州地方官。刘应宾听闻莒州陈太守升湖北道，特意赠诗祝贺："莒父神明宰，开天起积疲。下车稀井宅，御寇护疮痍。"这几句先是叙明陈太守到任之初力挽颓局，继而称赞其德政："昔日无橡地，今闻闾里茨。烹鲜老氏理，鞅掌庚桑治。……莒人失怙恃，不忍看新碑。"在第三首诗中，刘应宾称赞其才："雄才宜八面，颇牧在湖西。"④虽然《平山堂诗集》所收录顺治朝刘应宾与家乡父母官的文化互动只有这一首诗，但从中我们不

---

① 刘应宾：《平山堂诗集》，载王钟翰主编《四库禁毁书丛刊·补编》第78册，北京出版社，2005，第684页。

② 参见钱实甫编《清代职官年表》第四册，中华书局，1980，第2883页。

③ 刘应宾：《平山堂诗集》，载王钟翰主编《四库禁毁书丛刊·补编》第78册，北京出版社，2005，第663页。

④ 同上书，第628页。

难看出刘应宾与莒州官场保持一定的联系。刘应宾不仅知道这位陈太守的作为，而且在获悉其升迁消息后及时赠诗庆贺。可见刘应宾虽然身不在官场，但心思没有离开官场。刘应宾是一位虽无官职，但仍与官场保持密切交往的官场文人。

2. 刘应宾与贰臣文人的交往

明清之际，文人结社乃是十分普遍的文化现象。以在文学史上所处地位而论，出明入清的贰臣诗人，在清初文坛实已占据半壁江山。尽管相对贰臣群体而言，明清易代后文人成为遗民者数量的确不少，且以社局中人居多，但贰臣群体具有更强烈的主持诗坛、成为引导一代诗风之大宗师的欲望。同时，贰臣士人身处庙堂所占据的政治经济文化各方面的优势地位，也使其在引导文风方面独具优势。[①]对此，白一瑾以江左三大家钱谦益、吴伟业、龚鼎孳及京师贰臣文人王铎、梁清标、王崇简为中心，对贰臣群体的文学活动和文学特征进行了专门的探讨。白一瑾认为，清初贰臣文学创作以故国之思和失节之恸为双重主题，在故国情怀的抒写上则是难以言说的"失啼之鹃"，从而构建了贰臣文人形象。

入清之后，贰臣士人建立起了属于自身群体的生活方式——以诗酒宴饮、著述收藏为主要内容的高雅清贵的台阁生活。[②]除江左三大家和京师贰臣群体外，在江南地区，以扬州为中心，贰臣文人群体的文化活动同样十分活跃。这包括李明睿、柳寅东、赵开心、刘应宾、张恂、熊文举、李元鼎等人。其中，李明睿是清初扬州贰臣群体的核心和重要组织者。这些人在清初文坛的诗名显然不及江左三大家等，加之史料稀缺，因此很少受到学界关注。事实上，扬州在清初贰臣群体心目中的地位丝毫不低于南北二京、苏州、杭州等地。明清鼎革后，许多贰臣文人由于种种原因寓居淮扬，或将扬州作为交游酬酢的集散地。正如梅尔清评价清初扬州文化所指出的："17世纪晚期，具有全国性声誉的文学名人光顾扬州，同样促进扬州社交和

---

① 白一瑾：《清初贰臣心态与文学研究》，博士学位论文，南开大学，2009，第373-379页。
② 同上书，第233页。

文化活动，这使得扬州成为文人学士及游宦们向往之所。在帝国等级森严的文化中心网络，扬州迅速成为一个重要的关节点。文人精英游览扬州，从而与他们梦中的江南相连，这些人有意识地认同扬州的风景名胜，通过将扬州与南京、苏州并列为文化中心，这些人在扬州找到了他们梦中江南的城市风景。"①清初活跃在扬州一带的贰臣群体借助当地丰富的文化遗产，在一系列文化交游活动中体现了贰臣士人的群体意识与群体认同感。

基于共同的政治经历，刘应宾与李明睿等贰臣士人自然是同病相怜，更容易互通声气。通过诗酬唱和等文化娱乐活动，刘应宾得到扬州贰臣群体的文化认同。侨寓淮扬期间，刘应宾与清初社会活动家李明睿交往最密，其次是赵开心、柳寅东、张恂等，间或与其他游经扬州的贰臣文人熊文举、李元鼎、张缙彦、吴惟华等有一定交往。

白一瑾在论及贰臣文人的交游酬酢时谈到，贰臣士人特别是一直在清政权内任职的贰臣，其诗文创作往往具有较强的目的性和交际功能。白一瑾以龚鼎孳为例，龚氏诗集收录两千余首诗歌，十之八九都冠有"送""同""怀""答""题""别""集""赠""招""邀"等字样。因此白一瑾认为龚鼎孳自觉将赋诗吟唱作为一种交际手段来使用。其唱和对象既有贰臣同人，也有明朝遗民、兴朝新贵、后进寒士等。②刘应宾的情况与之相仿。《平山堂诗集》里带有赠、逢、题、陪的诗篇也有很多。这反映出刘应宾与上述贰臣群体交往过程中的诗文创作同样具有较强的目的性和交际功能。

在刘应宾与贰臣士人交往过程中，李明睿是十分重要的人物。在刘应宾所参与的扬州贰臣群体的各种文娱活动中，李明睿多次扮演了组织者的角色。凭借李明睿出色的社会活动能力，刘应宾与许多在朝或在野的文人雅士相识、集会。

李明睿，字太虚，南昌人，明末清初著名作家谭元春、吴伟业的座师，本人更是明末清初一位颇有影响的诗人、史学家与社会活动家，其地位当然

---

① 梅尔清：《清初扬州文化》，朱修春译，复旦大学出版社，2004，第30页。
② 白一瑾：《清初贰臣心态与文学研究》，博士学位论文，南开大学，2009，第378页。

重要，可是《明史》《清史稿》《清代七百名人传》等均无其传。李明睿在明朝最值得一提的政治活动，见于《明季北略》卷二十《李明睿议南迁》。崇祯十七年正月初三日，崇祯皇帝在德政殿召见李明睿。在这次召对中，李明睿提出唯有南迁，可缓目前之急，徐图征剿之功。这次奏对颇合崇祯皇帝心意，惜未行之，终有煤山自缢之祸。李自成进入北京之后，李明睿遭闯军拷掠，四月八日始释。清军入京后，予其礼部左侍郎之职，但因为对"清官"不感兴趣，朝参时，行礼不恭，被革职为民。顺治五年南昌兵变后，李明睿被迫避乱广陵。流寓扬州期间，很可能因为经商有道，李明睿日子过得颇为潇洒，不仅恢复了南昌阆园，还养了一个水平不错的戏班子。因为有强大的经济基础支撑，晚年的李明睿几乎成了大江南北文人骚客的朝拜者，他那个阆园也是他们往来的聚会中心。①

说李明睿是大江南北文人骚客的朝拜者，确不为过。李明睿这个社会活动家在清初文人群体中具有相当广泛的影响力。通过经商，李明睿拥有足够的财力维持文人应酬往来之费用，还有他的阆园和戏班子。这对明末清初的文人具有相当大的吸引力。就扬州贰臣群体而言，无论在朝的熊文举、李元鼎，还是在野的李楷、刘应宾、柳寅东，都曾多次观看李家戏班演剧。在这班贰臣群体心目中，李明睿地位很高。每逢李明睿寿辰，他们纷纷题赠祝寿诗文。在李明睿七十大寿时，刘应宾在《寿太虚七十》中诗赞："天目飞来壮鲞年，颂称难老人争传。沙堤拟筑辞燕浚，青史遥闻入洛前。"②所谓"青史遥闻入洛前"即指李明睿平生最得意事——建议崇祯皇帝南迁。李楷则作《赠南州学士序》，高度评价其生平。③在李明睿八十大寿时，熊文举作《寿李太虚少宗伯八十寿序》恭贺。④

---

① 参见施祖毓：《李明睿钩沉》，《复旦大学学报》2002年第5期，第163-176页。

② 刘应宾：《平山堂诗集》，载王钟翰主编《四库禁毁书丛刊·补编》第78册，北京出版社，2005，第658页。

③ 李楷：《河滨诗选》，载《清代诗文集汇编》编委会编《清代诗文集汇编》第34册，上海古籍出版社，2010，第66页。

④ 熊文举：《侣鸥阁近集》（清康熙刻本），载《四库禁毁书丛刊》编撰委员会编《四库禁毁书丛刊·集部·别集类》第120册，北京出版社，1997，第22页。

从熊文举、李楷、刘应宾致李明睿的赠诗、赠序来看，李明睿之所以为天下文人雅士所推重，正是因为他建议崇祯皇帝南迁，这使他在士林中声名鹊起。另外，其门生广布，且各有建树。最知名者当属江左三大家之一的吴伟业和竟陵诗派的谭元春。这无疑拓展了他的声望和交际网络。在寓居扬州贰臣群体中，刘应宾与李明睿关系最为密切，《平山堂诗集》中与李明睿相关的诗篇达36篇之多，仅次于李楷。

这些诗记录了刘应宾、李明睿二人的交游活动。其一是诗酬唱和，刘应宾与李明睿之间的唱和之作有14篇。当时以诗会友在联络文人社交网络中扮演着举足轻重的角色。他们通过援引共享的文化优先权，通过诉诸共享的历史或经验，为这些社交性联络提供交互相应的环境。[①]其二是游园赏景。刘应宾同李明睿共游陈园、袁山人菊园、平山、梅坞、张园、天中塔等名胜景点。这些名胜景点通常与某个事件或历史人物有各种关联，且它们通常位于扬州中心城墙外的特定位置。[②]其三是酒宴应酬。李明睿寓扬期间，家资颇丰。在《艳雪斋见灯》一诗题记中，刘应宾记载："虚翁置灯数架，富丽精巧，为丹阳之最，价逾百金，平生未睹。"[③]豪华的庭园布置吸引了文人雅士在李家聚会。据刘应宾诗文，某年元月二十三日，诸子集饮太虚园看灯。李楷特作《灯屏赋》称赞，诗前题记："家宗伯之艳雪园设灯三，悬有屏，居于亭上。其方八，其质灯，山川人物之巧甚具，予作赋焉。"[④]其四是共同观图。刘应宾曾向李明睿展示家藏《长江控制图》，李明睿见之言其家也有。[⑤]在明代，地图是当时上层社会文化的常规组成。因此明代文人素有制作和携带地图的文化兴趣，以致对空间、地点的再现能力以及旅行活动成为时人文

---

① 梅尔清：《清初扬州文化》，朱修春译，复旦大学出版社，2004，第93~94页。
② 同上书，第5页。
③ 刘应宾：《平山堂诗集》，载王钟翰主编《四库禁毁书丛刊·补编》第78册，北京出版社，2005，第652页。
④ 李楷：《河滨诗选》，载《清代诗文集汇编》编委会编《清代诗文集汇编》第34册，上海古籍出版社，2010，第293页。
⑤ 刘应宾：《平山堂诗集》，载王钟翰主编《四库禁毁书丛刊·补编》第78册，北京出版社，2005，第586页。

化身份的重要属性之一。[①]

刘应宾与李明睿交情极深，决然不同于一般文人间的往来应酬。南昌兵乱后，李明睿游走于临江、扬州、杭州等地。[②]因此李明睿并非久居扬州。当李明睿游走他地，刘应宾十分思念，落寞寡欢，有"言念李学士，去夏时共樽""一叶扬江帆，去去难为别""转盼春徂夏，讯来已北辕"等语，以至"梦寐见颜色"。

在李明睿离扬期间，刘应宾、李明睿二人书信往还不断。刘应宾接到李明睿书信后感叹："有子真堪乐，无钱不足忧。""读罢一开颜。"可见，刘、李二人感情很深。

李明睿家蓄女妓，在当时影响较大。据时人刘振麟、周骧在《东山外纪》所载，李明睿寄寓扬州时，"畜声妓甚盛"。其在南昌居住期间，同是这样的光景，李元鼎、熊文举、方文、孙枝蔚、黎元宽等名流都是李府的座上客。李明睿在沧浪亭演出《牡丹亭》，名流云集，纷纷作诗以纪演出之盛。[③]

文人精英在扬州聚会，并对他们的聚会进行描写。他们组织诗社，成员既包括当地居民、官员，也包括到扬州的避难者、云游学者及游宦。他们编撰友人的选集，为加深相互的友谊，还自由地品题友人的诗歌书笺。[④]正是由李明睿这位社会活动家穿针引线，刘应宾在扬州贰臣群体中占有一席之地，得与李元鼎、熊文举、罗宪汶、张恂等饮宴聚会。

以李元鼎为例，刘应宾在赠别李元鼎的诗中写道："同舍倍情亲，诗酒订新约。""故人天际去，谁复问迷津。"可见刘应宾与李元鼎本是旧相识，自认为与李元鼎投缘，甚至在其原配罗安人六十大寿时作诗贺寿，但李元鼎的《石园诗集》中却无一首与刘应宾有关的唱和诗篇。反倒是李明睿频频出现在李元鼎之诗集中。二李同为南昌人，李元鼎视李明睿为同宗，两家交往十

[①] 参见柯律格：《明代的图像与视觉性》，黄晓鹃译，第2版，北京大学出版社，2016，第89-92页。

[②] 杨惠玲：《戏曲班社研究：明清家班》，厦门大学出版社，2006，第314页。

[③] 同上书，第315-316页。

[④] 梅尔清：《清初扬州文化》，朱修春译，复旦大学出版社，2004，第6页。

分紧密。受李明睿之邀，李元鼎夫妇多次到李明睿之沧浪亭观看女妓表演《牡丹亭》《燕子笺》《秫陵春》等剧。从《寓沧浪亭有怀宗伯年嫂兼订借居滁槎之约》一诗来看，当李明睿不在南昌家中时，李元鼎夫妇可以寓居李明睿家中。李元鼎与李楷也素有交情。李元鼎视李楷为同宗。李元鼎出游途经扬州时，李楷邀饮并为之作诗，李元鼎以诗相和。不仅如此，李元鼎还邀请李楷为其《随草集》写序，可以说李元鼎非常重视李楷文才，视其为同道中人。

李元鼎与熊文举交情匪浅。熊文举在为《石园诗集》题写的序言中详细道明了二人渊源，是几十年的老交情。①熊文举视同乡李元鼎为前辈，李元鼎对熊文举十分赏识，二人惺惺相惜。《石园诗集》收录了较多与熊文举相关的诗篇，熊、李之间的文化互动十分频繁。除诗酬唱和外，熊、李二人还相约同游。李元鼎七十大寿时，熊文举为其写序。李元鼎妻远山夫人五十寿辰时，熊氏为之写序。②

刘应宾与熊文举虽有崇祯朝时同在吏部为官的历史渊源，分属同僚，但刘应宾与熊文举的文化互动其实并不多。《平山堂诗集》中只收录了一篇《题少宰雪堂熊母皮安人行述》。李楷在诗后题注："如此详尽，方见友道之相知。"然而事实恐怕未尽如此。熊文举的诗集中同样没有一篇诗文与刘应宾相关。倒是李明睿、李楷频频出现在熊氏文集中。李楷受熊氏门人韩圣秋之嘱为熊氏诗集作序。李明睿八十大寿时，熊文举受人之托为李明睿作寿序，其中多有溢美之词。因为李元鼎的关系，熊文举也是李明睿府上的座上客。刘应宾很可能是通过李明睿看到了熊母的行述，为之题诗。

再如刘应宾赠诗的罗宪汶。据李元鼎作《生次孙之三日家太虚宗伯、朱遂初宪副、罗篁庵学士、饶型万都垣、邹谦受翰编枉贺集小园并商讲堂学会喜赋》一诗，李元鼎次孙出生后第三天，李明睿、罗宪汶等到李府贺喜，并商量讲学之事。由此可知，李明睿与罗宪汶是熟识的。刘应宾很可能同样

① 李元鼎：《石园全集》三十卷，载《四库全书存目丛书》编撰委员会编《四库全书存目丛书·集部·别集类》第196册，齐鲁书社，1997，第3页。

② 熊文举：《侣鸥阁近集》（清康熙刻本），载《四库禁毁书丛刊》编撰委员会编《四库禁毁书丛刊·集部》第120册，北京出版社，1997，第22～23页。

是通过李明睿结识罗学士。至于浙江藩台张缙彦，他于顺治十一年至十五年任浙江布政使。从《太虚拉予共候浙藩张坦公因出家乐乘月登台》的诗题来看，刘应宾也是因为李明睿的关系才与浙藩张缙彦欢宴。李明睿是当晚宴会的组织者，主宾是张缙彦。李明睿邀请刘应宾作陪。

刘应宾交往较为密切的还有张恂。张恂，字穉恭，陕西泾阳人。明崇祯十六年进士。工诗文，又善画。居江都最久，与之游者多喜其乐易，而挥毫泼墨。①张恂出身盐商家庭。顺治二年，张恂赴扬州打理祖上盐业，同时遍交吴越名士。后于顺治十二年步入官场，补授中书舍人，官至尚书郎。②

张恂是熊文举的门生，他为恩师文集题写序言，文末注明泾阳门人张恂拜手书。③刘应宾如何得识张恂，没有明确线索。但基于地方志中所描述张恂"与之游者多喜其乐易"来看，张恂应当是清初扬州较为活跃的社会活动家，广受文人雅士喜爱。首先李明睿与张恂相识。李明睿曾在扬州一带经商，不然哪能养得起戏班子。张恂既然出身扬州盐商家庭，李明睿与其应该是熟识的。加之宝应县令李楷与张恂是陕西老乡，同为一时关中名士。刘应宾很可能通过李明睿、李楷与张恂结识。《再登张穉恭园台》一诗则说明，张园是刘应宾、李明睿、李楷等游乐欢聚的重要去处。刘应宾所写与张恂有关的诗多与酒席有关。显然盐商张恂经常在家举办酒宴，刘应宾等正是张府座上客。

至于柳寅东，他与刘应宾也时相过从。其一，二人有相似经历，都是因为滥给札付去职。其二，柳寅东与刘应宾寓居扬州期间，住所相邻。听闻柳寅东新买宅院相距仅数舍，刘应宾喜而作赋。柳府同为在扬贰臣的欢聚之所。

3. 刘应宾与扬州文人的交往

明清至今，扬州始终是一座文化内涵丰富的城市，不仅以风景园林而名闻天下，还有独特的盐商文化、秦淮文化、民俗文化。刘应宾寓居扬州

---

① 参见阿克当阿修，姚文田纂：嘉庆《重修扬州府志（四）》卷五十三《人物志》，刘建臻点校，广陵书社，2014，第1808页。

② 明光：《清代扬州盐商的诗酒风流》，社会科学文献出版社，2014，第19页。

③ 熊雪堂：《雪堂先生文集》，载北京图书馆古籍出版编辑组编《北京图书馆古籍珍本丛刊·集部·别集类》第112册，北京图书馆出版社，1998，第219页。

达十年之久。在此期间，刘应宾不仅与官场文人、贰臣文人觥筹交错，还与扬州当地文人建立了人脉网络。这包括举人、秀才、山人、员外等扬州中下层士绅。通过扬州当地文人群体，刘应宾逐渐熟知并融入扬州文化，成为扬州文人。

在刘应宾诗篇中出现过的当地文人包括秀才李玉润、申周良、刘熙载，以及陈姓举人、袁山人、董氏、方员外、张公子。方外之交则有弹琴僧人、上人澄霁、日者衡岳。[①]无须赘言，秀才、举人之类的文人应是维系扬州当地政治、文化的基础力量。秀才即所谓儒学生员，属下层绅士。举人则比秀才略高一级，介于上层、下层绅士之间。无论秀才抑或举人，这两类群体在明清时期的地方社会拥有一定的政治和文化影响力。晚明儒学生员的影响力不断扩大，不时有生员上疏言事的案例，甚至在崇祯年间，生员也有因保举而致士者。在地方社会，生员影响力日益扩大，其对地方事务的参与往往突破了朝廷的禁例。[②]

方员外、张公子当是扬州地方财力雄厚者。扬州乃商业辐辏之地，自古商贾云集，因此商人往往在扬州地方社会具有举足轻重的社会影响力。在明代，大凡僧道寺观庵院，若要在当地相安无事，首先必须有一两个有势力的富户护法。[③]张公子、方员外应当不是泛泛之辈。如刘应宾在赠别诗中介绍方员外有"要津重寄在扬州""君家奕叶正荣盛"之语。[④]显见这位方员外家世显赫，既富且贵。至于张公子，刘应宾在诗中曾言张少司马园、张公子园。两者可能是一人。张姓公子能够在扬州这样日资繁费的都市拥有和维持私家园林，想来也绝非易与之辈。

值得注意的是，在刘应宾所交游的扬州当地文人中，出现了山人。何谓山人？这是晚明之季一种较为独特的文化现象。文人需要依附王室、官僚，

---

① 刘应宾所撰《平山堂诗集》收录多篇关于他与扬州当地文人的文化交游活动的诗篇。参见王钟翰主编《四库禁毁书丛刊·补编》第78册，北京出版社，2005。

② 参见陈宝良：《明代社会转型与文化变迁》，重庆大学出版社，2014，第118—126页。

③ 同上书，第201页。

④ 刘应宾：《平山堂诗集》，载王钟翰主编《四库禁毁书丛刊·补编》第78册，北京出版社，2005，第659页。

以维持生计，于是就有了晚明山人的流行。山人游走于缙绅之间，虽为时人所诟病，但也有闻名遐迩为缙绅先生所尊重者。有些山人游走于官僚、衙门，成为官员的幕客。①

伴随明清之际儒释道融合及佛道世俗化，僧人与地方社会和世俗生活的联系越来越密切。明太祖时颁发的佛门禁令渐渐成了一纸空文。在明代，僧人有妻室，已是习以为常。还有僧人治生求利、喝酒，甚至交结官府，参与朝政。自晚明以来，僧人在士人群体中的影响力逐渐扩大。有些僧人本就来自士人群体，只是后来因故出家，较著名的例子就是袁黄、李贽。在当时士人风气中，许多人以与释、道二教人士相交为雅。士人相交于方外之士，这样的例子不胜枚举。②因此，就刘应宾所处的时代而言，僧人在地方社会同样具有政治和文化影响力。

综上，刘应宾与扬州当地读书人、山人、僧人、富人都有一定交往，这几类大体都可以看作扬州当地文人或者在扬州政治、文化领域有一定影响力的人物。通过和地方文人共同开展游玩、赏花、诗酬唱和等文化互动，刘应宾与扬州当地文化网络中的某些人结成了良好的人脉关系。在交往过程中，刘应宾逐渐作为当地文化网络中的一分子而融入扬州文化，成为扬州当地文人。

三、刘应宾对扬州文化的书写

明清易代之后，相当一部分士人怀有"为故国存文化"的情思。在"文化主义"原则下，他们出于"用夏变夷"的想法，逐渐将注意力转向民俗风物、地方历史等文化遗产。一些贰臣士人正是通过对地方文化的书写来纾解"身份认同"的焦虑，这也成为鼎革之后重建人格理想的重要方式之一。清初刘应宾在扬州的文化生活就有这样的目的，他在《平山堂诗集》中留下了大量书写扬州地方文化的诗篇。

自古以来，扬州就是文人骚客流连忘返、文化繁盛之地。扬州文化包罗

---

① 陈宝良：《明代社会转型与文化变迁》，重庆大学出版社，2014，第95、96、145页。
② 同上书，第326–353页。

万象，总体来看集中体现在以下四个方面：其一是花卉文化，其二是园林文化，其三是岁时文化，其四是风物文化。

刘应宾的扬州文人身份的表征之一就是对扬州花卉文化的书写。因为酷爱菊花，刘应宾与当地一些爱菊文人结缘。这主要体现于他与袁山人的交往。

扬州既是闻名遐迩的园林之城，也是历史悠久的花都。扬州有花朝节，又名百花仙子生日。这一岁时民俗源于唐代，延续至今。每逢二月十二日，人们将红布条、红纸条等系在花枝上，谓之"赏红"。据说，这样花儿会开得更加鲜艳。①刘应宾曾作《忆花朝》一诗咏赞："去年花朝日，园花我曾探。玉兰开半落，梅杏吐初酣。"②

扬州人爱花，历来有养花、爱花的人文传统。早在南朝宋文帝元嘉年间，徐湛之做南兖州刺史，他就广植花木。宋代，芍药、琼花远近闻名。蔡京曾任扬州太守，每年在芍药开放时要办"万花会"。据《扬州画舫录》记载，清代就有许多花市，天福居在牌楼口，有花市。花市始于禅智寺，载在郡志。画舫有市有会，春为梅花、桃花二市，夏为牡丹、芍药、荷花三市，秋为桂花、芙蓉二市。③事实上，扬州还有菊市。这一点，李斗似乎忽略了。刘应宾在《菊市》一诗中生动描述了清初扬州菊市的繁盛景象："扬州兢菊市，晴日满城芳。候雁频回影，游人喜捶黄。高秋不寂寞，茶肆有开张。楚俗兢如此，风流不可忘。"④扬州的这种花市文化、养花之习由古至今已渐渐融入百姓生活，花木栽植成为居民住宅布局的重要组成部分。"十里栽花算种田""有地惟栽竹，无家不养鹅"已成为时人崇尚和追求的生活情趣。旧时，扬州大户人家都有花园，稍次一点的也有花房。⑤

刘应宾笔下的袁山人具体姓名已无可考，但显然他以养菊为生，并因菊

---

① 曹永森：《扬州风俗》，苏州大学出版社，2011，第163—164页。

② 刘应宾：《平山堂诗集》，载王钟翰主编《四库禁毁书丛刊·补编》第78册，北京出版社，2005，第569页。

③ 李斗：《扬州画舫录》卷十一《虹桥录》，陈文和点校，广陵书社，2014，第133页。

④ 刘应宾：《平山堂诗集》，载王钟翰主编《四库禁毁书丛刊·补编》第78册，北京出版社，2005，第613页。

⑤ 曹永森：《扬州风俗》，苏州大学出版社，2011，第213—214页。

与刘应宾结缘。《平山堂诗集》中收录的与袁山人有关的诗篇共计四篇。就诗篇所反映刘、袁二人的交往活动而言，大体可分为两类。其一是赏袁菊，如《看袁山人菊》《同太虚、叔则看袁菊》《雨中再过袁菊》。其二是送菊，如《袁山人送菊》一诗。显然，菊花成为刘应宾交结袁山人的媒介。从"处士有佳菊，丛芳秋气清。巷门亦云僻，看菊客常盈"来看，袁山人很可能在扬州以养菊、爱菊而闻名。刘应宾慕名前往观赏，因此与袁山人相识。刘应宾诗赞袁菊："人天俱入寂，清兴动群情。幽艳屹山拥，绣组杂采荣。晚香纷参差，掩映如弟兄。寂寞秋芳歇，入室眼俱明。逸品原孤赏，今来喧市城。如彼桃李蹊，幽人何所营。"可见，刘应宾是爱菊、懂菊之人。正因喜爱袁氏所养菊花，刘应宾念念不忘，推荐李明睿、李楷一同观赏袁菊，并在《同太虚、叔则看袁菊》题目下注明日期，可见刘应宾对袁氏所养菊花的喜爱之情。甚至李楷邀请刘应宾、李明睿赴宴，途经袁氏菊园时，刘应宾还不忘记上一笔，再次以袁菊为题作诗，写下"共道袁菊好，主人雅且贤"的赞语。因物及人，因爱袁氏所养菊花，袁、刘二人拉近了距离。于是赏菊之外，有了第二种互动。"山人肯送菊，垂念在空堂。午梦方惊枕，群英忽入香。花多近里借，酒共白衣尝。失路有人问，此情不可忘。"由此诗可见当时情形：某日中午，刘应宾正在午睡。袁山人登门拜访并赠菊花。刘应宾虽有爱菊之心，但舍下菊花只是酒宴之时，临时向邻里筹借，以作待客时装饰、摆设之用。袁山人知道刘应宾的居所没有种菊，感于刘应宾"逸品原孤赏、愧无白衣酒、沉醉与之并"的知己之言，因此特意赠送刘宅菊花，这让刘应宾感动非常，发出"失路有人问，此情不可忘"的感叹。[1]刘应宾爱菊、懂菊、赏菊、种菊、赞菊。《平山堂诗集》中与菊花有关的篇章达16篇之多。

刘应宾以菊花为媒介还与扬州当地其他文人有一定交往。如《玉润惠菊八本》一诗记叙了秀才李玉润赠刘应宾菊花之事。其中"良友践盟赠晚香，八士于周萃一堂"[2]交代了刘应宾与李秀才交情深厚。李秀才知道良友刘应宾

---

[1] 刘应宾：《平山堂诗集》，载王钟翰主编《四库禁毁书丛刊·补编》第78册，北京出版社，2005，第562、563、636、637页。

[2] 同上书，第649页。

喜爱菊花，因此赠送八盆菊花。扬州人爱菊，刘应宾同样爱菊。通过菊花，刘应宾与李秀才很自然地发生了人情、文化互动，这无形中在刘应宾的扬州文人身份构建的过程中发挥了很好的作用。以菊为媒，刘应宾观赏史姓富人家的三百余盆菊花，观赏董姓文人种植的菊花，还曾到寺院中寻访菊花，并且亲自种菊、咏菊。在赏菊、寻菊、访菊的过程中，刘应宾以菊为媒、以菊为题，自然而然扩展了文化交往网络。

不惟菊花，刘应宾还喜爱其他扬州当地喜闻乐见的花卉，譬如梅花、杨花、牡丹等等，以花卉为主题的诗文还有多篇，记录了刘应宾与扬州花卉之间的文化互动。

刘应宾居扬十年，足迹几乎踏遍了扬州府城及周边名胜古迹，并以这些风景名胜为题，留下了许多脍炙人口的诗篇。这几乎成为明清之际乃至有清一代文人雅士的通习，他们将扬州双重的文化遗产巧妙地与明清鼎革联系起来。扬州，这座对文人学士们来说本无特别意义的城市，在清初吸引了他们的注意。劫难之后，商业贸易中心和政治中心都成为文人学士丰富想象的空间。当文人士大夫选取一系列的历史性符号评价时政时，对过去的记忆就与历史中的过去融合在一起。[1]以扬州著名的风景园林、古迹为纽带，刘应宾将自身生活际遇和日常感受与扬州这座历史名城紧紧联结在一起，这是其扬州文人身份建构的表征之二。

刘应宾寓居扬州十年，对扬州风物十分熟悉，写下了许多咏赞扬州风物的诗篇。这是刘应宾扬州文人身份构建的表征之三。

唐代扬州制作的毡帽曾名重一时，据史料载，"是时京师始重扬州毡帽"，有人写信谈及"此间甚难得扬州毡帽，他日请致一枚"。扬州帽的流行与唐宪宗时宰相武元衡遇刺案有关，时御史大夫裴度也险遭不测，但由于他戴着一顶扬州毡帽，"刃不即及，而帽折其檐"，从而幸免于难。"既脱其祸，朝贵乃尚之。"[2]刘应宾在《扬州帽》一诗中记录了这段典故："扬州戴帽旧闻

---

① 梅尔清：《清初扬州文化》，朱修春译，复旦大学出版社，2004，第14页。
② 曹永森：《扬州风俗》，苏州大学出版社，2011，第35–36页。

名，划戴为嫌类老兵。裴度偶然赖免难，满街不见相公行。"①

李斗在《扬州画舫录》中曾专门介绍扬州鲈鱼："郡城居江、淮之间，南则三江营，出鲥鱼。"②鲥鱼古名鲦鱼、鮪鱼，因腹下鳞甲如箭镞，故俗名又叫箭鱼，乃是扬州当地的特产。扬州鲥鱼是一道十分名贵的食材。一方面是因为它的味道鲜美异常，另一方面数量极其稀少，极难捕捉。因此，古时以鲥鱼作为礼品馈赠亲友、孝敬上司，往往一两尾而已。③刘应宾在《鲥鱼》一诗中记录了鲥鱼之珍贵："蒲裹鲥鱼来献鲜，江船未举惧官鞭。扬州鹾估喜争先，十千五千不惜钱。"④

《广陵散》为中国古代著名琴曲名。广陵则为扬州的古称。历史上，扬州两次以广陵命名。一次是秦汉时，有"广被丘陵"之意。从东晋到六朝，广陵虽迭遭战乱，但广陵郡、广陵县的建制、名称一直未变。隋文帝开皇九年，设扬州总管，广陵第一次被称作扬州。唐玄宗天宝元年，改扬州为广陵郡。⑤据韦明铧考证，《广陵散》很可能原系扬州古曲，因流行于广陵，故以广陵命名。⑥刘应宾诗云："弹琴典午正当阳，一曲清商酒一觞。魏晋不知弦里变，至今绝调令人伤。"⑦

铁镬，府城北门外六口，南门外四口，各高四尺，厚四寸五分，周围一丈七尺，可容二三十石，不知何代、何人所铸，皆半没入土中，露土外者光莹不锈，如琢磨然，相传元镇南王府故物，或又谓出隋宫，皆不可考。⑧刘应宾作《铁镬歌》咏之："西郊北郭尽游遍，按志一寻铁镬材。铁镬累累

---

① 刘应宾：《平山堂诗集》，载王钟翰主编《四库禁毁书丛刊·补编》第78册，北京出版社，2005，第682页。

② 李斗：《扬州画舫录》卷四《新城北录》，陈文和点校，广陵书社，2014，第8页。

③ 韦明铧：《扬州掌故》，苏州大学出版社，2014，第220页。

④ 刘应宾：《平山堂诗集》，载王钟翰主编《四库禁毁书丛刊·补编》第78册，北京出版社，2005，第595页。

⑤ 王克胜主编《扬州地名掌故》，南京师范大学出版社，2014，第4、5、9、10页。

⑥ 韦明铧：《扬州掌故》，苏州大学出版社，2014，第240-241页。

⑦ 刘应宾：《平山堂诗集》，载王钟翰主编《四库禁毁书丛刊·补编》第78册，北京出版社，2005，第682页。

⑧ 阿克当阿修，姚文田等纂：嘉庆《重修扬州府志（二）》，刘建臻点校，广陵书社，2014，第898页。

四五六，不在民间在空谷。相传铸者小李王，今日瓦砾刺我目。"①

除了对扬州的名胜古迹、风物特产了如指掌，刘应宾对扬州本地的岁时民俗同样熟稔于心，并将扬州的时令节日融入了自己的日常生活。《平山堂诗集》中收录了很多有关岁时民俗或者以岁时为题的诗篇。这是刘应宾扬州文人身份构建的表征之四。

在我国，无论魏晋隋唐，还是宋元明清，文人借节日聚会并赋诗吟词本身已成为节日习俗，所吟诗词多与节日相关。……尤其值得注意的是，当兵燹亡国、物换时移、繁华不再时，岁时节日还往往以其特殊的性质被作为一个时代美好往昔的象征，成为王朝易代之际遗民回忆的重要内容。②

寓居扬州期间，每逢重大节日，刘应宾都有诗作。其中既有全国通行的岁时民俗，比如元旦、中秋、七夕、元宵等，也有扬州当地独具特色的民俗节日。刘应宾入乡随俗，亲自参与了扬州当地特有的一些民俗文化活动。例如《六月六荷花生日》一诗。六月六日确是扬州当地一个重要的节日。一种说法是，农历六月，扬州进入盛夏，由于江南一带地处梅雨气候，阴雨连绵，物品极易生霉。梅雨过后，扬州进入高温期。因此人们赶紧将物品拿出来翻晒。当地有"六月六，晒大伏"的谚语。另一种说法是宗教节日。早在宋代，六月六日就被定为一个节日了，叫"天贶节"。之后又演变为"翻经节"。到了近代，这一风俗便逐渐消亡了。③

刘应宾在诗中题记，六月六日是荷花仙子的生日，诗云"郭外平山山下湖""共君一酌祝长庚""荷艳不输当日红"等语。④这一点，今人对扬州节俗的论著没有提及。看来在清初，扬州还有六月六日是荷花仙子诞辰的习俗。刘应宾和李明睿在六月六日来到平山湖边，饮酒赏荷。

花朝节时，刘应宾与李明睿、李楷共游梅坞，诗曰："花日不见花，游女

---

① 刘应宾：《平山堂诗集》，载王钟翰主编《四库禁毁书丛刊·补编》第78册，北京出版社，2005，第596页。

② 张勃：《明代岁时民俗文献研究》，商务印书馆，2011，第51—52页。

③ 曹永森：《扬州风俗》，苏州大学出版社，2011，第176—178页。

④ 刘应宾：《平山堂诗集》，载王钟翰主编《四库禁毁书丛刊·补编》第78册，北京出版社，2005，第678页。

惜颜姿。将晚复进酒，四座听阮披。"①重阳节时，刘应宾与当地文人李玉润等相约共登平山。端午节时，江南有龙舟赛事。扬州地处江南腹地，自然少不了赛龙舟的民俗活动。刘应宾观赏扬州当地龙舟比赛，留下这样一段生动的描述："扬关临危渡，赤日多尘土。……龙舟一水来，四面竞旗鼓。……左右互击刺，昆明教战谱。……楚江旧风尚，看者纷如堵。士女盛舟楫，歌吹水之浒。"②

第三节　刘应宾自我形象建构

在王朝更迭的阵痛中，士人阶层，尤其那些曾经身仕两朝的"贰臣"群体往往经受着更加强烈的社会心理与身份认同危机。同时，他们积极开展一系列文化活动以应对所遇到的危机。在侨寓扬州期间，刘应宾的文化生活轨迹就充分反映了这一现象。一方面，在"贰臣情绪"和"传名焦虑"的驱动下，刘应宾创作了大量诗篇并结集刻版，以表达故国之思和失节之痛，纾解个人情思。这是他与同期"贰臣"在文学表达方面的通同之处。另一方面，刘应宾还有与众不同的个性表达形式，诸如出版《江南抚事》、撰写《遇仙记》、设置向南叩头的民俗仪制等，从而成功塑造出"通仙""忠臣"的自我形象。从一定程度而言，上述行为正是易代之际刘应宾在身份认同危机下，基于"贰臣"心理所展开的身份建构活动。

一、"贰臣情绪"与"传名焦虑"

1. 贰臣情绪

侨寓扬州期间，刘应宾所作很多诗文在内容、风格、主题等方面都切合

---

① 刘应宾：《平山堂诗集》，载王钟翰主编《四库禁毁书丛刊·补编》第78册，北京出版社，2005，第579页。

② 同上书，第564页。

同期"贰臣"文人的创作特点，带有"贰臣文学"的表达痕迹。清初贰臣文学具有鲜明的特点，其一是"庚信制作"。张仲谋在《贰臣人格》一书中，将此定义为"忏悔文学"。由于"夷夏大防"的民族意识，明清易代之际的贰臣文人较前代背负了更加沉重的心灵枷锁，其内心情感之痛甚至超过了庚信、赵孟頫等贰臣先辈。①

刘应宾寓居淮扬期间的情况正是如此。虽然不时周游于当地文官和寓居扬州的贰臣士人之间，刘应宾的文化生活十分丰富，或夜宴笙歌、或流连胜景、或品茗赏画、或观灯赏剧，但在喧闹繁华之后，刘应宾内心不时流露出忏悔之思。这在其诗作《和古二十五首》中有十分直观的体现。

这二十五首诗都是和魏晋南北朝诗人之诗。他在诗前题记中写道："旅社无事，闲阅李于鳞古诗。删除汉外，见六朝诸作，沉思丽情，旷致逸才，实为唐人五言古绝之祖耳。食者以为六朝无诗，误矣。因取其可和者，得二十余首，聊志高山不能遍及也。"②

刘应宾在上述题记中道明了二十五首和诗的由来。从表面上看，某日刘应宾在居所闲来无事，翻阅李攀龙编撰的《六朝古诗》，对魏晋南北朝时期的诗作大加赞赏，并从中选取二十余首唱和。然而品读刘应宾和诗内容，这些唱和之作绝不仅仅是"聊志高山不能遍及也"。

如《和嵇康与阮德如诗》开篇即云"有晋谋代魏，志士切心肝"，分明是借魏晋之变隐喻明清易代，结语"路歧途多穷，情至风易寒。日月普同照，逊矣各含酸"。嵇康是魏晋之时隐士。晋代魏后，嵇康多次坚拒新朝的召唤，因此招致司马氏之忌恨。嵇康也因此被杀。嵇康与阮侃交好，多次劝阮侃远离官场。从路歧、途穷、风寒、含酸等语来看，此诗显然是借嵇康、阮侃自况，隐隐有对于出仕新朝悔过之意。又如《咏怀》七首，刘应宾有"远望令人悲""泪下谁为禁""涉世自不易，悔恨向谁生"等语。李楷题评："言有

---

① 白一瑾：《清初贰臣心态与文学研究》，博士学位论文，南开大学，2009，第420页。
② 刘应宾：《平山堂诗集》，载王钟翰主编《四库禁毁书丛刊·补编》第78册，北京出版社，2005，第571页。

余蕴，起古人于今日而为之，亦复如是。"①这几篇诗作是和阮籍的咏怀诗。阮籍生于魏晋之时，司马氏以晋代魏后，不乐仕进，在政治情感上同嵇康一样倾向于曹魏。参照阮籍的人生经历和咏怀诗所表达的情感，李楷所谓刘诗"余蕴"当指对前明的追思和对出仕清朝的悔恨。

刘应宾悔恨之意于《和庾信同太寺浮屠》一诗表现最为突出。庾信是中国历史上有名的贰臣。用张仲谋的话说，庾信成了历代贰臣的班首，南人仕北之先例，宋元或明清易代的贰臣往往在心中都有庾信的影子，借之以自慰或拉作垫背以免汗颜。在清初，降清明臣以庾信自喻的情况非常普遍。②

庾信出身名门，年少成名。梁武帝大通元年，庾信仅十五岁即被任命为昭明太子东宫讲读。梁元帝承圣三年，庾信奉命出使西魏。同年十月，西魏攻梁，江陵陷落，元帝被执杀。庾信成了亡国之臣，被迫留在西魏。宇文氏禅代西魏，建立北周。庾信成了北周之臣。虽然庾信在北周同样受到重用，但庾信本人觉得有负故国，因此其后期作品中多有故国之思和故国之愧。③

刘应宾《和庾信同太寺浮屠》选择庾信诗作唱和，以明初永乐皇帝为其母马皇后所造南京报恩寺佛塔为主题，诗云："不知同太塔，得似梁武情。"这篇唱和之作以故国君主为母亲祈福建造的佛塔为主题，选材耐人寻味。李楷对该诗题评曰："是怀古不是说塔，大作也。"④原诗作者庾信出仕北周后始终对梁朝念念不忘，显然刘应宾联想自身际遇，同样是亡国后南人仕北，表达了对故国的眷恋之情。在清朝已被奉为正朔的情况下，这种追思之情当然不能表达得太明显，弦外之音难免有悔恨之意了。

此外，借和古人诗，刘应宾还有为"贰臣"身份辩解之意。如在《和王粲公宴诗》中，刘应宾言道："翻思登楼日，国士其属谁。去害便为福，四海

---

① 刘应宾：《平山堂诗集》，载王钟翰主编《四库禁毁书丛刊·补编》第78册，北京出版社，2005，第571、573页。

② 参见张仲谋：《忏悔与自赎——贰臣人格》，东方出版社，2009，第34页；白一瑾：《清初贰臣心态与文学研究》，博士学位论文，南开大学，2009，第208页。

③ 张仲谋：《忏悔与自赎——贰臣人格》，东方出版社，2009，第34-48页。

④ 刘应宾：《平山堂诗集》，载王钟翰主编《四库禁毁书丛刊·补编》第78册，北京出版社，2005，第575页。

室家绥。"王粲本汉末关中贵族，先是投靠刘表，后降曹操。其在荆州时著有《登楼赋》，慨叹自身经历坎坷，壮志难酬。刘应宾以王粲宴诗相和，同样有怀才不遇、报国无门之意。这种言外之意，时人柳寅东、李楷看得非常清楚。柳寅东题评："仲宣本秦川贵族，遭乱流寓自伤。……思皇先生俯仰今昔，有同忾焉。"李楷的题评则更为透彻："仲宣之时，鼎分三足。将相之才无国无之。……先生和之，其亦有登楼之感乎。"①

这种含有为自身失节行为辩解之意的诗篇在《平山堂诗集》中较为多见，如《纪遇》《甲申夏五》《金陵行》《派征》《驿乃》等诗篇。类似对明朝弊政和颓败提出批评的诗篇在《平山堂诗集》中占了很大的比重。在上述诗篇中，刘应宾表达了对时局的看法：明之亡，早在万历、天启时就种下了祸端，无论政治、经济还是军事部署，步步失策，乃至进退失据。明朝已经病入膏肓，明亡乃是天意，清朝代替明朔乃是大势所趋。因此，前朝臣子改仕新朝也就可以理解为识时务之举，应该得到认可和体谅。

同多数"贰臣"诗词的文学特征一样，刘应宾的许多诗作往往也带有故国之思和失节之恸。刘应宾对故国的思念和追忆涉及以下几种主题：故国之思、故乡之思、故人之思。

诚如白一瑾所论，黍离之悲、家国之思成为清初一段时间内普遍的社会思潮，同时也是文学创作的主旋律。这一时期"贰臣群体"的亡国歌吟有自身的独特面貌。因为"贰臣群体"大多身在朝堂为官，是明清易代之际许多历史事件的亲历者，所以在这些人的笔下，对明朝覆亡本身的记载，往往有着相当鲜明的实录色彩。②白一瑾以明末吏部稽勋司郎中熊文举所撰杂诗为例，进行了剖析。熊氏杂诗记录了明亡前夕京城的系列重大事件。

刘应宾和熊文举同期在崇祯朝吏部任职，有着十分相似的人生经历。甲申国变之时一直在京的部分贰臣，其诗文创作，几乎可以整理出一部完整的明朝沦亡史。③刘应宾正是这样十分典型的案例，在其笔下同样记录了明朝衰

---

① 刘应宾：《平山堂诗集》，载王钟翰主编《四库禁毁书丛刊·补编》第78册，北京出版社，2005，第572页。

② 白一瑾：《清初贰臣心态与文学研究》，博士学位论文，南开大学，2009，第422-423页。

③ 同上书，第424页。

亡史。他从吏治败坏、藩镇拥兵、驿递荒废、赋役繁重、宦官干政、党争纷纭等诸多方面总结了明朝覆亡的原因。

这种对前明政治、军事失策的反思其实正是对故国深刻的思忆眷恋。不仅限于熊文举、刘应宾，这种故国之思乃是一种群体性的情感倾向，他们并没有因为自身已然再仕新朝而在内心中完全抹杀对明朝故国的思念，也不忌讳将这种复杂而深厚的情感诉诸笔墨。①通过对故国历史的书写，贰臣士人达到了"为故国存信史"的目的。从某种意义上说，这也是他们重建人格理想、纾解"身份认同"焦虑的重要方式。

时过境迁，刘应宾诗作中这种黍离之悲、家国之思，我们确实很难完全体会，但刘应宾的密友、时人李楷在诗后题评中留下了非常清晰的线索。如李楷评《金陵行》："金陵王苑，血泣吞声。读此篇纪实处，直笔不枉，俨如一部史记。"再如《甲申夏五》一诗，李楷评曰："痛哭流涕，令人心腐，始终二字最伤。篇中指陈胪列，得其肯綮。痛心何及，惟有浩叹。"②

除总结前朝覆亡原因或记录实事之外，有的贰臣还有意在某些有代表性意义的明朝官署建筑前聚会吟诗。以熊文举为例，他在诗中记载："吏部右堂之署有古藤一株……"据白一瑾研究，这株古藤是甲申后不少贰臣来此玩赏赋诗的胜地。比如陈名夏著有《署中藤树得墙成无恙记之》《藤下》《同人集古藤树率赠以言》等诗作。金文俊在《筑墙护珠藤记》也记载了这株古藤。白一瑾进而分析，在故明官署中明朝先贤手植的藤树前徘徊赋诗，实际上正是对故国和往昔自我的集体凭吊。③

刘应宾在《藤》一诗中同样记载了这株古藤："吏部水心亭，两司务厅伙房也，有古藤一株，大如斗，高丈余，矫屈如虬龙。相传金元时物。进士谒选者往往集其所及。余典选，见少宰。伙房藤花满院，清芬可爱，因为之咏。"除古藤外，刘应宾还记录了官署厅堂、紫薇。如在《太常寺》一诗中记

---

① 白一瑾：《清初贰臣心态与文学研究》，博士学位论文，南开大学，2009，第432页。

② 刘应宾：《平山堂诗集》，载王钟翰主编《四库禁毁书丛刊·补编》第78册，北京出版社，2005，第554-555页。

③ 参见白一瑾：《清初贰臣心态与文学研究》，博士学位论文，南开大学，2009，第458页。

录："太常寺园甚清旷，中通两少卿署，有紫薇二株，大可逾园，花荫亩余。相传六朝时物，亦一奇也。"[1]刘应宾以"古藤""紫薇"为题显然是对当年京师勤劳王事的缅怀和纪念。

刘应宾不仅通过追忆官署古藤、紫薇来寄托对故国深厚的思念之情，还不厌其烦对往昔师友故人进行了回忆。大到乡试、会试座师叶向高、方从哲这样位极人臣的朝廷大佬，小到少年读书时授业恩师，乃至名不见经传的处士、秀才，刘应宾一一作诗咏忆。从表面上看，这些诗篇只是追忆故人、故园的寻常忆旧之作。实际上，刘应宾正是通过这种方式来缅怀故国。

除对往昔日常的文字追忆外，艺术造物则是刘应宾情绪表达的另外一种重要方式。《平山堂诗集》收录了大量与此相关的诗篇。以扬州闻名遐迩的风景园林而论，就有二十余篇。这包括斑竹园、陈园、程园、金带园、平山堂、太虚园、阆园、张恂园、张公子园、袁山人菊园等。刘应宾之所以一再光顾诸园并作诗咏记，固然与幼时其家西园生活经历有关，更主要的是园林早已成为明代士人的文化家园。当时，园林不仅是文人雅客生活、交际的重要空间，而且它以绘画、手绢、册页的形式成为文人情趣表达的常见手段。[2]就某种程度而言，在"贰臣"文人眼中，"园"之意义已不仅仅限于建筑实体和生活空间，而是升华为故国文化表征。通过游园、忆园、咏园，他们在心灵憔悴和茫然无措之际依然可以畅游于自我构建的文化家园，乐此不疲。

再者，艺术器物之咏俨然成为刘应宾故国之思的又一条主线。这些器物既有赵孟頫手卷、法帖、奇石、古镜、价逾百金灯屏等奢侈之物，也包括湖州笔、扬州帽、螺钿杯等寻常工艺品，还有颜真卿题碑、东坡食饮录、铁镬等历史文化遗产。在刘应宾笔下，往昔之物与流动之物、艺术佳作与特色工艺品无不赫然在列。由明人物质生活风尚可知，这些物品饱含着文人对雅俗、佳精、奇巧的审美赏鉴之情。尽管山河变色、清朝代替了明朝，但

---

① 刘应宾：《平山堂诗集》，载王钟翰主编《四库禁毁书丛刊·补编》第78册，北京出版社，2005，第643—644页。

② 参见高居翰、黄晓、刘珊珊：《不朽的林泉：中国古代园林绘画》，生活·读书·新知三联书店，2018，第61—65、99、149页。

"物"及"物"的艺术品位始终未变。通过物语赏析,"贰臣"可以打破政治区隔,淡忘人世的困窘与尴尬,延续往日的风雅之好和身份诉求。①通过艺术审美,文化身份得以延续血脉。这才是刘应宾乐于与造物游的关键所在。

2. 传名焦虑

在明清地域社团的文学交游活动中,其成员往往比较复杂,既有当地文人,也有流寓学者、外籍于某地为官者、士商合流者等等,无论何种人士,其参加文学社团诗酒唱和的重要目的之一就是传名。名之不传,向为文士焦虑,而参加文社活动,出版个人文集就提供了传名的可能。基于传名目的,明清诗人的诗集,其叙事性和写实性的"传记"色彩很强。②

具体就清初士人诗歌创作来说,以诗纪事的风气畅然流行。通过诗词抒写故国之思是当时文人群体间十分普遍的文化现象。③明清易代之际,无论贰臣群体还是以明遗民自居的江南文人,都留下了大量诗篇。在贰臣、遗民的诗作中往往表露出"诗史"文学特征。④在这一文学思潮下,一些年谱诗开始出现,如明遗民钱澄之在《生还集自序》中说:"披斯集者,以作予年谱可也。"抗清名将张煌言也是希望通过写作诗歌,编写自己的年谱。⑤

《平山堂诗集》正是年谱诗的典型范例。刘应宾密友李楷多次评注其诗曰"此先生年谱也"。⑥《平山堂诗集》不仅收录了大量的刘应宾本人仕宦经历相关的年谱诗,如《南玺卿》《太常寺》《再掌选》等,还有较多对明末时政的评述,如《纪遇》《驿乃》《金陵行》《甲申夏五》等。另外,诗集还收录了大量应酬、游园、家居、信仰等方面的诗篇。总之,这部诗集既包含了大量

---

① 参见柯律格:《长物:早期现代中国的物质文化与社会状况》,高昕丹、陈恒译,生活·读书·新知三联书店,2016,第77-103页;叶康宁:《风雅之好:明代嘉万年间的书画消费》,商务印书馆,2017,第171-181页。

② 参见罗时进:《文学社会学——明清诗文研究的问题与视角》,中华书局,2017,第82、84页。

③ 参见杨琳:《清初小说与士人文化心态》,社会科学文献出版社,2017,第22页。

④ 参见张晖:《中国"诗史"传统》,生活·读书·新知三联书店,2012,第168、169、171、175、181页。

⑤ 同上书,第182、183页。

⑥ 刘应宾:《平山堂诗集》,载王钟翰主编《四库禁毁书丛刊·补编》第78册,北京出版社,2005,第644页。

明末家国、社会、文人活动的时事信息，也记录了刘应宾本人的人生轨迹。

尽管江山已经易主，但晚明时代的文化风气不会遽然泯灭。晚明时期，读书人大多好名。当时读书人凡是有了文章，根本不作藏之名山之想，而是大胆刊刻出来。①晚明出版印刷业相当繁盛，这为文人出版个人诗集提供了契机。综上所述，刘应宾之所以将诗文结集出版，必然是以"传名"为目的。

文章一旦刻版，请名人写序是明清文人的习惯，其最终目的既是为了借名人声望给文集增色，以壮声势，也是为了借题序者扬名。《平山堂诗集》的第一批读者有李明睿、李楷、方拱乾、黄文焕。这几个人为诗集题写了序言。

上述题序者在当时文人群体中都是卓有影响的人物。李明睿，著名社会活动家，明末清初著名文学家吴伟业及谭元春的座师，其社会影响力自不必说。李楷是陕西才子，其文才曾为文坛领袖钱谦益所赞赏。黄文焕是洪承畴几欲招为幕僚的人物，而方拱乾出身桐城龙眠世家，在江南文声显赫。这些人为之写序，自然提高了诗集的身价。

就序言内容来说，题序者的论调同样非常重要。文学名人的赞赏必定有利于诗集在文人群体中引起阅读兴趣。这几位题序者对刘应宾诗集给予了高度评价。尤其李楷不仅为之题序，还作《沂水先生赞》称赞刘应宾的人品。他对《平山堂诗集》给予了高度评价："它日者，乐维扬而居之，称平山堂，以名其诗，而诗不专在平山也。有即事之诗、有追述之诗、有怀古之诗，其为体古近具备。公尝论议天下事及当代人才，皆朗朗入水镜。……公之诗岂易窥哉？乃公之自言其诗也，曰：'诗言志，勿使兜。'《三百篇》强半出于里巷之口，胪之为清庙明堂之器。今之兜者多矣！吾弗言其所欲言者而已矣。……如公之言，不计工拙，其于诗有自信之坚者矣。"②

在《沂水先生赞》中，李楷从相貌、宦绩、性情三方面赞赏刘应宾："巍然其神，岸然其躯。方其面宅，美其须。处为海岱之名儒，出为天官之大夫。其卿寺也，历容台、银台以自树。其开府也，统江北江南而驰驱。……

---

① 陈宝良：《明代士大夫的精神世界》，北京师范大学出版社，2018，第47页。

② 刘应宾：《平山堂诗集》，载王钟翰主编《四库禁毁书丛刊·补编》第78册，北京出版社，2005，第516、518页。

而功足以敉祸乱，德足以感河伯，而业足以报桑榆。即当县车绿野之日，浮家淮海之区，于物无迕，待士以虚，故能增平山之胜事。"①

须要指出的是，明末清初资讯传播已相当发达，资讯在城市间以及城市内的流通，已经交织出一张相当繁复、密实的传播网，这个传播网深入一般民众生活中，将现实生活中彼此分隔的民众重新整合为公众社会。②

除题序者外，刘应宾在侨寓扬州期间构建了较为广泛的交游网络，其中不乏在政界和文学领域都有影响力的文化名人。通过这些文化名人作媒介，《平山堂诗集》能够很快在士人群体中散播，从而进入公共社会领域。这对提升刘应宾的社会名气自然大有裨益。

二、通仙形象

刘应宾寓居扬州期间创作了一篇具有神话色彩的自传笔记《遇仙记》，该文被收录于《平山堂诗集》文尾。这篇文章有几点耐人寻味之处。就文体而言，《遇仙记》乃是一篇叙事笔记，将之收入诗文集似乎有些欠妥。刘应宾是进士出身，作为高级知识分子当然知晓这个道理。那么缘何刘应宾要将《遇仙记》收录进《平山堂诗集》？就主题而言，这篇文章具有明末神怪小说和传奇剧的色彩。这种以遇仙为叙事内容的情况在当时文学作品中相当普遍。从更广阔的视角重新审视明末神怪小说、话本小说、时事剧、传奇剧等文学作品，它们往往富含某种话语或者寓意。③比如明清易代之际吴江叶氏家族的文学创作就反映了他们的宗教追求、文化追求及治生之道。④由此来看，在明清易代的特殊文化背景下，刘应宾创作《遇仙记》的动机及背后的隐喻都是值得探究的事情。

---

① 刘应宾：《平山堂诗集》，载王钟翰主编《四库禁毁书丛刊·补编》第78册，北京出版社，2005，第522页。

② 王鸿泰：《明清的资讯传播、社会想象与公众社会》，《明代研究》2009年第12期，第87页。

③ 参见衷瑞松：《明清易代之际话本小说叙事话语的反思》，载曾永义主编《古典文学研究辑刊》九编第16册，花木兰文化出版社，2014，第365-370页；林辰：《神怪小说史》，浙江古籍出版社，1998，第315-328页。

④ 参见孟羽中：《明清之际吴江叶氏家族的生活意态与文体书写》，载曾永义主编《古典文学研究辑刊》九编第12册，花木兰文化出版社，2014，第28-30、56-57、106-112页。

　　首先来看《遇仙记》的内容，这篇笔记记录了青年刘应宾科举中式前的一件奇遇。万历三十八年，刘应宾二十三岁。某日，他遇到一位相面的道士，于是向其讨问前程。这位道士告诉他，壬子年罢了，癸丑年也罢了。刘应宾当时不解，后来果然应验。这段仙机珍秘，刘应宾一直深藏于心，不向外人轻泄。直到癸未年在山中避乱的时候，他向密友赵石麒谈及这件事。赵石麒说，他也曾遇到这名道人。根据道士姓名吕青山，刘应宾逐渐领悟青山即指岩字，是吕祖下凡点化他。几十年后，当刘应宾生病，吕祖又派人送药丸，服后旋愈。刘应宾把这件神奇的事情记录下来，题名《遇仙记》。

《遇仙记》①

　　明万历庚戌春三月，余岁试之后，兀坐一室。风日晴和，散步春光，因访姊夫张于书社中。迨午送出门，适值一道人，青巾蓝袍，手摇蝇拂，与六七小儿群戏于通衢大槐之下，自言善相，又不要钱，只吃几壶酒而已。有一吕翁，时共闲立。余出，翁即指之曰："看这秀才！"道人回顾连呼曰："折桂客，折桂客！"翁嘿然旋去。余私念道人非皮相者，顾安所沽酒乎？姊夫曰："是不难，吾家客户有沽酒者，数壶可立贳也。"遂延入键门，而共坐石上，酒累累如双陆状，寒酒无殽，一吸而尽，十数壶只作十数口，了无酒气。余曰："师复能饮乎？"道人笑曰："将就将就，亦知寒士无钱，且不敢专也。"因示余曰："目下月气未佳。"有小口语："壬子年罢了，癸丑年也罢了。"即不语。余再叩，答曰："中年有敌国之富。"又不语。余复叩，道人曰："好相公，中年有敌国之富，还问功名到何处乎？俟时还有一会，好与我做一道袍也。"余见师意坚，不敢复叩矣。因问师何姓氏，道人曰："吾姓吕，号青山。"遂飘然而去。吾恍然若有所失。抵家，考案发，鞅鞅不得意，亡儿忽有颠阶之惊。时余年

---

　　① 四修族谱编撰委员会编《刘氏族谱》卷一，2008，第112-114页；另见刘应宾：《平山堂诗集》，载王钟翰主编《四库禁毁书丛刊·补编》第78册，北京出版社，2005，第690-691页。

二十三，戊子生，去先生遇钟离之日多二年矣。电光易逝，前事都
不复记忆。越再岁之壬子秋闱，幸捷，癸丑又捷，乃始悟"罢了"
二字：仙机珍秘，不肯向人间轻泄也。独是中年之语，私心窃谓：
此后三二十年间，红尘粗了，可候先生一顾，愿弃人间，从先生谒
正阳宗主，再向萃峰羽谷游。而白云不来，神剑久遁。丁丑一病，
蒙先生托师徒假寓僧舍，向白果园中赐药一丸，嘱诸儿无恙，而余
病旋瘳，先生亦化清风去矣。今年逾耳顺，羁旅穷愁，浮沉仕路
四十年，桑沧兴感，中年已属幻惑，而仙家复多隐词，余亦不复他
望也。记癸未年避乱山中，曾与一密友赵石麒谈及遇先生事。石麒
亦云曾遇于县庙朔望行香时，呼诸生曰："相公，我善相，不要钱，
可相相。"诸生以为狂，群起而噪之。先生向地抓土劈面掷去，诸生
开眼，见满地胡饼，而先生逝矣。此与余皆一时事，不知何以迟回
至月余也。青山乃岩字，隐其名也。

刘应宾遇见道人并受其指点，或许实有其事。至今其家族中仍流传着刘
应宾与这名道人相遇、相交的传说，只是内容上和《遇仙记》有所不同。刘
应宾凭什么认定这名道人就是吕祖，又为什么能够写出这样具有神话色彩的
文学笔记呢？这与明代社会文化有着十分密切的必然联系。

明代皇帝们风行崇道之风。这种风气始自明太祖朱元璋，其称帝之后
只允许佛、道两教流传。明成祖在靖难之役中自称受到真武大帝的帮助，因
此大力崇祀道教的重要神仙真武大帝，这也间接推动道教的风行。之后明宣
宗、孝宗、神宗等历代皇帝较其祖有过之而无不及。明孝宗为其父母和本人
加道号，大建宫观，整日忙于烧丹炼药，做斋醮。其后神宗等莫不如是。明
光宗、熹宗甚至因服丹药致死。皇帝对道教的推崇对明代社会产生了深远影
响，推动了道教的民间化和世俗化。很多道教神仙在民间的地位大幅提升。①

---

① 参见晁中辰：《明朝皇帝的崇道之风》，《文史哲》2004年第5期，第35页；陈学霖：《明代人物
与传说》，香港中文大学出版社，1997，第87—101页。

最典型的例子就是八仙之一的吕洞宾。自宋元以来，吕洞宾就是民众最感亲近的神仙。明嘉靖二十五年，嘉靖皇帝敕封吕洞宾为"纯阳孚佑帝君"，吕洞宾在民间社会的地位大幅提高，成为民众求助较多的道教神灵之一。在明人笔记或者民间传闻中，一方面吕洞宾济世度人的形象特别突出，其中就有赠药救人、赠墨引水的桥段；另一方面，吕祖显圣的事迹在各地时有传闻。①

明清时期，刘应宾的家乡沂水县道教信仰就比较兴旺。据康熙《沂水县志》，城外共有道观四座，城内则有城隍庙等三座，其境有"四门洞，为纯阳修真处也"。②以此来看，明清时期吕祖信仰在当地不仅存在，而且对民众影响很大。至今沂水县还流传着若干与吕洞宾有关的传说。在当地吕祖信仰氛围下，刘应宾很容易受到影响，因此他认定为其指点迷津的道人就是神仙吕洞宾。

显然，刘应宾是一名道教信徒，其信奉的道教神仙是吕祖。这是刘应宾生平颇为得意的一件事情，同时也使他对道教的神仙充满敬畏之心。因为这段经历，吕祖在其心目中有着很高的地位。他专门作《吕祖咏》一诗来歌颂吕洞宾。③

此外，晚明的社会环境为刘应宾撰写《遇仙记》提供了适宜的文化土壤。随着吕祖信仰的普及，吕祖的形象逐渐深入民间文学创作和民俗生活。宋元以来，民间就涌现出有关吕祖的戏曲。这包括元杂剧《吕洞宾三醉岳阳楼》《吕洞宾度铁拐李》《八仙过海》等。明代以吕祖为主人公的戏剧有《吕洞宾三度城南柳》《吕洞宾花月神仙会》《邯郸梦》《吕纯阳点化度黄龙》等。此外，还出现了与吕祖有关的小说《吕仙飞剑记》《八仙出处东游记》等。在民间日用瓷器、陶器、建筑等装饰艺术中，以吕祖为首的八仙形

---

① 参见寇凤凯：《明代道教文化与社会生活》，巴蜀书社，2016，第494-497页；尹志华：《深入人心的道教神仙——吕祖》，《运城学院学报》2006年第24卷第4期，第22-23页。

② 黄胪登主修《沂水县志》卷之一《山川》，载沂水县地方史志办公室整理：康熙《沂水县志》，中国文史出版社，2015，第5、13、115页。

③ 刘应宾：《平山堂诗集》，载王钟翰主编《四库禁毁书丛刊·补编》第78册，北京出版社，2005，第585页。

象也被广泛应用。①

刘应宾撰写《遇仙记》很有可能受相关通俗小说、戏曲的影响和启发。在明代，精英文化与大众文化并存。到了晚明时期，两种文化之间的区隔日益减少，出现了互动的情况，一些士大夫开始主动参与通俗文化创作。于是通俗文学和传奇剧开始流行、传播。随着商品经济的发展，士大夫的精神观念中"雅俗"之辨逐渐合流，开始流行享乐的生活，形成了消费社会。社会各阶层上至皇帝、官员，下到市民阶层，普遍具有强烈的休闲、文化消费欲求。尤其万历以后，饮酒听曲也常见于士大夫的交际生活。通俗小说的价值在士大夫群体中普遍得到了肯定。在这种情况下，通俗小说及戏曲出版业、印刷业一度出现了繁荣发展的景象。戏曲、小说的消费群体和受众，很大一部分是文人士大夫阶层。②

刘应宾出身商贾之家，又历宦三十余年，其宦囊并不羞涩。对刘应宾来说，以小说、戏曲作为消遣方式，并非一件难事。刘应宾的好友、明末著名社会活动家李明睿就蓄养家妓，演出戏曲，邀请友朋观赏。③刘应宾曾多次为李家座上客。④

至于刘应宾创作《遇仙记》的动机，主要源于以下三点：

其一，遇仙之事影响到刘应宾的人生态度和文学创作，这使他笃信"天命""神意"，习惯于把生活中遇到的逢凶化吉之事归结为神灵保佑，把身边发生的异事视为吉祥的预兆，并作诗把类似的奇事记录下来。

如崇祯十二年夏，乾河水泛滥，刘应宾乘白骡过河，中流遇旋涡。白

---

① 参见寇凤凯：《明代道教文化与社会生活》，巴蜀书社，2016，第497-498页；尹志华：《深入人心的道教神仙——吕祖》，《运城学院学报》2006年第24卷第4期，第22-23页。

② 参见张献忠：《晚明通俗文学的商业化出版及作者和受众分析》，载中国社科院历史研究所明史研究室编《明史研究论丛》第十三辑，中国广播影视出版社，2014，第198-213页；卜正民：《纵乐的困惑——明代的商业与文化》，方骏、王秀丽、罗天佑译，广西师范大学出版社，2016，第145-150页；陈宝良：《明代士大夫的精神世界》，北京师范大学出版社，2018，第409-439页。

③ 参见施祖毓：《李明睿钩沉》，《复旦大学学报》2002年第5期，第173-175页。

④ 刘应宾寓居扬州期间与李明睿交往甚密，作有《和太虚演白香山洛社末句韵》一诗。他经常参加李明睿举办的饮宴活动，其内容之一就是听曲观剧。参见刘应宾：《平山堂诗集》，载王钟翰主编《四库禁毁书丛刊·补编》第78册，北京出版社，2005，第679页。

骤奋跃而上，四蹄平铺，耸身已过浅沙。刘应宾感慨曰："真异事也。"遂作《白骡》一诗。崇祯十三年，刘应宾由南京北返，途经黄河，几于不渡。因为当时波浪滔天，一只小艇将其乘坐的大船肋部刺穿。此时，刘应宾妻子儿女及家眷近百口人号啕大哭，刘应宾也束手无策，内心绝望。用刘应宾的话来说"当彼船入时，已无生活恋"。此时船在中流，无法修缮，然而"侧行水不入"。船虽被撞损、侧倾，但是船内并未进水，一船人安全渡岸。对于这件事，刘应宾始终念念不忘，认为"赖神之灵"。清朝御宇九年后，刘应宾羁滞江淮，"每一念及，实鉴我躬，实造我家，恩同覆载，勒铭无致。"①刘应宾认为是神明降福于他的家庭，才得以躲过黄河水厄，因此作《黄河》一诗纪念。顺治二年五月南京城破后，刘应宾遭遇兵乱，险遭不测。若干年后，刘应宾在《风》一诗中详细描述了这次遇险经历。再如其对沂水家中所植白牡丹的回忆："予家九松斋新移牡丹一株，高二尺余，名为玉版白。"原本种在东皋玉皇阁上，数年不开。移到九松斋后，适逢大雪。刘应宾让人把雪堆到牡丹花池里。几天后天晴日暖，白牡丹竟然盛开。②五十年后，刘应宾以为奇事，作《白牡丹》一诗。

其二，这与明清易代后，生存下来的士大夫较为复杂的社会心态和公众社会的资讯传播有关。

就社会心态而言，对很多人来说，从乱世中生存下来的人是幸运的，毕竟生命可贵，能在社会动乱中生存下来不是一件容易之事。这既需要运气，也要有一定的保身智慧。同时他们也是不幸的。即使幸存于世，但山河渐已变色，江山已经易主，如何面对旧日时光、摆脱故国之思的纠葛和背叛君国的阴影，如何面对昔日友朋，如何在公众社会中立足，成为时人尤其降清明臣们必须面对的难题。尽管清代明祚是大势所趋，但在中国传统政治道德伦理的教化下，对明朝的仕宦者而言，凡是改节投顺者必为一般社会舆论所不容。由于个人无法摆脱现实环境的压力，部分贰臣士人甚至产生了超脱现实

① 刘应宾：《平山堂诗集》，载王钟翰主编《四库禁毁书丛刊·补编》第78册，北京出版社，2005，第552页。
② 同上书，第652-653页。

的避世渴望。还有的由于精神家园的极度荒芜空虚而转向佛道等宗教的怀抱。最典型的例子就是钱谦益和吴伟业，佞佛参禅成为他们降清之后填补精神家园的重要方式之一。也有的贰臣士人转向了求仙问道。①在此情况下，一部分士大夫的文学创作除具有表达故国之思、为故国存文化之目的外，往往还有借助神仙灵异为降清之事辩解和重塑自我形象的意义。

就公众社会的资讯传播来说，明清之际通过发达的传播媒体，人与人、人与社会之间建立起一个新的社会互动方式。社会中的每个人都可以通过邸报、戏曲、小说等媒介获得信息，反之他们也可以通过这些媒介表达自身观感。鉴于小说、戏曲已深入民间社会，它们的宣传作用不可忽视。②也就是说，通过文学创作，可以为个人搭建一个文化宣传平台，以此为媒介对公众舆论产生影响。

最典型的例子是张缙彦。作为受国重恩的前明兵部尚书，张缙彦不仅内心深陷愧疚之中，而且面临沉重的社会舆论压力。为此，张缙彦请托老友李渔为其撰写《无声戏》，自称不死英雄，以自我开脱，扭转舆论。很不幸的是，张氏的这出好戏演砸了。因为此事，张缙彦遭政敌弹劾获罪。③

其三，刘应宾的个人经历和思想理念与吕祖的人生经历、吕祖信仰中的道教生命观非常契合。吕洞宾本为儒家士族子弟，屡试不第后，弃儒从道，修炼成仙，还立下了度尽世人的誓言。从某种程度上讲，吕洞宾成仙之前的行为体现了对俗世儒家传统的背叛。吕祖信仰体现了道教生命观的主体性："个体生命是否能长存，只是内在自我意志的选择，与外物无关。"就人与社会的关系而言，吕祖信仰还包含着济世度人的人生救赎理念。吕洞宾就是以拯救百姓疾苦为己任，愿度尽天下众生后，才上升为仙。④刘应宾仕明降清的行为与儒家传统忠孝观念相悖，但符合吕祖信仰中的生命观念："人生可以自

---

① 参见白一瑾：《清初贰臣心态与文学研究》，博士学位论文，南开大学，2009，第184页。

② 王鸿泰：《明清的资讯传播、社会想象与公众社会》，《明代研究》2009年第12期，第41、60-62页。

③ 参见杨琳：《清初小说与士人文化心态》，社会科学文献出版社，2017，第15、147-149页。

④ 参见陈杉：《吕洞宾信仰与道教生命观》，《中华文化论坛》2016年第1期，第113-118页。

己选择，生命可以由自己主宰。"刘应宾担任安徽巡抚之后，积极着力于恢复社会秩序，解决地方民生问题。这非常符合吕祖信仰中的济世思想。从表面上看，《遇仙记》只是描述了凡人受吕祖点化的故事，实际上是为了和吕祖攀上关系，背后隐含着借助吕祖信仰为个人在生死关头的政治转向做出辩解之意。

刘应宾之于《遇仙记》的创作背景和动机大体如此，不过他比张缙彦的处理方式要聪明许多。遇仙的故事取材于个人早期生活经历，既与时政无涉，不会引起政治上的纠纷，同时基于吕祖在民间广泛的社会影响力，这样一篇别有趣味的笔记也不会轻易为人质疑、诟病。

虽然《遇仙记》的内容简短，不过区区八百字，但背后的寓意不可小觑。在这篇小短文中，主角虽是刘应宾与吕洞宾，但遇仙的还有刘应宾的姐夫、六七小儿、密友赵石麒以及诸生等多人。然而，吕祖现身人间只指点了刘应宾一人。其他人，尤其诸生竟以为狂，群起而噪之。这就很说明问题。众人之中，刘应宾与众不同，结有仙缘。再者，在与吕洞宾的对话中，借吕洞宾之口所说的"壬子年罢了，癸丑年也罢了""好相公，中年有敌国之富"等语表达出刘应宾的功名富贵乃是上天注定。几十年后，在与仙人的进一步交往中，又借吕祖之手，"丁丑一病，蒙先生托师徒假寓僧舍，向白果园中赐药一丸，嘱诸儿无恙，而余病旋瘳"，解释了国变之际"不死之因"。连神仙吕洞宾都如此关注他的健康，在其生病之际及时送来药丸，那么"不死""降清"便是顺应天意了。

通观《平山堂诗集》，除表达故国之思、失节之痛的个人时代情绪外，刘应宾还留下了另外一条叙事线索——奇人、奇事、奇遇。《遇仙记》只是其中着墨最多的一篇，刘应宾将其置于文集收尾处。这篇笔记与前面所载种种叙述"化险为夷"的诗文正好前后呼应，逻辑贯通。通过《遇仙记》，刘应宾不动声色传达给读者这样一条信息：他和神仙吕洞宾是好友，并得其指点迷津。在危难之时，仙人会出手相助。在明朝大厦将崩、社会动乱之际，无论乘骡过河、船过黄河，还是南京城破后遭乱民笞打，刘应宾每每都能在危难之际化险为夷，否极泰来。这些事例联结在一起，充分说明刘应宾是受到上天保护的，因此其政治选择也必定合乎天命。如此一来，明亡失节、改仕新朝也就自然变得顺理成章了。

刘应宾将这篇别有深意的文章专门收入《平山堂诗集》，无外乎想让人阅读。伴随文集的刊刻、散播，知道这件事情的人也就越多。神话总是比俗世琐事更加令人注目。这样一来，在公众社会领域，刘应宾自我刻画的通仙形象也就广为人知了。

三、两种"忠臣形象"

1.《江南抚事》：清朝的忠臣

尽管刘应宾对清廷失之草率的革职处置大感不平，但其理直气壮的辩词似乎并没有引起清朝统治者的共鸣从而改变被去职的命运。在历史风潮的跌宕中，仅仅一年时光，刘应宾的人生轨迹发生了如此戏剧性的起伏：由前明吏部郎中变为清朝巡抚，由新朝重臣又成为交通明宗室嫌疑的犯官。如果在承平之时，这种官员的进退去就乃是极为寻常的事情，但易代之际，当多数民众尚未从王朝更迭、社会动荡的乱局中恢复心神的时候，士大夫政治身份的迭变则不免招致非常严重的负面社会影响：明清之际，忠孝问题本就是士大夫群体关心的话题。以当时的社会舆论和道德逻辑，降清已是对前朝不忠，而降清之后短短一年内又因交通明宗室的嫌疑而被革职，则意味着当事人再次背离了"忠"的道德范畴，被新朝否定了。更何况，清廷对所谓"滥给武职札付"一事并未详究。事实的真相如何，果有其事还是莫须有之罪？刘应宾是否忠于清廷？清朝官方并没有就此做出明确说明。这些问题成了一笔糊涂账。显而易见，清朝统治者对上述问题并不真正关心，其真实目的只在于借札付一事革掉刘应宾安徽巡抚的要职，以去除疑虑。至于皖抚的要缺，自会有更多等待新朝召唤的合格人选去填充。这笔政治账算来，清廷并不吃亏。可是对刘应宾这样的士大夫来说，则就陷入了不明不白、不清不明的尴尬境地。

对刘应宾本人来说，首先面临被革职之后如何自处的问题，其自身的心坎就很难释怀。这种不满、不平的情绪在其上疏自理的词句中流露无遗："江南之贼有大于朱盛蒙、吴应箕、金声、黄道周者乎？皆臣擒之，臣戮之。"①
其次，前文已叙，明清之际已形成较为发达的资讯社会。通过邸报、小说、
戏曲等媒介，各种人事更迭、是非臧否的消息会很快流传于士大夫群体。因
此，在家庭之外，刘应宾还要面临如何处世的问题。再次，清代明统已是大
势所趋，刘应宾本人及其后代无论情愿与否，在很长一段时间都将是清朝臣
民。就家庭内部来说，子孙如何看待祖先，其身份如何定位，如何教化子孙
都是今后必将面临的挑战。

针对上述严峻的挑战，解职之后刘应宾没有消极怠惰，而是积极主动
进行了自我形象建构。这主要体现在两方面：其一，个人对这段历史的书
写——刊刻出版了《江南抚事》。既然清政府对自己皖南平乱的功绩无动于
衷，甚至扣上了对清廷不忠的帽子，那么作为当事人，只好自己书写下来，
以备后世考鉴。其二，建立了春节"南向叩头"的民俗仪式，以纪念前明。

刘应宾所撰写、刊刻的《江南抚事》主要记录了其在皖抚任上的公函往
来之事和军政功绩。通过这部著作，刘应宾自我刻画出一个感于清廷知遇之
恩，殚精竭虑、勤劳王事，一心为清朝效忠的忠臣形象。这主要体现在内容
和修辞两方面。

就内容而言，从各篇文函的题目就可对刘应宾所描述的清朝忠臣形象一
目了然。有的报告军情，如《瑞昌王聚众于孝丰》《瑞昌王围广德州》《水
阳贼焚掠黄池》等；有的涉及军事调度，如《与胡镇书》《与卜镇书》《与
张提督书》等；有的则报告战果，如《擒鲁君美》《程济被擒》《徽宁始
末》等；有的则是地方谕示或致清廷的书信、奏疏，如《檄谕徽民》《豫王
师旋上书》《谢给还家产疏》等。这些文函基本涵盖了刘应宾抚皖期间所面
临的严峻形势、对应采取的军政措施及功绩，读者从中不难看出刘应宾对清
廷的精忠报国之心。

从修辞来看，文人出身的刘应宾确是文字高手。《江南抚事》虽然是据

---

① 郑与侨：《蒙难偶记》（不分卷），载《山东文献集成》编撰委员会编《山东文献集成》第二辑
第13册，山东大学出版社，2007，第281页。

个人与清廷、僚属等往还的文稿、奏疏、信函编撰，但同一件事情，枯燥乏味的平铺直叙和妙笔生花的动情之笔所体现出来的历史情境和效果有很大差异。在刘应宾笔下，一个忠于清朝的臣子形象跃然纸上。例如，在向清廷汇报赴任情况时，刘应宾写道："庚寅发江宁，辛卯次采石。臣受命之后即便单骑就道，为群吏先业，于十一日抵采石镇，入境受事。沿途招集流亡，晓谕乡民……臣又亲阅江防，陟采石，俯牛渚，望二梁。天门中画，屹若雄关，实江南第一要害也。二十日进太平府城，暂为驻劄。"①

除清廷外，刘应宾还不忘给恩主豫王写信汇报："臣奉命镇抚上游。值徽人不靖，窃据一府六县，又侵宁国之旌、太、泾、宁四县，池州之石埭、青阳二县。两郡岌岌，人心大骚。臣孤立寡援，日夜忧思，单骑趋芜，无兵无将，寓居城外……"②

在上述两段文字中，刘应宾巧妙地刻画出危急时刻治世能臣的形象。

其一，两郡岌岌、人心大骚、孤立寡援、无兵无将等词可谓写尽了赴任之初的艰险，而单骑就道、单骑趋芜、日夜忧思、寓居城外、为群吏先业则凸显了个人在危局中的担当、胆识、奉献。

其二，庚寅发江宁，辛卯次采石，于十一日抵采石镇，二十日进太平府城；沿途招集流亡，晓谕乡民；臣又亲阅江防，陟采石，俯牛渚，望二梁；天门中画，屹若雄关，实江南第一要害也。这一席话虽短，但字字珠玑，既从时间上向清廷、豫王表达出自己立功情切的心迹，又展现出个人在军政两端的能力和手段。皖抚刘应宾确实不负所望，甫一到任便抓住了皖省军政两端的要害所在。于政治而言，首要者当然是通过政治宣传，安抚流民以绥靖地方。就军事来说，为将者自然要察明地势交通，判定军事要地，巩固防务。刘应宾不仅深刻认识到抚皖的关键所在，而且在短时间内军政齐进，忙而不乱。在《徽宁始末》中，刘应宾向清廷详细汇报了收复皖南的战果，其中有"今青阳复矣，石埭复矣，泾县复矣，宁国、旌德相继降矣"③之语。一

① 刘应宾：《江南抚事》卷一，清顺治刻本，北京大学图书馆藏，第1—2页。
② 同上书，第33页。
③ 同上书，第76页。

个乱世能臣的风采彰显十足。

再如当清廷因刘珙抗清而对刘应宾半信半疑，将登莱巡抚陈锦的弹章和清廷的宽宏之意派专人传达，以示恩宠的时候，刘应宾的回奏就颇有章法、非常得体。这段材料出自刘应宾所作《谢给还家产疏》，内容如下：

"臣闻命自感天地。臣去年三月初九避闯而南，一路为贼兵所阻，迂回山溪间，艰难万状。至五月初始渡江，同本县知县晋承露方舟而济。今年江宁府五月投诚，日侍豫王左右，委抚江南。臣之去就，出处皎然，总在圣鉴。独思臣身在江南，心悬故土，怅坟墓之间隔，望国都之无从。幸蒙圣恩，给还故物，并一概回籍乡官财产，准照例给与，弘一视之仁，推及屋之爱。建极即以锡报，造邦不造家，臣子子孙孙，顶戴皇恩，于勿□矣。臣可任激切御感之至。"①

由上述文字可见，他对清廷这道圣旨的言外之意心领神会。清廷虽然不便直接问询刘应宾对刘珙之事是否知情，是否有关联，但刘应宾明白清廷关切之处，主动交代了从顺治元年三月初九至顺治二年五月的动向，巧妙地解释了自己对刘珙之事既无牵涉，也不知情。这是刘应宾的聪慧之处。最后他向清廷表达感恩之情，借机表达忠心。其中"臣子子孙孙，顶戴皇恩"之语不啻一份政治誓言。刘应宾向清廷做出保证，除刘珙之外，刘家人都会世代效忠清廷，绝不叛清。

2. 向南叩头：明朝的忠臣

在沂水调研过程中，笔者意外发现了"刘南宅"家族嫡系子孙世代流传、与众不同的春节民俗仪式"南向叩头"。据十六世刘统业讲述："春节拜神时，摆好香案后，刘家人向南叩头。"②这一点得到了"刘南宅"十八世刘庆山的印证。然而北方民众在春节拜神时的礼仪习惯一般都是面向北叩头。询问刘氏其他支脉后裔，却没有流传这样的仪式传统。他们遵循北方大众的一般礼仪习惯，向北叩头。刘统业与刘庆山都是刘应宾的直系后裔。可见，

---

① 刘应宾：《江南抚事》卷一，清顺治刻本，北京大学图书馆藏，第80页。
② 采访时间：2018年4月13日；采访地点：沂水刘统业家中；采访人："刘南宅"十六世统业。

在刘氏大家族中，只有刘应宾一脉有向南叩头的礼仪习惯。为什么刘应宾嫡系后裔形成并流传向南叩头这样迥异常情的仪式习惯呢？对这个问题，几位讲述者没能给出答案，但笔者隐约感到这种独特的仪式似乎包含着某种隐喻。

仪式很简单，问题的关键在于两点：其一向南叩头；其二只有刘应宾一脉的子孙有这种民俗习惯。按照北方民间习俗，春节叩头一般是为了纪念祖先、敬奉神灵，祈求他们保佑家宅平安，来年风调雨顺，诸事顺遂。对于刘应宾后代向南叩头的原因，首先可以排除祭拜远祖的说法。"刘南宅"家族自明代移居沂水，已成为当地土著，素来和原籍四川内江没有联系。况且以方位而论，四川地处西南，这与仪式中的南向并无切合之处。其次，明清两代刘家的祖先在南方为官或生活者不乏其人，比如四世刘应宾曾相继在南京、安徽为官，寓居扬州十年；六世刘侃曾任泉州知府；九世刘鼎臣曾任贵州普安县知县；十一世刘灼曾在浙江任知县。其中以四世刘应宾辈分最高、官职最显，在家族内的影响最深远。按照民俗常情推论，仪式的起源必定与刘应宾有着某种关联。

刘应宾于顺治十四年因疾归里，卒于顺治十七年三月十四日，葬于"刘南宅"祖茔。[1]显然，向南叩头并不是为了纪念刘应宾。那么只有可能是纪念某件事情。由此，笔者想到东南沿海地区浙江、江苏、福建、广东等地流行的"太阳生日"习俗，百姓们每年三月十九日举办仪式。虽然名曰"太阳生日"，但实与太阳的生日无涉，因为太阳的生日是在旧历十一月。实际上，这种习俗与明末崇祯皇帝有关，是清初江南的明遗民为纪念明朝和崇祯皇帝，又怕清廷镇压，于是把崇祯皇帝煤山自尽那一天——三月十九日作为"太阳生日"以示纪念。[2]

这种仪式想要纪念什么？正如东南沿海的"太阳生日"习俗反映了士大夫群体对崇祯皇帝的纪念，在中国历史上，还有很多类似的节日仪式。这些仪式形式含有另外一种历史感、节律以及时间分割，这是一种家族的脉络与

---

① 四修族谱编撰委员会编《刘氏族谱》卷一，2008，第112-114页。
② 参见赵世瑜：《小历史与大历史：区域社会史的理念、方法与实践》，生活·读书·新知三联书店，2010，第89页。

世系的历史。它们可以和某些经典叙事及仪式情境相契合，但它们并不依赖于书写，而是依赖于仪式及用以标明其情境的物品。[①]

根据刘应宾履历，绝不会是为了纪念他在南明弘光政权任职和清初平定皖南的往事。从逻辑上讲，如果说为了纪念"江南抚事"和在南京担任文选司郎中，那么其在赞皇、南宫的善政，在北京参修《礼部志稿》、清理藩牒、抵牾权贵、进贤退不肖的政绩难道就不值得纪念吗？况且对刘家人来说，纪念其四世祖刘应宾，并不需要特意面南而拜。参照东南沿海"太阳生日"的案例，那就只存在一种可能——为了纪念朱明王朝。一者，朱明王朝的始发地在南方，朱元璋的祖籍在安徽凤阳；二者，明太祖朱元璋最初定都南京，只是到明成祖朱棣时才迁都北京；三者，明清易代之际，南方曾相继存在几个南明政权；四者，从文化渊源来说，类似清廷统治者属于游牧民族，源自北方。在华夷之辨、中原文化与夷狄文化的语境中，有南人和北人的说法。"南"一般带有中原王朝的寓意。[②]

据上述可以判定，春节时刘应宾子孙向南叩头的民俗实践源自刘应宾本人，其目的是纪念朱明王朝。这种向南叩头的仪式既是刘应宾本人故国之思的情感表达方式，也是一种在族群内部塑立明朝"忠臣"形象的方式。

明清易代之际，明王朝的故国痕迹不会马上就从社会各阶层民众心中消失。尤其那些经历了晚明美好时光的士大夫们，在文人雅集、诗酬唱和之际常常流露出故国之思的情绪。这种时代情绪在刘应宾所著《平山堂诗集》中几乎无处不显。仕明降清后，刘应宾于其家族内部首先面对个人形象及子侄辈的教化问题。在明末政治腐败的情况下，出于顺应时势和维护家业的目的，降顺清朝不难得到同样历经乱世的子侄辈的理解，但如何在家族内部诠释"忠"的观念，倡导"忠"的行为则是不小的难题。

---

① 王斯福：《帝国的隐喻——中国民间宗教》，赵旭东译，江苏人民出版社，2009，第2页。

② 参见姚大力：《追寻"我们"的根源：中国历史上的民族与国家意识》，生活·读书·新知三联书店，2018，第3—52页；葛兆光：《宅兹中国：重建有关"中国"的历史论述》，中华书局，2017，第49—60页；朱圣明：《华夷之间：秦汉时期族群的身份与认同》，厦门大学出版社，2017，第71—77页。

一些研究"贰臣文学"的学者往往大谈"贰臣人格"，提出所谓两截人。①比如张仲谋在《忏悔与自赎——贰臣人格》一书中所论。他的观点为一般贰臣文学的研究者所接受。作为文学事项研究，这种观点有一定道理，然而对于历史研究而言，则未免失之偏苛。人是极为复杂的动物，言不由衷、身不由己，行为与思想存在差异的情况自古至今在所多有。在利益取舍、生死攸关之际，人们的行为选择往往呈现复杂的心态。就明清易代之际的士大夫而言，同样的殉国者、投降者、抵抗者、遗民者在不同情境之下的行为选择虽然大体类同，但背后的动机往往不可同言而语。②就降清明臣刘应宾来说，其对"忠"的理解体现在政治实践与精神生活两个层面。这在明末北方士大夫群体中具有普遍性。

明末，北方士大夫阶层对明朝腐败的政治失望，在形势不可逆转的情况下，为维护个体及家族利益，转而希望更有朝气的清朝统治者取明而代之。他们通过为新政权效忠，希望尽快恢复社会秩序，以救万民于水火。这是在政治生活中对"忠"的理解和实践方式之一。同时，在精神层面，他们可以继续保持对"故国君主""故国文化""故国人生经历"的"忠"。两者之间并不相悖，而且共同组成对"忠"的理解和实践。

在明清鼎革之际的社会氛围中，这种仪式只是在以刘应宾为核心的家庭内部贯行，其寓意很容易被家庭内部成员所理解。在清朝统治之下，这种节拜仪式乃是家庭隐秘。在仪式流传的过程中，为避免招致不必要的麻烦，这种仪式背后的情思只可意会而不能言传。由此，我们可以推定，所谓"南向叩头"的仪式，只是刘应宾基于自己独特的情境突变而设置的专门仪式性补救措施。在定期的节庆日，通过南向叩头来纪念这些情境。③随着时间推移，明清易代之际的时代情绪逐渐消散，清王朝的合法地位在社会民众中得到广

---

① 参见张仲谋：《忏悔与自赎——贰臣人格》，东方出版社，2009，第9–14页。

② 参见陈永明：《清代前期的政治认同与历史书写》，上海古籍出版社，2011，第3–22页；何冠彪：《生与死：明季士大夫的抉择》，联经出版事业公司，2005，第60、71–85、97–102页；叶高树：《降清明将研究》，台湾师范大学历史研究所，1993，第66–74、156–189页。

③ 参见王斯福：《帝国的隐喻——中国民间宗教》，赵旭东译，江苏人民出版社，2009，第2页。

泛承认，这种南向叩头的仪式所隐含的寓意也就自然失去了意义，仅仅作为一种节庆文化传统在家族内部流传了。

正如赵世瑜先生对东南沿海流行至今的"太阳生日"这一岁时习俗和传说所分析的那样："由于我们看到的是一个岁时习俗，是一个由士绅创造出来、却由民众传承下去的民间文化，那么我们究竟应该如何理解民间文化、如何理解精英文化与民间文化之间的关系？从方法上说，当我们从一个不同的角度切入类似改朝换代这样的政治史事件时，我们是否可以跳出战争之外，去关注和重新体会在某一个地方、某一个时期、某一个特定的文化氛围之下，王朝更替会带来怎样的特殊后果？在这里，我们看到了一个凝聚为习俗和传说、或说转化为习俗和传说的历史记忆，它反映了一种与征服者的历史记忆不同的状态，也反映了一种凝聚了特殊经历的地方性色彩。"[1]

---

[1] 赵世瑜：《传说·历史·历史记忆——从20世纪的新史学到后现代史学》，《中国社会科学》2003年第2期，第185页。

第四章 内与外：权威建设与声望维系 ≫

通过科举入仕，有清一代"刘南宅"家族始终是沂水县赫赫有名的望族。作为地方权威，"刘南宅"在沂水拥有广泛的社会影响力。当地有关"刘南宅"的神话、传说较多。这些神话、传说多与"刘南宅"四世刘应宾有关。有的传说对刘家有利，有的则恰恰相反。沂水县科举望族不止"刘南宅"一家，当地流传"刘、高、袁、黄"四大家族的说法。此外还有埠前庄北店子刘、南店子刘、八楼刘等其他较有名气的刘姓家族。然而在流传至今的各种历史记忆中，主角却似乎只有"刘南宅"。这样的情况与清代"刘南宅"家族的生存策略和相关形象建构活动有着极为密切的关联。

第一节 望族功业与日常权威

中国古代士大夫的人生观念历来受儒释道三家影响，其中以儒家思想的影响最大。儒家提倡"达则兼济天下，穷则独善其身"的人生理想，这成为许多士大夫及其家族在人生规划和实践中的指导思想。[①]明清时期以科举起家的山东望族，往往就以儒家思想中的修身、齐家、治国、平天下作为自己的终身抱负并以此严格要求自己及其后代。[②]从这个角度来说，沂水"刘南宅"家族具有典型山东望族的特征。一方面，家族内形成了重视教育、诗书传家、投身举业的文化传统。他们对国家政治抱有很大的热情，具有强烈的报国救民的政治诉求。入仕后，他们奉行廉洁奉公、忠君爱民的政治理念，受到士民拥戴。另一方面，他们是地方公益事业的倡导者。致仕归籍或未入仕者则心系故里，广泛参与赈灾、文教、治安、济贫等地方事务，在社区生活中担当重要角色。这既是个人政治诉求使然，也体现出刘氏家族的生存智慧：在国家政治和地方社会的卓异表现使"刘南宅"家族积攒了良好的声望和口碑。可以说，功名和声望是地方权威产生的必要条件之一，但更重要的是他们还必须成为地方公共事务的积极介入者，在乡土社会这一舞台上活跃地登台表演。[③]同时，为了保持和巩固"刘南宅"在当地的权威地位，刘氏族内精英注重对当地上流社会关系网络的经营。通过与大族政治联姻以及与沂水官方权威的良好互动，进一步提升了"刘南宅"的权威形象。

总体来看，清代"刘南宅"家族的生存策略体现在与国家、地方官员、地方士绅及普通民众的互动过程之中。在这一过程中，"刘南宅"既对家族政

[①] 参见张松辉：《道冠儒履释袈裟——中国古代文人的精神世界》，岳麓书社，2015，第15~18页。

[②] 朱亚非等：《明清山东仕宦家族及家族文化》，山东人民出版社，2009，第5页。

[③] 邓庆平：《名宦、宗族与地方权威的塑造——以山西寿阳祁氏为中心》，《清史研究》2005年第2期，第53页。

治权威进行了精心营造，也获得了良好的社会声望。这是"刘南宅"在清代发展成为沂水地方望族的重要原因。

一、读书做官、建功立业

清承明制，在选官制度上更加偏重于科举。这种形势决定了当时的年轻人要想取得功名，干一番事业，必须要走科举入仕这条路。[①]在清代浓厚的科举氛围下，"刘南宅"家族始终将刻苦读书、投身举业看作延续门庭的希望所在。通观《刘氏族谱》，凡有家传者无不倡导教育和读书的重要性，并在日常生活中身体力行、率先垂范。有清一代，"刘南宅"形成了诗书传家、读书上进的良好家风。

基于此，入清后"刘南宅"逐渐发展成为科宦家族。自五世刘玮开始，科第蝉联，代有闻人。整个清代，沂水当地共出了14位进士，47位举人。"刘南宅"考中进士者4人，中举者9人，占有相当高的比例。[②]详见下表统计。

表三：清代"刘南宅"科举仕宦情况统计表[③]

姓名	世系	科举功名	考中时间	职官
刘玮	五世	进士	康熙甲辰（1664年）	未仕
刘侃	六世	进士	康熙庚辰（1700年）	历礼部郎中、福建泉州府知府
刘方直	七世	举人	康熙丙子（1696年）	未仕
刘鲁洙	七世	举人	康熙壬午（1702年）	候选知县（未仕）
刘鲁楷	七世	贡生		知县、捐升府同知
刘鲁泗	七世	举人	康熙甲午（1714年）	未仕

---

① 朱亚非等：《明清山东仕宦家族及家族文化》，山东人民出版社，2009，第3页。

② 参见刘宝吉：《消失的迷宫：沂水刘南宅传说中的神话与历史》，《民俗研究》2016年第5期，第103页。

③ 本表据四修族谱编撰委员会编《刘氏族谱》卷一整理。

续表

姓名	世系	科举功名	考中时间	职官
刘绍武	八世	进士	乾隆甲戌（1754年）	未仕
刘绳武	八世	岁贡生		县训导
刘鼎臣	九世	进士	乾隆辛丑（1781年）	贵州普安县知县
刘鼎和	九世	举人	乾隆己酉（1789年）	淄川训导
刘鼎燮	九世			候选光禄寺署正（未仕）
刘灼	十一世	举人	嘉庆丙子（1816年）	乍浦海防同知
刘炜	十一世	太学生		纳资司务厅司务、选授予江西袁州府同知
刘辉	十一世	附贡生		捐纳章丘县教谕
刘敬修	十三世	监生		历户部郎中、江南司主稿、湖广司行走、山西试用知府、山西洋务局总办
刘敬传	十三世			南阳裕州知州

明清时期很多山东仕宦望族，如临朐冯氏、诸城刘氏、无棣吴氏、日照丁氏、黄城丁氏、大店庄氏等对当时朝廷影响较大。"刘南宅"并不具备这样的特征。历史上"刘南宅"考中进士、举人者不乏其人，但并非都步入仕途。即使入仕，所任官职并不显贵，以中下级地方官员居多。正如刘宝吉所论"刘南宅"并没有出过举国皆知的朝之重臣，因此很难像其他望族一样在朝廷产生重要影响。

从上表所列清代刘家仕宦者职务来看，他们在政治领域的贡献主要体现在地方事务方面，其中刘侃最具代表性。刘侃既是清代刘家第一位考中进士之后做官者，也是开启刘家宗族建设活动、倡修族谱的第一人，在刘氏家族内部影响较大。另外，《刘氏族谱》收录的传记绝大部分都是家传，由族内精英撰写，唯独刘侃特殊。刘侃父子的传记是由外姓旁人撰写，出自泉州士人金学奇笔下。从内容上看，以金学奇对刘侃的政绩及声望的描述最为详细、生动。作为刘氏精英中的代表性人物，刘侃的政治实践能够在很大程度上反映出清代刘家人的生存策略。因此下文将以刘侃为中心，探讨清代"刘南宅"家族的为官之道和社会贡献。

刘侃，字晋陶，号存庵，别号困庵，为"刘南宅"六世，历宦刑部江西清吏司主事、刑部陕西员外郎、礼部主客司郎中、泉州知府、福建都转盐运使司盐运使。[①]刘侃在泉州修撰族谱，邀请当地士人金学奇校阅。金氏见独缺刘侃之传，感于刘侃德政，因为之补撰。刘侃三个儿子的传记也是由金氏撰写。因此，具有较高的可信度。

有关刘侃早期京城任职经历，金学奇言不甚详，只略记其任刑部主事时，"凡有谳牍，不随同官附和，其所否者，执不列名签署，虽大司寇临之在上不顾也。"[②]这段描述虽然简短，但描述出了刘侃刚直不阿的官场形象。晚清社会上流传的描绘官场的一首词《一剪梅》，颇能反映清代保位取荣的官僚们做官的手段、态度与心理。这首词写道："仕途钻刺要精工，京信常通，炭敬常丰；莫谈时事逞英雄，一味圆通，一味谦恭。大臣经济要从容，莫显奇功，莫说精忠；万般人事在从容，议也毋庸，驳也毋庸。八方无事岁岁年丰，国运方隆，官运方通；大家赞襄要和衷，好也弥缝，歹也弥缝。无灾无难到三公，妻受荣封，子荫郎中；流芳后世更无穷，不谥文忠，便谥文恭。"[③]尽管这首词流行的年代是在晚清，而刘侃生活时段主要在清康熙年间，但古代社会官场流习一脉相通。由此可见，刘侃勇于任事、不畏权贵的政治品格难能可贵，这在清代官场上并不多见。

金学奇对刘侃在泉州知府任上的治事政绩和社会影响着墨最多，既描述了刘侃治理泉州的具体举措，又体现了刘侃在泉州士民心中的形象和地位。

据金氏所述，刘侃在福建担任地方官期间励精图治，颇有建树，主要体现在以下几方面：

---

① 四修族谱编撰委员会编《刘氏族谱》卷一，2008，第172-181页。
② 同上书，第173页。
③ 任恒俊：《晚清官场规则研究》，海南出版社，2003，第65-66页。

第一，整顿风尚。上任之初，泉州府盗风昌炽，以至府衙所聘幕僚相继十余人辞职。刘侃不以为意，凡事躬亲，首先从教育、宣化着手，宣布晓谕十六章于所属州县，宣讲劝惩。每月朔望之日到学校视察，颁饬师儒训六行，颁小学以端蒙养，修复申明亭以彰善瘅恶，整顿泉州民情风尚。通过上述措施，泉州府民风很快有所好转。

第二，清除豪族恶霸。泉州豪族恶霸横行，严重影响了社会治安和人心稳定。最典型的案例莫过于当地先贤宋代诗人王十朋、理学家真德秀的祠堂被当地豪族恶霸侵占毁坏一案。刘侃听闻此事后，不但将两处基业物归原主，而且做出富有实效的规划。刘侃派人整修房屋后出租，以每年租费充作修葺之资；委派专人经营，以作每年供奉之资。至于其他依附权贵、结党倡盟、横行乡里、违法乱纪之徒，刘侃毫不畏惧，将其一一绳之以法。

第三，致力经济民生。当地农业灌溉主要依赖水塘，其塘规原本十分详悉，然而时久法弛，规约概不遵行，以致泥淤堵塞之处甚多，容易干涸。百姓争水灌田械斗，往往产生许多命案。刘侃出示晓谕，谆谆教导，倡修水塘，以利农事。重修洛阳桥以通往来，以利当地商业发展。此外，刘侃还革除地方牙行、猪行之积弊，小民赖之以更生。

第四，秉公执法，清理积案。作为泉州知府，刘侃使当地章、杜二妇女三载之冤得以昭雪。甚至离任前夕，他还夙夜在公，秉烛亲自处理曾氏女婚配之案，最终使此案得到圆满解决。

第五，赈济灾民。刘侃任泉州知府的第二年，岁大饥，灾民计有数十万之众。刘侃在请款赈灾被拒的情况下，自任其事，倾囊倡捐，又以个人名义向当商借银数万两，举办义赈，郡民赖以全活者无算。[1]

刘侃在泉州任内的德行善迹无疑是身处官僚网络体系的社会精英与国家合作互动的成功案例。作为泉州守令，刘侃代表国家管理泉州地方事务。在其治下，风尚得以清正，经济得以发展，士庶得以安定。在封建官僚制度下，勤政爱民、实心任政可以受到官方的提拔和表彰。刘侃因此被清廷提升

---

① 参见四修族谱编撰委员会编《刘氏族谱》卷一，2008，第173—181页。

为福建盐政。刘侃去世后，入乡贤祠，其本人与父刘玠被封为中宪大夫，其母及妻累赠太恭人。

从家族长远利益来看，官位提拔只是一时之事，并不能世袭，然而代表国家层面政治认同的朝廷封赠和崇祠乡贤的荣誉可以作为政治财富世代相传。除刘侃外，入乡贤祠者还有刘应宾、刘玮父子。至于受清廷封赠者，则有二十余人。这样的事迹不仅使子孙与有荣焉，引以为豪，还会使族外之人望而起敬。

二、乐善好施、扶危救困

据"刘南宅"十六世刘统业讲述，其曾祖刘敬修有个堂号叫"宝善堂"，这个名字源于刘氏积德行善的家训："善是传家宝。"毫无疑问，行善是"刘南宅"的生存策略之一。据《刘氏族谱》记载，刘氏家族历代不乏广散家财、乐善好施、扶危救困者。作为举足轻重的地方力量，"刘南宅"广泛参与地方性事务，主要体现在以下几方面：

其一，赈济灾荒。从清初到清中期，沂水县灾荒年份较多。据道光《沂水县志》，从顺治六年至道光三年，清廷因灾异而下达蠲免沂水钱粮的旨意达二十七次之多。[1]从明清各地赈灾情况来看，除了政府组织的救荒行为，地方士绅中的富户往往起到了非常关键的作用。[2]

"刘南宅"有赈灾济困的传统。比如乾隆丙午年沂水发生了大饥荒，饿殍载途。刘鼎臣、刘鼎燮兄弟积极赈济灾民："施散积粟，倡捐助赈，邻里戚党及鳏寡孤独老弱笃癃者无不周济，全活者无算。对饿死者，兄弟二人觅人厝之，出资施地，不令骸骨暴露，掩尸计万余人。对灾民遗孤，则暂行收养，岁稔俾各领去。"道光丙申年大祲，十一世刘焊采取同样的做法："开仓赈济，并收养街衢抛弃子女，至院宇充盈，岁成俾各领去。死者即命人葬

---

① 张燮主修《沂水县志》卷一，载沂水县地方史志办公室整理：道光《沂水县志》，中国文史出版社，2015，第144-147页。

② 参见魏丕信：《18世纪中国的官僚制度与荒政》，徐建青译，江苏人民出版社，2003，第52-62页；赵玉田：《环境与民生——明代灾区社会研究》，社会科学文献出版社，2016，第189-191页。

之，不令尸骸暴露，赖以全活者无算。"

其二，周济穷人。如十世刘鸣谦、刘遵谦兄弟："惟于施舍则一无所吝，族邻姻戚婚嫁不能备礼者，量给资财；贫乏不能自存者，时加周恤，赖成家室者不可胜计；遇寒俊自爱者，虽非本著，亦多方成全。"

其三，振兴文教。清嘉庆年间，学宫多倾欹，刘鸣谦、刘遵谦兄弟倡捐重资，重加修葺，并植柏数百株于大成门前。十一世刘灼与邑侯吴筱亭议建书院并修试棚，首先捐资，邀同各士绅鸠工庀材，年余而成，名曰明志书院。

其四，经纶济世。十一世刘灼著有《浙省蚕桑法》一册，详加考订，刊布于乡，于是蚕桑之利以兴厥后。十一世刘燠潜心医学，乐善好施，尤急人患难。

其五，倡办团练。清末捻军袭扰沂水，十一世刘灼认为非办团练无以资保守，然邑人恒不得要领，乃先为倡办一团，延武士教以技艺，昼则练阵，夜则巡查，一乡赖以安全。[①]

由上述可见，在清代，沂水百姓受"刘南宅"恩惠者不计其数。这些人构成一种社会群体——从感情上倾向于刘氏家族。按照人之常情，锦上添花不如雪中送炭。刘家人屡屡救人于危难之际，自然成了受助者心中的英雄。群体情绪具有夸张和单纯的特点，尤其对自己心目中英雄的情感，容易表现得极为夸张。英雄身上被赋予的品质和美德，总是被群体无限夸大。[②]

毫无疑问，刘氏精英与受助者存在互动的过程。对刘氏精英来说，有行善的主观动机，并付诸实践。那些受助者则对其感恩戴德。这是人的正常心理和情感使然。作为受益者，虽然没有能力在物质层面予以回报，但在感激情绪下，他们必然会在大众社会极力散播刘氏美德的信息。随着这些信息的散布、传播，刘氏家族在沂水地方社会的声望日益增长，这对保持和巩固"刘南宅"权威是十分有利的。

---

① 参见四修族谱编撰委员会编《刘氏族谱》卷一，2008，第208、210、215、217、228、229页。

② 参见古斯塔夫·勒庞：《乌合之众：大众心理研究》，贾秀清译，煤炭工业出版社，2018，第47页。

三、合作和逃避：官绅互动的两种方式

中国古代社会，整个官僚体制的国家盛行以家庭来打比方：皇帝被称为天子，知县被称为父母官，而且官僚体制还为建构社会关系提供了一个强势的可用模式。[1]在官僚体制内，知县是地方主官，位列七品。清朝乾隆以前，知县被称为太老爷，到了清代后期，则又改称大老爷。[2]不论称呼如何变迁，知县始终在地方社会代表着皇帝。在普通百姓眼里，知县老爷的衙门像天一样高，难以接近。衙门也不是一般人都能随便进入的。尽管在倡导无为的政治体制内，他们的工作集中于收税与断案，但毫无疑问，他们在县域地方社会日常权威的运作过程中，处于最高等级。以官民身份而论，士绅在知县之下。在传统等级社会中，士绅之家往往是知县治理地方所倚重的力量和需要团结的对象。[3]在地方社会中，知县和士绅之家既是合作者，比如赈灾、兴办义学与育婴堂、编撰县志等公益事业和庙会等日常娱乐活动，但有时也会因粮税、司法诉讼产生矛盾纷争。总体来看，合作关系在双方互动过程中占主流，从而互助互惠。就县官和地方士绅的纷争来说，因区域和个体差异，强势一方并非总是县官。有些地方，县官的权力受到地方大族的抑制。一些仕宦之家对县官级别的官员并不畏惧。[4]

沂水县官到任后首先拜访"刘南宅"的传说体现了知县对地方大族的尊敬和倚重。刘氏留宿则是对知县的礼敬和回馈。不消说，当晚必定还安排了酒宴，宾主相谈甚欢。在双方交往的第一回合中，尊敬是彼此共有的态度。初来乍到，知县还不是完整意义上的主人，要想转客为主还需要假以时日，

---

[1] 韩书瑞、罗友枝：《十八世纪中国社会》，陈仲丹译，江苏人民出版社，2008，第91页。

[2] 参见冯尔康、常建华：《清人社会生活》，沈阳出版社，2002，第9-10页。

[3] 参见费孝通：《中国士绅——城乡关系论集》，外语教学与研究出版社，2011，第93-97页；翟学伟：《中国社会中的日常权威——关系与权力的历史社会学研究》，社会科学文献出版社，2004，第105-124页。

[4] 参见吴琦主编《明清地方力量与地方社会》，中国社会科学出版社，2009，第9-19、59-90、98-125页；科大卫：《明清社会和礼仪》，曾宪冠译，北京师范大学出版社，2017，第230-245页；科大卫：《皇帝和祖宗——华南的国家与宗族》，卜永坚译，江苏人民出版社，2010，第181-220页；王铭铭、王斯福主编《乡土社会的秩序、公正与权威》，中国政法大学出版社，1997，第20-54页。

而"刘南宅"则是地地道道的当地土著、权威。即使知县坐稳了位子，树立了权威，成了名副其实的父母官，在彼此互动过程中，各自占据主动权的情况仍然处于变动状态。

有关清代"刘南宅"与沂水知县的交往，当地留传下来的文字资料不多。有案可查的只有两处。一是《刘氏族谱》谈到，十一世刘灼为振兴文教起见，与邑侯吴筱亭议建书院。建成后，名曰明志书院，并请其为明志书院题匾。

邑侯吴筱亭即清末著名声韵训诂专家吴树声，著有《歌麻古韵考》《诗小学》等。他曾于咸丰三年、咸丰六年两度出任沂水知县。咸丰四年，初任沂水知县期间，他对沂水风土人情进行全面考察后，还完成了《沂水桑麻话》这样一部农业调查报告式的作品。[①]在《沂水桑麻话》中，他根据实地考察了解到的沂水风土民情，提出了有针对性的民政举措。在结尾处，他留下了这样一段话："余摄篆数月，沧海横流，多事之秋。加以才力浅劣，虽心知其故，不能为邑人谋兴除之方。余负邑人多矣。"[②]因为实心任政，勤政爱民，颇受沂水士民拥戴。咸丰六年暮春，吴氏再度出任沂水知县时，与当地一众士人联诗作赋，主题就是称颂吴树声的善政。咸丰八年，吴树声将这些诗结集刊刻，命名为《沂水弦歌》。在这次庆迎吴知县复任的联诗活动中，"刘南宅"有三人参加，分别是刘灼、刘燠、刘辉。

吴氏也确实当得沂水士人的称赞。在《沂水弦歌》中，不止一位当地士人称赞吴树声所辑《沂水桑麻话》兴利除弊、劝课农桑之事。有关吴氏善政，还有兴义学、建明志书院及武侯祠堂；勤政爱民，民讼日少；教民团练捕盗；率民灭蝗等。

刘灼十分欣赏这位实心任政的知县，他在诗中不吝赞美之词："才大烹小鲜，甘心拜下尘。论交存古道，兴利惬民因。判案无留牍，明农更著书。循

---

① 参见茶志高：《〈歌麻古韵考〉的版本及作者问题考辨》，《山东图书馆学刊》2016年第2期，第94—99页；周挺启：《吴树声〈诗小学〉考》，《长江大学学报》2012年第2期，第16—18页；王涛：《咸丰四年沂河上游地区的农业景观——以〈沂水桑麻话〉为中心》，《山东农业大学学报》2010年第3期，第79—83页。

② 参见沂水县政协文史资料委员会编《沂水县文史资料》第三辑，1987，第69—80页。

声随处听，政绩几人如。"①

《沂水弦歌》第一篇为吴树声作《再任沂水喜晤父老口占》，第二篇是安徽徽州府监生程士国的和诗，第三篇即刘灼所作，其余篇章则为当地其他士子所作。从篇章顺序上可以推断：在吴知县心目中，刘灼的地位较高，甚至极有可能吴氏视刘灼为沂水士人领袖。

在沂水县这个小地方，类似书院建设和庆贺知县复任的联诗活动这样的公共事件，一段时间内都不会经常发生。活动内容事关当地绅民利益，自然都是士民关心的大事。在这两次公共事件中，刘灼及其家人都扮演了重要角色，作为地方代表在政治和文教两方面同吴知县进行了互动。这不仅彰显出"刘南宅"作为地方望族在当地突出的影响力和社会地位，并且还会使刘氏影响力进一步扩大，社会地位进一步巩固。

谋建明志书院属于公共文化事件，解决了沂水县试历来无考棚的难题，而这一难题是在刘灼的建议和参与下解决的。这充分体现出"刘南宅"在地方事务中举足轻重的地位。当地以科举为业的读书人是书院的直接受益者，他们很容易由此对刘家增添好印象。从某种角度而言，知县也是受益者。通过筹建书院活动，既展现了父母官对当地士民和文教事业的重视和关爱，收获了官声，而且还得到了地方大族势力的好感和支持。

《沂水弦歌》的创作和出版兼有文化和政治两方面意义。从参加和诗活动人员的身份来看，当地大族刘氏、袁氏、牛氏都有人参加。既有举人、贡生，也有进士；既有普通士子，也有致仕或待任的官绅；既有科举世家，也有新起之秀。这就基本涵盖了当地上流社会的头面人物。和诗活动恰逢吴知县复任之时，主题则是庆贺、颂德。显然，这次活动完全不同于寻常文人雅集，其政治意义远大于文化意义。吴知县与地方士绅力量进行了一次彼此满意、皆大欢喜的互动。在互动中，吴知县的政治地位得到了地方士绅群体的认可。反之，适逢其会者，其本人和家族在当地的政治地位则进一步凸显和巩固——毕竟不是什么人都有资格代表沂水地方社会欢迎知县大人复任的。

---

① 参见吴树声辑《沂水弦歌》，清咸丰八年刻本，沂水县图书馆藏，第4-5页。

在上述两次活动中，刘灼与勤政爱民的循吏吴树声保持了良好的交往关系，彼此之间的信任和好感都会增加。可见，刘氏精英具有同官府构建良好合作关系的意愿。但这并不意味着"刘南宅"畏惧知县的地位和势力。实际上，在同沂水官府互动过程中，"刘南宅"具有一定主动性。在是否与县级官府保持交往以及交往深度上，根据历任知县的声望和政治表现，刘氏精英是有所选择的。

在刘灼家传中有这样一段记录："及至后来，因官吾邑者遇有疑难咸以造访，为避尘嚣，移居葛庄来泉别墅。"①对循吏吴树声和后来官吾邑者，刘灼的态度截然不同。当吴树声第一次担任沂水知县时，刘灼不辞劳苦，与知县议建书院。当其复任时，刘灼出面欢迎，作诗以贺。然而，后任知县因事造访，刘灼却视为尘嚣，避而不见。这种态度的转变，源于官员在能力、官品等方面的优劣差异。实际上，持类似思想和态度者不惟刘灼一人，也不惟士绅阶层。当吴树声复任时，当地贡生牛林、赵象斗在和诗题注中道出了当地士民的心声："先生前署任时，惠政甚多。今闻复任，阖邑惊喜欲狂。""先生再来，仍为署任，阖邑士民甚望。"候选刑部司狱牛机则说吴树声离任时"民甚眷眷"。②可见，无论士大夫还是庶民阶层都乐于同爱民如子的父母官打交道。官吾邑者因事造访刘府，这充分体现出沂水知县对"刘南宅"家族势力的敬重和倚仗。然而乡绅刘灼将某些沂水知县视为尘嚣，不屑之意皎然，甚至为此躲到乡下别墅居住。历史景象是如此相似。一如晚明刘氏高祖刘励之西园，晚清刘灼的来泉别墅同样起到了"吏隐"的功能：建筑空间的地理位置表达着居室主人的政治态度和社会地位。这一方面说明刘灼因人而异，对地方官府采取了合作和逃避两种截然不同的态度，另一方面也说明刘灼在沂水县地位超然。

刘灼是清代晚期"刘南宅"代表性人物。这主要体现在以下两方面：一方面，从科举功名来说，"刘南宅"考中进士、举人者集中在康乾时期，而刘

---

① 四修族谱编撰委员会编《刘氏族谱》卷一，2008，第228-229页。

② 参见吴树声辑《沂水弦歌》，清咸丰八年刻本，沂水县图书馆藏，第5、17页。

灼于嘉庆年间考中举人，继后"刘南宅"再无考中举人功名者。另一方面，在刘家仕宦者中，刘灼是少数对地方卓有影响的人物之一。此前，类似人物只有刘侃，康熙朝任泉州知府；刘鼎臣，乾隆朝任贵州普安知县。此后则只有其孙刘敬修，曾任山西知府。可以说，到了清代中期，刘灼是刘氏家族中承上启下的关键人物。在清代中期以后刘氏科举乏人的情况下，刘灼做官后相继为几个弟弟捐官，从而维持了科宦之家的势力和声望。因此，刘灼的态度基本上反映出清代"刘南宅"对待地方官府的政治策略和态度了。

四、大家都是亲戚：望族世代联姻

清朝定鼎中原之后，为了调和满汉族群矛盾，巩固王朝统治，成为实质意义上的天下共主，在政治、文化、习俗等多方面采取了"化夷为夏"的手段。这既包括对明朝政治制度的效仿、承袭，也包括对中原文化的渐次消纳吸收。从某种角度而言，清代三百年王朝历史的面相之一就是北方地区的草原文化逐渐消融于中原地区的农耕文化。换言之，清廷统治国家的历史就是不断汉化的过程。具体就清代婚姻制度和习俗而言，基本上承袭了清以前的婚姻文化，并有所发展。总体来看，在婚配选择方面，清人形成了家长主婚，婚姻论门第和财富的观念。清人认为，婚姻首先是家庭乃至家族的事情，当事人则居其次。在门第和财富这两条择婚原则中，官宦人家较多考虑政治地位，因此向来更看重门第。[①]

在这样的社会文化氛围下，清代"刘南宅"的姻戚多为沂水及其周边地区的仕宦望族。从清代"刘南宅"婚姻网络的范围来说，呈现出以沂水县为中心，向四周费县、兰山、莒州、诸城、临朐、寿光等州县辐射的特点，基本覆盖了周边区域。这包括沂水县高氏、袁氏、牛氏、张氏，莒州庄氏、岳氏、张氏，兰山王氏，诸城王氏等。其中，沂水县高氏家族和莒州庄氏家族与刘家的婚配关系最为密切。从明末清初开始，"刘南宅"和庄氏、高氏几乎世代结为姻戚。这种历史上形成的婚姻互动关系至今仍留有余绪。这一点，

---

① 参见冯尔康、常建华：《清人社会生活》，沈阳出版社，2002，第213-218页。

笔者在田野调查期间有较为直观而深刻的感受。虽然清末以后，社会文化习俗发生了翻天覆地的变化，但刘氏、高氏、庄氏都较好地保留了重视家谱编修、传承的家族文化传统：不仅清代族谱保存较为完好，而且在老谱的基础上，近几年都相继完成了族谱续修工作。这三家族谱都较为清楚地记录了清代族人婚配的基本情况。在实地考察中可以发现，刘氏、高氏、庄氏后人大多对历史上形成的亲戚关系有一定了解。这既得益于族谱记载详明，传承有序，也与族内长辈对此事的重视态度有关。在采访中，笔者了解到，他们乐于传承这样的信息："咱们是亲戚。"很多年轻人都会从家中长辈那里听闻这样的信息。2016年初，在"刘南宅"十八世刘庆山的帮助下，笔者到莒南大店、沂南大庄调查庄氏、高氏的情况就曾得益于此。因为"刘南宅"与庄氏、高氏是老亲，"刘南宅"后裔刘庆山的亲戚身份使笔者这个外乡人查阅族谱、询问掌故的工作进展比较顺利。可见，在现实生活中，世戚关系确实会带来很大便利。

通览三家族谱，笔者和刘庆山达成了一点共识："相较之下，《刘氏族谱》中有关婚配情况的记载要更加详细、丰富一些。高、庄两家一般只是记录了子孙嫁（娶）某县某姓，而刘氏在这一方面所记载的内容则要多一些。"以刘玠、刘灼为例，《刘氏族谱》如是记载："刘玠元配庄氏，莒州浙江道御史公谦女。继张氏，临朐辰州司理公初旭侄女。女适莒州辛丑进士庄公永龄男廪生挺。刘灼娶高氏同邑举人高葵女，女适兰山县车庄恩贡宋杲。"[1]在刘氏笔下，不仅记录了婚配对象的姓名、籍贯，还呈现了对方的家世。可见沂水"刘南宅"对婚配者的家世极为重视。

明清时期，大族联姻本为地方望族通行的做法，因为与社会下层联姻会有碍于这个家庭在政治上的发展。[2]"刘南宅"不但奉行了这样的生活观念，而且似乎对大族联姻的情况更加重视。这种情况之所以出现，与清代"刘南宅"的科宦情况有密切关联。

清代"刘南宅"考中进士、举人数量在沂水县位居第一。"刘南宅"是

---

① 四修族谱编撰委员会编《刘氏族谱》卷一，2008，第164、229页。

② 参见冯尔康、常建华：《清人社会生活》，沈阳出版社，2002，第218页。

名副其实的科宦望族，这一点毫无疑义。然而分时段来看，这些进士、举人在各个历史时期的分布并不平均。清代"刘南宅"四名进士中，康熙朝、乾隆朝各有两名；九名举人中，康熙朝五名，乾隆朝三名，嘉庆朝一名。也就是说，从清代中期开始，刘家科举事业已然走下坡路了。从仕宦情况来看，正途出身的只有刘侃、刘鼎臣，而刘玮、刘绍武则仅仅考中进士功名，并没有出仕。从刘家仕宦者所任官职来看，不但没有出现国之重臣，而且普遍职级较低，有的甚至只是候选，并没有等到实缺。对此，刘家有识之士非常焦虑。在科举成绩不佳的情况下，只好将捐纳作为刘家子弟步入仕途的捷径。十一世刘灼得任知县，分发浙江，到省后即为其二弟刘玮捐纳了司务厅司务的职务，三弟刘煇纳资成广文，授章丘县教谕。[1]十三世刘敬修入仕也是非常典型的例子。刘敬修十载苦读，识者咸以为必能高中，然而一试不售之后，太夫人遽为纳职郎署理。[2]清代后期，捐纳做官本是极寻常之事，毕竟能够考中进士的读书人只是极少一部分。可是刘灼与刘敬修之太夫人为子弟的捐纳却似乎并不寻常。刘灼到浙江某县赴任，只是刚到浙江，尚未正式到任理事，就开始为两个兄弟谋划仕途。刘敬修也只是一次不售，太夫人就遽为纳资。可见他们急盼子弟入仕的心情十分迫切。

在这种情况下，如何维持和巩固科宦望族地位，成为摆在刘氏精英面前的现实问题，而大族联姻就成为行之有效的弥补方式。通过与大族世代联姻，可以达到两个效果。从长远来看，可以互通有无，将对方拥有的优秀教育资源、教育理念在姻亲往来的过程中置换过来，从而有利于后世人才培养。在现实生活中，则可以使彼此之间的联系纽带更为牢固。

尤其重要的是，联姻可以使双方在日常权威的运行过程中，彼此借力，形成嵌入型权威。基于姻亲关系基础之上的人情和面子可以使权威流通起来。所谓嵌入型权威、人情与权威流通的关系，我国台湾社会学家文崇一的阐释可谓切中要害："在传统中国的政治体系中，亲属和权力表面上不相干，

---

① 四修族谱编撰委员会编《刘氏族谱》卷一，2008，第227页。
② 同上书，第227、281页。

在实际生活中却在一个范畴内运作。家族与权力之间相互支援，形成一种特权。有权的人除了自己享受权力，还会与关系密切的家族、姻亲分享。家族和姻亲也会联合起来分享权力，或者要求分享权力。这几乎成了一种习俗或社会规范。"①

通俗一点来说，在自身科运不佳的情况下，联姻可以使刘家向其他大族借势。当然其他大族也能从刘家借势。联姻的结果必然是互惠互利的。

从空间距离来看，"刘南宅"与世代联姻的庄氏、高氏相距不远。从沂水县出发，乘车到达高氏祖居地沂南大庄或庄氏祖居地莒南大店大约也就半个小时，相距大约25公里。从科举、仕宦、家族历史来看，庄、高两家各有独特优势。

从科举仕宦情况来看，大店庄氏实力最强。除明末进士庄谦外，整个清代庄氏有功名者总计55人，其中进士7人，举人14人，其余都是各种名目的贡士。就明清仕宦者而言，庄氏的人数近百人。从经济实力来看，庄氏家族到清朝末年占有土地和山场约10万亩，横跨苏、鲁两省，分布在7个县，势力延伸到鲁苏豫皖四省。以至民谣形容说："人走百里不宿别家店，马行千里不吃外姓草。"庄氏家族以大店镇为中心，形成了规模庞大的庄氏庄园。②

大庄高氏是明清沂水四大家族之一，在科举方面中过4名进士，6名举人，是当地唯一可以与"刘南宅"匹敌者。③相较刘氏、庄氏，高氏的优势在于家族名人高名衡父子为明朝尽忠的历史。高名衡，崇祯辛未进士，文名著称一时，撰有《高忠节公遗集》传世，其中收录了高名衡的奏疏、日记《守汴日记》及诗集《更生吟》《三良诗》。④无论在个人日记、家传、官修明史还是地方志中，"三守汴梁城"始终是高名衡人生中最辉煌的历史，也是其

---

① 参见翟学伟：《中国社会中的日常权威——关系与权力的历史社会学研究》，社会科学文献出版社，2004，第223-268页。

② 参见朱亚非等：《明清山东仕宦家族与家族文化》，山东人民出版社，2009，第375、376、379-387页。

③ 刘宝吉：《消失的迷宫：沂水刘南宅传说中的神话与历史》，《民俗研究》2016年第5期，第103页。

④ 高名衡：《高忠节公遗集》，青岛新文化慎记印务局，1934，第1页。

人生最值得称道之处。明末，清军攻占沂水城，高名衡偕妻张氏同日殉节。这使他成为沂水县著名历史人物，其事迹不仅被写入康熙《沂水县志》乡贤卷，还被载入道光《沂水县志》忠节篇，其墓作为古迹被写入道光《沂水县志》冢墓部分。高名衡之子高镠因助父守汴及后来守城不屈、甘心就死的事迹也被写入道光《沂水县志》。①高名衡父子忠君爱国、慷慨赴死的历史经历使其本人和家族在沂水县声望颇佳。

有鉴于上述庄氏、高氏的各自优势，"刘南宅"与其联姻不仅可以分享权势，还可以增强声势，这对"刘南宅"维持、巩固科宦望族地位自然是极为有利的。

第二节　宗族建设与社会声望

常建华在《近世山东莒地宗族探略》一文中指出，莒州地区宗族普遍存在，在一定程度上，莒地的宗族形态与中国南方地区没有太大区别。他们非常重视宗族内部建设，其宗族的组织化、制度化建设主要在清代进行，晚清持续着这种建设。因此，这一带具有浓重的家族社会色彩。该文所讨论的莒地主要指明清至民国时期的莒州。②因为历史上的行政隶属关系，本书所讨论的沂水县也大体在莒地范围之内。在宗族建设过程中，编撰族谱、订立族规、修建祠堂、划定族田等都属于民俗实践活动，在宗族内外可以达到社会控制的效果。

据著名民俗学家乌丙安先生研究，民俗控制与通常意义上的社会控制

---

① 参见黄胪登主修《沂水县志》卷之六《艺文》，载沂水县地方史志办公室整理：康熙《沂水县志》，中国文史出版社，2015，第104页；张燮主修《沂水县志》卷三《忠节》《冢墓》，载沂水县地方史志办公室整理：道光《沂水县志》，中国文史出版社，2015，第264、326页。

② 参见常建华：《近世山东莒地宗族探略──以民国〈重修莒志·民社志·氏族〉为中心》，《安徽史学》2014年第1期，第74-88页。

不同，它不是个体对个体的直接控制，也不全是权力者的控制，而是大量民俗压力形成的习惯势力的自然控制。其控制力远比某些控制者的威慑作用更大。其中就有隐喻性民俗控制，这包括民间神话、传说、故事、寓言、笑话等民俗文艺活动和民俗仪式。在这些文艺题材或文化现象的传播中，鲜明的是非观、价值观和道德观在民间社会得以推广。①从相关资料来看，"刘南宅"在宗族内部建设中的民俗实践活动就具有典型隐喻控制的特征，这体现在家族神话、名人碑记、丧葬习俗、支脉堂号、家庙画像、建筑形制等方面。这些民俗事象既反映出刘氏家族一以贯之的价值理念和生活态度，也起到了通过民俗手段潜移默化实现对地方社会自然控制的效果。这对刘氏能够在清代发展成为当地望族具有非常重要的意义。

一、记忆重构与家族神话

同南方望族相比较，明清时期山东望族的宗族建设具有不同的特点：族权意识相对薄弱，虽然家族有祠堂、族田、族产，族长也有较高的威望，但多没有严格的族规、族法。即使有些家族制定了规章，但没有严格的家族管理模式。另外，山东望族数代聚族而居的情况也比较少见。家族规模发展到一定程度，其成员就会分开居住。②尽管如此，但绝不意味着他们缺乏宗族建设的热情和意愿。明清山东望族对族谱编撰工作非常重视，族谱中收录了族内精英的家传、墓志铭。毫不夸张地说，族谱修撰乃是山东望族在宗族建设过程中极为重要的文化手段。哪些人能够进入族谱，每位传主的事迹如何取材撰写，通过族谱传承什么样的家族文化，针对此类问题，这些大族都有自己的想法和设计。

具体就鲁东南一带仕宦家族而言，几乎每家都有传承有序的族谱，他们对族谱编撰非常重视。在田野考察中，笔者了解到刘氏、高氏、庄氏、管氏、张氏、田氏等当地大家族在明清时期累次修谱，近年又相继完成了族谱

---

① 参见乌丙安：《民俗学原理》，长春出版社，2014，第140-141页。

② 参见朱亚非等：《明清山东仕宦家族与家族文化》，山东人民出版社，2009，第6页。

续修工作。相对而言，从明末发迹至今，刘氏修撰族谱次数并不多，共经四次修撰，始于康熙年间六世刘侃，继修于道光年间刘焯，续修于民国三年刘敬修，2008年第四次修撰。《刘氏族谱》主要包括以下内容：序例、族规、家传、墓志铭、坟茔分布以及世系等。家传部分详细记述了刘氏家族精英的嘉言善行和人生轨迹。通过考察刘氏家传，可以窥见刘氏精英在族谱编撰过程中，基于敬宗收族、在家族内外树立权威的想法，煞费苦心进行了一系列形象建构活动，呈现出以下特点：第一，造神。家族核心成员刘应宾、刘玮、刘侃及其嫡系子孙的家传中记录了诸如城隍赐子、梦境灵验、生而不凡、遇仙、遇鬼等带有神话色彩的奇事，从而形成了刘氏家族神话。这种情况在山东望族中并不常见。第二，篡改。对族内特殊人物的人生经历，采取了两种处理方式，一是出于政治方面的考量，为避免不必要的麻烦，在族谱书写中对其人生结局杜撰出虚假的历史；二是以口耳相传的方式在家族内部流传着事实真相。第三，名人效应。在历次修撰族谱时都会邀请社会名流参与族谱序言、传记、墓志铭撰写活动。值得一提的是，在清末第三次修谱时，沂水刘氏主动与莒州刘氏合谱，将莒州刘氏名人刘璞家传、奏疏收进族谱。刘璞在明末曾任职御史，以弹劾阉党首领魏忠贤之事而名满天下。如此一来，借助他们的名气可以进一步提升刘氏家族声望，增强社会影响力。据此，我们不难揣测刘氏精英的良苦用心。通过制造神话、篡改历史真相、借助名人效应，来应对社会变迁中因贰臣隐疾、新兴贵族兴起而导致的种种挑战，从而在家族内外树立政治权威。

1. 传说与书写：刘珙之死的两种记忆

在中国历史上，一些世家大族在编撰族谱时，出于"为尊者讳，为贤者讳"之目的，或者受某种社会情境、时代观念等因素影响，往往会出现"记忆缺失""历史隐匿"的情况。比如福建安溪虎邱林氏出于显扬家族历史、进行祖先崇拜、教育后代等方面目的，故意在族谱中建构了一些"历史虚像"，导致宋元之际的历史出现失忆；临川王安石家族受社会观念由尊崇"能吏"转向标榜"进士"出身之影响，导致王安石的两位叔祖"能吏"王观之的历史被隐匿，而"进士"王贯之的历史却在族谱中得到彰显。[1]以此观之，在一定程度上，族谱编撰是一个"记忆建构"的过程，他们在选材和行文中是有所取舍的。沂水"刘南宅"族谱中对刘珙的描述就属于这种情况。

刘珙是"刘南宅"五世，他是明末吏部郎中、清初安徽巡抚刘应宾次子。明清易代之际，刘珙参与抗清活动，后被杀。有关刘珙抗清的最早记录见于顺治元年八月二十八日奉命招抚山东、河南等处户部侍郎王鳌永的启本："八月二十六日，据沂水县札委招抚游击刘斌报称，沂水县土寇高钤、高镠、刘珙……招聚万人，自沂水、莒州、日照、赣榆以及东海、黄河之岸，皆连为一党。"[2]顺治二年六月戊子登莱巡抚陈锦上奏："故明吏部郎中刘应宾纵子珙倡乱投逆，宜籍珙家。应宾自南中回籍，并请酌议处分。"清廷回复："回籍乡官已概准赦罪。刘应宾姑免议。刘珙家产本应入官，但应宾既已宥罪，则珙产应归其父。嗣后南逃官，无父子兄弟者方许籍其家。如有父子兄弟，俱照此例给与。"[3]

乾隆朝编撰的《刘应宾传》如是记载："流贼李自成陷京师，应宾子珙与高钤、高镠等乘乱聚众，闻我朝大兵将至，珙南投明总兵刘泽清，后被杀。"

据上，刘珙参与抗清之事是确定无疑的史实，然而其抗清活动维持了多长时间，何时被杀，被谁杀，官史并没有留下明确记录。

刘侃在族谱中却留下了截然不同的说法，不仅刘珙抗清之事只字未提，而且杜撰出顺治十三年病卒的假象。他在《五世伯父知州公传》中这样描述刘珙："伯父讳珙，字兰石，中丞公次子也。多才艺，善书画，有立功名志，为浙江安吉州知州。一官不偶，从中丞公侨寓维扬十年，比返疾作，以顺治

① 参见王志双、王菲菲：《家族历史的"遐想"与历史记忆的"失忆"——以福建安溪〈虎邱林氏族谱〉为例的探讨》，《历史教学》2012年第10期，第41-46页；杨天保：《从"能吏"到"进士"——临川王氏一段家族史隐匿之因的社会学解读及其意义》，《江西社会科学》2006年第3期，第98-103页。

② 参见中国人民大学历史系、中国第一历史档案馆合编《清代农民战争史资料选编》第一册（下），中国人民大学出版社，1984，第45页。

③ 中华书局编《清实录》第三册《世祖章皇帝实录》，中华书局，2008，影印本，第1652页。

十三年丙申十月□日卒于淮浦。"①在其为父亲刘玠所作《五世考赠中议公传》中，也有一些与刘珙有关的记录："比中丞公寄居淮上，二伯父在京为人给券数千金。""未几，大父挈家归，将渡河，而二伯父早世。"②

事实上，刘氏直系后裔都知道刘珙是被清军杀死的。据"刘南宅"十六世刘统业、十八世刘庆山讲述，家族内部传说，刘珙被杀后拉回来时没有头，因此家人给他安了个假头，将他安葬在沂水某地，没有葬入祖茔。③

显然刘侃在为其伯父立传时，撒了个弥天大谎。谈到刘珙仕途时，他用"一官不偶"一词概括。一般来说，这样的词汇在官员履历介绍中较为少见。所谓"不偶"是什么意思呢？刘侃没有交代。但从这个词的语境来看，明显带有含糊其词、讳莫如深的意味。那么问题随之而来，刘侃为什么要隐瞒这件事？难道仅仅是出于为尊者或长者讳的目的？如果简单地、想当然地作如是观，那么抗清被杀的刘珙何以能够在族谱中出现？刘侃完全可以在编撰族谱时，将其排除在外，不为其伯父刘珙立传。既然时至今日，刘氏后裔都知道刘珙抗清被杀的历史事实，那么刘侃在刘珙之死一事上编撰谎言，究竟是为了纪念还是忘却这段不堪回首的往事呢？有关刘珙的历史竟然在家族内部的文字记载和口头传说中留下截然不同的历史记忆，这就非常耐人寻味了。

从内容相异的两种记忆并存不悖的情况来看，刘珙在刘氏家族中的地位不低，刘家人对其抗清忠明的政治表现是非常认可的。至少，刘侃对其伯父持有肯定、赞赏的态度。在家传中，刘侃对其伯父刘珙的叙述虽然简短，但在形象刻画上不吝溢美之词："多才艺，善书画，有立功名志。"毫无疑问，刘侃为刘珙作传，且将其录入《刘氏族谱》就是为了纪念这位明朝的"忠臣"。刘侃之所以隐瞒刘珙抗清被杀之事，实有不得已的苦衷。

首先，刘侃面临"父子异途"的难题。古代社会讲究父慈子孝，父子同

---

① 四修族谱编撰委员会编《刘氏族谱》卷一，2008，第155页。
② 同上书，第156—157页。
③ 采访时间：2018年4月14日；采访地点：沂水县招待所；采访人物："刘南宅"十六世刘统业、十八世刘庆山。

心，君父有命，不得违抗。父子选择截然不同的政治道路，显然有悖人伦纲常。从忠的角度来讲，刘应宾降清而子琪抗清死节，父不及子忠。从孝的意义来说，子未与父同心，成为殊途的"政敌"。因为刘琪抗清，其父刘应宾深受牵连，受到同僚弹劾。刘应宾虽未因此去职，但难免招来清廷疑忌，这为后来遭洪承畴弹劾罢职埋下了伏笔。子不从父而选择为明朝尽忠赴死，可谓"不孝"。明清易代之后，刘家不得不面对"父不忠""子不孝"如此尴尬的伦理困境。

刘应宾出于家族利益考虑，顺应时势，降顺清朝，确保其家在乱世之中能够延续血脉和家势。这固然值得族人理解和肯定。刘琪拼死效忠前明故主，以实际行动诠释了刘家士子对"忠"的理解和践行，自然也无可厚非。尽管明清易代之际，同一个家庭出现不同政治取向的情况较为普遍，有的明朝遗民之所以能够完节以终，正是依靠家族其他成员出仕。[①]然而，在宗族建设的具体实践中，这却成为顾此失彼、无法绕过的难题。如果公然据实而录，易代之际父子之间的"矛盾"和带给后世的"矛盾"就会凸显：记录刘琪抗清之事就意味着肯定了他对明朝的忠诚，否定了刘应宾顺应时势、降清保家的政治抉择。刘应宾父子在后世子孙心中的形象都会受损。如果因此将刘琪完全弃而不录、避而不谈，则会失去教化子孙的绝佳素材，对刘琪也不公平。客观地说，对于刘氏家族利益而言，肯定或否定任何一方都失之草率，都会是一种损失。

其次，当刘侃为刘琪作传时并不具备秉笔直书的政治环境。就清朝官方对待前明忠臣的态度而言，真正表彰和肯定前明忠臣的政治转向是在乾隆朝编撰《钦定胜朝殉节诸臣录》后开始的。尽管在此之前近一百年，清代民间社会要求清政府肯定南明抗清忠臣为义举的呼声不绝于耳，但从顺治到雍正朝，清廷统治者并未做出实质性妥协，唯恐再次激发民间抗清活动。刘侃在泉州知府任上开始第一次编修《刘氏族谱》，时间大约在康熙末年。作为地方官员，他对清廷的心意自然十分熟悉。在这种政治环境下，贸然将清廷眼

---

① 陈永明：《清代前期的政治认同与历史书写》，上海古籍出版社，2011，第53页。

中的"逆贼"大书特书，显然不合时宜。再者，清初统治者对文字的管控是十分严厉的，如顺治朝庄廷鑨《明史》案、康熙朝《南山集》案尽皆轰动一时，天下皆知。有这样的前车之鉴，饱读史书的刘侃更不会不知趣，若顶风而上，会给本人和家族招来祸端。

于是乎，刘侃采取了折中的办法：为刘琪作传，但对抗清之事隐匿不提，谎称病卒。如此一来就可以瞒天过海，避人耳目。如果不是当时知情者，或是专门下功夫考察的后来者，这件事被民间举发的可能性微乎其微。通过将刘琪的名字留存于族谱中，同时在家族内部传说刘琪抗清被杀的事迹，文字和传说衔接起来，这样就可以使"忠臣"刘琪的光辉事迹代代相传了。总之一句话，杜撰和传说的最终目的就是为了"忘却的纪念"。

2. 名人效应：公众社会的参观和参与

王鸿泰在《明清的资讯传播、社会想象与公众社会》一文中提出，尽管当时的交通远不如今日发达，但交通资讯并非完全封闭，公众也并非被禁绝于封闭的村社中而茫然不知世事。[1]他以士大夫对邸报、戏剧、小说的参观和参与为例，证明了明清社会城市之间的资讯传播是相当发达的，从而营造出一个人人皆可言、人人皆可知的公众社会。事实上，明清时期，在县、乡这一级别的地域空间，也有一个资讯传播、社会想象的公众社会存在，也会有戏剧表演和小说的流传。在北方地区定期举办的庙会和有钱人家婚丧嫁娶或许愿之事都会出现戏曲表演的影子。[2]有些经济实力雄厚的县城、村落还会有固定的公共戏台。[3]在这些民俗活动中，人们往来密集，既涉及商贸活动，也会有文娱互动，当然不可避免也会为人们情感交流、信息互换提供必不可少的社会空间。此外，县域公共空间还会与地方家族的宗族建设活动发生关联。当地方望族编撰族谱或从事与此相关的文化活动时，就会与各种社会人

---

① 王鸿泰：《明清的资讯传播、社会想象与公众社会》，《明代研究》2009年第12期，第42页。

② 参见赵世瑜：《狂欢与日常——明清以来的庙会与民间社会》，生活·读书·新知三联书店，2002，第116-135页；明恩溥：《中国乡村生活》，午晴、唐军译，时事出版社，1998，第53-64、181-195页。

③ 段建宏：《明清山西戏台中的地方社会力量》，载吴琦主编《明清地方力量与地方社会》，中国社会科学出版社，2009，第221-256页。

员发生互动关系。比如修谱者邀请社会名望高的士大夫撰写传记、墓志铭等。这是明清望族在宗族建设过程中较为常见的文化活动。在这一过程中，族内精英和族外精英围绕族谱编撰进行友好的文化互动，族外精英也被动参与进来。作为刘氏家族之外的知情者，他们会成为刘氏家族在沂水当地甚至更广阔区域的传播媒介。于是借名人之笔和名人言谈，刘氏精英的嘉言懿行也就随之进入公众社会，这无疑有利于提升刘氏的声望和社会地位。

从目前存世的资料来看，《刘氏族谱》中的绝大部分传记都由族内精英撰写，除刘侃及其子刘方直、刘鲁洙、刘鲁楷的传记由金学奇撰写外，只有十二世刘懋泗的传记是由同邑姻亲张文枫撰写的。值得注意的是，这位金学奇乃是远在千里之外的泉州士子。这就略显蹊跷。以刘家的实力，难道在当地找不到合适的撰写者吗？从族谱记载来看，金氏只是一名普通士人，本无特别之处，但他的出现对刘氏家族而言具有特殊意义。刘侃一生最值得书写的历史就是任泉州知府期间的政绩和当地士民对其爱戴之情。然而，泉州地处东南沿海，与沂水相隔几千公里，两地之间无论历史文化还是人员往来，基本没有什么瓜葛。况且以当时交通条件而论，这些信息很难较为完整地传布到沂水县。然而修谱提供了契机。金学奇是泉州本地人，与刘侃父子时相过从，对刘侃在当地的政绩和社会声望知之甚详。刘侃的嘉言懿行在金氏笔下娓娓道来，自然可信度较高，令人信服。更为重要的是，金氏不负所望，基本上将刘侃善政和受民爱戴的情状，通过文字书写移植到了沂水地方社会。

金学奇所撰《六世中大夫传》包括两部分内容，第一部分详述了刘侃读书、仕宦经历，重点描述了刘侃在泉州任上的德政善绩。第二部分则不厌其烦地描述了泉州士民对刘侃的爱戴之情，所述如下："守泉州六年，士安弦诵，民乐耕农。督抚以卓异荐举，百姓赴省城请命挽留，冠者相望于道。离任之日，百姓扶老携幼、卧辙攀辕，车不得行。当地人在朱子祠旁购地为其建立讲堂，于刘侃交接之日开始绘像供奉禄位，以鼓乐欢迎刘侃莅临，士庶以次瞻仰。"

金氏还借刘侃之子刘鲁洙之口，佐证当时盛况。时刘侃次子文源随侍在侧，见到百姓向其父画像肃拜时，高兴地说："吾父居官勤劳，淡泊明志，殊无所乐，惟盛德感人，以至于此。予小子躬逢胜事，荣实甚焉。"

当刘侃转任福建盐政后，因公事再次来到泉州。"父老顶香郊迎，绅士趋候道左，毂击肩摩，境内悬灯结彩，光辉彻霄汉，群作为诗歌以献。甚至有童谣云：'官光明、灯光明，遗爱至今留令名。士感羡、民感羡，福星去后幸重见。'博士弟子员敦请讲学，镌刻刘侃画像于讲堂，题赞曰'闽泉胜区枕青揖紫，过化存神惟子朱子，更有真王称贤刺史，令守刘公允堪鼎峙。生长鲁邦，帝命莅此，六载清勤，爱民礼士，名列御屏'云云。城南百姓列道欢迎，百姓争相临摹刘侃画像一幅，以至一时洛阳纸贵。"

刘侃在泉州崇祀乡贤后，乾隆七年太常少卿晋江刘大玠，在闽为置讲堂，祭田三十余亩，至今祭祀尚盛焉，所有事迹载入县志仕绩传。①

如上，金氏对刘侃在泉州的社会影响的介绍可谓言之甚详，十分生动，令人读来宛如身临其境，将刘侃受拥戴的具体事项尽收眼底。金学奇所述泉州士民表达爱戴刘侃之情的方式有很多：既有童谣，也有文人题赞；既有祠庙、画像，也有讲堂、祭田；既有百姓的爱戴，也有地方官府、士子、为宦者的表彰。这种情况不仅在《刘氏族谱》中仅此一篇，即使当地其他望族族谱中，类似的书写方式也比较少见。

不消说，金氏之妙笔起到了景观移植的作用。这样一来，刘侃的政绩、政声穿越了时空阻隔，几乎毫无遗漏地呈现在《刘氏族谱》的读者面前。刘氏子孙、姻戚、友朋都会知道这些事情。在沂水地方社会，通过族谱等传播媒介，刘侃廉洁奉公、勤政爱民、士民拥戴的光辉形象也就随之进入当地公众视野了。

除传记外，刘氏先世的墓志铭、族谱序言多由名人撰写。刘氏先祖墓志铭的撰写者或为朝廷高官，或为名满天下的文人。族谱序言的题写者则是当地有影响的地方精英。这些族外精英被动参与到刘氏家族的文化建构中来。他们首先是参观者。因为撰写序言、传记、墓志铭之前需要了解其人、其家的历史，这就自然成为族谱的参观者。当序言、传记、墓志铭撰写完毕并收

---

① 四修族谱编撰委员会编《刘氏族谱》卷一，2008，第176—181页。

入族谱后，他们从局外人也间接变成了局中人，他们的文采、声望、身份、观感都会留存于族谱中，世代相传。如此一来，刘氏家族不仅在与地方社会发生着联系，而且还会突破地域限制，和沂水以外的社会空间产生联系。尤其紧要的是，在沂水县这样的小地方，墓志铭上撰写者们大学士、尚书的身份就会令人望而生畏。这就加深了当地民众对"刘南宅"科宦望族的印象。在中国传统社会日常权威运行过程中，碍于人情和面子，这些名人成为刘家宗族建设的参与者。同时，他们的声望、权势也就流入沂水县，和刘氏家族联系在一起，这无疑有助于刘氏家族的名望提升和权势巩固。

名望的基础并不全是个人的权势、政治业绩或宗教敬畏，它的来源也可以比较平庸，但力量也相当可观。比如上文所讨论的名人为刘家题写的序言、墓志铭、传记，这些都是极寻常的民俗活动，但有助于刘氏在当地声望的提升。名望具有伟大的力量，可以形成令人难以抗拒的力量。通过名望既可以得到人们的赞赏，也会使人畏惧，使普通群体的批判力麻痹。即使有名望者失去权力的时候，他依然可以得到有权势者的保护和民众的爱戴。[1]在地域社会，名人碑记、传记、题序往往带有特殊隐喻，反映出某一家族的势力、声望和社会影响力。同时，这也会进一步提高家族声望，从而在当地社会拥有更大的力量。从客观角度来说，这种由此产生的名人效应乃是望族利用民俗事象对地方社会进行自然控制的重要手段之一。

表四：清代刘氏传记、序言、墓志铭统计表[2]

碑传名称	撰文（书写）人	关系	撰文人功名、官职
刘母耿淑人墓志铭	吴伟业	通家侍生	进士、国子监祭酒、秘书院侍讲
皇清赐进士龙麓刘公墓志铭	綦汝基	制眷年弟	进士、通议大夫、内宏文院学士

---

① 参见古斯塔夫·勒庞：《乌合之众：大众心理研究》，贾秀清译，煤炭工业出版社，2018，第139—146页。

② 本表据四修族谱编撰委员会编《刘氏族谱》卷一整理。

续表

碑传名称	撰文（书写）人	关系	撰文人功名、官职
皇清赐进士龙麓刘公元配秦孺人墓志铭	刘谦吉	同年宗弟	进士、内阁中书舍人
国学廪监生孝颙公墓志铭	刘果	宗弟	进士、江南提学道
皇清诰受中大夫福建都转盐运使司副使存庵刘公墓志铭	成永健撰文	同年	进士、宁海州知州
	张廷玉书丹	年门弟	武英殿大学士、工部尚书
	王纮篆盖	年眷弟	进士、吏部文选司员外、署理天津道事兼督河工
七世文林郎端木君传			
七世孝廉鱼山君传	金学奇	世交	
七世孝廉文源君传			
刘氏世谱序	李于培		进士、通永遵蓟河道
续修刘氏族谱序	张文枫	姻戚	
重修刘氏族谱序	袁炼	姻戚	进士、国子监助教
莒沂刘氏合谱序	刘岩	世交	举人

3. 家族神话：从《遇仙记》到"夜梦文昌"

在《刘氏族谱》中，对祖先的追忆并没有选择攀附名人，而是另辟蹊径，对家族早期历史进行了神话建构。这在中国古代修谱活动中是较为常见的文化现象，通过对祖先的神化，从而达到"祖先崇拜"之目的。比如《史记》中对刘邦的记载，其母刘媪尝息大泽之陂，梦与神遇。是时雷电晦明，太公往视，则见蛟龙于其上。已而有身，遂产太祖。①此后历代王朝在开国皇帝的《本纪》中多采取了"神化"的做法。这对士大夫群体造成了影响，

———

① 参见陈晨：《神话传承与祖先崇拜》，《长江大学学报》2011年第1期，第15页。

他们纷纷效仿，通过"祖先神话"来进行"家族精神"和"自我价值观"的逐步建构和完善。比如两晋南朝时期的琅琊王氏家族就在族谱中制造出"祖先神话"。①明清以降，随着族谱编撰活动的大规模开展，"神化祖先"的现象渗入了民间社会。人们逐渐意识到祖先历史的神话化对"祖先崇拜""宗族建设"卓有意义：通过对先祖历史的神话化，定期举行祭祖仪式，求得与祖先的同在，从而使其生存获得再生的神圣性和实在性。②

《刘氏族谱》就描述了刘应宾支脉二世刘志仁、三世刘励、四世刘应宾、五世刘玮的种种神奇经历。这些叙述具有非常典型的神话象征符号特征："神话的意义并不是孤立地包含在形成神话的那些单一的神话素中，而是只存在于那些神话素的整体排列组合中；这些整体上的排列组合体现了某种神话思维方式，并能够引导人们联想出这个神话的深层意义。"③

在《刘氏族谱》中类似具有神话色彩的描述有九处之多，包括梦境灵验、城隍显灵、生而不凡、夜梦文昌、遇仙等内容，刘应宾所作《遇仙记》只是其中篇幅最多的一篇。如果将这些神话色彩的描述从每则文本中提取出来，排列到一起，可以看出种种神奇之事都是以刘应宾支脉为中心，彼此之间逻辑贯通，成为一部相对独立的神话。这种家族内部流传的神话，是"刘南宅"社会神话的本源，我们姑且称之为家族神话。

家族精英凭借自身的成就、掌握的社会资源以及在家族中的威望，在修谱的过程中有着极大的话语控制权，而且他们也利用这些"便利"为修谱人员提供便利，同时也将个人意志强加于族谱中。比如对祖先源流的追述，有意规避自己支房不好的事项，刻意抬高自己支房的家族地位等，这也成为学界应该着墨更多的死角。④鉴于此，我们不难发现刘氏家族神话编著者的动

---

① 参见王尔阳、郭丹：《祖先神话与六朝士族精神的建立——以两晋南朝的琅琊王氏家族为例》，《福建教育学院学报》2011年第1期，第97—99页。

② 参见荆云波：《历史的神话化：谈祖先崇拜的原型意义》，《宁夏大学学报》2008年第3期，第20页。

③ 乌丙安：《民俗学原理》，长春出版社，2014，第198页。

④ 赵华鹏：《社会人类学视野下的族谱文化研究综述》，《中山大学研究生学刊》（社会科学版）2013年第34卷第4期，第90页。

机，很可能是出于在宗族内部和地方社会加强文化控制之目的。因为神话背后的政治隐喻恰恰有助于化解尴尬——既塑造出刘应宾生而不凡、能够通神的神圣形象，也对刘家的功名和财富做出了合理解释。这无疑有助于刘氏在沂水当地进行文化控制，构建权威。

其一，借助神话故事说明家族财富和功名的合理性。

刘氏家族神话中多次出现神仙对刘家财富和功名的预言。比如在《遇仙记》中，吕祖为刘应宾相面，曰："折桂客，折桂客。"并成功预言刘应宾会在壬子年、癸丑年考中举人、进士。面对刘应宾的追问，他还告知："中年可有敌国之富。"①刘应宾的母亲妊娠之初，异尼也曾预言"后将大贵"，并留隐语云云。②

刘应宾之子刘玮尝梦觐文昌问功名，帝君告诉他："有之，然尚远。"③后来，这些预言果然都在现实生活中应验。这样，刘家通过神仙之口告诉大家：刘应宾家族得到神仙庇佑，其功名和财富乃是上天注定。

另外，刘氏家族神话还展现出刘氏为获取功名和财富所付出的艰苦努力。一方面，刘氏虔心敬奉神灵。为了求子，二世刘志仁五鼓时分就到城隍庙进香。刘应宾的母亲不但在家中供奉观世音菩萨，暇则焚香合掌，竟日危坐，而且到了名山古刹经常施捐。

另一方面，刘氏并没有把希望全部寄托于求神拜仙，还积极投身科举。二世刘志仁对儿子刘励说"汝祖固神明之佑也"，同时也没忘记勉励儿子刻苦读书。为此刘志仁提前买了一个大鼓，打算儿子科举中第后敲鼓庆贺，以此激励其进取之心。刘励不负父望，"尝与中丞公外父廪生耿公讳光暨张某读书上元寺，荒山破壁，蛇鼠纵横，山鬼复于夜窗咿唔，或时伸毛手索饮。张惧而归，公恬不为怪"④。

为求仕进，刘励和朋友深夜在荒山野寺读书，结果遇到鬼怪。姓张的读

---

① 四修族谱编撰委员会编《刘氏族谱》卷一，2008，第112-113页。
② 同上书，第103页。
③ 同上书，第142页。
④ 同上书，第82页。

书人被吓跑了，刘励却不以为怪，不为所动。从某种意义来讲，所谓鬼怪其实隐喻了刘家迁居沂水后遇到的重重困难和阻力。正是因为刘氏先人不畏艰难，发奋读书，才有了后世科举连第的盛况。

其二，通过神化刘应宾，抬高自己支脉在家族内的地位。

刘氏家族神话都和刘应宾有关。这些灵验故事是刘应宾父子及其嫡系子孙的亲身经历。在刘氏族谱里，对其他支脉成员的历史追忆并没有出现类似神奇的故事。刘应宾之父刘励的来历就比较神奇。励父刘志仁年逾四十无子，以虔诚之心敬拜城隍，城隍赐予二子。其中一子就是刘励。刘应宾之子刘玮则能够在梦中向文昌神讨问功名前程。最神奇的是刘应宾，"生而歧异"。生之夕，邻人微闻若有音乐传空者。及长，刘应宾又遇到神仙吕洞宾指点迷津，几十年后生病时因为得到吕祖馈赠的药丸而痊愈。[①]这些故事旨在充分表明刘应宾支脉出身神奇。通过神化，刘应宾支脉在家族中的地位得以抬升，族谱编撰者也就达到了祖先崇拜之目的。

这一点得到了时人进士袁炼的认同。他在为《刘氏族谱》作序时谈及一则传说："相传广文公未达时，其夫人晨起汲水，见井中皆莲花，光艳夺目。长姒至，尚见一花。弟妇至，则通井皆黑，一无所睹矣。故其后长支惟一举人，而广文公裔多贵显殷富。"[②]广文公正是刘应宾的父亲刘励。

其三，借助神话为刘应宾未能死节的"贰臣"身份开脱。

在刘氏家族神话中，多则故事表明刘应宾家族具有通神的能力。明清时期，伴随佛道信仰的世俗化和民间信仰的普及，寺庙、道观香火旺盛。上至达官显贵，下至黎民百姓，信神、求神者多矣，但并非所有人都能得到神仙的眷顾和恩赐。求神之后，心想事成者毕竟极少。刘志仁、刘应宾、刘玮祖孙就是神仙庇佑的少数人之一。

刘志仁在城隍庙与神仙沟通，虽然顺遂了心愿，但是只闻其音，未见其人。刘玮也只是在梦里和文昌神有寥寥几句对话。相比之下，刘应宾的神通

---

① 四修族谱编撰委员会编《刘氏族谱》卷一，2008，第79、103、112、113、142页。

② 同上书，第48—49页。

最大。神仙对刘应宾可谓关心备至。未曾面世，异尼就专门跑到刘家，告诉刘母此子将来大贵，并留下隐语。出生的时候，突然有音乐传空。在《遇仙记》的叙述中，吕洞宾两次不请自来，主动接触刘应宾。一次是万历庚戌三月刘应宾访亲，吕洞宾现身为刘应宾看相。另一次，丁子年刘应宾生病，吕祖专门托师徒假寓僧舍送来药丸，告其亲属不用担心，不久刘应宾果然病体康复。①

透过这几件通神的例子，刘应宾的半仙形象已经跃然纸上。这对大众群体会产生极大影响。大众群体具有易受暗示和轻信的心理特征，这导致历史上那些编造出来的神话和故事能够迅速扩散，而且还会经过人们奇妙的曲解发生奇妙的变化。②当这些神话传播到地方社会之后，民众的思想和情绪很容易受到影响和感染，当地盛传的刘应宾帮助吕洞宾，吕祖报恩赐宅的传说就是以刘氏家族神话为母体，被大众杜撰出来的。对于刘应宾仕明降清之事，大众自然会产生这样的印象：刘氏家族既然得到神仙如此眷顾，能够和神仙吕洞宾成为好朋友，那么刘应宾的政治选择必定合乎天意。如此一来，现实生活中的尴尬也就自然超脱于世情之外了。

综上所述，我们难免产生这样一种历史遐想：为了在国家、地方、宗族三个层面获得身份认同，树立刘氏家族权威，族内精英通过家族神话来淡化某些令人不愉快的记忆。在历史的跌宕中，当"遇仙"和其他种种灵验故事成为族群记忆并流传到沂水地方社会之后，那些曾经的隐疾也就自然被民众逐渐淡忘。国家一旦稳定，谁还会对"移民""贰臣""父子殊途"所带来的尴尬耿耿于怀呢？在沂水这个远离政治中心的小地方，吕祖、城隍、文昌、菩萨等神灵才是和民众生活息息相关的重要人物。王朝更迭带来的阵痛显然不如神奇的家族神话更能吸引地方大众的目光。

神化的功效是显而易见的。"刘南宅"传说脱胎于《遇仙记》，然而内容发生了非常明显的置换。原本吕洞宾点化、帮助刘应宾的故事情节，在民

---

① 四修族谱编撰委员会编《刘氏族谱》卷一，2008，第112-113页。
② 参见古斯塔夫·勒庞：《乌合之众：大众心理研究》，贾秀清译，煤炭工业出版社，2018，第35-36页。

众的理解和记忆中却变成了刘应宾救了神仙吕洞宾一命。在民间，刘应宾的"贰臣形象"被"神仙形象"所替换。

刘氏家族不仅得到了民间百姓的认可，而且与地方豪族的关系也非常融洽。这从刘家姻亲关系可以窥见。有清一代，当地望族高氏、庄氏、袁氏、管氏等都和刘氏有着累世秦晋之好，代代结为姻亲。[①]这充分反映出刘氏家族在一定程度上纾解了身份认同的困局。因为古人婚嫁讲究门当户对，如果刘家没有纾解"尴尬"带来的困扰并得到士人阶层的谅宥，当地世家大族就不会和刘家结为世戚。这些族谱记载的家族神话正是刘氏精英在铺设望族之路的过程中，进行形象塑造和身份调适的直观反映。

不可否认，上述只是根据史实和相关资料的推断、假想，未必尽然，但是历史研究的魅力正在于此，通过史料与时人、时事对话，力求接近历史真实的一面。家族神话在客观上树立了刘应宾在家族内外的神圣形象，内有助于收族，使后人敬宗法祖，外立威于同乡其他大族。家族神话在历史进程和社会情境中逐渐消弭了家族内部及其与族外大众之间的隔膜，在一定程度上化解了王朝更迭之际政治抉择带给刘氏族人的尴尬，从而达到"文化控制"之目的，对家族权威构建起到重要的推动作用。

家族神话不仅是刘氏精英面对身份认同困局的应对之举，也是时代宗教、文化现象和士人生活、文化习惯的反映。从作者刘应宾、刘侃生活的时间推断，"刘南宅"家族神话传说大致在明末清初产生。这一时期，佛道信仰的世俗化、神魔小说繁盛、搜奇猎异文人笔记的盛行是较为显著的社会文化特征。这些社会文化现象不免对刘氏家族日常生活和文学创作产生巨大影响，为家族神话的滋生提供了必不可缺的文化土壤。

明清之际，三教趋于合一与信仰的世俗化使神的地位发生了彻底的改变。天地鬼神、仙人菩萨等等都已不再是凌驾于世人头上的至高无上的权力象征，而是深入人们的社会生活，与人们的衣食住行、祸福休咎都息息相关。在神的世俗化的同时，人们的世俗生活也充满了浓重的宗教气氛，使鬼

---

① 2016年初，笔者在沂水、莒县、莒南、沂南一代搜集地方仕宦家族族谱资料。在走访过程中，高氏、刘氏、庄氏后人普遍反映并认同这一情况，这在几家族谱中也有明确记载。

神信仰成了人们社会生活不可缺少的部分。①

吕祖信仰不仅在沂水地方社会广泛传播，而且对刘家影响很大。此外，刘氏家族神话还显露出城隍、文昌和佛教信仰的痕迹。

城隍信仰和文昌信仰是明清之际民间非常普遍的一种信仰。"城隍庙是城市中的必建建筑，由于国家的推广，明代城隍信仰逐渐普及，各个城市中都修建了城隍庙。"②在沂水地方社会，城隍信仰同样盛行，并且融入了百姓生活，成为当地民俗。这从二世刘志仁城隍庙进香的一段神奇经历可以体现。"刘志仁年逾四十无子，沂俗元旦诣城隍庙进香，公五鼓谒庙。"③"沂俗"二字表明：元旦这一天到城隍庙进香是当时沂水地方社会的风俗，城隍信仰已经渗入沂水百姓的日常生活，刘家自不例外。"五鼓谒庙"的行为充分体现出刘志仁信奉城隍神的态度十分虔诚。

对城隍神的敬奉很快得到了回报。在城隍庙进香时，刘志仁听到有人说："今年赐尔二子。"是年五十果生二子。④这样的传说在明清时期并不鲜见。在山西，正德年间，随着城隍信仰深入民间社会，城隍显灵的事情也开始出现："正德六年，流贼掩至本县南三十里，将由榆次犯井陉，见赤衣神人挥之去，贼乃趋辽州，盖城隍为邑保障云。"⑤清人陈其元所著《庸闲斋笔记》就收录了"上海县城隍之灵应""青浦城隍神之灵应"两篇城隍显灵的故事。⑥其他明清时期文人笔记中类似的故事还有很多。可以说，伴随城隍信仰在全国各地风行，城隍显灵的故事逐渐成为百姓日常生活的一部分。据此，《刘氏族谱》出现城隍显灵赐子的故事也就不足为怪了。

文昌帝君又称为梓潼神、梓潼帝君、梓潼真君，是道教尊奉的司禄主文运之神。尽管在明清时期，庙堂之上屡次出现正祀、淫祀之争，但是民间根深蒂固的文昌信仰，似乎并不因此而受影响。道教的文昌和儒教的孔子，成

① 马晓宏：《天·神·人——中国传统文化中的造神运动》，国际文化出版公司，1988，第3-4页。
② 吴琦主编《明清地方力量与地方社会》，中国社会科学出版社，2009，第246页。
③ 四修族谱编撰委员会编《刘氏族谱》卷一，2008，第79页。
④ 同上书，第79页。
⑤ 吴琦主编《明清地方力量与地方社会》，中国社会科学出版社，2009，第246页。
⑥ 陈其元：《庸闲斋笔记》，杨璐点校，中华书局，2015，第40、41、60、61页。

为天下士人的精神主宰，每逢科举考试之年，士人无不膜拜祈祷。①既然"刘南宅"是有名的科举世家，那么信仰文昌神，出现夜梦文昌的故事是很自然的事情。

刘氏家族神话中还曾出现佛教的身影。据族谱记载，刘应宾母亲信佛，在家中供奉佛龛，"龛中供一大士像，暇则焚香合掌，竟日危坐"。这与刘母的两段神奇经历有关。盖初年有尼持钵指刘母曰："修行菩萨，有贵子厥后昌。"故刘母事大士终身唯谨，名山古刹辄施捐。在她方妊时，有异尼叩门曰："夫人有身，男也，后将大贵。"并留隐语云云。生之夕，邻人微闻若有音乐传空者。②

显然，明清时期佛教也渗入了沂水百姓生活，而且对女性影响较大。正是因为尼姑主动接近刘应宾母亲，为其指点迷津的两次经历，刘母开始供奉观世音菩萨，并且一生笃信不辍。

由上述可见，伴随三教合一和佛道信仰的世俗化，刘氏家族的信仰兼收并蓄，多元存在。刘家不仅信奉道教神仙吕洞宾、城隍神、文昌帝君，还信奉佛教中的观世音菩萨。城隍庙进香、夜梦文昌、供奉佛龛的种种行为表明，佛道信仰已经融入刘氏家族的日常生活，烧香、拜佛成为刘家的生活习惯。

在浓郁的宗教氛围中，梦在刘家日常生活中占有很重要的位置。刘氏家族神话中梦境灵验的事情多次出现。崇祯三年十一月二十三日之夜，刘励梦游天堂，神以丹筹五告，未几病革，趋应宾辈曰："大梦一场，行离家乡，儿辈看我。"刘励升迁之际，征兆还曾出现在别人梦中。庠师丁姓者夜梦一绿袍官，揖之曰："我吏部天官也。"寤而异之，旦日侦何人来见，适公着绿罗衣趋谒，丁曰："子其吏部天官耶？何与吾梦符也。"刘玮考取功名前，在梦中向文昌帝君叩问前程。甚至营建居所、为家宅题字的琐事也在梦中提前出现。③刘家人觉得灵异，将这些事情收录于族谱。

①张泽洪：《论道教的文昌帝君》，《中国文化研究》2005年第3期，第1—5页。
②四修族谱编撰委员会编《刘氏族谱》卷一，2008，第95、103页。
③同上书，第84、89、142、196页。

　　梦境灵验的故事自古以来就非常普及。圆梦是古代人的生活习惯。古人对梦是极为重视的，认为梦境是一种预兆，或者是某种启示。所以古人做了梦，经常要请人解释梦境的含义，叫作圆梦或解梦。在民间有《解梦书》出现，《道藏》中也有些梦占的零星资料，《太平广记》收辑北宋以前有关梦的故事达七卷之多，基本都是说梦境的灵验。①这种生活习惯一直延续至近世。清代著名的文人笔记《池北偶谈》《庸闲斋笔记》等就收辑了很多梦境灵验的故事。

　　除去宗教因素，明清时期出现的一些文学现象，比如自传文学、神魔小说、文人笔记也都对刘氏精英的文学创作产生了重大影响。

　　明代是中国自传文学史上的兴盛时代。尤其是晚明，更堪称"中国自传的黄金时代"。随着时代的递嬗演变，士大夫形象也日趋多样化。在明代，理学家已不再成为士人的典范。离经叛道者反而成为新的典型，一些超然物外、放浪形骸的文人更是领导着社会的时尚。②刘应宾所撰《遇仙记》虽未称自传、自叙、自祭之类，但从内容来看似可归于自传文一类。

　　明清时期是神魔小说的繁荣期。鲁迅先生把神魔小说看成明小说的两大主题之一。中国古代小说和佛道两教有着密不可分的联系。先是佛道入于小说，后是小说入于佛道。二者相互渗透，最明显的例证是道家的八仙和佛教的济颠。③在此影响下出现了《西游记》《封神演义》《聊斋志异》等一大批神魔小说。这些文学作品的读者既包括普通大众，也包括士绅官宦之家。

　　在这样一种文化氛围下，明末清初士人阶层开始形成搜集、整理奇异之事的文化习惯。这在与刘应宾同一时期的几位山东老乡的著作中多有体现。山东新城王士禛著《池北偶谈》，收录了大量遇仙、梦境灵验等神鬼奇异之事。博山孙廷铨著《颜山杂记》同样有专门篇章记载了在孝乡发生的奇闻异事。淄川蒲松龄所著《聊斋志异》更是搜奇猎异的典范。

　　综上所述，受时代宗教、文化现象和士人生活、文化习惯的影响，"遇

---

① 李远国、刘仲宇、许尚枢：《道教与民间信仰》，上海人民出版社，2011，第253页。
② 陈宝良：《明代社会转型与文化变迁》，重庆大学出版社，2014，第269~271页。
③ 林辰：《神怪小说史》，浙江古籍出版社，1998，第2、315、316页。

仙""城隍赐子""梦境灵验"等种种奇异之事得以出现在《刘氏族谱》中，形成了刘氏家族神话。换言之，这些家族神话正是对明清时期宗教文化现象和士人生活、文化习惯的映射。

家族神话堂而皇之地收录于族群记忆的重要载体族谱中，这在沂水及其周边区域并不常见。这些神话传说对刘氏家族权威构建起到非常重要的作用，但并没有典型意义。这与刘氏家族早期历史有着很大的关联。"移民""贰臣""父子殊途"的尴尬是刘氏家族在发达之后叙说家族历史、构建族群记忆所面临的重大挑战。为了能够树立宗族权威，在地方社会获得身份认同，刘氏精英采用了较为独特的文化建构方式，通过讲述神话故事的方式追述祖先事迹，以达到"文化控制""形象建构"及"身份调适"之目的。这在一定程度上缓解了身份认同的困局。同时，家族神话也是对明清时期宗教文化现象以及刘氏家族日常生活和文化习惯的直接反映。

二、声望维系与民俗传统

"姓刘的风俗，不许厚葬。有个遗嘱，办红白事场面要大，但要薄葬。这是祖辈传下来的习俗。"①讲这些话的人名叫刘统业，系"刘南宅"十六世，是刘应宾三子刘玠的嫡传子孙，其曾祖是十三世刘敬修。刘统业曾在俗称"刘南宅"的八卦宅里居住过一段时间，他是这座神秘宅院居住者中的唯一健在者。据刘统业讲述，五岁以前，作为八卦宅的小主人，他就住在这个院子里。1939年日寇占领沂水城后，他同家人逃难，"刘南宅"也毁于战火。从此，他再也没能回到那个使刘家声名显赫的深宅大院。但是作为"刘南宅"嫡系子孙，他从祖辈、父辈那里听到了很多关于"刘南宅"的历史信息，其中就包括下面有关刘家的丧葬传统和以善为宝的文化传承。

1. 刘敬修的葬礼：薄葬但场面要大

清代民间社会形成了较为固定的丧葬制度和仪式，这包括用僧道与乐器

---

① 采访时间：2018年4月13日；采访地点：沂水县刘统业家中；采访人物："刘南宅"十六世刘统业。

的丧仪、吊丧与演戏剧并设宴招待亲友、守丧制度、对不同身份人的茔地规模、出殡仪式等方面的规定。虽然在清廷的统一定制之下，各地风俗民情略有差异，但丧葬中的奢费则是从富贵之家到穷苦民众都普遍存在的情况。对上层社会而言，通过奢侈办丧来搞好人际关系，扩大影响，维护自己家族的地位，而下层社会亦如此则不过是满足自己的虚荣心，落个孝顺的好名声。①

"刘南宅"十三世刘敬修的葬礼规模就很大。当地人张希周留下了如下回忆：

刘琢堂死后，灵柩一直停在家中。名义上是为了堪舆，实际上当时财力已甚拮据。过了一段时间，才决定破产为其举办一个很体面的少牢礼大殡。决定之后遂向戚、友、族、寅、属等发讣文，通知出殡日期。紧接着便是浩繁的准备。

葬礼仪品则包括第一个棚"封诰亭"，三层四面，高约十五米，上面供奉皇帝的封诰和圣旨，垂下一条很长的黄丝绸布，上有"皇帝万寿"的字样，因此叫"封诰亭"。两边各扎有两对带"顶棚"的方形高台。西边是过街楼，楼有三间，分上下两层，下层通行，上层供奉亡者灵位。

通过过街楼向北一转，就是骑门阁，按照牌坊形式扎建，中间高，两边低，状似文庙前的棂星门。走过骑门阁，在影壁墙前又扎一棚，内置铭旌，用红段子做成，长约三米，上面用金字印着亡者的官职和讳号，名曰"铭旌棚"。进入院内还有灵棚、待客棚等。这些纸扎的亭棚都挂有大檐子和五彩宫灯。此外，还有童男童女、金山银山、聚宝盆、摇钱树、桌椅条几、餐具、盆花等纸扎装饰物。

开吊前，还从浮来山请来和尚，从诸城聘来高僧、道士，专做佛事，设坛诵经，超度亡魂，伴以走金银桥、走长城、送佛灯等表演。

开吊的时候，是葬礼的高潮。刘家亲属友朋按期携带供品、奠仪前来吊唁。沂城和周边村庄的百姓也联合八户一组凑钱送挽幛或挽联，然后按时赴

---

① 参见冯尔康、常建华：《清人社会生活》，沈阳出版社，2002，第239-248页。

宴。挽幛、挽联共收到500多幅。①

关于参加吊唁的人数，在《正和先生哀荣录》中留下了清楚的记录。这份哀荣录首页由清末民初政治人物王芝祥题写。②这份材料开篇是一篇诔文，介绍了刘敬修生平。其后，按省、县罗列了参加吊唁的有身份者的姓名。从地域上看，既包括沂水及周边临沂、诸城、莒县、即墨、长山、蒙阴、临朐、昌邑、昌乐，也包括本省平原、历城、利津、郓城、章丘、博兴等地，甚至还有从直隶、湖北、浙江、江苏、河南、安徽等地不远千里赶来吊唁者。参加者中还有一名德国人窦恩德。后面则收录了葬礼收到的各方挽联。这些挽联很多是由全国各地道院敬献的，其他则来自沂水及周边地区的社会名流。据诔文落款显示，参加刘敬修葬礼的全国各地名流计二千三百余人。③

对当时吊唁的场面，张希周描述："'刘南宅'的这场大殡共持续了七天。七天内'刘南宅'车水马龙，人流滚滚，连距城几十里的乡间百姓都扶老携幼来看热闹。以至于为了方便吊唁者和杂役人员进出，'刘南宅'雇用了两个十五六岁的青年，身穿刺绣虎皮衣，头戴硬壳假面的虎头帽，手执小锣，敲打着在人群中开道。"

出殡的场面同样非常隆重："墓地上扎了一些棚场，有的叫阴宅。出殡这天，由六个晃荡人在前面开道，随后是随葬的纸扎品，都雇人每人一件拿着，紧接着是手持法器的和尚、道士，再后是吹鼓手和金瓜、钺斧等全副仪仗，最后才是孝子引着的灵棺。棺木是柏木的，前后用16根杠，由64名举重夫轮番抬着。城里的绅士们早就设下了几十处路祭，每到一处都要停下，由人献奠礼。从早上起灵，到墓地时已过午时。"④

---

① 张希周、张之栋：《刘南宅及其大殡》，载沂水政协文史资料委员会编《沂水县文史资料》第五辑，1989，第147-151页。

② 道院暨世界红卍字会是民国前期源起于山东济南的新兴民间宗教慈善组织。王芝祥曾任民国时期世界红卍字总会会长，而刘敬修是沂水道院的重要负责人，王氏很有可能因为这层关系与刘敬修相识，并为其题字。

③ 参见《正和先生哀荣录》，本材料由"刘南宅"十八世刘庆山先生提供。

④ 张希周、张之栋：《刘南宅及其大殡》，载沂水政协文史资料委员会编《沂水县文史资料》第五辑，1989，第152-153页。

综上所述，刘敬修的葬礼规模、气势确实足够宏大，这种丧葬场面在当时整个沂水县恐怕都难以找到第二家。然而在家境日衰的情况下，刘家为何仍然执意为刘敬修举办如此隆重的葬礼仪式？换言之，这场仪式的现实意义何在？

中国著名人类学家、社会学家杨庆堃在对中国民间社会葬礼仪式的解读中道明了真谛：许多研究中国丧礼哀悼仪式的学者都认为，对于中国人来说，丧葬仪式除了有助于减轻因亲人死亡而带来的情感震撼，还具有重新确定家庭群体内聚力和促进团结的重大意义。在哭灵仪式中，不管这种哭是否发自内心，都仪式性地强调了群体和谐与团结的价值，表达了对失去家庭成员的关注。

对家庭外部而言，关于死者生前事迹的歌功颂德，以及在葬礼仪式各方面的精心安排，都是展现给公众看的。通过葬礼上的一系列活动，丧主家庭与直系亲属以外更为广泛的社会群体重温固有的关系，以重申自己家庭在社会中的地位。在这一过程中，展示家庭的富有和影响力，是重新确定家庭的社区地位，强化因失去家庭成员而受到削弱的家庭组织基础的重要途径。[①]

从前述刘敬修葬礼场面来看，也确实能够起到这种作用。因为这场葬礼，沂水县乃至全国各种身份、各种关系的人被吸引到了沂水县刘家府邸，甚至当地本没有关联的普通百姓都被卷入其中。围绕葬礼形成了一个以"刘南宅"为中心的公众社会平台，每一个人都是参加者，同时每一个人也都是参观者，是这场宏大葬礼的看客。毫无疑问，人们彼此之间会有各种各样的交流，也可能带有与葬礼无关的个人目的，比如看热闹、商业销售、结识有用的人、表达感情等等，但"刘南宅"必定是这一时刻甚至很长一段时间内的焦点话题。

葬礼给参观者带来了视觉冲击，同时也会因此导致心理上的冲击。人们会留下这样的印象：不管怎么样，"刘南宅"这样的人家还是很有势力和声望的。

至于薄葬主张也反衬了大场面之目的。很显然，刘家立下这条规矩的人

---

① 参见杨庆堃：《中国社会中的宗教》，范丽珠译，四川人民出版社，2018，第28—31页。

是位十分务实的家族主义者。按照中国人事死如生的观点，厚葬当然可以给自己带来好处，但对于后世没有意义。再贵重的物品埋到泥土里，对逝者亲属都没有实际意义，倒是会被不怀好意者盯上。与其这样，还不如把钱用到刀刃上，集中力量办一场规模宏大的葬礼。对于逝者亲属而言，既可以表达对亲人的哀思，将族人、亲戚团结在一起，又可以向参加、观看葬礼的人展示出"刘南宅"在地方社会的权威和地位。

2. 宝善堂：善是传家宝

堂号历史由来已久，早在唐代就出现了堂号的说法。明清时期，堂号风行。堂，原指人们居住的房屋，后又衍化出家族某一支脉的意思。堂号的命名方式大致有五类：以郡望命名；以同宗显贵人士合数命名；以先祖生平、传说、著述、嘉德懿行等命名；以经典著作命名；以"圣谕""广训"命名。堂号往往是对一个家族历史文化的折射。①明清时期，沂水一带世家望族就有起堂号的文化习惯。最典型的例子是莒州大店庄氏家族，号称"七十二堂号"，实际数量计有130多个。这些堂号体现出庄氏不同支脉的文化特征和生存策略。②概而言之，堂号不仅是家族支脉标记，也是一种抽象文化符号。在"堂号"这种文化符号熏染下，后世子孙会在潜移默化中受到熏陶和感染，祖先倡导的良好传统也就悄无声息地嵌入后世子孙的思想和日常实践中了。

据"刘南宅"十六世刘统业讲述，其曾祖刘敬修有个堂号叫"宝善堂"，这个名字源于刘氏积德行善的家训："善是传家宝。取宝、善二字，是谓宝善堂。"

毫无疑问，行善是"刘南宅"生存策略之一。据《刘氏族谱》记载，刘氏历代不乏广散家财、乐善好施、扶危救困者。作为举足轻重的地方力量，"刘南宅"广泛参与地方性事务，大到赈灾灭疫、兴建书院及学校，小到日常生活中调和矛盾、对个体弱者在经济层面的帮助。据刘统业讲述，刘敬修本人就是一位善人。清末民初，告老还乡之后，他卖了家中二百亩地，创办

---

① 参见顾燕：《中国家谱堂号溯源》，上海古籍出版社，2015，"前言"第5—9页。
② 参见朱亚非等：《明清山东仕宦家族与家族文化》，山东人民出版社，2009，第376页。

了沂水县第一所中学"尚志中学"。不论穷富皆可入学，但待遇有区别。富家子弟得出钱，帮着办学。穷人的孩子不但免费上学，还给予生活上的资助。很多穷人子弟就因此受益，改变了命运。为了印证这个说法，刘统业还举了三个例子：刘敬修当了一辈子官，从不贪污，人很正派。他告老还乡时，手下一个当兵的姓姚，非要跟刘敬修一起回沂水，说从来没见过这么好的官，刘家人称其为姚总爷。沂水县以前有一位副县长叫李钦明，他就是尚志中学毕业的。他出身穷，父母都是盲人，家庭困难，"刘南宅"管吃管住。李钦明后来参加革命，鬼子来之前，他在曲阜师范学校当校监，后来才做了副县长，也是沂水一中的副校长。尚志中学毕业的还有一个叫靳星武的，新中国成立后他曾任《山东省志》的主编。①

善的意义是什么？或者说刘家人为什么行善？对行善者而言，这是其本人基于学识、修养、品德、生活态度而采取的一种自觉行为。在行善过程中，精神和物质达到了某种程度的统一：在向善观念的驱动下，通过向他人或社会捐助钱财、物品，从而在精神层面愉悦了自我。在客观层面，这同时也是一种庇护性的活动，并且是对自身地位的一种巩固。记载有行善者名字、捐献项目及捐献日期的本子，成了一部可资荣耀的名册以及一份地方性历史的档案。②

刘氏精英所行善迹都是具体人在历史上所做的具体事情。随着时间流逝，早年的善行会逐渐被人们淡忘，这既包括族内子孙，也包括族外曾经的受助者。就族内群体对祖先嘉言善绩的记忆而言，仅仅依靠族谱恐怕难以覆及所有后代。如果子孙不读族谱或者没有读到族谱，甚或读过族谱却没有用心，那么族谱也就失去了教化子孙的意义。就曾经的受助者而言，他们当然会歌颂或感谢施助者的恩德，但是这种情绪到底能维持多久则是一个很难回答的问题。如何使"善"成为一种家族传统传承下去，如何提醒人们记住刘家人的善迹从而对刘家做出正面的评价，这就需要将具体的善行内化成一种

---

① 采访时间：2018年4月13日；采访地点：沂水县刘统业家中；采访人："刘南宅"十六世刘统业。
② 王斯福：《帝国的隐喻——中国民间宗教》，赵旭东译，江苏人民出版社，2009，第160页。

抽象文化符号。相对于那些具体事件，简练的文化符号更容易被人们记住。从民俗学的视角来看，这种文化符号具有典型民俗控制的寓意。

对于这种情况，笔者就有切身体会。据家中老人讲述，笔者曾祖父平日乐善好施。或许他有几百亩土地，兼有其他一些规模不大的产业，总之在当时那个时代具有一定的经济能力，这使他能够在关键时刻帮助别人。当灾荒之年，他自愿替乡亲缴纳税粮。笔者祖父深受影响，在生活中常常尽己所能、助人为乐，并以"人行善事，莫问前程"为座右铭。这些善绩使他们在当地很有威望，以至笔者幼年时还能从人们的言谈中有深切感受。在春节拜年走亲戚时（这些亲戚不乏受过笔者祖辈恩惠者），带路者往往这样介绍笔者这位生客：这是某某的孙子。这家主人听到后马上面带笑容，礼迎进屋，热情招待。可是随着年龄增长，一些年长者过世。在亲戚间的往来走动中，再也听不到类似的介绍语，自然也就没有了过去较高规格的待遇。

施恩不图报，这是中国自古形成的优良社会传统。就个体而言，行善者当然不是为了得到具体物质利益的回报，因为这体现着一个人的品德和品位，是一种自觉行为。就宗族建设而言，行善还具有个人品性之外的文化意义。从这个角度出发，希望人们记住曾经的善事，则无可厚非。不论出于教化子孙还是维系家族声望的目的，善绩不仅需要被记忆，而且还需要广泛弘扬。

"宝善堂"就有这样的意义。将家族"善"的传统和事迹抽象为一个具体的文化符号。这个"文化符号"就具有"民俗符号"的特征和作用。前文已述，起堂号是地域社会富贵之家的民俗文化行为，在民间具有一定普遍性，为普通百姓所理解和认可。当人们接收到某种民俗信息时，立即会经过听觉、视觉和其他感觉收取到一个可以直观或者直感的东西。① "宝善堂"这个文化符号会引起人们的好奇和记忆。为什么叫作"宝善堂"？这也是笔者听闻刘敬修堂号后向刘统业提出的问题。以此来看，"宝善堂"作为抽象的文化符号，无形中会起到"引起记忆"的功用。当人们对刘家先世所做过的善事

---

① 乌丙安：《民俗学原理》，长春出版社，2014，第191-193页。

逐渐淡忘的时候，这个堂号会提醒或引起大家对刘家善行的记忆。

除了被记忆，作为具体的"民俗符号"，"宝善堂"还传达了一种生存文化理念。在中国传统社会，对深受传统思想文化影响的普通百姓来说，对天、地、冥界的信仰是占主导地位的信仰。人们认为天、地、冥界会根据个人的道德行为来决定其命运，这既包括现世，也包括来世。也许一个人并不道德，甚至违犯了道德戒律，却仍然大富大贵，但他会在来世受到惩罚。一个人谨守道德规范，积极行善，则在现世和来世都会受到天的保佑。[①]这种因果福报思想在民间谚语、词汇中都有反映，诸如"积善之家必有余庆""行善积德""善有善报、恶有恶报""行好"等都体现了人们行善以求福报的生活理念。这种情况在中国北方地区普遍存在。人们将生活中的生子、升职、升学、发财等喜事、好事归结于行善积德的作用，这是大众在日常生活中普遍存在的社会心理。同时，基于因果福报思想，道德秩序被赋予先天的公正性，行善也成为加强和维护道德秩序的一种手段。对士大夫阶层而言，行善的传统意味着他们会被相信"因果福报"的普通百姓理所当然地看作社会道德秩序的维护者。

三、八卦宅与家族神秘主义

1. 消失的迷宫"八卦宅"：家族神秘主义

"刘南宅"又称八卦宅，本意指沂水刘氏家族住宅，后逐渐演变为刘氏家族的代称。早在清同治年间，捻军占领沂水城时，"刘南宅"的大部分楼房被焚毁。后经重新修建，按五支分成南宅（分东院、西院）、中宅、北宅三处，其规模以南宅为最，又因地处沂水老城的西南部，故人们称之曰"刘南宅"。1939年日军侵占沂水城时，此宅被日军改建为据点。1944年，解放沂水城时，此宅的房屋大部分损坏了。新中国成立后，此处被改建为酒厂，"刘南宅"至此荡然无存。[②]

---

① 参见杨庆堃：《中国社会中的宗教》，范丽珠译，四川人民出版社，2018，第120-121页。

② 参见张希周、张之栋：《刘南宅及其大殡》，载《沂水县文史资料》第五辑，1989，第143页；沂水县地方志办公室编《沂水年鉴（1991—1999）》，齐鲁书社，2000，第426页。

"刘南宅"的西院门上有一匾额, 上书"大夫第"三字。东边毗邻的一个大院并无房舍, 称为东院。在东西两院的门前是一个东西狭长的小广场。东西两端各有哨门一座, 均有雇佣兵把守。东哨门外便是阳西街, 西哨门外就是老城墙, 城墙专开一个小便门, 只供刘氏出入。刘敬传生前修建了一座很气派的大门。门楼一律用水磨砖和灰色瓦建成, 嵌有天蓝色金字匾一块, 上书"世进士"三字, 据说为莒县大店庄陔蓝老先生的手笔。这座大门没有重大事件是常闭不开的。[①]

"刘南宅"南起相家槐树, 北至鞍子桥, 占去整个阳西街的三分之一, 都是水磨砖和饰有哈巴狗子、钢叉兽的瓦屋楼房。它的东、西、南、北、东南、西北、西南、东北八方都有一个大门。宅内分很多小院, 每个小院的布局形式都一样, 小院与小院之间都有门可通, 不熟悉的人进去之后, 往往会迷失方向, 找不到出去的地方。刘家的中宅是原八卦宅的旧址。其房舍均具有古色古香的特点, 大门是前出厦的, 门外两边各有一个雕刻精细的石狮子。进了大门, 向西便是内宅, 向北是一排八间的东厢房, 这是中宅的外客厅。这座客厅不止一次提供给来沂水接任的县官使用。当时县官上任不直接上衙门, 先在这座客厅住上几天, 接待僚属和地方上的缙绅等头面人物, 然后再迁往衙门就任。这些县官如不听"刘南宅"支配, 就干不长久。据说, 有泥瓦匠去宅内抹墙, 粘在腿上的泥几日都不舍得洗, 且逢人就炫耀说腿上的泥是刘家的。刘家还在宅北一条东西向的水沟上修了一座鞍形石桥, 为了纪念吕祖名曰"望仙桥", 当地百姓皆称之为"鞍子桥"。据说每逢祭祀之日, 站在桥上就可望见吕祖。[②]

以上记载源自当地人张希周和张之栋在20世纪80年代对"刘南宅"的回忆, 被当地文史办收录进《沂水县文史资料》选辑。

其实有关"刘南宅"建筑的文字记录最早见于20世纪初的一篇小说。

---

① 张希周、张之栋:《刘南宅及其大殡》, 载《沂水县文史资料》第五辑, 1989, 第143页。

② 参见张希周:《我所知道的刘南宅》,《沂水方志》1986年第1期, 第41-42页; 张希周、张之栋:《刘南宅及其大殡》, 载《沂水县文史资料》第五辑, 1989, 第142-145页; 张之栋:《沂水古八景》, 载沂水文史资料工作委员会编《沂水县文史资料》第十辑, 1999, 第230页。

1927年，山东籍青年作家刘一梦在发表的短篇小说《斗》中，第一次描述了"刘南宅"的场景：Y城南门里住着一位被称为"老大人"的绅士，他家的住宅被称为南宅。南宅之著名，还另有其因，据说这所住宅是八卦形式，纯阳老祖画的图，不熟悉的进去了就出不来。①

这座明清时期声势浩大、富丽堂皇的深宅大院早已消失在历史的尘埃中，无处寻觅。对八卦宅的想象基本上只能依靠上述时人的回忆和描述了，但这些"刘南宅"信息的提供者都是刘家以外的外姓旁人。有些情况大体反映出刘家宅院的历史面貌，可作参考，但有些记忆则是来自民间的一家之言，不足为信。

比如人们称其为"刘南宅"的原因，刘家人就提供了不同的说法。据"刘南宅"十六世刘统业讲述，他对当地社会多则关于"刘南宅"的回忆材料很不认可，其中就包括名称的由来。刘统业说："'刘南宅'分为前宅、中宅、北宅，总称'刘南宅'。'刘南宅'名称的来历是以县衙位置来命名的，县衙北面有一家姓牛的大地主，而刘家作为缙绅之家，在县衙南面，故称'刘南宅'。刘、牛两家分别在县衙南北两侧。现在的县府所在地正是过去的老县衙，紧挨着的县委所在地原来是文庙，相邻的公安局是过去的城隍庙。"②

根据刘老先生描述，笔者特意去"刘南宅"原址考察。往日赫赫有名的刘氏私宅早已被一条名为"刘南宅商业步行街"的商业住宅区所覆盖。这片商业区基本上是在"刘南宅"原址基础上兴建起来的。据说十多年前，有南方投资商看中了"刘南宅"的名声和风水，因此斥资修建。这片区域南北长约200米，宽约100米。步行街的北面紧邻沂水县政府和公安局，大约距离三四百米的样子。这就从侧面大体反映出历史上的"刘南宅"与县衙之间的空间关系。

相对来看，刘家人所讲的"刘南宅"名称由来比较符合实情。从城市历

---

① 刘一梦：《斗》，《小说月报》1927年第18卷第7期。

② 采访时间：2018年4月13日；采访地点：沂水县刘统业家中；采访人物："刘南宅"十六世刘统业。

史研究的角度，这则信息提供了一条非常重要的线索："位置"。明清时期，城内建筑的规制、方位是非常讲究的。以县衙在城内的位置来说，许多学者都认为，各府、州、县的衙署机构多数都居于城内中心位置，尽管在个别地方存在不同情况，但总体反映出中国古代城市规划中的政治性因素。①基于县衙位置选择上的政治因素，普通民宅与衙署之间的空间关系，也就别具意义：距离县城政治中心距离的远近，往往也体现出这户人家在当地政治地位的高低。

明清时期，社会上存在按照社会层次划分居住区域的现象。居住区域的划分所反映出的身份、等级制度的界限，使人们按照社会地位形成了不同的生活空间，每个生活空间有着使人们得以凝聚的共同的文化。以社会学的概念来说，这样的空间可以称为"人文社区"。②

"刘南宅"在城市空间位置中与县衙相毗邻，这就意味着刘氏生活居住的空间属于沂水县核心"人文社区"。除了现实生活中在子弟教育、人文交流、政治沟通等诸多方面带来直接便利，还具有抽象的象征意义。要知道，中国古代社会有"官不修衙"的历史传统。因为官员在外地任官，多数不会在那里终老，总归要升、迁、罢、转，所以也不会费心修葺衙署。这就导致县衙一般比较破旧。③前文已述，刘家的宅院高大宏伟，可以想见，不论是面积、装饰、规格、气派，"刘南宅"都远胜于沂水衙署，其带给当地百姓的视觉冲击也就可想而知了。

就宅内空间的划分来看，这种前宅、中宅、北宅的区划还具有一定的现实意义，从中反映出"房名制"的亲属制度。所谓"房名"就是以男性血缘关系为标志，房名的区划体现出居所内各自的亲缘继嗣关系。"刘南宅"内部人为划分出的三部分代表了同一祖先繁衍下的三个分支，每一支则以房号作代名词。这种情况不惟我国传统社会时期多见，即使在欧洲同样存在。比如德国巴伐利亚地区的阿柏村及其周边乡村就保持着房名制的地方传统。诸如

---

① 戴建兵主编《明代的府县》，天津古籍出版社，2017，第98页。
② 刘凤云：《明清城市空间的文化探析》，中央民族大学出版社，2001，第56~57页。
③ 戴建兵主编《明代的府县》，天津古籍出版社，2017，第100页。

"容克""索瓦"等名称通常被刻在房子大门或大厅的墙壁上，不仅有代指某栋房子之意，还代表了这个家族的称号，比如"容克家""索瓦家"之类的说法。基于当地民众普遍信仰的天主教传统，这种房名制反映了某一家族"各美其美""美人之美"的文化自觉。房名的称号承载着祖先的美德和荣誉，后世子孙以此为荣，并在现实生活中以实际行动捍卫这个称号。[①]刘家所谓前宅、中宅、北宅的分划大体上也具有这样的世俗意义。而建筑成为家族或家族分支的代名词，也就意味着后世子孙必须继承祖先美德，捍卫家族的荣誉。

家宅建筑内部的规制、装饰等属于民俗事象。从民俗学的角度来看，一座独具特色的具体建筑物包含了形制、规模、色彩、图案等一系列"民俗符号"。这些民俗符号往往别有含义。从历史上"刘南宅"庞大的建筑群所散发出的"科宦世家"的气象来看，其难免带有"地方权威"和"政治文化中心"的隐喻了。这也可以在一定程度上解释了为什么进入刘府的泥瓦匠不舍得将腿上的泥洗去，且逢人炫耀；也可以透露出新上任的知县首先拜访刘府，且宿留一日的玄机了。

刘氏家宅的内涵还不止于此。明清时期，对仕宦家族来说，修建深宅大院的情况在所多有，但采用八卦形制的情况并不多见。"刘南宅"采用八卦形制的建筑模式，就显得卓尔不同，令人充满好奇。这足以使其成为沂水城内独具特色的风景和地域社会关注的焦点。"八卦"符号背后所蕴藏的某种深意和隐喻值得注意。

在中国传统社会，"刘南宅"的八卦形制和迷宫一样的内宅设计有相应的文化土壤。在中国历史上，八卦之说和日常应用由来已久。有关八卦起源，《易经》中有神农始作的说法，《说卦传》则载"昔者圣人作《易》也"，《汉书·律历志》则说是伏羲所作。[②]总之，八卦在中国文化中源远流长，"八卦"图像已深度渗透到中国大众生活的各个方面。比如殷墟、周原等遗

①　参见谭同学：《多元螺旋式世俗化、价值重建与文化自觉——德国巴伐利亚阿柏村天主教徒的实践》，《民俗研究》2018年第3期，第147—156页。

②　徐锡台：《考古发现历代器物上刻铸八卦方位图及其渊源的探索》，《文博》1993年第5期，第3页。

址出土的甲骨、青铜器上的卦画；战国楚墓出土的竹简上的易卦。到了明清时期，八卦的应用在社会上更加普及。全国各地有很多"八卦城""八卦村"，其形就是借鉴了八卦形状。比如辽东的桓仁县、西北边陲的特克斯县、西南地区的镇远城等地都有八卦城遗迹。八卦形的村落则有广东高要的八卦村聚落、安徽黄山呈坎八卦村、浙江兰溪诸葛八卦村等。

明清时期《周易》与传统建筑的关系非常密切。在古代漫长的营建实践过程中，八卦图式和义理被融入建筑设计。这在明清时期非常普遍，最典型的例子就是北京故宫的阴阳构图。[1]在民间社会，这种建筑思想同样得到应用。比如明代王玺家族的墓石上就刻有八卦九宫的图样。[2]就八卦住宅来说，在全国并不多见。山东有少量这样的建筑。除"刘南宅"外，其周边区域的宁阳、章丘、平邑、蒙阴、诸城同样散布着八卦形制住宅。

"刘南宅"所居住的八卦宅于何时修建，建造者是谁？相关文献中没有留下明确记载。询问刘统业先生，他也难以给出明确的答案，只能推测应该是三世刘励那时候开始修建的，"因为刘励会看宅子，会阴阳八卦，对堪舆、易经很有研究"。这一说法有一定道理，八卦宅这种形制很可能始建于刘励时期，但远没有达到清末的建筑规模。刘氏八卦宅建筑群的形成并非一朝一夕，而是经历了累代人的经营。

据族谱记载，早在二世刘志仁时期就有沂城南关旧舍。从名称来看，这个"南关旧舍"在县城的南面。清代"刘南宅"所在位置正是沂水县城南关一带。两相对照，这个南关旧舍极有可能是八卦宅的前身。刘励精通易理，很有可能开启了"刘南宅"的前期建设。刘志仁经商累计千金，刘励投身举业，于书无所不读。也就是说，在沂水落户的刘家第三代不仅具备构建屋舍的财力，也具备谋划屋舍的学识。在移民、商户、士人身份转换中，刘励具

---

① 参见程建军：《中国建筑与周易》，中央编译出版社，2010，"引言"第1页。

② 参见徐锡台：《考古发现历代器物上刻铸八卦方位图及其渊源的探索》，《文博》1993年第5期，第3页；李斌：《明王玺家族墓石刻八卦九宫略说》，《文物》1990年第8期，第91页；杜殿卿：《周易明珠——八卦城》，《周易研究》2005年第4期，第78~80页；聂小诺：《八卦之城——镇远》，《广西城镇建设》2014年第12期，第91~99页；李影、吴昊伦：《辽东有座八卦城》，《兰台世界》2012年第S2期，第135页。

备以八卦式样拓建刘宅的动机："以当时的社会情境和儒家伦理观点看，一个商人家庭的发家致富之路，总有些潜在的不妥。在商人的族谱中，常常借助一种所谓'开创时刻'的情节设计，这种时刻大都产生于艰难的环境中，而且来得十分意外和神秘。"①

刘励有可能是始建者，但绝不可能达到后来的规模。在明代，明廷对民宅建筑有相关规定。据明洪武二十四年颁布的《官民居室》规定，公侯级别的居室不过前厅、中堂、后堂各七间，门屋三间；一品至五品，厅堂各七间；六品至九品，厅堂各三间；庶民所居房舍，不得过三间五架。尽管晚明时期的居室风尚开始出现僭越奢华的情况，富民竟居高堂广厦，营建居室，挥金如土，②但以刘励力劝刘应宾辞职避祸的睿智和面壁自题"我辈青山白云人也"的洒脱来看，他显然不属于爱找麻烦者。况且，当时刘家人口尚少，没有建造深宅大院的居住需求。明清易代，迭逢战乱，显然不具备修建豪宅的社会环境。刘家宅院很可能从清康熙朝开始了第二轮拓建。清代康熙朝后期，国家承平，社会安宁，具备了进一步拓建家宅的社会环境。随着族人繁衍日众，刘家也有了生活上的实际需求。这一时期刘侃官居泉州知府，是刘家权势最显赫者，也是刘家精通周易术数之学的第二个人。据《六世中宪大夫传》，刘侃喜读《周易图释》《周易集注》，政暇辄手不释卷，寝食其中，尝曰："学易则能明万事之吉凶，皆学者所当潜心也。"从这段记载来看，刘侃对周易之学素有研究。不仅如此，《刘氏族谱》收录的"城隍赐子""夜梦文昌""生而不凡""深山遇鬼"的神话描述都是出自刘侃笔下。从其编修族谱时为祖先营造通神形象、篡改刘珙历史的行为和动机来看，他有基于某种历史情境有意进行文化建构的思维习惯。因此刘侃很有可能主持了清代刘氏家宅的拓建活动，并将八卦形制设计引入了刘家日常生活。

清代官方在住宅规制方面同样有一定之规。早在顺治五年正月，清朝就

① 卜正民：《纵乐的困惑——明代的商业与文化》，方骏、王秀丽、罗天佑译，广西师范大学出版社，2016，第244页。
② 参见谢忠志：《明代的生活异端》，载王明荪主编《古代历史文化研究辑刊》八编第十四册，花木兰文化出版社，2012，第122、136、137页。

颁布了住宅法规：和硕亲王府第，殿楼的门基和室基相等，柱子用纯色红青油漆，绘金彩五爪龙，但不得雕龙首。……不许官员家房柱涂红色，禁止庶民房梁上贴金。可见不同身份的人有不同的住宅规格，违犯者则会获罪。清乾隆朝一位大学士就差点因和珅诬告其居室违制而被论处。[①]刘氏家宅虽大，但设计者巧妙地通过宅内环环相通的门禁设置，将整体建筑分划为前宅、中宅、北宅三部分。这样一来，既回避了居室违制的风险，又保持了家宅建筑的整体性和紧密性。

尽管上述讨论只是基于历史文献的一种推测，缺乏明确的材料佐证，也不是本节探讨的核心问题，但绝非没有意义。由上可见，"刘南宅"具有修建八卦宅的知识、能力和文化传统。这座八卦形制的建筑具有浓厚的道教建筑色彩，并借道家思想的表达方式映射出某种寓意。所谓前宅、中宅和北宅的分划，体现出道教建筑中重"三"的思想。这和《老子》中"道生一、一生二、二生三、三生万物"的思想相吻合。[②]与此相仿，江苏泰州溱潼镇就流传着"吕洞宾乾象一划"之说，这位大仙用宝剑划出南北两条沟汊，将溱潼这个岛屿分成了南、北、中三块，造就了八卦中的乾象。"乾"是《易经》中的第一卦，有"飞龙在天，利见大人"的解释。因此，这则溱潼地势的传说带有"大吉大利，要出大人物"的寓意。[③]溱潼隶属江苏泰州，与刘应宾曾经生活过的扬州紧邻。这两则传说之间是否存在某种关联，虽然不得而知，但照此来看，沂水传说中的八卦宅大概带有类似的含义吧。另外，这些阳宅建筑上所使用的象征符号，都是基于人们所熟悉的、乐于接受的天宫图、阴阳及五行的那些原则，这些是人们自己及算卦先生对他们目前的状况及选择做出断定的方法。[④]

问题的关键还在于八卦符号带有什么样的象征意义。从普通人的直观感受来讲，八卦形制和宅内颇为复杂的构造透露着某种神秘主义。巧合的是，

---

① 参见冯尔康、常建华：《清人社会生活》，沈阳出版社，2002，第198页。

② 参见刘淑敏：《浅述河北古代道教建筑及文化特色》，《河北工程学院学报》2006年第24卷第4期，第83~84页。

③ 参见朱铭：《缝隙里的面孔》，山东画报出版社，2011，第7页。

④ 王斯福：《帝国的隐喻——中国民间宗教》，赵旭东译，江苏人民出版社，2009，第41页。

民国时期潮州凤凰村某一家族在宗族建设活动中同样出现了八卦样式的物品。这就涉及宗教性家族主义，具体表现为对死去的祖先的崇拜、对自然神的崇拜。自然神崇拜包含自然物，即自然神栖居的地方，例如宅子、树木、墙门、土地等。宗教性家族主义认为，神灵左右着人们的生活。人生活的中心问题就是要解决人与神的关系，要遵守过去的习惯制度。只有适应神灵的要求，才能获得幸福。这为探析刘氏家族的八卦宅提供了启发。

同凤凰村八卦图案情况类似，八卦图案使刘氏家族在日常生活中形成了一种神秘氛围。在这种氛围下，刘氏家宅的附属物也产生了灵性。据"刘南宅"后裔十七世刘兆平讲述，当地人所说的鞍子桥或望仙桥，其实就是一块普通横石，状貌像猴子，也称为望月石。"刘南宅"毁败后，这块石头让当地一个老百姓给垒到屋子里面去了。显然，因为八卦宅的缘故，这块宅外的石头也被神化了。毫无疑问，这座宅院所利用的八卦符号元素和图像给当地百姓带来了视觉畏惧。

从中国宗教文化和建筑传统来看，这座八卦宅在一定程度上具有了神圣纪念的色彩。中国建筑史专家谭刚毅针对世俗性建筑"宅"和宗教性建筑"寺"的关联及区别做过专门讨论，提出中国传统文化中的住宅与庙宇之间有着必然联系。尽管中国传统文化中缺少建筑的神圣纪念性，而以世俗性居多，并且纪念性和神圣性并不等同，但并非没有带有神圣纪念性的家宅。富人和官宦人家的府邸恢宏壮观。这种等级高的住宅呈现出合院似的格局，严格的礼仪空间趋向神圣，使得"舍宅为寺"成为可能。这种"宅""寺"（庙）结合或互相渗透的建筑形态就是家庙，兼具了祖先崇拜和纪念性两种意义。①

刘氏八卦宅内就建有家庙。据刘统业讲述："'刘南宅'前宅、中宅、北宅都建有家庙，供奉祖先的牌位。老祖的牌位都镶有木框，以后的祖先牌位就没有镶。家庙中虽然没有吕祖牌位，但是挂着吕祖画像，分家以后叫诸坞那一支给分去了。画像上是一个老头，穿着破旧的衣服，打着补丁，胳膊上

---

① 谭刚毅：《宅与寺——兼论中国传统建筑的世俗性与纪念性》，《南方建筑》2010年第6期，第4~7页。

挎着草鞋。"

五行之说对道教建筑的影响是非常广泛而深刻的。①从刘氏家庙悬挂道教神仙吕洞宾画像来看，更加可以判定这座八卦宅兼具世俗性与宗教神圣性。显而易见，这座八卦宅具有纪念吕祖的意义。通过八卦形制和吕祖画像，刘家实现了家宅空间的神圣化，为宅内、宅外设立了区划："宅内是神圣不可侵犯的洁净空间，宅外则充满着五方邪祟，到处隐含着不洁与亵渎神灵的危险，故必须加以区隔与防卫。"②

除了打造神圣空间以纪念吕祖，还有祖先崇拜的意义——纪念祖先刘应宾。毫无疑问，这座八卦样式的宅院与刘应宾有着必然的联系。刘家与吕祖之间的联系纽带就是四世刘应宾。他是刘家最早与吕祖发生关联的人物。据其所撰《遇仙记》，他早年曾得吕祖指点迷津，并得吕祖庇佑。这是最早有关刘家与吕祖互动的文字记录。虽然这则自述笔记没有讲到八卦宅的事情，但是沂水民间社会流传着"纯阳画图"——吕洞宾赐予刘家八卦宅的民间传说。传说的主人公正是吕洞宾和刘应宾，大意是说刘应宾救助了吕洞宾，吕祖为报恩，为刘家画图设计了八卦宅。

此外，刘家内部还流传着刘应宾与吕洞宾的其他传说："相传一个老头，爱喝酒，偶遇刘应宾，成为朋友。后来老头离开时，应宾不忍分离，说你走了，我怎么办？老头说，中了进士以后还会再见的，你每月逢节的时候站在望仙桥上向西北看就能看到我。刘应宾果然考中了进士，在北京看到一张画像，和老头的相貌一模一样，就问是谁的画像，答曰吕洞宾。刘应宾这才知道是神仙吕洞宾，赶忙买下了这幅画像，供奉在家中。"

这则刘家内部传说刘应宾与神仙交往的桥段与《遇仙记》所述略有不同，但在逻辑上可衔接。两则故事都谈到了偶遇喝酒老者、刘应宾考中进士的事情。如果将两者合二为一，刘应宾与吕祖的交往故事就更加丰满了。尽

---

① 刘淑敏：《浅谈河北道教建筑及文化特色》，《河北建筑工程学院学报》2006年第24卷第4期，第85页。

② 谭刚毅：《宅与寺——兼论中国传统建筑的世俗性与纪念性》，《南方建筑》2010年第6期，第4—5页。

管"纯阳画图"、《遇仙记》、刘家内部传说在内容上有偏差，但有一个共同之处：刘应宾与吕洞宾是朋友。"纯阳画图"的社会传说甚至直接点出这座神秘院落与刘应宾有关联。据此，我们不难得出这样一个结论：刘家的八卦宅含有纪念刘应宾的意义，是构建祖先崇拜的一种手段。

然而刘家为什么采用这种方式来纪念刘应宾？还是借鉴赵世瑜先生对东南沿海的"太阳生日"习俗的讨论。这种隐晦的民俗纪念方式恰恰反映出，明清易代之后，沂水县望族"刘南宅"基于先祖刘应宾仕明降清的历史经历，在某种特定文化氛围下所形成的特殊后果。通过八卦宅这种独特建筑形制反映一种凝聚了特殊经历的地方性色彩。①

基于刘应宾仕明降清的特殊经历，八卦宅的建造和存在就有这样类似的意义。八卦符号和吕祖画像都是道教信仰在世俗生活中的表征。奉老子为圣人的道教在中国古代社会向来有神秘主义的色彩，它对外界产生影响时，不是以理性的方式，而只是以心理学的方式。这种神秘主义的结果就是对俗世价值判断的否定，因为这有可能会危害到对圣灵的追求。因此，在道德伦理上并不提倡儒家所主张的"小德"和社会相对化的伦理，而是绝对完善的伦理和大德。②

围绕刘应宾与吕洞宾形成的种种传说中，既有士大夫阶层的影子，也有民众的发挥，但总体趋向于道家神秘主义思想笼罩下的道德伦理实践。在士民互动的过程中，刘应宾的历史已不重要，改朝换代、政治更迭中的人物经历被极为巧妙地置换为"纯阳画图"的民间传说。人们普遍会产生这样的印象：刘应宾和神仙吕洞宾是好朋友，并且得到神仙的庇佑。基于大众群体的宗教情感与对吕祖的崇拜，在对刘应宾的认识和评价中，情感战胜了理性。人们通过八卦宅和神话传说产生了对想象中高高在上的刘应宾的崇拜，以及对八卦宅散发出的神秘力量的畏惧，唯其命令是从，不敢对其信条展开讨论，甚至会把不接受它们的任何人视为仇敌。群体下意识地把吕祖的神秘力

---

① 参见赵世瑜：《小历史与大历史：区域社会史的理念、方法与实践》，生活·读书·新知三联书店，2010，第90页。

② 参见马克斯·韦伯：《儒教与道教》，洪天富译，江苏人民出版社，2017，第190–191页。

量和刘应宾及其家族等同起来。① "刘南宅"的家宅、门外石桥之类的建筑附属物乃至生活在这座宅院里的人都被蒙上了神秘的面纱，令人不敢仰视，望而生畏。这才是八卦形制建筑面向民间社会的含义、隐喻和影响的关键所在。

2. 家庙中的吕祖画像：自我宣泄与信仰传统

据刘统业讲述，"刘南宅"家庙里供有吕祖画像。吕祖画像从何而来，产生于什么年代？如果把刘统业所述神话色彩桥段剔除，用一句话来概括，那就是画像源于刘应宾，他和吕洞宾是朋友。这与《遇仙记》所表达的主题基本一致。从逻辑上讲，如果将二者合二为一，刘应宾与吕祖交往的故事就更加丰满了。统观刘氏神话，真正和吕洞宾有过实际交往的只有刘应宾，首倡这一说法并留下文字记录者也是刘应宾。以此来看，刘统业所述吕祖画像的传说有一定真实性。至少我们可以判定：刘氏家庙中曾经悬挂吕祖画像，这一民俗传统从刘应宾时代就开始了。那么问题随之而来，刘应宾为什么购买这样一幅画像并悬挂于家庙中？画像中的吕祖为何不是仙风道骨、衣帽翩然而是以蓬头垢面的乞丐形象示人？这幅画像对刘应宾本人及其家族具有什么意义呢？

根据学界成果和刘家历史，显然这不是一幅简单的民间画作。刘家人将其堂而皇之地高挂于家庙之中绝非没有意义的率性之举，而是包含丰富的历史记忆和文化隐喻。从题材来说，这是一幅肖像画。大多数的中国肖像画大体可分为祖先像和纪念画像两类。②肖像画的一种特定用途是用于祖宗之礼。尽管宋代时论对肖像画的这种功用不以为然，但是到了明代这类画像已为多数论者所容忍。甚至作为"社会性躯体"，人们更关注肖像的礼仪功用和纪念意义，至于相似度反倒变得无足轻重。到了明代中晚期，请人画像是否在文人群体中蔚然成风，我们不得而知，但确实部分文人对这种做法持肯定态度。③

---

① 参见古斯塔夫·勒庞：《乌合之众：大众心理研究》，贾秀清译，煤炭工业出版社，2018，第74页。

② 参见文以诚：《自我的界限：1600—1900年的中国肖像画》，郭伟其译，北京大学出版社，2017，第6页。

③ 参见柯律格：《明代的图像与视觉性》，黄晓鹃译，第2版，北京大学出版社，2016，第99-110页。

刘应宾正是生活于这样一个文化时代。

从表面来看，"刘南宅"里的吕祖画像是一幅纪念画，用于纪念凡人刘应宾与神仙吕洞宾的友谊。从刘氏神话所述刘应宾与吕洞宾的渊源追根溯源，这一点不难理解。然而悬挂地点又令人心生疑窦。家庙难道不应该悬挂祖先像吗？可是在刘氏家庙中，祖先像一张也没有，吕祖画像却高挂其中。这不能不令我们深思这幅画像背后的深意。

美国学者文以诚指出，在中国和西方，肖像制作都与政治权力及社会地位的投射联系在一起，与对名望的追逐以及其他诸如文学和传记的纪念模式密不可分。16世纪中叶的晚明是一个注重个人价值、痴迷于自我表现与自我价值的时代。以图画程式表现身份的方式变得越来越富于想法，越来越错综复杂，成为自我建构过程中的一部分。[①]

文以诚先生的高论为我们揭开谜底提供了重要参考。既然吕祖画像源自刘应宾，那么探寻画像背后的玄机必然要从他的生平、心态、信仰、身份及其生活的时代文化中寻找答案。从刘应宾的人生轨迹来看，他大部分时间是在晚明这样一个个性张扬、思想活跃的文化时代度过的，而生命历程的最后二三十年却遭逢明清易代这样的大事件。作为政治人物，刘应宾的个人命运无可避免地和那个剧烈动荡的时代胶着在一起。由晚明至清初，刘应宾的个人身份一直处于不断变动之中。移民、平民、文人、官员、能吏、功臣、变节者，这都是刘应宾曾经经历的社会角色，其中易代文人和贰臣是刘应宾身上最为显著的身份标签。从南京城破降顺清朝的那一刻起，他便陷入了如何自处、如何应对社会舆论的身份认同危机。从这个角度来说，刘应宾的日常文化行为必然带有身份诉求的动机。更何况，他精心撰写的《遇仙记》所呈现的纪念意图与吕祖画像别无二致。据此，我们不妨作出一个大胆的假设：这幅画兼具自画像和纪念画的双重意义，是刘应宾自我身份建构的艺术呈现。通过这幅画像，他将自己与神仙吕洞宾合二为一了。这不是没有根据的

---

① 文以诚：《自我的界限：1600—1900年的中国肖像画》，郭伟其译，北京大学出版社，2017，第3-4页。

妄想和臆测，而是基于明清易代之际文人肖像画的群体特征和文化诉求作出的推论。

只有理解了那些传统以及与各时期人物个性密切相关的观念、价值观、社会事件，才称得上对中国古代肖像画的研究。身份与身份证明的问题，角色与表现的问题，公共与隐私的问题，都是不可避免的。此外，肖像画的直观印象及相关问题都可能具有欺骗性。尤须注意的是，在那些大量证明血缘延续和家族世系的祖先肖像画之外，还有少量肖像画承载了有关自我诉求、身份混淆以及社会疏离的文化主题。①

这一点在17世纪肖像画家们的自画像中展现得淋漓尽致。受社会话语的困扰，他们的肖像画作具有浓厚的个人主义色彩。在《乔松仙寿图》中，陈洪绶对自我形象的刻画展现了对俗世的厌倦、逃避与疏离。项圣谟的《自画像：挥笔图》中模糊不清、如面具般覆盖的自我形象同样执拗于政治因素的介入。当山河变色、家国不再时，他以这样一种艺术投射的方式倾诉着个人、家庭与王朝丧失的真实情感。对于明末清初许多明朝遗民与个人主义画家而言，遁世主义与替代身份的假想成为顺理成章的主题。②

刘应宾与上述两位画家为同一时人，他们都经历了明清鼎革的阵痛和身份混淆后的无所适从。明朝遗民画家们在自画像中找到了发泄渠道。同理，易代之际的购画者们也会有一般的情思。一方面，吕祖画像是刘应宾将"遇仙奇遇"诉诸笔端之后在图像领域的另一种反映。购买这幅画理所当然是为了纪念这件事情，吕祖画像具有"作为事件的肖像"之意义。另一方面，更重要的是，它还是一幅具有象征意义的肖像，隐含了身份认同与自我的观念和主张。③刘应宾购买这幅画有预定的观众，这包括他本人、刘氏族人以及对失节者嗤之以鼻的批评者。

降清纳节之后，刘应宾面临自我身份认同的心结。作为饱受儒家伦理道

---

① 参见文以诚：《自我的界限：1600—1900年的中国肖像画》，郭伟其译，北京大学出版社，2017，第5–6页。

② 同上书，第59–121页。

③ 同上书，第18–26页。

义熏陶的读书人，作为深得前朝恩惠的朝廷官员，刘应宾兼有"贰臣情绪"和"传名焦虑"。身为新朝功臣，受任安徽巡抚要职不过两年光景，却又迭遭政敌参劾，丢官罢职，性命几遭不测。坎坷无常的政治经历必然使其内心深处五味杂陈，情思难述。这在《平山堂诗集》中处处显见。在经受政治风浪冲击后，刘应宾必然要面对类似明清身份隶属、忠奸道德考辨等关乎个人政治身份和社会角色的现实问题的拷问。除诗酒饮宴、游山赏景外，文本和画像给刘应宾提供了另外一种情绪发泄、自我标榜的文化渠道。无论《遇仙记》还是吕祖画像，都是刘应宾心理调适与自我神化的真实写照。

"以宣扬或暗示的方式，将个人身份与尊贵如历史上的佛陀的宗教人物混淆起来，这在明清易代之际尤其变成一种惯常的策略。"以肖像画而论，时人髡残和石涛颇具代表性，个人危机的主题、身份认同的破裂、政治含义以及自我神化一再出现于他们的图像中。就此而言，购画者刘应宾与宗室遗孤石涛在心理情境上最为贴近。无论前朝官员还是王室后裔，其政治身份和其个人身份密不可分，在明祚覆亡后都会面临身份认同的危机。画家石涛以佛道形象重新定义自我身份，购画者刘应宾则以吕祖画像暗示了宗教上独处、政治上忠诚这样一种身份认同的观念。[①]简单地说，一如《遇仙记》的创作动机，购置吕祖画像同样是刘应宾的自我神化与情绪表达。在一定程度上，这幅吕祖画像正是刘应宾自画像。

除刘应宾自我情绪宣泄和表达功用之外，这幅吕祖画像对整个刘氏家族而言还有宗教宣谕的意义。如果说地域社会面向公众开放的道教庙宇和相关节庆仪式、宗教活动体现了对某位道教神仙的地方性崇拜，那么毫无疑问，刘氏家庙中所供奉的吕祖画像则体现了刘氏家族在历史上信仰道教神仙吕洞宾的宗教传统。因为挂有吕祖的神像，在人文社区中，刘氏家庙就不单具有祠堂的功能和意义，还属于地方性庙宇。只不过能够进入其中的人限于刘氏宗亲。一座地方性的庙宇往往是一个过程的结果，这一过程就是指神明灵验的声望传播开来的过程。也就是说，尽管外界的人不得入其门祭拜，但并不

---

① 参见文以诚：《自我的界限：1600—1900年的中国肖像画》，郭伟其译，北京大学出版社，2017，第105、106、115、116页。

妨碍宗教信息的传播和表达。

吕祖形象以画作的形式挂于家庙，其目的绝不仅仅限于供人顶礼膜拜，还包括"观"的价值与意义。这些观画者既包含刘氏后裔、刘家姻戚故交，也不乏机缘巧合得观此图的寻常百姓。从某种意义来说，观画已不止是一种生理活动，还具有与佛道文字传统相关联的神修内涵。尽管因人而异，观者所思未必尽同，但在视觉实践过程中，观者往往产生一种"对自己身心积极的、有意识的内省"。①或者可以说，观吕祖画像者极易产生对道教思想的理解和顿悟。

沂水地方社会长期流传的"纯阳画图"的传说就是大众对刘氏家庙所挂吕祖画像的理解。很明显，当地大众对刘氏家族的敬畏之心，不仅源自刘氏权势，还与刘氏家庙供奉的道教神仙有关。通过烧香、上供、祭拜的仪式行为，刘家人和吕祖进行了交流，并表达了尊敬之情，以祈求得到吕祖的帮助和护佑。在这座家庙建筑的日常仪式和维护中，刘氏家族增强了其受到神灵庇护的印象，提高了家族声望。②

因为吕祖画像供奉在刘氏家庙里，所以八卦宅内吕祖信仰的信众主要是刘家人。在经年累月烧香、叩拜、祈祷的仪式活动中，刘家子孙耳濡目染，自然形成吕祖信仰传统。这种信仰传统的意义并非局限于宗教范畴，还在世俗生活中对刘家子孙的生活态度和行为实践产生着影响。

明清时期，作为道教神仙，吕洞宾的影响不独表现于宗教领域，一些与其相关的著作还体现了对教育理论和孝道文化的主张。在教育理论方面，吕洞宾提倡教育对个体发展的重要作用，只有接受正确的教育，才能走上正确的道路，并最终有所建树。对受教育者来说，要淡泊名利和钱财。在对孝道文化的阐释中，吕洞宾认为孝道的意义甚大，是道德之基础、忠义之门庭、上天之核心、大地之程式、人类之根本。吕祖成仙之前就是以孝为道的典

---

① 参见柯律格：《明代的图像与视觉性》，黄晓鹃译，第2版，北京大学出版社，2016，第143—144页。

② 参见王斯福：《帝国的隐喻——中国民间宗教》，赵旭东译，江苏人民出版社，2009，第148—159页。

范。①吕洞宾的这些主张和科宦世家、士大夫家族的文化理念是十分契合的。通过吕祖画像，儒道两教合流，儒者之家和道教神仙完美结合，对刘氏家族的生活态度和行为产生了重要影响。

以教育而言，"刘南宅"中刻苦读书者历代不乏其人。至于以孝事亲者，在《刘氏族谱》中也多有记载：六世刘侃赖继母邢太安人抚养，侃善事之得其欢心……每痛生母早世……夙夜负疢饮泣，亲往扶柩东归，沿途哀恸惨怛，有如新丧；八世刘绍武性尤至孝，通籍后例须谒选，因父老不仕；十世刘遵谦事亲尤以孝闻，侍太宜人疾，衣不解带，药必亲尝而进。至于其他传主的描述中，多有"性孝友"之语。②

除教育、孝道之外，吕祖信仰的存在对"刘南宅"士人的出处选择也产生了深远影响。刘氏精英中有多人不乐仕进，超然物外，这也是导致清代中期以后刘家举业日衰的重要原因之一。

尽管历代文献对吕洞宾家世的说辞详略不一，但有唐一代，吕氏一族可谓名满天下。这些文献基本上反映了吕祖出身世家的说法。在学道之前，吕洞宾就是一名儒者，很多资料显示，其登第入仕之途曲折多舛。这也是促使吕洞宾入山学道的重要原因。③相似的家世和生活经历，极易使刘氏子弟与吕祖产生共鸣，并受其影响。道教的本源道家思想中本就有"清静无为""内圣外王"的思想。所谓内圣是指精神层面的修炼，在精神层面超越现实中的一切，在精神上达到逍遥自由的出世目的。外王则是说，虽然主观上无意于做事，但在客观现实中应把一切该做的事处理得井井有条。道家的这种思想后来走入了士大夫的精神世界，超然物外、不乐仕进也成为明清时期士大夫的处世观念和行为方式之一。"刘南宅"就有很多人屡试不中后便决意从科场抽身，远避尘嚣，退居乡里。比如五世刘玮，及第后，稍以诗酒自娱……户以外事不问也。及举孝廉，十年间屡次得选，辄复辞去。六世刘亿高才不偶，

---

① 参见李永贤：《吕洞宾在教育基本理论上的主张》，《中国道教》2001年第1期，第22—25页；李安纲：《吕仙精神与孝道文化》，《运城学院学报》2012年第1期，第1—5页。

② 四修族谱编撰委员会编《刘氏族谱》卷一，2008，第144、170、232页。

③ 参见吴亚奎：《吕洞宾学案》，齐鲁书社，2016，第26—35页。

退居城北双沟别墅，课农之暇，吟咏自适，非春秋祭祀，不入城市，有鹿门遗风。十世刘遵谦尝曰："读书为修身之本，非专以博功名也。"十一世刘辉则说："士之所当引为耻者，性分之学或不如人耳。功名得失何足介，吾意任其自然可矣。"①

如果说吕祖在教育、孝道、仕进方面的主张与刘氏子弟的上述表现相一致是一种巧合，那么在清末民初中国社会转型时期，吕祖信仰于刘家的作用开始凸显。

民间信仰是植根于老百姓当中的宗教信仰及其宗教行为表现，其有别于民间宗教的特征之一就是组织结构上的松散性。中国传统社会早期并无独立的宗教，印度佛教传入中国后，在其民间化与中国化的过程中，为民间信仰提供了新的神灵崇拜和仪式行为。在不同历史时期，民间信仰的内容、面相以及对中国社会的影响处于动态流变的状态，在不同的历史条件下，其内涵并不完全一样。②具体就中国社会历史转型时期民间信仰的作用而言，在个体层面、社会层面都发挥着不可忽视的作用。在个体层面，民间信仰具有精神寄托、心理调节、意愿表达的意义；在社会层面，民间信仰往往起到道德教化、社会整合、行为规范、文化传承等方面的功用。③

清末民初，中国社会从上到下都经历了一场极为剧烈的变革，出现了几千年未有之大变局。在西方列强的坚船利炮的威逼之下，清朝的统治者和一般民众逐渐认识到，中国不是世界的中心，奉行皇权至上的封建专制统治制度逐渐在内忧外患中坍塌了。在这场疾风骤雨般的社会变革中，洋务派、维新派、改良派、革命派、保皇派等对中国命运和走向持有不同主张的政治团体接连登场，给中国社会各阶层带来了巨大的心理冲击和挑战。④尤其对士大

---

① 四修族谱编撰委员会编《刘氏族谱》卷一，2008，第144、170、218、232页。

② 参见路遥：《中国传统社会民间信仰之考察》，《文史哲》2010年第4期，第132页；叶涛、周少明主编《民间信仰与区域社会》，广西师范大学出版社，2010，第1—2页。

③ 刘江宁、周留征：《社会转型期民间信仰的功用研究》，《山东社会科学》2011年第11期，第73—77页。

④ 参见陈旭麓：《近代中国社会的新陈代谢》，生活·读书·新知三联书店，2018，第96—105、154—169、258—286页。

夫阶层而言，影响最为明显。在中国传统社会向现代社会转型的过程中，士大夫群体出现了分化：既有具有士大夫意识的近代知识分子，如梁启超、章士钊等；也有传统与现代意识混杂的传统士大夫，如李鸿章、杨度等。尽管他们持有不同的政治立场和主张，但无不把寻找中国未来的出路视为"少数人的责任"。①

就地域社会而言，在近代中国新旧蜕变交替的社会变革中，中国近代士绅阶层的社会流动是当时社会形态的重要特征之一。一部分士绅流向了社会底层，一部分士绅在新旧之间摇摆不定，基于社会精英的身份和责任苦苦挣扎，做着最后的努力。②

"刘南宅"十三世刘敬修就属于上述第二类士绅。作为传统士大夫，他有趋新的表现，比如告老还乡之后，他迎合时代需要在当地创办了一所颇具现代教育风格的中学——尚志中学。总体来看，因循守旧、坚守传统是他的主要立场和主张。"辛亥革命时，刘敬修是反对的，他是老封建。"这是刘敬修的嫡曾孙十六世刘统业对曾祖的印象。

若以中国传统社会的价值观念来看，刘敬修是一位典型的传统士大夫。他为官清廉，品格高尚，一生行善，并以"宝善堂"自号。他或许在个人道德和修养方面几乎无可挑剔，但这和他对未来形势走向的判断及政治实践没有必然的关联。对刘敬修这样望族出身的士大夫来说，封建皇权统治下的政治、文化、思想的影响已经根深蒂固，因此，因循保守、从旧的文化传统中寻找自救力量乃是当时乡村士大夫群体的普遍选择。

对此，刘宝吉认为：刘家的吕祖信仰传统在这个特殊时期发挥了作用。这使得刘家在进入民国时期之后非但没有遽然衰落，反而在当地持续发挥着多方面的影响力。刘家有多人参加了沂水道院。据当地文献《沂坛训录》记载，1922年在刘敬修等人的推动下成立了沂水道院。这一点得到了刘统业的佐证："沂水道院是刘岩的儿子主持的。刘岩是举人，曾给刘氏族谱写过序

① 参见许纪霖：《"少数人的责任"：近代中国知识分子的士大夫意识》，《近代史研究》2010年第3期，第73-90页。

② 参见王先明：《中国近代绅士阶层的社会流动》，《历史研究》1993年第2期，第80-95页。

言。沂水道院是借刘家的宅子办的，刘岩是个穷举人，他与'刘南宅'关系好。"①刘敬修及次子刘诚宽、四子刘诚厚都在沂水道院担任多个要职：刘敬修是院监，刘诚宽是统纂掌籍、宣院掌籍兼宣院文藏，刘诚厚是外宣长。②刘敬修父子在道院系统的影响相当大，以至刘敬修过世后，全国各地道院都派员赶赴沂水参加他的葬礼。

值得注意的是，吕祖在道院神仙系统中占有极重要的地位，他被奉为吕祖、浮圣。沂水道院成立第二天，"吕祖就降临了"，判诗云："山川今又在，旧地忆胜年。云白岭深处，风清月影圆。望君心未已，思我意犹绵。日暮小桥畔，欢然话雨烟。"③这段判诗概指传说中当年刘应宾与吕洞宾相遇，指点其思念时可登桥相聚的往事。

在沂水道院日常活动中，不仅引入了刘家望仙桥的典故，还引入了刘家的重要人物刘侃。一次扶乩活动中，有位南岳末吏自衡山来，自称："蒙关帝保荐是职，与刘晋陶甚相接洽。……岂但领略风景，归与晋陶君话其家园而已耶。"④在刘敬修的葬礼上，沂水道院全体同仁送上挽联，内云："道院传五千纪以前综仙佛儒基回诸生功能造成世界大同宏愿斯普，我公超九重天而上合经坛坐慈宣各院诚恳共祝灵光常照日监在兹。"⑤也就是说，刘侃、刘敬修甚至刘应宾都成了位列仙班的人物。尤其巧合的是，刘敬修同乃祖刘应宾不仅官职级别相近，而且同样经历易代之际的动荡时代。从某种角度而言，刘应宾的《遇仙记》、刘侃撰述的祖先种种神奇色彩的经历、刘敬修的道院活动无一不是具体历史情境下的文化建构活动，这些建构对刘家而言有着十分重要的现实意义。

据此，刘宝吉提出，道院的扶乩仪式在一定程度上神化了"刘南宅"，沂水道院体现了"刘南宅"家族势力在当地的扩张，更是"刘南宅"社会神话

---

① 参见刘宝吉：《消失的迷宫：沂水刘南宅传说中的神话与历史》，《民俗研究》2016年第5期，第106页。

②《沂水道院籍方表》，《道德杂志》1922年第2卷第9期。

③《吕祖临沂道院判诗（壬戌四月初四日）》，《道德杂志》1922年第2卷第4期。

④《沂坛训录》第乙册，乙丑年六月十四日事坛。

⑤《正和先生哀荣录》，1925，第28页。

在民国时期的一种延续。

上述分析诚然有一定道理，这为本节讨论提供了线索和启发，但仍有探讨空间。刘宝吉是以"刘南宅"利害得失为中心思考刘敬修等参加道院活动的意义。然而为什么八卦宅的主人刘侃和刘氏家宅的建筑附属物在这一系列扶乩活动中屡屡出现？为什么刘敬修同意举人刘岩借用刘宅举办道院？难道只是出于私人之间的友谊吗？参加道院活动难道只是为了在这一过程中加强对刘家的神化吗？刘氏家族中参加道院活动的刘敬修等人确实和道院有极为密切的关系，但似乎不应忘记他们的身份。沂水道院不过是济南道院的分支，刘敬修等只是沂水当地道院的成员和负责人。作为一种社会组织，它是独立存在的，并有着基于宗教团体宗旨而产生的关切焦点。

客观上"刘南宅"自然是受益者，他们或许也有这样的主观动机，但作为地方社会重要的地方力量，对于士大夫群体所倡导的济世观念和行为实践不能视而不见。从更深层次来讲，沂水道院及其院众所处空间不仅仅限于沂水县这样一个狭小的地域空间。如果把视野扩大，府、道、省、国家都是他们生活的空间。如果仅仅把沂水道院的建立及相关仪式的受益者完全归结于"刘南宅"和刘家人实在有失偏颇。

既然是道院活动，就要涉及道院的来龙去脉和具体活动内容。道院是民国前期源起于山东济南的民间宗教。民国时期著名的民间慈善组织——世界红卍字会即萌生于道院。该组织自创办后迅速拓展，遍及全国各地，甚至传至日本、朝鲜、新加坡等国，成为跨国组织。该组织因出色的慈善救济活动而名声大噪，在民国历史上影响深远。扶乩作为道院内部重要的宗教活动之一，既非当时新派激进人士所指斥的迷信活动，又非与秘密教门之扶乩相类，而是对中国传统社会中扶乩之教化、劝善功能的继承和延续。[①]从源流和活动内容来看，道院具有民间宗教和民间慈善两种面相。从更广泛的社会范畴来看，道院在当时的历史环境下具有一定的社会效益。

迭逢乱世，在新旧社会交替过程中，人心浮动，原有的社会秩序和制度

---

① 参见李光伟：《民国山东道院暨红卍字会文献资料知见略说》，《山东图书馆季刊》2008年第1期，第112-116页；李光伟：《民国道院扶乩活动辨正》，《安徽史学》2009年第4期，第42-54页。

框架已经千疮百孔。在这种情况下，大众情绪、地方秩序、现实生活中的困扰都需要得到妥善解决。在从这个角度出发，沂水道院的建立乃是以刘岩、刘敬修为首的沂水当地传统士大夫群体自以为计的救世策略和行为实践。刘岩、刘敬修等人并非济南道院最初成立的发起者，只是沂水道院的始创者。道院机构从济南蔓延到沂水，体现了不同地域下怀有同样思想主张的士大夫群体的交流和联合。儒家向来有"神道设教"和"神道助教"的传统。在儒家的政教实践中，通过神道的"德性化"与"灵神化"以佐官治，以捍正统，以教化安抚百姓，从而使地方社会保持原有的社会秩序。[①]

他们建立道院的初衷绝非以刘家兴衰为焦点。在开展具体活动的过程中，刘氏神话成为道院的道具和宣传手段，在客观上则顺带产生了神化"刘南宅"的效果。

无论道德教化还是劝人向善，民间宗教需要在当地建立公信力。扶乩仪式就是沂水道院号召群众的重要途径。神话和仪式历来都有联系，这种关系并非一成不变。实际上双方都处于不断变迁和重建的过程中。仪式需要合法性，其依托途径正是对神话的解构和重构。[②]鉴于"刘南宅"及相关神话传说在当地具有广泛的社会影响力，在沂水当地特有的文化土壤下，沂水道院组织者适时把刘氏神话和扶乩仪式巧妙地捏合在一起，以达到在当地迅速生根、发芽、建立威信之目的。显然，刘家人及相关神话传说的出现大大提高了沂水道院的公信力。因此从这个角度来说，受益者不单是"刘南宅"，还有沂水道院，甚至沂水大众也包括在内。刘敬修等人以道德教化、劝人为善、开展慈善等为宗旨开展道院活动，这在客观上对沂水当地社会的稳定、百姓民生都有积极意义。

总之，对刘敬修等人来说，在新旧社会嬗替的特殊历史阶段，吕祖信仰在个体和社会两个层面都发挥了作用。对类似刘敬修这样心存"家国""济世"

---

① 参见白欲晓：《"神道设教"与"神道助教"——儒家"神道"观发微》，《中山大学学报》2015年第1期，第120-125页。

② 杨利慧：《仪式的合法性与神话的解构和重构》，《北京师范大学学报》2005年第6期，第61-68页。

情怀的传统士大夫而言，这成为他们祛除内心焦虑的精神寄托，是一种心理调节与意愿表达的方式。同时，在社会层面，吕祖信仰成为他们继续行使地方权威职责，对百姓进行道德教化，对各种地方力量进行整合的重要手段。

四、《沂水县志》与家族形象建构

刘宝吉在对"刘南宅"社会神话的探析中，提出清代"刘南宅"成为官方县衙之外的另一权力中心，在当地拥有文化霸权，其表征之一就是在道光《沂水县志》中，刘家人扮演了重要角色。参与编撰这部县志的刘家人有丙子举人刘灼、辛酉拔贡刘承谦、邑庠生刘烺，其中刘灼属参阅绅士，刘承谦和刘烺任编订绅士。据此，刘宝吉提出，刘家在一定程度上掌握了沂水地方志编撰大权。这一分析有一定道理。谙熟地方性知识、掌握地方性话语权的地方士绅向来是地方官员编修县志的主要依靠力量。以明清《瑞金县志》为例，地方士绅充当着县志编撰的书写主体。[1]但仅凭此点，对"刘南宅"冠以文化霸权似乎不太准确。从宏观来看，基于身份、地位、社会关系和影响力，"刘南宅"确实是举足轻重的地方力量，并在县志编撰过程中掌握一定话语权，但远未达到霸权的程度。

刘宝吉在文章中所援引的"文化霸权"的概念源自意大利思想家葛兰西，后来被广泛应用于文化研究之中。据刘宝吉对这一概念在地方社会文化研究中的理解，所谓"文化霸权"是说，在地方社会中，与某一时期占据支配地位的社会集团（如望族）相关的一些观念广泛传播，并且得到地方居民相当程度的认同。然而类似地方志修撰这种由官方发起的文化活动，在具体实施过程中，大多由当地政府首脑比如知县、知府担任主纂或主修。地方志的具体事宜，主要由县志主纂负责，并在发凡取例、资料搜集整理、县志编辑书写过程中发挥着至关重要的作用。此外，还有当地各姓士家大族的参与。参修方志士绅的姓氏一般涵盖当地有实力的文化家族。在客观上，这些家族之间不仅存在着对地方话语权的竞争，而且往往存在不同的价值理念。

---

① 参见李晓方：《县志编撰与地方社会——明清〈瑞金县志〉研究》，中国社会科学出版社，2015，第69页。

仅凭某一家族若干人参与，就笼统地以"文化霸权"来概括，恐怕并不完全符合历史实情。

作为官方书写，明清时期方志编撰对文化权力的展现和实践是分层级的。方志的主旨首先要符合皇帝的思想和心意，其次要体现地方官府的态度。参与编撰的地方绅士处于最低等级。据李晓方对明清《瑞金县志》编撰情况的考察，在方志编撰过程中，官绅之间既有合作，同时还存在着竞争。这种竞争既发生在官府和当地士绅群体之间，也存在于当地不同姓氏的士大夫家族之间。方志成了地方官绅竞相染指、争夺话语权和文化资本的场域。[①]

一般来说，方志编撰项目的发起者和组织者向来都是地方官府，有时候皇帝也会是方志撰修的第一发起人。以《沂水县志》为例，清修《沂水县志》最早的版本出自康熙朝，由时任县令黄胪登主修。他在康熙《沂水县志》序言中就开门见山提到了修志的原因："皇上犹留意海内，命该省臣工各纂修郡、县志书以闻。"[②]可见，康熙皇帝才是这次县志修撰活动的第一发起人，知县黄胪登只是奉命行事。无疑，康熙皇帝在这次文化活动中拥有第一层级的文化霸权。

作为官方在地方社会的代理人、决策者，地方官府的态度首先受到朝廷风向的影响，同时也包含他们自己的见识。无论康熙《沂水县志》还是道光《沂水县志》，两位县令都提出了自己的主张。如黄胪登言："乃取旧志而批阅之，盖明嘉靖年间事也。"继而，黄氏说道："尝闻汉时山东吏布诰令，民之老羸咸扶杖往听，思见德化之成。未几，而有痛心疾首恶吏治之不臧者。先后殊情，自昔已然。况嘉靖至今相去久远，其间变于兵燹、伤于灾荒者不知凡几矣。"于是集绅士而参订之。这位黄县令颇能体见圣意。康熙帝下令山东各郡县编修方志恐怕正是出于感召臣民、整肃地方政治风气之目的。为此，黄胪登从宏观方略上提出两点意见："终不殊者，如分野、山川等类，则

---

① 参见李晓方：《县志编撰与地方社会——明清〈瑞金县志〉研究》，中国社会科学出版社，2015，第256-261页。

② 黄胪登主修《沂水县志》卷一《序言》，载沂水县地方史志办公室整理：康熙《沂水县志》，中国文史出版社，2015，第1页。

删其浮夸，易以切实；不能不殊者，如户口、里社等类，则存其往古，补以今兹。"①

道光《沂水县志》的主修者张燮乃是因为"检阅旧志"，"模糊漫漶，字迹几至不可测识"，于是集绅士商修。②可见，这次修志乃是县令张燮发起的。相对黄胪登奉皇命修志时的小心谨慎，张知县的心态则平和许多，纵横捭阖，畅谈古今志乘得失，尤其对以往志乘中的人物纪传、臧否提出了批评，主张笔削宜严，提出不可者五：一人一事备极搜罗，繁征博引，变记载为考据；徇物市恩，来者不拒，行谊则多作传赞，以志乘而僭拟史官；文艺之属，连篇累牍，近于选家；所任或非其人，扬则近索米之嫌，抑则有遗珠之叹，公家言竟作私家言；即地表事，因事载实，其文贵辨而不华、质而不俚，乃或词浮于事、纤靡繁缛。③概而言之，张燮主张修志者应秉持客观、公正、简约的态度。

除为方志编撰定调外，在编修实践中，县志的主修者还承担着经费募集与筹措、编修人员选拔与配备、县志编纂的监控与把关等职责。④可见，在编修县志的过程中，县志的主修者知县拥有话语权最多。

在县志编修具体实施过程中，知县之下，便是县衙吏目及地方士绅。李晓方对明清以来瑞金县10次方志修撰活动进行了梳理和分析，提出参修县志的地方士绅中，既有贡、监、廪等各类儒学生员，也有更高层级的举人和进士；既有尚未入流的教谕、训导，也有官品入流的知县和知府；既有尚未出仕的候选官员，也有致仕或因故乡居的缙绅。这些人统称为编辑，主要参与史料采辑、纂集、校阅、参订、分校等，但相对主修而言，他们的分工很难

---

① 黄胪登主修《沂水县志》卷一《序言》，载沂水县地方史志办公室整理：康熙《沂水县志》，中国文史出版社，2015，第1页。

② 张燮主修《沂水县志》卷一《序言》，载沂水县地方史志办公室整理：道光《沂水县志》，中国文史出版社，2015，第1页。

③ 同上。

④ 参见李晓方：《县志编撰与地方社会——明清〈瑞金县志〉研究》，中国社会科学出版社，2015，第71页。

泾渭分明，既有分工也有合作。①《沂水县志》的编撰过程也大体类此，但在康熙、道光两朝呈现不同的面貌。相对来说，康熙朝参修人员少，没有对具体分工做出分类说明；道光朝不仅参修人员较多，而且将参修士绅按协修、参阅、编订、校勘做了具体分类。详见下表统计。

表五：清康熙、道光《沂水县志》参修人员分工统计表②

版本	主修	协修	参阅绅士	编订绅士	校勘绅士
康熙	知县黄胪登	同纂修志书乡绅士夫题名：儒学训导陈经纶，乡绅原封丘知县张炅，原栖霞县训导阎懋伦，进士高名图，举人武重华，监生刘玠、刘侠，贡生郭兆环、杨开，廪生相巩祚，生员李煜			
道光	知县张鸒	教谕张为藩，训导孔传游，县丞韩澜，典史魏崑岗	进士、户部主事刘遵和，举人袁振瀛、刘灼，孝廉牛学洙	拔贡候选教谕刘承谦，岁贡候选训导高翥南、杨端纲，廪贡于锡浦、牛学颖、尹倜，候选州吏目牛学敏，邑廪生高憼、王松亭，邑庠生祝耿光、黄廷铎、李象韶、赵湧南、王业福、刘烺，邑增生刘清渠	候选州同知刘致恭，邑庠生刘治平，监生袁玉坅、黄承袭、刘桂锡、武纯良、刘枚廷、刘采芸、贺必忻

据李晓方对明清《瑞金县志》的研究，编撰者的宗族背景及相互关系往往反映出地方家族势力掌握方志话语权的程度。这种宗族背景包括宗亲、姻亲两方面。从这个角度来看，编纂者之间的关系大体可从同姓或异姓考察。同姓多数来自某一宗族，但也存在因族源不同，在血缘联络上素无瓜葛的情况。在异姓之间，大多数情况下彼此有姻亲或者文化世交关系。某一家族参修人员数量及与异姓参修者之间的关系，大体可反映出以科举宦业为核心的

---

① 参见李晓方：《县志编撰与地方社会——明清〈瑞金县志〉研究》，中国社会科学出版社，2015年，第71-74页。

② 本表据清康熙、道光《沂水县志》整理。

宗族实力及升降态势。①

　　据上表统计，康熙《沂水县志》的编撰人员总计十二名，刘氏家族刘玠、刘佽以地方绅士身份参修，占总人数的六分之一。其中，高名图、张炅和"刘南宅"是姻亲关系。②刘氏姻亲合计占比三分之一。

　　道光《沂水县志》编纂人员总计三十四名，刘氏家族参与者为刘灼、刘承谦、刘烺，占比十一分之一。从参修人员姓氏来看，基本上涵盖了沂水县刘氏、高氏、袁氏、黄氏、牛氏、武氏等大族。③其中袁氏、高氏、牛氏都和刘家有姻亲关系。刘氏姻亲合计占比四分之一强，相对康熙朝时有所下降，但大体相埒。

　　由上可见，刘家在康熙、道光朝两次沂水方志纂修活动中都曾占有一定话语权。从两部方志内容来看，与刘家相关的内容呈增长趋势。在康熙《沂水县志》中，出现了刘励、刘应宾、刘玮、刘珙等人的名字。卷四《乡贤》部分收录了明朝至康熙朝15个人的传记，其中就有刘励、刘应宾、刘玮祖孙三人。卷四《进士》部分收录了刘应宾、刘玮父子的简历，《例贡》部分则有刘珙、刘亿、刘佽。尽管康熙《沂水县志》中出现的刘家人远较道光时期为少，但也契合刘家当时的实力。这反映出刘家在当地文化、政治领域占有一席之地。

　　到了道光朝，与刘家相关的内容猛增。卷七《仕进》部分陈列了刘家在科举方面的光辉业绩；《人物仕绩》部分则记载了刘应宾、刘侃的事迹；《耆德》部分收录了刘励、刘玮、刘玠、刘鲁洙、刘绍武、刘绳武、刘鼎臣、刘鼎燮、刘鸣谦等人的传记；《忠节》部分则收录有刘应试、刘坤；卷二《舆地》部分收录了刘绍武所作《闵仲山即浮来山考》《邳乡》《郓城》

---

①　参见李晓方：《县志编撰与地方社会——明清〈瑞金县志〉研究》，中国社会科学出版社，2015，第118－125页。

②　据刘氏族谱记载，"刘南宅"与大庄高氏累代姻亲，刘玠之子刘仪聘高名图的侄孙女；刘玠之子刘侃娶张炅之女。

③　沂水当地刘姓望族不仅"刘南宅"一家，还有埠前庄北店子刘、南店子刘、八楼刘的说法。"刘南宅"四修族谱中有专文介绍了北店子刘与"刘南宅"的渊源关系，二刘本属同宗，但因年代久远，世系难以查清，故合谱未成。至于南店子刘，始祖来自长山县，与刘家没有亲缘关系。

《盖城》等总计8篇地理考证文章。这意味着"刘南宅"借修撰县志之机，将其祖先或家族历史导入县志。他们在人物志中为家族成员立传，在各个卷目中设法安插有利于彰显本家族地位的资料，这就使沂水方志几乎成了刘氏的家谱。他们努力地将私家历史记录转化为县域公共历史记录的一部分。[①]从这个角度来看，方志中刘氏家族内容的增多恰恰是刘氏家族在地方社会构建望族身份的文化手段。

在对方志编撰进行文化干预的过程中，刘氏精英甚至将出于某种目的所杜撰的历史搬进了地方志，成为人尽可知的地方性知识。比如对刘珙的记载就是最典型的例子。在康熙《沂水县志》中，他以清朝贡监的身份被收录进《例贡》部分，并附官职"任安吉州知州"。在道光《沂水县志》中，刘珙再次出现在《贡士》顺治朝部分，其官职较上次略详细："海澄县知县，升安吉州知州"。这和刘侃为其伯父所作家传中所谓曾任浙江安吉州知州的说法一致。前文已述，其他官方文献中压根就没有刘珙曾在顺治朝任安吉州知州的记录，反倒是留下了刘珙抗清的线索。显然，刘家成功地将刘珙包装成清王朝的顺民。毕竟刘珙只是个小人物，不会引起太多人的注意。

然而在方志编撰的过程中，刘家并非事事如意，诸事顺遂。这集中表现在对待刘应宾的态度和处理方式上。在康熙《沂水县志》中，刘应宾被收进了《乡贤》部分，在内容上与后来刘侃所作家传几乎一致，其中颇多赞美之词："生而岳岳，年二十五而成进士……为吏部文选郎，门无私谒，时有水镜之称；皇清定鼎，眷求遗老，以通政使巡抚徽宁，出奇制胜、招亡纳降，发太平府仓粟以赈难民……江南人至今思之。归卧林下，著书自娱……士民称长厚焉。"可以说整篇文章都是对刘应宾的赞赏和肯定。

可是到了道光朝，情况发生了变化，不但原本载于康熙朝县志中的那篇赞文消失了踪影，而且刘应宾并没有出现在《耆德》部分。反倒是其父刘励和他的一众子孙被收进了《耆德》部分。尽管仕进、封典、进士部分都出现了刘应宾的名字，并有简要介绍，但那也只是客观陈述。作为刘氏家族影响

---

① 参见李晓方：《县志编撰与地方社会——明清〈瑞金县志〉研究》，中国社会科学出版社，2015，第256-257页。

最大的人物，官方对其态度的变化就很耐人寻味了。

显而易见，这与乾隆朝编撰《贰臣传》《钦定胜朝殉节诸臣录》及因此导致针对降清明臣和抗清者的社会舆论转向有着密切的关联。刘应宾之弟刘应试的情况恰可反证这一点。自乾隆皇帝对明末殉国诸臣大加表彰后，原来不共戴天的政敌成了当朝统治者赞赏的英雄。于是明末清初的抗清者得以进入地方志。刘应试抗清不屈被杀，这件事在康熙《沂水县志》中并没有记载。可是到了道光时期，他被收录进了《忠节》部分，同时收入《忠节》部分的还有高名衡父子，他们也是易代之际抗清殉节者。

由上可知，尽管在康熙朝、道光朝两次方志编撰活动中，"刘南宅"都占据一定话语权，但没有决定权，更遑论所谓的霸权了。在清代传统社会，只有皇帝们才是实际意义上文化霸权的拥有者。作为国家的象征，皇帝并不在场，但是皇帝一旦充当了历史判官，并做出明确指示，那么地域社会的政治精英就会随之做出反应。降清明臣刘应宾在清代道光朝编修《沂水县志》时未能进入《耆德》传记的根源正在于此。

此外还有一点值得注意，刘应宾著有《平山堂诗集》，其子刘玮著有《龙麓诗稿》。可是两部沂水县志的艺文部分没有收录一篇他们的诗文。《平山堂诗集》只是在乾隆朝后期被下令禁毁，但为何康熙朝时没能被《沂水县志》收录呢？刘玮的诗名远胜其父，其诗曾被收入《国朝山左诗钞》，可是也没有被方志收录。这在一定程度上反映出，在当地文化领域，"刘南宅"的影响是有限度的。

总之，县志编撰本身就是一个官绅联合的文化建构过程。在各方博弈的过程中，既会有"地方失语"的情况出现，也会有形象建构的转变。从士绅角度来讲，县志编撰为"刘南宅"利用家族势力和声望进行"形象建构"提供了机遇，从中也反映出其在地域社会文化领域的影响力。经过层层建构，刘氏家族的科举盛绩和他们先祖的光辉事迹被导入了地方志中，成为县域公共历史的组成部分。然而这绝不意味着他们在文化领域拥有了霸权，他们的建构过程还会受到族群竞争、国家舆论导向以及地域社会盘根错节的社会关系等多方面因素的影响。

第五章　清代以来"刘南宅"文化符号衍变与传说 ≫

第一节　思想观念变迁中的文化符号

　　人类社会自形成以来，绝非恒定不变，而是始终处于变动、更迭的历史动态。中国社会的发展就是如此。从宏观上来讲，大致经历了原始蒙昧时期、奴隶社会、封建社会、半殖民地半封建社会以及以社会主义制度为主导的现代社会。从社会学角度来说，这种社会发展、变动的过程既包括一切社会现象的变化，也特指社会结构的重大变化；既指社会变化的过程，又指社会变化的结果，是谓"社会变迁"。在历史研究领域，社会变迁成为观察具体研究事项的重要线索，是对社会运行和发展进行动态的考察。[①]从历史学的角度考察，作为社会结构的组成部分，"刘南宅"家族有其纵向的发展过程，不可避免在中国社会的历史变迁中起伏兴衰，受到不同思想观念的冲击，呈现出不同的历史形象。从民族学（人类学）的视角出发，

---

① 万明主编《晚明社会变迁：问题与研究》，商务印书馆，2016，第11页。

家族研究更专注于区域社会内具体研究对象的文化及文化表征（仪式、符号、习俗、传说）所表达的意义及象征。作为明清时期沂水县极为重要的地方力量，"刘南宅"自然是地方社会各方关注的焦点。在发展成为地方望族的过程中，"刘南宅"有其特有的文化及文化表征。[①]在"刘南宅"望族权威逐渐消失的过程中，当地民众依然保留着对刘氏权威的历史记忆，继续塑造这一权威和利用这一资源。[②]不同人群出于不同心理动机以"刘南宅"为中心进行了一系列文化建构，其具体表现形式就是当地盛传的对"刘南宅"褒贬不一的各种社会传说。在不同语境的传说中，"刘南宅"成为地方话语中的"文化符号"，反映了褒贬不同的社会评价。

一、成为文化符号的不同语境

从家族历史来看，入清之后"刘南宅"才逐渐发展成为威慑一方、备受瞩目的望族。因此，当地有关"刘南宅"的种种传说大约是在清代乃至清末民初这段时间形成的。就传说内容、隐喻及其反映的思想观念而言，这些传说主要受以下三种时代思想观念和政治语境影响，成为当地民众历史建构的文化符号：清代中期在乾隆皇帝的倡导下，"传统忠奸论"成为社会上普遍流行的社会观念；清初基于夷夏之辨，以排满兴汉为主张的大汉族主义，在清末民族危机出现后衍化为以"排满"为纲领的近代民族主义思潮；清末至新中国成立，中国资产阶级革命派提出的"三民主义"与中国共产党倡导的无产阶级革命思想。总体来看，这三种政治语境是对清代以来国家主流意识形态和社会思潮的反映。一些丑化、贬斥"刘南宅"形象的社会传说正是上述三种政治语境下的产物，映射出在国家主流意识形态和社会思潮中，国家文化干预和思想控制对地方社会的影响。因为"贰臣"这段历史无法改变，面对国家主导下的社会舆论，地方望族"刘南宅"有其无奈、无力的一面。

---

① 参见王晓霞：《历史人类学视域下的区域历史研究刍议——以宁夏家族史研究为例》，《宁夏大学学报》2017年第6期，第84页。

② 参见邓庆平：《名宦、宗族与地方权威的塑造——以山西寿阳祁氏为中心》，《清史研究》2005年第2期，第51页。

1.《贰臣传》对"刘南宅"的影响

清朝统治者历来重视对汉族士大夫集团的掌控，这种情况集中体现在思想文化领域。这种文化管控在乾隆朝达到顶峰。在乾隆皇帝的主导下，文字案数量为清代历朝之冠。此外，清朝前期的皇帝们对史学编撰、文献纂修充满兴趣，其中以乾隆皇帝表现最为突出。他对官方史学编撰工作格外热情，在位六十年内共主持了超过六十项史学撰修计划，完成了历时九十五年的清修《明史》。尤须注意的是，在乾隆皇帝的主导下相继编撰了《贰臣传》《逆臣传》《钦定胜朝殉节诸臣录》。清初的抵抗者受到了表彰，合作者却遭到贬斥。在乾隆皇帝的倡导下，针对降清明臣的社会舆论由清初宽松转为日益严苛。①与此同时，在乾隆皇帝的主持下，还完成了一项工程浩大的文化典籍编撰工程《四库全书》。乾隆皇帝一声令下，寓禁于征，许多明末清初士大夫的文集惨遭禁毁。上述乾隆皇帝进行的文化管控活动对"刘南宅"影响很大。

乾隆三十一年五月二十六日，乾隆皇帝谕令国史馆馆臣，今后不应再将明宗室所建立的政权视为僭伪，对南明诸臣，如黄道周、史可法等，亦不因为他们的抗清言行而一概视为叛逆。这标志着清政府对南明历史在态度上发生了重大转变，对南明抗清人物开始肯定。乾隆皇帝的这种转变绝非心血来潮的一时冲动，而是因为他特别重视史学的社会控制作用，想要通过史书编撰来重新建构历史记忆，以达到"替后世立纲常"、巩固官方文化领导权及在意识形态方面统一全国思想之目的。《钦定胜朝殉节诸臣录》《贰臣传》《逆臣传》及禁毁书籍概莫如是。②这就必然会对降清明臣的声誉及其家族后续发展造成负面冲击。

乾隆四十年十一月十日，乾隆皇帝下旨表彰南明诸臣为国捐躯的气节，并对有关官员赠予谥号。一般来说，只有在朝官至尚书、大学士的大臣才能获此殊荣，低级官吏和普通百姓没有这个待遇。可是乾隆皇帝一反常态，特别恩准即使布衣或不知姓名者也可在表彰之列。两个月后，在另一道谕旨

---

① 陈永明：《清代前期的政治认同与历史书写》，上海古籍出版社，2011，第160、183页。
② 同上书，第186-194页。

中，乾隆皇帝下令又将前明忠臣的范围扩大至明初"靖难之变"中殉难的官民。在乾隆皇帝的大力支持下，《钦定胜朝殉节诸臣录》的编撰工作十分迅速，从乾隆四十一年二月八日清廷正式颁旨后开始，仅用时九个月就完成了。①通过这部书，乾隆皇帝向社会传达了这样的信息：默认了汉族士人对南明历史的道德诠释，重新加强程朱理学中的忠君思想，强调臣对君的义务"有死无贰"。只有那些不仕贰姓者才能谓之"忠臣"。②

清廷对"忠"的阐释和转变逐渐渗透到沂水县。道光《沂水县志》中相关记载明显反映出乾隆皇帝的思想和主张。刘应宾的姻亲高名衡父子成为当地士大夫大书特书的忠节模范。高名衡的墓地被收入县志名人《冢墓》部分，成为当地古迹，得以于全省之一隅，得志其人并志其墓，以受世人膜拜；高名衡所作叙事诗《更生吟》和无名氏所作称赞高名衡的诗篇《咏高名衡平仲》被收录进县志《艺文》部分。高名衡及其子高镠被收进县志《忠节》部分。③对刘家来说，也有影响。崇祯十五年清军攻占沂水城时，不屈赴死的刘应试同样被收入县志《忠节》部分。④

在官修《钦定胜朝殉节诸臣录》完成之后，乾隆四十一年十二月九日，乾隆皇帝随即下令开馆编修《贰臣传》，这标志着清政府为了顺应新的政治形势，对明清易代失节之臣开始重新予以评价。客观来讲，汉官的投降对清军入关和王朝的统一、社会秩序的恢复均起到重要作用。清初的统治者顺治、康熙、雍正三朝皇帝基本上对这些人持肯定态度。然而，《贰臣传》成书后，这样的好日子一去不复返矣。原来开疆拓土之"忠臣"再次为清廷立功，只不过这一次却是以负面形象示人，以作教化民众之用。按照乾隆皇帝的观点，这些人"在明已登仕版"，入清后又身仕新朝，"其人既不足齿，其言不当复存"。尽管他在一定程度上对其中一部分人在清朝定鼎中原过程中的功

---

① 参见陈永明：《清代前期的政治认同与历史书写》，上海古籍出版社，2011，第197-202页。

② 同上书，第201-202页。

③ 参见张燮主修《沂水县志》卷七、卷八、卷十，载沂水县地方史志办公室整理：道光《沂水县志》，中国文史出版社，2015，第264、265、326、381、382页。

④ 张燮主修《沂水县志》卷七，载沂水县地方史志办公室整理：道光《沂水县志》，中国文史出版社，2015，第265页。

劳表示认可，但在"忠臣不事二主"的道德主义至上的观念下，这些贡献不足以洗刷他们在操守上的污点。乾隆皇帝确定了"贰臣"的定义："若在胜朝已授官职者，不论品位高低，易代后出仕新朝者一概视为贰臣；若胜朝时仅登科第，未列仕版者，则其出仕新朝，不能视为贰臣。"按照乾隆皇帝的主张，《贰臣传》共分甲、乙两编，每编按传主行谊又细分为上、中、下三等。具体划分原则为：入本朝而能没王事者，列甲之上；若显有勋绩者，列甲之中；著有劳效者，列甲之下；略无事迹者，列乙之上；其后获罪者，列乙之中；曾经从贼及初为贼党者，列乙之下。在对甲编传主变节经过的叙述中着重强调明亡清兴乃是天意使然，非人力所能改变。在甲编各传中，除了冠以"贰臣"标签，内里并无只言片语指责，因此这部分人受到的贬斥程度较其他贰臣为轻。入乙编者，乾隆皇帝对他们的指责相当严苛。在这些人的传记中，乾隆处处流露出对他们的鄙夷之情。相较而言，入乙编上门者待遇稍好一些，比如谈到这些传主身故时，用"卒"，而中、下两门的传主身故皆用"死"字。按照文化习惯，"人品无訾，有始有终者"方得谓"卒"；"若改弦易张，营私获罪者"只能用"故"。由此可见乙编上、中、下三门中的传主在乾隆皇帝心目中的分野。①

"贰臣"一词为乾隆皇帝首创。这是一个极具侮辱性的词汇。从某种角度讲，这个词汇问世之后限制了人们对"贰臣"群体所处具体情境及历史贡献、道德人格的探究耐心。"贰臣"成了这一部分人的身份标签，这对当事人及其后代的负面影响是不可估量的。乾隆皇帝的主张渐渐成为社会各阶层的主张。人们习惯于乾隆皇帝的审判标准，简单、粗暴地在道德层面就给所谓"贰臣群体"判了死刑。除了历史研究者基于文献考证而予以客观公正的评判，谁还会对这些名列《贰臣传》的历史人物有丝毫的同情呢？然而在多数情况下，这些历史人物不得不面对社会大众的评价。当乾隆皇帝的主张渐次成为大家的主张后，这种主观臆断的负面评价难免还会对"贰臣"后裔造成困扰。

---

① 参见陈永明：《清代前期的政治认同与历史书写》，上海古籍出版社，2011，第221-250页。

刘应宾位列《贰臣传》乙编第20位，处乙编上门。综览《刘应宾传》，除了提及其子刘玒抗清和刘应宾本人滥给札付去职之事，大部分内容客观叙述了刘应宾在安徽巡抚任上的功绩。刘应宾去世，该传用了"寻卒"一词。从这个角度来看，乾隆皇帝对他并非像对钱谦益、龚鼎孳、冯诠等那样厌恶。除"气节"之外，甚至在某种程度上对其在清初平定皖南的功绩似有肯定之意。

然而对于大众来说，人们一般不会关注这些细节，容易受官修《贰臣传》价值观念和政治观点的感染。这种情绪蔓延到沂水县，给刘氏家族带来不小的冲击。还是以《沂水县志》为例，在道光《沂水县志》中，不但原本载于康熙朝县志《乡贤》篇、对刘应宾不乏称赞之辞的那篇传记失去了踪影，而且刘应宾没有出现在《耆德》篇里。反倒是其父刘励和他的一众子孙被收录进去。这在一定程度上反映出在乾隆皇帝影响下，地方官绅对待刘应宾的态度发生了转变。

官方态度转向也影响到了"刘南宅"的日常生活。即以墓志铭为例，《刘氏族谱》收录了刘应宾父母妻子的墓志铭，独缺刘应宾的墓志铭。原本没有，还是曾经存在，只是囿于某种原因而消失了呢？从历史情境来看，刘应宾去世后应该也有墓志铭，其墓志铭受《贰臣传》牵连而不得已消失的可能性较大。在"刘南宅"先世的墓志铭中，刘应宾之孙刘侃的墓志铭引人注意。这块墓志铭由武英殿大学士、工部尚书张廷玉书丹，他和刘侃是同年。刘侃卒于雍正四年。张廷玉为其墓志铭书丹的时间大致在雍正四五年间。这时候，清廷对降清明臣的态度还没有发生大的转向，朝廷重臣为同年题写碑记乃人之常情，无可厚非。然而倘若是在乾隆皇帝下令撰修《贰臣传》之后，恐怕当朝宰相的书丹之笔不会出现在刘侃的墓志铭上吧。张廷玉书丹的这块墓志铭对刘家具有特殊意义。张廷玉曾任雍正朝《明史》馆总裁。他的名字出现在刘侃的墓碑上意味着国家层面对刘家过往历史的肯定。继刘侃后，再没有出现朝廷部院大臣为刘家人题写的墓志铭。这固然与"刘南宅"在清代中期以后科名日衰的情况有关，但也不能排除与《贰臣传》所带来的负面影响有着某种程度的关联。

受《贰臣传》影响,"刘南宅"在清代乾隆朝禁毁书籍活动中受到了牵连。刘应宾所撰《平山堂诗集》《江南抚事》被清廷禁毁。据刘统业讲述,在其记忆中,他曾听父辈讲刘应宾的《平山堂诗集》曾在家内流传。日本鬼子侵占沂水时,刘家人去西乡避难,房子被日寇占作营房,在战争中完全被破坏,家藏《平山堂诗集》也一起烧没了。①"刘南宅"十八世刘庆山也在关注《平山堂诗集》。他同样认为当时家里肯定有,只是后来没有流传下来。他是从族谱中得知刘应宾撰有《平山堂诗集》的事情。至于北京大学图书馆古籍库收藏的《江南抚事》,他们则一无所知。

然而,刘应宾所著《平山堂诗集》《江南抚事》于何时何地被清廷禁毁,相关清代文献论著并没有提及。著名版本目录学家、收藏家雷梦辰所著《清代各省禁书汇考》中并没有收录刘应宾撰《平山堂诗集》《江南抚事》,著名图书馆学家、文献学家施廷镛著《清代禁毁书目题注(外一种)》同样没有收录刘应宾的著作。②

综合文献资料、著作和刘家后人反馈的信息,《平山堂诗集》《江南抚事》被禁毁的时间、地点、过程等具体情形,虽然不得而知,但禁毁之事已是确凿无疑。据相关史料记载,"语多违碍""犯悖之语""悖犯字句""语多触犯"是那些文集、诗集被禁毁的重要因由。③刘应宾所著《平山堂诗集》中思念故国的诗篇数几近百,其中对明朝皇帝、藩王仍用敬语,仅此一条就符合"语多违碍"的特征了,在乾隆朝森严的文网下,很难逃过被禁毁的厄运。

刘家后人所说清代以来家中收藏刘应宾著作的说法不足为信。清代康熙朝初年,即墨明朝遗民黄培就因所著《含章馆诗集》有违碍词句,被人告发

---

① 在采访中,笔者了解到刘统业对乾隆皇帝禁毁书籍的事情并不清楚,因此,笔者对刘氏后裔所说清代家藏有《平山堂诗集》的说法持怀疑态度。

② 参见雷梦辰:《清代各省禁书汇考》,书目文献出版社,1989;施廷镛:《清代禁毁书目题注(外一种)》,北京图书馆出版社,2004。

③ 参见《各省咨查禁毁书籍目录不分卷》(清光绪二十一年李文田家抄本),《纂辑禁书目录一卷》(清乾隆刻本),载陈红彦主编《国家图书馆藏稀见书目书志丛刊》(12),国家图书馆出版社,2018,第211-357页;《军机处分次奏进应毁书籍单不分卷》(清钞本),载陈红彦主编《国家图书馆藏稀见书目书志丛刊》(11),国家图书馆出版社,2018,第149-214页。

处死。①到了乾隆朝，文字狱更是达到了顶峰，很多文化家族就因此遭受了灭顶之灾。以刘氏精英一贯谨慎、精明的表现，应该不会甘冒这么大的政治风险。无论清代刘家是否较为隐秘地收藏了乃祖的著作，但有一点可以肯定：受乾隆皇帝影响，刘应宾的那两部著作并没有在社会上得到普及。从某种意义上讲，由于话语权掌握在乾隆皇帝手里，人们只能通过官修《贰臣传》了解刘应宾其人。这意味着在皇权的威慑下，当事人刘应宾及其家族出现了集体失语和集体失忆的情况。

2. "汉族主义"与"革命思想"对"刘南宅"的影响

自甲午战争后四五年间，传统历史观念受到冲击。随着历史进化论在中国知识阶层的迅速传播，梁启超等人发起的"新史学"运动昭然而兴，其典型特征之一就是群体代替帝王成了历史书写主体。与此同时，在种族主义、国族主义思潮下，满汉之分、夷夏之别的话题再次凸显，近世知识分子对"士大夫"的评判带有强烈的种族主义色彩，成为"排满革命"的工具。比如邹容的《革命军》谓："曾、左、李者，中国人为奴隶之代表也。"为了煽动社会各界的仇满情绪，明清易代之际清军屠城、忠明者誓死抵抗的历史屡屡进入革命者的视野，被重新书写。在革命史观和汉族主义立场的影响下，凡在族群竞争中进行抵抗者得到了表彰，被视为"民族英雄"。反之，与中国历史上汉族以外其他族群合作者，则不由分说，一律被视为"汉奸"。②这种以中国历史上族群竞争为分畛的历史观在当时社会上引起了很大反响，致使明清易代之际的历史人物再次成为人们关注的焦点。殉节者受到表彰，比如在松江府抗清运动中死难的夏允彝、夏完淳父子，以他们为中心的夏家故事在近代中国知识界得到不少共鸣。③其他诸如岳飞、文天祥、张煌言等也是反清革命派大力书写的对象。

同期，对明清易代之际仕明降清者的负面书写也在紧锣密鼓地开展。比

①参见周至元：《文史资料：清初即墨黄培文字狱》，2007，第5-64页。
②参见姜萌：《族群意识与历史书写》，商务印书馆，2015，第223-281页。
③孙慧敏：《书写忠烈——明末夏允彝、夏完淳父子殉节故事的形成与流传》，载吕妙芬主编《明清思想与文化》，世界图书出版公司，2016，第66、99-103页。

如1900年前后，由改良派转为革命派的章太炎就大谈"汉族中心观"，主张以"血缘"为主线来建构汉族世系。继章氏之后，一些更加激进的反清革命者加入了汉族史书写理论的讨论，并进一步推动了"汉族中心观"的发展。比如刘师培在《论留学生之非叛逆》一文中指出，宋之张元、吴昊、刘豫，明之洪承畴、吴三桂等是叛逆的典型代表。在清末汉族书写的运动中，伴随汉族英雄谱系的建构，凡是明末降清者一律被置入了汉奸行列，大加贬斥。[①]

在清末声势浩大的"排满革命"运动中，"刘南宅"难免受到负面冲击。这既与其封建仕宦家庭的身份有关，也与四世刘应宾仕明降清的经历有着较为密切的关联。清末沂水县一些知识分子接受资产阶级革命思想比较早，很早就出现了同盟会员的活动。在资产阶级革命派眼里，以刘敬修为中心的"刘南宅"是沂水县落后封建势力的代表。《沂水县同盟会兴学纪要》一文的作者张希周就是同盟会会员。他在这篇回忆文章中将"刘南宅"称为"大封建势力"，豢养了二百名辫子兵，使用德制钢枪；还说刘家主人刘敬修反对革命，派地痞捣毁了当地同盟会所办中学。该文还述及"刘南宅"先世刘应宾的历史，称其在《贰臣传》中名列第八；刘应宾降闯又降清；蒲松龄在刘家坐馆，作《三朝元老》一文讽刺。[②]从张希周的回忆中不难体会当时沂水县资产阶级革命者对"刘南宅"的看法和情绪。从中透露出两则历史信息：其一，在同盟会员眼里，"刘南宅"站在革命的对立面，是"反革命"。其二，体现出"汉族中心论"的人物臧否标准。原本是一篇沂水县同盟会教育实践活动的回忆文章，当事人却不失时机地安插上刘家先世刘应宾的"贰臣"历史和"蒲松龄作文讽刺"的传说。可见，刘应宾仕明降清这段历史成为沂水县资产阶级革命派攻击"刘南宅"的舆论手段。

五四运动后，马克思主义思潮在鲁中南山区广泛传播。青州崛起的"读书会"就是以研究马列主义为宗旨的革命组织。一些沂水籍青年知识分子加入"读书会"，接受革命思想洗礼。作为沂水县赫赫有名的缙绅之家，"刘南

---

① 参见姜萌：《族群意识与历史书写》，商务印书馆，2015，第235-238、241页。
② 沂水县教志办：《沂水县同盟会兴学纪要》，载沂水县政协文史资料委员会编《沂水县文史资料》第一辑，1985，第57-58页。

宅"向以在沂河两岸占有千顷土地而著称，以至当地流传刘家人在沂河两岸"喝不了别人家的水，踩不了别人家的地"的说法。在中国革命的滚滚洪流中，类似"刘南宅"这样的家族自然首当其冲，受到革命浪潮的冲击，并逐渐分化。事实上，刘敬修去世后，"刘南宅"的家势已是日薄西山，不复当年盛况了。随着家势日衰，一部分人寻求经商转型，可是没有成功。

在"以阶级斗争为纲"的特殊年代，"刘南宅"后人成为被改造对象。以刘统业为例，尽管新中国成立前刘家已经成为没有土地的破落户，被划为中农，但在"文革"时，因为"刘南宅"名气太大，刘统业又被划为地主，遭到批斗。

二、文化语境冲击：民间传说中的"负面形象"

沂水县流传的有关"刘南宅"与《聊斋志异》的传说，存在着两种不同的版本。一种是社会传说：蒲松龄曾在当地大族"刘南宅"坐馆，并作《三朝元老》一文讽刺。这种说法并无确凿依据，可信度极低。它既与当地民众以"刘南宅"为中心构建地方历史记忆的思维惯性有关，也反映了特殊年代民众对待地方望族"刘南宅"的心理情绪。从某种意义上讲，这则传说是民众在"传统忠奸论""汉族主义""革命思想"政治语境下对沂水望族"刘南宅"的负面文化建构。

另一种是"刘南宅"家族传说。刘氏后人对上述社会传说并不认同，提出某位先祖曾与蒲松龄有过短暂交集，为其文学创作提供了素材的说法，但蒲松龄并未在刘家坐馆，所谓坐馆传说是对刘家的丑化。

蒲松龄作文讽刺"刘南宅"的社会传说有几个略显不同的版本，但大意基本一致，主要在沂水境内社会上流传。相关的文字记载出现在沂水县政协编撰的《沂水县文史资料》中，共计三处，兹列如下。

沂水县教志办撰《沂水县同盟会兴学纪要》：刘南宅，从明朝末年至土地改革以前，是沂水县的大官僚地主。其发迹始祖刘应宾是明朝万历癸丑进士，官至奉政大夫……闯王进京，刘归附闯王。清兵入关，刘投降清朝，官迁吏部文选司郎中。对此，蒲松龄（康熙间曾为刘宅塾师）曾对其嘲讽（见

《聊斋》铸雪斋抄本下册446页《三朝元老》篇）。①

　　魏然森撰《沂水城》：据记载，著名文学家蒲松龄曾来"刘南宅"做过私塾先生。但他对刘家极为鄙视，所以《聊斋志异》里就有一篇《三朝元老》，讽喻刘家先祖为官随风而倒，保了明朝保清朝。②

　　庞守民、田相余主编《商略黄昏雨——刘纶襄传》：《聊斋志异》的作者蒲松龄曾在沂水"刘南宅"做过塾师，他利用闲暇时间搜集整理沂水民间故事二十余篇，收入其《聊斋志异》一书。③

　　当地一些历史文化学者在有关沂水历史风物的叙述中往往认同并采用了这一说法。在学界，临沂大学文学院副教授宋希芝撰《论〈聊斋志异〉与沂蒙民俗的双向互动》一文采纳了这一说法："据记载，蒲松龄在屡试不中后，迫于生计，曾到沂蒙山腹地的沂水县城西南部的刘南宅当过塾师。后因不齿刘家为官为人的品性，转到沂水县沙沟镇李家设馆授徒。蒲松龄在教学之余，常到穆陵关前山河寺唐代银杏树下与寺内高僧品茗赏景，谈古论今，了解掌故，从而积累了大量的创作素材。"④该文所引这段材料源自2007年3月30日大众日报所载《蒲松龄的齐鲁游踪》一文。显然，宋文所谓蒲氏曾在刘宅坐馆的说法应该来自当地传说，并无确凿依据。

　　为此，2016年笔者先后两次到沂水县向"刘南宅"后人和当地历史文化学者请教。据"刘南宅"直系后裔十七世刘兆平、十八世刘庆山先生反映，刘家对这一说法并不认同。刘庆山提出这是特殊历史时期形成的一种讹传，目的是讽刺、丑化刘氏家族。当地历史文化学者则反映，他们虽然熟知这则传说，但所知也仅限于传说，无法提供有价值的资料佐证。

　　查阅有关蒲氏行迹的论著和史料，综合考察"刘南宅"历史及相关地方传说，刘氏后人所谓丑化、攻讦刘氏的说法颇有几分道理。这则社会传说既

---

　　① 沂水县教志办：《沂水县同盟会兴学纪要》，载沂水县政协文史资料委员会编《沂水县文史资料》第一辑，1985，第58页。

　　② 魏然森：《沂水城》，载沂水县政协文史资料委员会编《沂水县文史资料》第十二辑，2001，第115页。

　　③ 庞守民、田相余主编《商略黄昏雨——刘纶襄传》，中国文化出版社，2005，第22~23页。

　　④ 宋希芝：《论〈聊斋志异〉与沂蒙民俗的双向互动》，《兰州学刊》2012年第11期，第60页。

与目前学界相关研究成果不符，也无资料可资佐证。因此，蒲松龄曾在刘宅坐馆的说法可信度极低。

再者，传说中蒲松龄作《三朝元老》一文讥讽刘家的说法就有张冠李戴之嫌。据邓之诚所著《骨董三记》：《聊斋志异·三朝元老》乃李建泰事。朱书《游历记存》云："建泰为贼相，贼败再降，又为相，被赐绰楔曰'三朝元老'，悬于门，始告归。'一二三四五六七，孝悌忠信礼义廉'联，乃金之俊事，见苏濊《惕斋见闻录》。"①所谓蒲氏作《三朝元老》一文讽刺刘家的说法与刘应宾的经历明显不符，足见传说之谬。

虽然蒲松龄在刘宅坐馆的说法不足为信，但是"刘南宅"后人刘兆平先生讲述了家族内部流传的另一种说法："刘家某一位祖先和蒲松龄曾经有过短暂交集，他向蒲松龄讲述了刘家人遇到的一些异事。"由于年代久远，某些记忆已模糊不清。比如，这位祖先的姓名，其与蒲氏相遇的时间、地点都已在流传中失佚。但此人向蒲松龄讲述了三世刘励遇鬼之事，为蒲松龄创作《聊斋志异》提供了素材的说法在刘家流传至今。相对社会传说，刘家人的说法可以称为家族传说。对于这则传说，刘家人同样无法提供明确佐证。尽管如此，我们对这则传说不能轻易否定。因为据前文所述，蒲松龄在刘宅坐馆的传说是对"刘南宅"的攻讦、丑化，刘氏后人对此持否定、排斥的态度。在这种情况下，刘家人完全没有必要杜撰出蒲氏与先祖有交集的传说而引火烧身。《刘氏族谱》《聊斋志异》和相关历史资料中恰好存在一些与此相关的历史印痕。因此，刘家内部的传说绝不会是空穴来风。

这则传说产生的时间应该早于社会上流传的蒲氏在刘宅坐馆的说法。甚至，我们可以做出这样一种推测：刘氏家族传说很有可能就是社会传说的前身。《聊斋志异》声名鹊起后，刘家后人难免对外炫耀家祖曾与蒲松龄相遇，并向其提供素材的故事。然而，基于当地以"刘南宅"为中心构建地方历史记忆的思维传统，反而给当地某些人士攻讦"刘南宅"提供了基本素材。在一定的历史情境中，刘氏家族传说的故事内容被完全置换，在当地逐渐形成

---

① 邓之诚：《骨董三记》，载朱一玄编《聊斋志异资料汇编》，南开大学出版社，2012，第201页。

了蒲氏在刘宅坐馆并作文讽刺的传说。随着社会传说在沂水当地扩散,其本源反而被掩盖。久之,蒲松龄在刘宅坐馆的说法竟成了当地人所共知的"信史",流传至今。

然而当地民众为什么杜撰出蒲松龄在刘宅坐馆的传说来丑化"刘南宅"呢?

作为地方望族,明清时期的"刘南宅"权势极大,在当地具有巨大的影响力。虽然历经风雨,当地赫赫有名的刘氏住宅——"刘南宅"早已消失在历史的尘埃中,但刘家曾经的煊赫威势依然留存在当地人的历史记忆里,不曾散去。

据20世纪80年代当地人对"刘南宅"的回忆:"历任县官在'为官不得罪巨室'的座右铭的指导下,每次上任、交任,都要到刘宅拜客。有的在未接任前还住在刘宅客厅里,当作行辕。如不听其支配,'官老爷'就干不长久。清代考秀才,他们有权向县官保荐,然后送沂州府复试。沂水地方志,自明清以来,编撰大权一直在刘宅手中。"①刘家子孙一直以"从沂水到临沂,喝不了别人家的水,踩不了别人家的地"为荣。当地民间还传说,有位泥瓦匠到刘宅抹墙,粘在腿上的泥几日舍不得洗,且逢人就夸耀说腿上的泥是刘家的。

上述当地人的回忆说明,在中国传统社会,"刘南宅"广泛占有地方资源和话语权。这既使"刘南宅"威风显赫,但也不免成为地方社会矛盾的中心和各方社会力量关注的焦点。一旦社会政治和舆论环境发生变化,民众对待"刘南宅"的态度和评论也会随之发生变化。就坐馆传说而言,其重点并不在于蒲氏是否在"刘南宅"坐馆,而是引出《三朝元老》一文,借蒲氏之口重温刘应宾仕明降清并被编入《贰臣传》乙编的这段历史,以表达对刘氏的讽刺。在清代以来中国社会思想观念的变迁中,这段历史极易成为不同政治派别攻击"刘南宅"的把柄。从总体来看,这则传说的建构和散播与"传统忠奸论""汉族主义"和"革命思想"三种语境有关。

乾隆皇帝下令将刘应宾编入《贰臣传》,这导致官方对待降清明臣的态度

---

① 张希周:《我所知道的刘南宅》,《沂水方志》1986年第1期,第42页。

由肯定转向了否定。这种官方态度上的变化直接带动社会舆论发生改变。此后，刘应宾在主流社会舆论中是"不忠"的负面形象。到了清末及大革命时期，革命运动风起云涌，不同主张的革命思想相继涌现，作为士大夫阶层的"刘南宅"再次受到冲击。其中资产阶级激进派所倡导的"汉族主义"和特殊年代"以阶级斗争为纲"的无产阶级革命思想对"刘南宅"影响最大。在革命语境中，刘应宾的负面形象同样无法改变。可以说，这三种政治语境为"蒲松龄在刘宅坐馆"传说的产生和散播提供了相应的政治环境。

就当地文化环境而言，蒲松龄在当地影响极大。人们形成了借助蒲松龄来表达意见、情感的思维习惯。随着《聊斋志异》在齐鲁大地的广泛传播，蒲松龄这个落魄书生声名鹊起。清代至今，蒲松龄是当地卓有影响的历史人物之一。沂水县流行蒲松龄曾在沂水县"刘南宅"、沙沟李家坐馆的说法。[①]可见，蒲松龄在沂水民间社会深入人心。当地百姓深信蒲松龄创作的《聊斋志异》与沂水县有密切关联，与有荣焉。这种心理在现实生活中仍留有痕迹。比如21世纪初沂水县开发建设的"刘南宅商业步行街"北首即矗立着一座蒲松龄雕像。雕像背后有几行文字说明，大意是说我国古代著名文学家蒲松龄曾在沂水采风，并在"刘南宅"坐馆当私塾先生云云。如此看来，历史上的文学巨匠摇身一变成了今天沂水县经济发展的商业名片。令人错愕的是，这片在"刘南宅"旧址基础上开发的商业区，虽然以"刘南宅"冠名，却没有一点与"刘南宅"直接相关的文化元素。在历史上曾经活跃的刘氏名人没有一个被雕塑成像，反倒是异乡人蒲松龄充当了沂水县的文化符号。所谓蒲松龄在"刘南宅"坐馆云云不过是为了借助这位名满天下的文学家的声望，来提升商业街的名气罢了。这充分反映出蒲松龄及其创作的鬼神故事在当地具有巨大影响力。

沂水当地民众是传说的创造者、传播者。蒲松龄与"刘南宅"的传说之所以能够被创造出来并广为流传，这与他们的心理特征有着较为密切的关

---

① 这一说法在沂水当地文史工作者编写的文史资料中多次出现，如《沂水县文史资料》第一辑之《沂水县同盟会兴学纪要》、第十二辑之《沂水城》、第十六辑之《商略黄昏雨——刘纶襄传》等文献。另据宋希芝在《论〈聊斋志异〉与沂蒙民俗的双向互动》一文研究，蒲松龄曾多次到沂水县采风。

联。在感情和道德观方面，社会群体极易冲动、转变和急躁，并且容易接受暗示和轻信某种说法。社会群体在意见表达和信念方面，则受种族主义、传统思想影响很大。[1]当乾隆皇帝的主张、革命派的思想传播到沂水县，当地民众以刘氏家族传说为素材杜撰出了一段"虚假"的历史。这就使得"刘南宅"长期处于某种政治语境下的历史记忆之中了。

在沂水调研时，笔者搜集到一些带有类似倾向的关于"刘南宅"的传说，如风水发迹的传说、李五将军的传说等，其传播范围基本限于沂水县，具有浓厚的地方性色彩。这些传说内容虽不相同，但无一例外是出于"丑化""攻讦"刘家之目的所进行的文化建构，借以表达对待"刘南宅"的态度。时至今日，我们依然能够从这些传说故事中体会到时人对"刘南宅"的时代情绪。在不同的历史语境中，"刘南宅"被贴上不同的政治或人格标签。这势必给"刘南宅"造成了负面影响，而且伴随社会传说在沂水地方社会的散播，这种影响几乎一直延续至今。

在传统文化语境下，"刘南宅"被描绘成"不忠、不义"的形象。比如在风水发迹的传说中，杜撰出刘家先祖刘堂通过偷听、欺诈手段得到风水宝地的故事。

据"刘南宅"十七世刘兆平讲述，刘氏发迹前曾为佃户，某日其一世祖刘堂为当地许姓地主在荒地上放牛，在旷野中听到两个南方人对话。二人争论，此地是否为风水宝地。若为宝地，鸡蛋会孵出小鸡，否则第二天会变成熟鸡蛋。刘氏先祖听闻，暗记在心，第二天抢先去看，果然孵出了小鸡。于是他将小鸡拿走，将事先准备好的熟鸡蛋置于原地，骗过两位道士。刘堂将这个秘密一直记在心里，从不对外人提起。一日，刘堂找到许姓主家，说起自己年事已高，死后还没个葬身的地方，恳求主家将那片荒地卖给自己作墓地。主家说那本是一片不值钱的不毛之地，你想要给你就是。刘堂说，那不行，如果那样，地还是你的，我死后埋在那里也不安心，你还是立个文书卖给

---

[1] 参见古斯塔夫·勒庞：《乌合之众：大众心理研究》，贾秀清译，煤炭工业出版社，2018，第81—86页。

我吧。主家说，好吧，你就准备两瓶老酒、一只肥鹅，拿来我给你立个地契文书就是。第二天，刘堂就提了两瓶上好的老酒、一只肥鹅来见主家。主家当场为其立了一纸地契文书，文曰："刘堂买我茅草窝，准备老来作墓穴。若问地价值几何，两瓶老酒一只鹅。"于是刘堂以廉价买下了这片墓地，开辟了刘氏祖林，后来刘氏果然发达。

实际上早在刘氏之前，很多地方就流传着类似风水发迹的传说。比如朱元璋风水发迹的传说：

朱元璋的祖父朱初一原籍江苏省句容县朱家村，后因时局动荡，迁到泗州定居。有一天，朱初一正在休息，突然来了一老一少两个道士。老道士指着朱初一睡觉的地方说："如果谁可以葬在这里，那么他的后代就有天子之命。"小道士就问："为什么呢？"老道士就说："如果你不信，可以找一根枯树枝插在这里，十天之后，树枝一定会发芽。"紧接着，小道士想要将朱初一叫醒。其实朱初一早就听到了这句话，只是假装睡觉没睁开眼。两位道士见无法叫醒朱初一，就插了一根枯树枝走了。十天后，朱初一一早来看，果然被老道士言中，枯树枝发芽了。他心里非常高兴，左思右想，还是不想让人知道这件事情。于是他将发芽的枯树枝拔掉，又重新插了一根枯树枝。不一会，两位道士来了。老道士见枯树枝没有任何变化，又看了看坐在一旁的朱初一，心中产生了怀疑。于是，老道士便对小道士说："那根枯树枝一定被人换掉了。"之后又转身对朱初一说："如果你想要大富大贵，去世后一定要葬在这里。"朱初一去世后便埋葬在这里，后来他的孙子朱元璋果然当上了皇帝。[①]

两相对照，这两则风水发迹的传说在内容和情节设计上十分相近，都是移民偷听道士谈话，得到了风水宝地的消息，只不过在刘氏风水发迹的传说中，枯树枝被置换为生鸡蛋。刘氏风水发迹的传说经历了一个丰富、添加、黏附的过程。在这一过程中，很难说纯粹出自平民百姓的创造，地方文人很可能参与其中，为类似带有情感倾向的传说提供了背景知识。[②]

---

① 参见曹金洪编著《历史绝对不简单：明朝十二帝》，三秦出版社，2014，第18-19页。
② 参见赵世瑜：《小历史与大历史：区域社会史的理念、方法与实践》，生活·读书·新知三联书店，2010，第123-124页。

从表面上看，这则传说是古代民众从风水角度理解某一家族发迹的思维惯性使然，实际上却有质疑刘家财富和权势来历不明的言外之意。然而，据《刘氏族谱》记载，一世刘堂在选择坟地时，并没有风水方面的考虑，而是具有一定的随意性。刘堂在世时专门嘱托子孙，将来把他葬在"由南庄抵苏市往来道路所经者，今之虎埠东阡是也"。因为他曾经在那里做过善事，这为他在当地赢得了好名声。①显然，风水发迹之说是民众为了丑化刘氏，以朱元璋风水发迹传说为蓝本，加工、杜撰出刘氏风水发迹的传说。

因为四世刘应宾降清的经历，当地还衍化出"李五将军"的传说：李五将军，传者佚其名，系明末一员将官。清朝统治者入主中原后，李五将军不服降。时"刘南宅"已降清，清廷授意"刘南宅"除掉李五。"刘南宅"受命后即宴请李五将军。李五将军骑马到刘家赴宴。酒席间，头一道菜就是李五将军马童的首级，李五将军见情形危急，手提大刀向外窜，此时"刘南宅"各道大门都已关闭，李五将军接连刀劈两道大门，可是两边厢房早已埋伏下家丁人等，他们抛出桌椅条凳阻路，李五将军被绊倒，遭到杀害。②这样的故事情节与明清以来许多通俗演义和地方戏剧中的描述十分相近，同样经不起推敲。据地方志中有关职官的记载，顺治初年清廷就已在沂水设置官署，任命了地方官员。刘应宾降清则是顺治二年的事情。国家有典制，地方有驻军，如果"李五将军"不服降，地方政府自可按照章法处理，似乎没有倚仗地方豪绅处理此事的道理。虽然这则传说查无实据，却加深了地方社会对刘应宾降清这段经历的历史记忆。

在辛亥革命的语境中，"刘南宅"则代表了"反革命封建势力"。20世纪八九十年代当地人所作一篇关于同盟会在沂水活动的回忆文章这样写道：

同盟会在沂水县办学，周建镐以办学为掩护，进行革命活动，不久即为沂水大封建势力"刘南宅"察觉。刘氏首先散布谣言，进行恫吓，说什么"周家这个假洋鬼子，异端邪说，自作孽，不可活。要革命，哼！走着瞧，

① 四修族谱编撰委员会编《刘氏族谱》卷一，2008，第77页。
② 张之栋：《沂水地名人物趣谈》，载沂水县政协文史资料委员会编《沂水县文史资料》第十辑，1999，第221页。

先把他的命搁（革）上"。①

刘涿堂长子刘诚泾策划、组织了共和党与同盟会对抗。……他们吹捧张勋的辫子兵，并且编了一首歌谣："敲皮鼓，吹长号，张勋的兵就来到，先杀革命党，再杀孙文党，带辫子的哈哈笑，半截发的吓一跳。"②

综上可见，沂水当地民众形成了以"刘南宅"为中心构建地方历史记忆的思维惯性。随着社会思想观念和舆论导向的变化，他们对待"刘南宅"的态度并不一致。在不同历史情境、语境感染下，一部分人对"刘南宅"持批评、否定态度。基于某种群体道德观念和政治思想，他们以"传说"形式对"刘南宅"进行了负面意义上的文化建构活动。这导致"刘南宅"长期处于被丑化、攻讦、否定的传说和记忆之中。这些传说和记忆逐渐成了当地历史的一部分，有的甚至被当地民众理解为"真实的历史"。它们既部分反映了历史真实的一面，但也难免掺杂了基于个人情感、心理、价值观而产生的谣言、杜撰，或者某种政治语境下的历史记忆。

三、身份调适效果：社会神话中的"正面形象"

清代以来，"刘南宅"之所以在当地赫赫有名，还与其家宅有着较为密切的关联。八卦宅这种北方地区较为少见的建筑形制吸引了当地民众的注意，人们对它充满了好奇。围绕"刘南宅"来历形成了种种社会神话。这些传说版本不一，但大意基本一致，都是以四世刘应宾与神仙吕洞宾为中心。

传说一：八仙之一的吕洞宾因故触犯了天条，天公便雷击吕洞宾，吕洞宾遂变成一只小虫钻到刘氏祖先用的笔管之中，躲过了这场雷劫。为了酬答刘家的庇护之情，吕洞宾便按阴阳八卦的方位给刘家设计了一所住宅。设计的住宅分很多小院，每个小院的布局形式都一样，小院与小院之间都有门可通，所以不熟悉的人进去之后，就会迷失方向，找不到出去的地方。

传说二："刘南宅"刘公子在书房读书，吕洞宾藏在他的桌子底下。屋外

---

① 沂水县教志办：《沂水县同盟会兴学纪要》，载沂水县政协文史资料委员会编《沂水县文史资料》第一辑，1985，第57-58页。

② 张希周：《我所知道的刘南宅》，《沂水方志》1986年第1期，第42页。

霹雳正急，可天兵怕伤了好人，不便下手，吕洞宾因此脱难。……吕洞宾建宅方式是研墨画图、吹气成真，他不仅画了八卦宅，还画了照亮刘宅的琉璃灯。刘公子研墨没有耐心，不然灯会亮到天明。

传说三：吕洞宾化作一只蚊子藏在刘员外的笔管中，刘员外一刻不停地抄写《道德经》，从而吕洞宾躲过雷劈之祸。吕洞宾画了一座府第的图纸，并告诉刘员外不日将大富大贵，到时就可以按图纸盖房子。[①]

尽管上述传说内容略有不同，但大意基本一致：吕洞宾遭劫，刘家先祖搭救了吕洞宾。为了报答恩情，吕洞宾帮助刘家建造了"八卦宅"。

此外，关于"刘南宅"还有其他内容稍有不同的演绎。据说吕洞宾本是天宫中酿酒仙班的运水道人，只因偷饮了王母娘娘敬献给玉皇大帝的琼浆玉液，被贬下天庭。当时，吏部天官刘应宾正握笔给皇上写奏折，吕洞宾化作一只小飞虫藏进笔杆之内，从而避过雷劫。为报此恩，吕洞宾抽出干将、镆铘雌雄二剑，向地下一指，"刘南宅"内立刻现出两眼深井，并把酿制琼浆玉液的天机告知。后来刘应宾以此酒进贡，深得皇上喜爱，于是刻石立碑，以记仙人教诲之恩。[②]

另据沂水县文化馆的田野调查，整理如下：

吕洞宾得道前路过沂水，穷困潦倒，受到刘义军接济，成仙后不忘恩情，于是点石成金，馈赠刘义军，又按照易经八卦图形为刘家建成阴阳八卦宅，分南、中、北三宅，以南宅为最，号称"刘南宅"……刘家从此与吕洞宾交往甚密，后来又出现了刘义军为答谢恩人建望仙桥，并时常与其在桥上相会。[③]

尽管这些有关"刘南宅"来历的神话传说内容稍有不同，却为刘氏家族

① 参见张希周、张之栋：《刘南宅及其大瘗》，载沂水县文史资料委员会编《沂水县文史资料》第五辑，1989，第142页；赵斌主编《日照民间故事选编》上册，山东大学出版社，2005，第249~250页；厉周吉：《最时尚的猪》，天津人民出版社，2012，第144~147页。

②《醇香四海醉八仙——记山东省沂水县酒厂》，载马洪顺、刘长恩、陈少伟主编《鲁酒飘香》，山东友谊出版社，1992，第342页。

③ 魏然森讲述，贾秀芝整理《"刘南宅"传说》，载《沂水县非物质文化遗产普查资料汇编》卷一，第37页。

蒙上了神秘面纱，这无疑使刘氏家族在沂水地方社会更加具有权威性。

虽然有关"刘南宅"来历形成了如此之多的异文，但了解刘家历史的知情者不难得出这样的判断：这些传说与刘应宾所作《遇仙记》有着某种关联。从逻辑上来说，甚至可以推定《遇仙记》乃是诸多社会神话的本源。正如刘宝吉所分析的，从刘应宾的《遇仙记》到后来吕洞宾报恩赐宅，体现了一个"社会化"的重大转变。前者基本限于在刘家内部流传，后者则在当地达到几乎无人不晓的程度。这则社会上广为流传的刘应宾与吕洞宾之间的神话为"刘南宅"披上了一层神化的外衣。

对于这则传说形成的原因，刘宝吉指出，不应该简单地视为刘家的蓄意捏造，认为它是"封建社会"愚弄民众的工具。在神话故事的背后隐含着当地人在现实面前的复杂心态，既有无奈的默认，也有艳羡之意。基于刘家在当地广泛的影响力，刘家得到了当地民众相当程度的认同。"刘南宅"的社会神话是文化霸权的一种较为常见的表现形态。①

上述刘宝吉的高论有一定道理。尤其值得肯定的是，他注意到现实生活中民众基于某种心理与当地影响力巨大的"刘南宅"之间的互动，但似乎并没有把这一问题说透。最后他仍然笼统地以"文化霸权"这一社会学概念作为"刘南宅"社会神话的注脚。

传说的产生当然既与创造者和传播者的心态有关，也与传说对象的历史情况有密切关联，这一点毫无疑义。然而刘宝吉在分析中似乎对以下三点有所忽略。

其一，神话传说本身就是一种形象建构。从长时段来看，从刘应宾撰《遇仙记》到刘侃撰"家族神话"，再到八卦宅的建筑形制和吕祖画像，这些都是刘家身份调适、形象建构的内容和手段。此外，刘家还形成了自己的生存策略，这包括大族联姻、科举入仕、以善传家、名人效应等等。通过长期形象建构和基于某种策略下的生活实践，"刘南宅"在当地民众心中产生了神

---

① 参见刘宝吉：《消失的迷宫：沂水刘南宅传说中的神话与历史》，《民俗研究》2016年第5期，第104-105页。

圣、善良、正义、神通广大的正面形象。换言之,"纯阳画图"的社会神话是在"刘南宅"长期奉行的行善生存策略以及长期形象建构和身份调适的基础上衍生出来的。

另外,沂水地方社会具备形成吕祖传说的文化土壤。明清时期该地民间文化具有民风淳朴、巫风盛行、民间信仰繁盛等典型特征。正如古人所说,穷乡多异。在这样的文化土壤下,极易滋生民间故事和传说。神仙吕洞宾对当地民众有较大影响,吕祖信仰在当地及其周边区域曾经盛行一时。当地庶民阶层乐于通过创造神话传说来表达心中喜恶和价值取向,吕洞宾就是被当地民众广泛应用的神仙之一。

士大夫文化与庶民文化并非截然对立,两者间的界限很难划分,士大夫文化有时也会受到民间通俗文化的影响。受民间文化之影响,士大夫不仅对志怪异事、佛经道论、宅经相术喜闻乐见,还善于利用民间搜集的素材进行文学创作。同时,庶民阶层也会从士大夫文化中汲取素材和营养。

"刘南宅"社会神话的产生并非一朝一夕,而是自清代以来刘家长期的文化建构和生存实践在当地文化土壤下的映射,从中体现出了士人文化和庶民文化的碰撞和互动。基于"刘南宅"在一部分人心中的良好形象,产生了对刘家极为有利的神话传说。

其二,大众心理的群体特征才是民众在《遇仙记》基础上创造、传播"纯阳画图"神话传说的动因和基础。一般来说,社会群体具有以下特征:群体中的个人,不受自己控制;易受暗示和轻信,情绪夸张、单纯;群体的想象力极其敏感;有宗教信仰的群体,其宗教情感往往战胜理性。[1]正是因为社会群体具有上述心理特征,当八卦宅呈现在人们面前时,刘家建构的神话或历史逐渐流传到沂水民间社会,民众以刘氏家宅为主题,围绕"刘南宅"四世刘应宾的神话创作才具备可能性。类似这样的神话之所以能够轻易地在群体中流传开来,不仅因为群体极端轻信,还因为故事在人群的想象中经过

---

① 参见古斯塔夫·勒庞:《乌合之众:大众心理研究》,贾秀清译,煤炭工业出版社,2018,第31-45、73-77页。

了奇妙的曲解，发生了奇妙的变化。在群体众目睽睽下发生的最简单的事情，不久就会变得面目全非。①

其三，围绕刘应宾所形成的正反两面的社会神话或者传说恰恰反映出"大传统"与"小传统"、"大历史"与"小历史"之间的互动。从这个意义来说，这些传说既折射出民众与精英阶层的互动，也体现了"国家"与"地方"的互动；既是精英伦理思想、天人感应思想、帝王思想的投射，也反映了地方民众对事、对人的看法。在上述传说背后，一方面，我们无法忽略"国家的在场"和"历史的客观存在"。随着清廷政治态度的转变，对有过身仕两朝特殊经历的士人及其家族来说，"功臣"或"罪人"的身份转换只在皇帝一念之间。乾隆皇帝对"贰臣"提出批判，就势必会给"贰臣"家族带来一些负面影响。作为社会个体，地方望族"刘南宅"既无力与国家直接抗衡，也无法改变刘应宾降清的历史事实，无法将这段记忆从民众心中抹去，只能被动适应和主动调适。类似丑化、攻讦"刘南宅"的民间传说就是对这种情况的反映。另一方面，国家并非总是在场，它无法将其主张完整渗透到地方社会的方方面面。在地方社会，虽然王朝变了，皇帝换了，但这个地方社会没有变。士绅望族在地方社会始终扮演着非常重要的角色，从而形成以其为中心的具有地方性色彩的人文传统。从这个角度来说，尽管在国家主流意识形态和近代民族主义思潮下，"贰臣"这段特殊历史难免给"刘南宅"的生存发展造成困扰，但绝不意味着在地方社会他们完全失去了生存发展空间。在国家主张向地方社会渗透的过程中，他们也在含蓄地表达自己的主张，从而在国家的压力之下不断进行形象建构和身份调适。两者之间存在博弈的状态，很难说哪一方完全占据上风。②"刘南宅"社会神话的衍生和传播说明，在社会变迁的过程中，地方望族具有一定的适应能力。

---

① 参见古斯塔夫·勒庞：《乌合之众：大众心理研究》，贾秀清译，煤炭工业出版社，2018，第36页。

② 参见赵世瑜：《小历史与大历史：区域社会史的理念、方法与实践》，生活·读书·新知三联书店，2010，第4-7、10、79页。

第二节 社会变迁中的其他社会传说

除上节所述文化语境影响以外，清代中叶以来的赋税制度改革、社会阶层流动也对望族"刘南宅"产生了影响，形成了"'刘南宅'与青州旗城""刘纶襄夜访'刘南宅'"等社会传说。从中我们可以看到，望族"刘南宅"在社会变迁过程中不仅受到"贰臣"文化语境的影响，还会遇到其他挑战。

一、"刘南宅"与青州旗城

在清代雍正朝时，中国封建专制主义达到了顶峰。承接康熙朝政治遗产，在一一剪除政敌威胁后，雍正皇帝开始着手收拾康熙朝后期留下的乱摊子。清查亏空、惩罚贪官只是应时手段。至关重要的是，针对时弊，雍正皇帝在制度层面采取了一系列改革措施，这包括耗羡归公、建立养廉银制度、士民一体当差、摊丁入亩制度等。这些举措在一定程度上减轻了普通民众的负担，改变了地方官场陋习，有助于缓和庶民与国家、庶民与士绅之间本已紧张的关系。然而在推行上述制度的过程中，士大夫阶层原有的政治、经济特权受到限制和削弱，这就势必引发士绅阶层与国家之间的紧张关系。比如士绅阶层的免役权被免除，过去凭借特权在地方包揽词讼、包纳钱粮、拖纳钱粮的现象受到严重打击。摊丁入亩制度使有土地者增纳赋税，无地和少地者可以减轻负担。这种利贫损富的赋税征收办法必然遭到士绅阶层的抵制。从康熙年间讨论要不要实行，到雍正决策实施，再到乾隆中期彻底在全国推行，历时近半个世纪。可见，这一政策受到了来自士大夫阶层的重重阻力。①

在"国家与地方社会"语境下，"刘南宅"与青州旗城的传说被杜撰出来。这则传说见于沂水当地党氏族谱所载《党圣涂轶事》一文，"刘南宅"

---

① 参见冯尔康：《雍正传》，人民出版社，2008，第139-179页。

被描绘成为一己私利抗衡朝廷、诬陷地方官员的地方劣绅：雍正年间，山阴进士罗廷仪担任沂水县令期间，励精图治，宣风化、平狱讼、均赋役、革除积弊，深得民心。因为他厌逢迎、简供给、汰冗员、省词讼、严保甲、储器械，使全境平安，同时也就触犯了沂蒙望族"刘南宅"的既得利益，冲突矛盾时有发生。雍正八年清廷决定修建青州旗城，县令罗廷仪与"刘南宅"的矛盾激化。在修建过程中，青州府所辖州县少不了加派劳役税银，赋役分摊自然以人丁地亩为本。"刘南宅"拥有良田千顷，但不想承担这许多的赋税。以往知县迫于刘家势力，只好把赋税分摊到穷苦百姓身上，以致民不聊生。罗廷仪不愿意这样做，坚持让"刘南宅"出丁纳银。"刘南宅"利用先世在朝为官的条件，花钱买通朝廷大员，上疏弹劾罗廷仪反对青州旗城建设。雍正皇帝震怒，下令监察御史偏武、山东巡抚岳睿、青州知府广寿调查处理。"刘南宅"与青州旗城修建督工田镜山密谋构陷罗廷仪，企图借罗廷仪前来青州议事之机，暗害罗氏。当时的青州知府李根云与罗廷仪交好，得知此事后私下告知罗廷仪。罗廷仪的师爷党圣涂听闻此事后义愤填膺，决定冒死代替罗氏前往青州一探究竟。党圣涂假冒罗廷仪到达青州府衙后即被关入站笼，并且头朝下倒立于府衙门前。第二天三堂会审，党圣涂自报名号，将田镜山与"刘南宅"的阴谋和盘托出，并历数"刘南宅"历年来对抗官府、聚揽词讼、贪赃枉法等种种不法之事，告知钦差大臣。最终田镜山因贪污工程款、偷工减料被惩处，"刘南宅"及其买通的朝廷大员也受到应有的惩罚。①

值得注意的是，在青州地方社会流传着与上述内容十分相似的传说，只是故事主角置换为田镜山和青州城的某位豪绅。一则传说的大意是：督建官田镜山贪吞建筑用款，偷工减料，欺下瞒上，结果城垛砌砖，就地掘土，建成了一座三合土的土城。普通兵丁和眷属住的官房只有两间，家家没有厕所。旗人不无幽默地说："咱们的茅房让大人们吞了。"兵民们不满，联名上告。田镜山买通了将军和副都统，想要隐瞒此事。当时，东店有个何姓地主，千顷良田在北城，建城时廉价强征了他的土地，掘了他家祖坟，因而恨

---

① 有关"刘南宅"与青州旗城的传说参见沂水当地《党氏族谱》所载《党圣涂轶事》一文。

之入骨。他花钱买通一个在北京做大官的亲戚,上疏弹劾田镜山。雍正皇帝下令彻查,查明真相后将贪官们处以极刑。①

青州当地还有另外一则与青州旗城相关的传说:建城之初,北城占了钟尚书的坟地。尽管移了坟,立了碑,钟家后人仍然心怀不满。有一天,北城士兵出城遛马,有的马啃坏了钟家庄地里的麦苗,庄里人借此一拥而上,聚众围攻,打伤了一个前锋和一个马甲。②

上述三则传说虽然内容和侧重点有所差异,但故事发生的历史背景别无二致,都是以雍正朝青州旗城修建作为历史背景。《党圣涂轶事》一文关于田镜山贪污的故事与青州本地的传说几乎一样,都有"咱们的茅房让大人们吞了"的说法。显然,传说的发源地应该来自青州城。《党圣涂轶事》不过是在青州当地旗城传说内容基础上的加工和演绎。该文以描绘在青州旗城修建过程中"刘南宅"与县令罗廷仪之间的矛盾和斗争的内容居多,但其初衷只是以此事为背景,凸显、刻画其祖先师爷党圣涂侠肝义胆、正直有识的人物形象。

那么缘何在青州、沂水都流传着"青州旗城"传说?这些传说背后又反映出怎样的一种历史事件和历史发展脉络呢?

雍正皇帝下令修建青州旗城,历史上确有其事。青州当地文史学者李凤琪、唐玉民、李葵等已在《雍正帝谕旨建旗城》《城址之谜》《浩大纷繁的工程》等文中专门介绍了旗城来历:"田文镜任河东总督不久,雍正帝听军机大臣张廷玉等奏报山东登莱一带兵力薄弱,防汛未为周密,便命令田文镜密议具奏。田文镜接旨后亲自到登莱胶州一带查勘,详细绘图并写了一道三千多字的奏折,呈报清廷。雍正皇帝基于满族人口日益繁衍的生计问题以及巩固海防和全国统治的考虑,下令将青州建为八旗驻防城。可见,第一个提出修建青州旗城的是雍正皇帝本人而不是田文镜。"③这是修建青州旗城的由来。

据李凤琪等考证,实际参与旗城修建的官员有河东总督田文镜、登莱青道孙兰芬、青州知府广寿、原青州知府李根云、东平知州陈永年、滨州知州

---

① 参见李凤琪、唐玉民、李葵:《青州旗城》,山东文艺出版社,1999,第17页。
② 同上书,第28页。
③ 同上书,第2-4页。

刘元勋、通政使赵之垣、监察御史偏武，并无传说中的人物田镜山。那么为何青州、沂水等地流传出田镜山这样一个根本不存在的历史人物？既然雍正皇帝体恤下民，明令禁止动民间一草一木，那么《党圣涂轶事》一文所谓在青州旗城修建过程中，因为耗资摊派一事，"刘南宅"与罗县令水火不容、矛盾激化的说法显然同样出自民间百姓杜撰，毫无实据。那么为何沂水民间会以青州旗城修建一事为故事背景，捏造出"刘南宅"与罗县令发生矛盾的历史假象呢？

关于田镜山贪污一说，李凤琪等详查历史档案资料，并没有发现田镜山这个人，也没有发现处理重大贪污案件的文字依据。事实确实如此，雍正朝《宫中档》留存了一些有关旗城修建前后，清廷与地方官员田文镜、岳睿等往来的奏折、谕旨，但没有一条言及官员借机贪污之事。至于传说中所谓"刘南宅"诬告罗廷仪之事更是天方夜谭。山东地方官在奏报中根本没有一字提及此事。李凤琪等分析这与雍正初年清理亏空、严惩贪官、推行火耗归公和养廉银制度有关。这一观点确实很有道理，但仍未释清青州旗城传说的由来。

事实上，雍正皇帝推行摊丁入亩政策才是青州、沂水滋生这些旗城传说的根本原因所在。上述三则传说虽然内容略有不同，但有一点值得注意：传说中都提及了土地、官绅之家。

沂水传说的旗城故事描述"刘南宅"占有千顷土地，因为摊派与县令发生矛盾。在青州传说中，出现了钟尚书、何姓地主，他们的土地都被强占，甚至被迫移挪祖坟。如果把传说中演绎部分的内容裁剪掉，这些传说的核心要素是土地、地方士绅、官府，实际上反映了官府与地方士绅因土地发生的矛盾。

清代中期，雍正皇帝为巩固封建王朝统治进行了一系列大刀阔斧的改革，其中最重要的一项改革就是废除了延续千年的人丁税，实行摊丁入亩政策，按照纳税人占有土地数量征收赋税。这一政策触及地主阶层核心利益，甫一实施就遭到了来自士人阶层、地主阶层的百般阻难。沂水的旗城传说实际上反映了大土地所有者"刘南宅"与国家之间的矛盾。因为田文镜是雍正皇帝推行摊丁入亩政策的急先锋，自然遭到了士人阶层的非议和敌视。他们不敢将矛头直接对准四海之主雍正皇帝，于是虚构出"田镜山"这样一个与田文镜仅有一字之差的工程监理官，并捏造出田镜山贪污工程款的传说。这三则传说正是对雍正皇帝爱将田文镜的丑化、攻讦。这些传说背后隐藏着地方社会大土地所有者与国家之间利益矛盾对立的历史事实。

在清代，地方缙绅与官府之间既有合作，也有矛盾和利益纠葛。对于这一点，吴琦主编的《明清地方力量与地方社会》以"清代抗粮事件""清代诬告案""地方义学""地方育婴堂""地方志编撰"等地方性事件为例，针对官绅互动这一历史现象做了较为深入的剖析。据该著研究，缙绅阶层在地方社会扮演了非常重要的角色，往往在治安、公益、文教等各方面扮演着非常重要的襄助角色。地方官府也乐得缙绅参与到地方事务中。然而官绅之间的互动并非始终处于良好的合作状态，矛盾也时有发生。例如在漕粮征收过程中，官府、绅衿、民众扮演的角色各异，官绅利益的趋同性决定了他们在许多事件上结成同盟，但在漕粮、赋税征收过程中，官绅之间的不同角色意义使得这种同盟关系十分脆弱。作为地方社会的特殊阶层，在利益被限制、压制的情况下，缙绅除了利用身份特权公开与地方官抗争，还隐藏在民众背后，充当民众反抗的幕后人或煽动者的现象往往十分普遍。①吴著分析的这一情况在莒沂一带必然也是存在的，莒县至今流传着《家有千顷不纳粮》的民谣："里长虎，歇家狼，执掌黄册赛城隍。穷人地少纳空额，里胥千顷不纳粮。"②士绅家族与地方官府之间的矛盾冲突并不仅限于缴粮纳税这样的常规事件。在中国乡村社会，尤其边远、偏僻地区，士绅往往扮演着官府的角色，在乡里履行着许多重要的社会职责，从而形成几乎等同甚至超越地方官府的权威。地方士绅的权力之大有时甚至危及官府在地方的管辖权。③

综合吴琦等对明清时期地方力量与地方官府互动的上述分析，《党圣涂轶事》一文所谓党圣涂向上官历数"刘南宅"历年来对抗官府、聚揽词讼、贪赃枉法等种种不法之事的传说也就不难理解了。传说中"刘南宅"对抗官府、贪赃枉法、聚揽词讼的说法查无实据，但大体可以反映出沂水地方大族

---

① 吴琦主编《明清地方力量与地方社会》，中国社会科学出版社，2009，第19~21页。
② 莒县政协编《莒县文史资料》第九辑，1996，第251页。
③ 参见吴琦主编《明清地方力量与地方社会》，中国社会科学出版社，2009，第171~190页。

与地方官府之间在赋税征收、法律裁决等地方性事务中是存在矛盾纷争的。

二、刘纶襄夜访"刘南宅"

关于"刘南宅"与其他仕宦家族，沂水当地还流传着一则进士刘纶襄豪门受辱的传说：刘中策（后改名刘纶襄）十六岁时与其兄刘中瀚参加童子试，结果刘中策考中秀才，其兄名落孙山。其父刘秉针非常高兴，在家中挂起了"未卜他年大及第，且喜今日小登科"的喜联。此时在外为官的族人刘秉鉌正巧赋闲在家，遂邀请刘中策父子到"刘南宅"造访，目的是让刘中策在场面上长长见识。到达刘宅后，刘秉鉌将刘中策父子介绍给"刘南宅"的当家人刘维墪，并特地介绍了刘中策考中秀才之事。刘中策马上跪地行礼，刘维墪用眼扫了一下，见他们是地地道道的农家人，嘴里轻轻地喔了一声，便有说有笑地拉着刘秉鉌走进了大厅。刘维墪和刘秉鉌落座后，品着香茗，就滔滔不绝地讲起来，刘中策父子只好尴尬地站在一边。刘秉鉌见状便赶紧介绍来意，说想让孩子聆听您的教诲。刘维墪望了一下刘中策父子，干笑一声，说"喔，好，好"，却仍然没有让座之意。这令刘秉针非常气恼，心想："我们再穷也不是向你讨要什么，架子何必这么大呢！你哪怕对我儿子夸奖一句话，给孩子一点鼓励，这次南宅我们就没有白来。"刘中策看出了父亲的心思，便借故和父亲辞别刘宅。这件事情对刘中策刺激很大。回到家后，他对父亲说，我们不去沾南宅的什么光，我要刻苦学习，求取功名，我要像秉鉌伯父一样考中进士做官。后来，刘中策果然考中了进士。

刘纶襄，原名中策，字次方，号蓉舫。清道光二十三年夏出生，沂水县刘家店子村人，光绪二年丙子恩科考中二甲第五名进士，历翰林院编修、监察御史、陕西候补道。其父刘秉针，庠生；大哥中翰，拔贡，官至河北三河知府；三弟中濂，廪贡生，候选知县；四弟中瀛，太学生，曾在官府任幕僚。[①]

刘纶襄是清朝晚期沂水县知名人物。2016年春节后，笔者特地来到刘纶

---

① 刘中策豪门受辱传说及家族出身相关情况，参见庞守民、田相余：《商略黄昏雨——刘纶襄传》，中国文化出版社，2005，第20—34页。

襄的家乡沂南刘家店子调研。[①]清代中晚期，该刘姓家族通过科举入仕，家业开始发达。刘纶襄是其家族兴盛的重要人物。

就本书讨论的话题而言，上述故事情节是否曾经发生过并不重要，重要的是这则传说反映出明末开始兴起的仕宦大族“刘南宅”在清代中晚期开始面临新兴贵族的挑战。这一时期，随着国家渐趋稳定，下层民众向上流动的机会增多，旧的科甲精英作为文化和社会仲裁者的地位面临着新贵们发起的挑战。新贵们则通过编印族谱以及修建祠堂体现其已具备了精英生活方式的身份标志。[②]

虽然“刘南宅”在沂水当地号称科宦世家、名门望族，但清代中叶后“刘南宅”的科举成绩并不尽如人意。九世刘鼎臣是“刘南宅”最后一位进士，其考中时间为乾隆辛丑年。十一世刘灼是“刘南宅”最后一位举人，其考中时间为嘉庆丙子年。道、咸之际，虽然“刘南宅”依旧有族内精英出仕，担任州、县一级官员，但其入仕途径已由科考转变为捐纳了。

实际上，类似新兴贵族挑战的故事在莒县也有案例。莒县小窑管氏正是清代晚期通过科举考试而兴盛的家族。当地流传有“一门五进士，叔侄三翰林”之谣，意谓管氏家族在清末科举之盛。管氏五位进士分别为管廷献、管廷鹗、管廷纲三兄弟及廷献之子管象颐、廷鹗之子管象晋。管氏发达后，在莒县流传着“大店庄，北杏王，功名出在小窑上”的民谣。传说当地大族庄氏掌事者慨叹：“庄家的好风水被管家人夺走了。”[③]

显然，上述传说、民谣实际上反映出清代中期以后，莒沂一带自明朝兴起的望族“刘南宅”、大店庄氏都不得不面对的一个现实问题：一方面后世子孙举业蹭蹬，家世逐渐开始由盛转衰；另一方面曾经的寒族子弟则通过科

[①] 旧沂水县有南北刘家店子之称，北刘家店子在今沂水县埠前庄，南刘家店子今已划属沂南县。南北刘家店子在清中晚期都曾有族人考中进士、做官，继“刘南宅”之后逐渐发展为沂水当地的仕宦家族。

[②] 韩书瑞、罗友枝：《十八世纪中国社会》，陈仲丹译，江苏人民出版社，2008，第62、122、124页。

[③] 关于管氏概况参见《城阳管氏族谱选要》。小窑原属莒县，现已划归日照市五莲县。2014年笔者到五莲县小窑做田野调查，从管氏后人处收集到上述民谣和传说。

举考试成功跻身于仕宦阶层，成为当地新兴贵族。"刘南宅"之兴是由于刘应宾、刘玮、刘侃祖孙三代接连考中进士，从而在明末清初延续了科宦世家的门风。在此期间，沂水县境的进士基本为当地望族"刘南宅"、大庄高氏所垄断。清代"刘南宅"的四位进士都是在嘉庆朝之前考中的。在中国古代科举时代，大部分士子只有考中进士才能正式获得做官的资格，此谓正途。当然也有一些士人，通过捐纳同样可以获得做官的资格。清代中期之后，除刘灼之外，"刘南宅"虽然还有一些子弟做官，但他们几乎都是通过捐纳步入仕途的。如十三世刘敬修，仕至山西冀宁道，其年少时外勤学业，十载苦功，卓尔成家，识者决其远道，谓不数载必能科甲，继前徽。然而太夫人以殷望成名，故辄因一试不售，遽为纳职郎署。盖先生年逾弱冠，早跻宦途者，以此自是而部曹二十年。[①]

刘敬修入仕的经历颇能说明问题。《刘氏族谱》中描述刘敬修早年经历的这段文字耐人寻味。为什么时人纷纷看好刘敬修，认为他具备考中进士的能力，但太夫人在其一试不售之后，就为其捐官呢？一个"遽"字就道明了当时刘家作为科宦世家所面临的窘状。随着其他家族通过科举考试，异军突起，刘家已经感受到了继续在沂水当地垄断话语权的危机。因此，太夫人为其孙纳资，以早登仕途。

"刘南宅"自明末四世刘应宾考中进士开始发迹，入清后相继有四人考中进士，九人考中举人。可以说，科举乃是刘家长盛不衰，在沂水县拥有话语权的关键所在。当"刘南宅"后裔科举事业在清代中期以后遭遇瓶颈时，当地及周边邻近区域却不断有异姓旁人同样通过科举考试，步入士家望族行列。如何继续维持"刘南宅"在当地政治、经济、文化领域的话语权优势，成为清代中叶以后摆在"刘南宅"面前的重大挑战。

在地域社会日常权威运作中，士绅阶层是分为不同等级的。其中，既有尚未做官的绅士，也有做过多年官的绅士；既有做过大官的大绅士，也有做过小官的小绅士。基于不同级别，他们在资源的占有、利用以及话语表达方

---

① 四修族谱编撰委员会编《刘氏族谱》卷一，2008，第281页。

面存在较大差异。他们之间既有合作也存在竞争。①这种士绅内部的互动广泛表现于信仰空间、方志编撰、民间诉讼、资源分配等多方面。现有很多家族研究成果体现出这一点。

比如明清时期山东东阿苫山村就由仕宦望族刘氏、登州李氏、洪洞李氏把持。该村李、刘两姓的精英李仁和刘隅就曾联名上呈山东巡抚，请求把洪福寺和相邻的东流精舍并为书院。这体现出两姓精英在当地文化建设中的联合。但这种合作只是基于共同利益的偶发行为。从长时段来看，这三大家族在各自的宗族建设过程中，存在对信仰空间的竞争。这三大家族分别控制着村内的庙宇，利用庙宇的空间优势，渐次掌握了对庙宇的管理权，从而营造出带有家庙性质的公共空间，以体现本族的势力和影响力。

在山西汾水流域，因为对水利资源的争夺，不同地域利益的捍卫者——士绅之间的关系一度紧张。②明弘光朝南昌墓地案的当事人王珍虽然不是生员，张应奇不过是低级廪膳生员，但在这场旷日持久的司法较量中，很多士绅作为双方各自仰仗的力量被牵涉进来。③明清《松江府志》和《瑞金县志》在历次撰修过程中的变化则反映出知县、士人、望族等不同利益集团对权力话语权的争夺。④

当地相关文献虽然没有留下历史上"刘南宅"与其他大族出现矛盾纷争的明确记录，但这种对文化资源和政治资源的争夺和竞争无疑是客观存在的。当地不同文化家族在官修《沂水县志》和沂水知县编刊的《沂水弦歌》中出现人员的数量、担当的角色及排名的先后，反映出了各自在地方社会的地位和影响力。从中不难看出，士绅阶层内部基于各自利益考量，难免会出现对文化资源、政治资源和地方话语权的争夺。刘纶襄夜访"刘南宅"的传说正是对这种竞争态势下某种社会心态的直观反映。

---

① 参见翟学伟：《中国社会中的日常权威——关系与权力的历史社会学研究》，社会科学文献出版社，2004，第105-124页。

② 参见赵世瑜：《小历史与大历史：区域社会史的理念、方法与实践》，生活·读书·新知三联书店，2010，第125-151页。

③ 参见卜正民：《明代的社会与国家》，陈时龙译，商务印书馆，2015，第1-8页。

④ 参见吴琦主编《明清地方力量与地方社会》，中国社会科学出版社，2009，第199-219页；李晓方：《县志编撰与地方社会——明清〈瑞金县志〉研究》，中国社会科学出版社，2015，第118-171、220-250页。

结 语 ≫

　　明清时期山东地区形成了很多仕宦望族、文化家族，其中有些在山东乃至全国都有较高的知名度和影响力。相较而言，无论历史积淀、社会影响还是知名度，"刘南宅"家族都要逊色许多。尽管明清时期"刘南宅"在当地声名显赫，影响很大，但主要局限于莒沂一带。如果不是当地知情者或者沂水之外关注"刘南宅"历史的研究者，恐怕很少有人会注意到这样一个地方性家族。

　　然而这绝不意味着"刘南宅"缺乏历史研究的价值和意义。尽管在明清山东望族中，"刘南宅"在名气和实力方面并不突出，很少引起研究者注意，但"刘南宅"独特的历史和家族文化不能被轻易忽视。明清易代之际，"刘南宅"四世刘应宾仕明降清。清代中期乾隆皇帝又将其编入《贰臣传》乙编。于是乎，"刘南宅"曾经被贴上了"贰臣"身份标签。在中国传统社会，类似情况在全国范围内还有一些。在背负较大社会压力的情况下，这些"贰臣"后裔如何生存与发展？为什么有些能够发展成为望族，有些却渐渐湮没无闻了呢？换言之，在国家与地方社会互动过程中，在国家主流意识形态影响下，那些在王朝更迭、

312

社会变迁中有过特殊历史经历的家族呈现怎样一种生存状态，这一问题非常值得关注和探讨。从目前研究情况来看，相关学术成果并不多见。

刘应宾是"刘南宅"历史上最核心的人物。尽管并非位居要职的朝廷枢臣，刘应宾却是明清易代之际清政权征服江南地区的重要臣僚之一，也是当时许多政治事件的亲历者。更为重要的是，清代中期乾隆皇帝下令将其编入了《贰臣传》乙编。乾隆皇帝的初衷是要贬斥降清明臣，但恰恰从侧面反映出刘应宾作为明末清初历史人物的重要性。既然能够进入乾隆皇帝的视野，刘应宾的人生轨迹就有研究的价值和意义。从历史研究角度考量，对于这样的历史人物，当然不能视而不见。然而应该如何认识和评价《贰臣传》中的历史人物，这是一个比较复杂的话题。

对此，路遥师指点我："明清易代之际是比较混乱的历史时期，清廷、南明、农民起义军几种政治势力曾经同时存在。在近四十年间，士大夫的思想状态、政治状态多元，其政治身份选择与转换情况比较复杂。在对相关历史人物的评价问题上，一定要注意时间性，比如李自成攻陷北京前后、清军入关前后、南明弘光政权覆灭前后、永历政权覆灭前后。汉族士大夫所面临的情境不同、行为表现不同，因此在历史评价问题上要有所区分。"

我国学者陈永明《清代前期的政治认同与历史书写》、何冠彪《生与死：明季士大夫的抉择》以及赵园先生对明清之际士大夫研究的系列论著体现了类似的学术思想。这些成果反映出，明清易代之际士大夫的生存、生活状态形式多样，相关情况是比较复杂的。正如陈永明先生所论："综观整个南明抵抗运动，参与者的动机往往错综复杂，远非三言两语所能详尽，因此参与抗清运动的人物并不能完全用前朝忠烈来概括。"①降清明臣这一群体的情况同样比较复杂。对相关人物的评价，必须放在当时历史情境下，以时间为线索，做具体个案分析。就刘应宾的功过是非而言，本书已在具体章节讨论中加以展现，此处不再赘言。

就"刘南宅"发展历程来说，从明末至清末，"刘南宅"地方望族之路主

---

① 陈永明：《清代前期的政治认同与历史书写》，上海古籍出版社，2011，第9~22页。

要存在明暗两条线索。一方面，"刘南宅"与其他望族的发展历程别无二致，都采取了类似的一般性生存策略。依托科举制度，重视子弟教育和人才培养，这是"刘南宅"成为望族的基础。然而"科举入仕"只是通往望族之路的一种途径，并不足以使其成为地方望族。一个家族之所以能够被人们以望族视之，还需要具备广泛的地方影响力和社会声望。在一个普通家族发展成为当地具有重大影响的家族的过程中，他们往往还要面对许多问题，其中最主要的问题就是如何继续保持家族可持续性发展和繁盛，如何巩固家族已有地位和声望，如何在地域资源竞争中处于不败之地。对此，刘氏精英付出了许多艰辛的努力。这体现于对外建功立业和日常权力呈现两方面，是"刘南宅"成为地方望族的关键所在之一。

除四世刘应宾外，刘家仕宦者多为州县一级的地方官员，但他们以天下为己任，廉洁奉公、勤政爱民，积极为当地百姓兴业造福，这使其获得良好的官声。在沂水地方社会，刘氏精英利用所掌握的社会文化资源，在日常生活中充分展现出"刘南宅"的权力和能力，形成了一系列望族生存策略，这包括投身举业、大族联姻、公益扬名、以善传家等等。这些文化实践活动对刘氏家族树立地方权威，并最终发展成为地方望族具有非常重要的意义。

另一方面，"刘南宅"的望族之路又有与众不同之处。作为一个特殊社会集团，望族的形成和发展都是在一定社会时空背景下进行的。在明清以来中国社会变迁中，望族不可避免受到政治更迭、王朝嬗替、思想转变、舆论转向等社会因素的影响。在光鲜艳丽的表象之外，一些地方望族有着不为人知的历史隐疾。

"刘南宅"就有自己的"隐疾"。明清易代之际，四世刘应宾仕明降清。清代乾隆朝，因为这段特殊历史，他被编入《贰臣传》乙编，成为名列史册的"贰臣"。这成为清代以来刘氏家族始终无法摆脱的"历史包袱"和"历史负资产"，以致刘氏后裔产生了"不足为外人道"的"历史情绪"。

由这种"历史情绪"，可以推知在中国传统社会"刘南宅"面临怎样一种沉重的社会压力。持平而论，在中国古代王朝更迭过程中，"忠君"在一般人的心目中固然是理所当然的责任，但在生死抉择之际，能够坚持到底，做到

"杀身成仁""舍生取义",真正做"忠臣烈士"者毕竟是少数。[①]当旧王朝的腐朽统治再也支撑不下去而新王朝强势崛起的时候,可以说大部分人,不论官绅庶民,他们都顺应历史潮流,接受了新朝的统治。在王朝更迭的阵痛之后,大多数人和家族并没有受到非常严重的影响和牵连。

然而"刘南宅"所遭遇的历史情境却稍显不同。其一,在中国传统政治观念中,明清易代乃是"夷夏之变"。因此在"君臣之义"之外,降清者还会受到中国传统社会长期存在的以"夷夏大防"为核心主张的"汉族主义"思潮的影响。一旦汉族与满族群体的关系紧张,"降清"的陈年往事就容易成为他者指摘、诟病的事由。这一点在清末民初时表现最为明显。其二,当清政权站稳了脚跟,统治者对待降清明臣的态度发生了剧烈变化。尤其乾隆皇帝为巩固统治,下令编修《贰臣传》之后,昔日"功臣"成为今朝"罪人"。拜乾隆皇帝所赐,凡入《贰臣传》者,尽皆被贴上了"贰臣"身份标签。一旦如此,"贰臣"家族所背负的社会压力就会更加沉重。

作为社会个体,类似"刘南宅"这样的地方家族根本无力向国家发起挑战,也无法倾诉自己的主张和情绪。由于"国家的在场",即便是望族,他们也会被迫"失声"和"失忆"。在国家主流意识形态和近代民族主义思潮中,他们只能被动适应和主动调适。在这样的历史情境下,沂水"刘南宅"的望族之路远较当地其他望族艰难。一方面,他们更加注重望族的"一般性生存策略",更加努力地去读书、做官,更加努力地去建功立业和从事地方慈善事业,更加注重"大族联姻"的权力网络营建,更加注重在地方社会获取良好的"声望"。另一方面,至为关键的一点,他们在宗族内部建设中也采取了一系列"形象建构"举措,不断进行着自我"身份调适",从而于内凝聚家族力量,于外塑造权威形象。这包括修建神秘的八卦宅、书写"宝善堂"堂号、悬挂吕祖画像、制造"家族神话"、奉行"薄葬但场面要大"的民俗传统、将祖先"嘉言懿行"导入地方志等等。通过上述文化实践活动,"刘南宅"在一定程度上淡化了"贰臣"历史和"国家在场"的影响,从而在沂水县逐渐树

---

① 陈永明:《清代前期的政治认同与历史书写》,上海古籍出版社,2011,第8页。

立和强化了"神秘""慈善""神通广大"的社会形象。这是清代"刘南宅"发展成为当地望族的关键所在之二。

就理论层面而言，笔者比较赞同《历史三调》所抒发的史学主张。《历史三调》所谈事件、神话、经历都属于历史记忆。同一件事、同一个人在历史学家和国家主导的书写中，相关内容和态度有时与民间记忆并不一致。因此，柯文所提出的"调"与"神话"的观点对本书有借鉴意义。

其一，柯文所谓认识历史的"调"是指不同地域、不同立场的人，基于不同目的对某一事件的不同描述。流传至今的有关"刘南宅"的历史记忆同样体现了不同的"调"，这包括不同时代刘家人的"调"、当地普通民众和社会精英的"调"、皇帝的"调"、刘家仕宦者同僚的"调"、民间史家的"调"，其具体表现形式包括刘氏族谱、沂水县志、官修史书、民间史著以及流传至今的各种传说和民俗仪制。无论政治实践、历史书写、传说，还是民俗仪制，其实都体现着人的思想，是不同人群的记忆神话。

其二，柯文所提出的"历史神话化"观点与"刘南宅"历史非常契合。柯文认为"某些历史事件"和"历史人物"由于与具有广泛且重要历史意义的主题休戚相关，因此成为"神话"的可能性就非常大。当这种"人为虚构"或"不真实"的"神话"一经产生，"历史的真相"反而变得不那么重要。关于"某件往事"的明确结论一旦深深印进人们的脑海里，"神话"反而成为人们笃信的"历史真相"了。①柯文所论"神话"的五种形式在"刘南宅"家族的历史上都有体现。

一是对当地普通老百姓头脑中贮存的大量历史形象的神话化。沂水县流传至今的种种有关"刘南宅"的社会神话、传说就属于此类。

二是修改自己的生平经历。这体现于刘应宾所撰《遇仙记》，刘侃为刘珙所撰《五世伯父知州公传》。在这两篇文章中，他们出于某种动机对"真实的历史"进行了改造。

三是涉及历史题材的诗歌、戏剧、小说、艺术等对历史的神话化。当

---

① 参见柯文：《历史三调：作为事件、经历和神话的义和团》，林继东译，江苏人民出版社，2005，第178-179页。

地人以"刘南宅"为主题创作的诗歌，作家刘一梦在小说《斗》中对"刘南宅"的描述正属于这种情况。

四是地方上的褒扬或纪念。这种现象体现于纪念馆、祠堂、墓碑和纪念碑，修建这些既是为了纪念当地历史名人，也是为了显扬当地形象，增加当地财富。与20世纪80年代河北威县在义和团领袖赵三多的家乡沙柳寨修建纪念馆的情况相仿，21世纪初沂水县在"刘南宅"原址上修建了一条以"刘南宅"命名的商业步行街，其目的不过是利用"刘南宅"的文化符号提升商业街的名气。

五是借助于报纸、杂志和书籍的神话化。其中，史书编撰是将历史神话化最为直接和常见的形式。乾隆皇帝下令编撰《贰臣传》，一大批降清明臣的历史正是按照乾隆皇帝的思想来具体呈现的。因此，《贰臣传》中清朝官方书写的《刘应宾传》也是历史的神话化。①

上述"刘南宅"神话化的历史都属于历史记忆、文化记忆。这些记忆反映出大众对"刘南宅"褒贬不同的态度。在社会流动中，"文化记忆"往往体现着对具体事项的"身份认同"。②因此从这个角度来看，"刘南宅"历史可以概括为"文化记忆"与"身份认同"的历程。皇帝、民众、刘家人通过各自建构的记忆神话来谈论"身份认同"的话题：乾隆皇帝通过《贰臣传》表达了对刘应宾清朝忠臣身份的质疑和否定；那些沂水当地对"刘南宅"不利的传说或回忆则是这种质疑的延续；刘氏精英通过"家族神话"、"南向叩头"春节仪式、八卦形制的家宅建筑等文化符号，构建出对刘氏家族有利的历史记忆，从而实现了望族、忠臣的自我身份认同；沂水地方社会流传的"纯阳画图"神话及"刘南宅"地方权威的历史记忆则体现了当地部分民众对"刘南宅"望族身份的认同。从上述历史记忆来看，文化包含着神话，文化记忆有时就是一种神话。皇帝、士大夫、庶民、刘家人纷纷借助文化符号建构自己的历史记忆，形成了褒贬不同的历史神话。

---

① 参见柯文：《历史三调：作为事件、经历和神话的义和团》，林继东译，江苏人民出版社，2005，第179-185页。

② 参见赵静蓉：《文化记忆与身份认同》，生活·读书·新知三联书店，2015，第27-39页。

　　就文化神话这一话题而言，艺术和图像对"刘南宅"卓有意义，成为刘氏身份构建和望族之路的另一种内在历史脉络。诚然，文字是刘氏精英文化资本的首要来源，驾驭文字能力成为刘氏文人精英身份的重要表达方式。通过撰写、刊刻《刘氏族谱》《平山堂诗集》《江南抚事》，"刘南宅"的政治和社会神话得以呈现。然而，不可忽略的是，艺术与图像相应成为刘氏叙事过程中非常重要的辅助方式。从刘励营造的西园到刘应宾羁旅扬州期间的文化交游与艺术品鉴活动，从八卦宅、吕祖画像到刘氏碑刻、宝善堂号，无一不成为社会精英与民间大众所"观"之对象。可以说，社会各阶层面对"刘南宅"所展开的视觉实践活动同样对刘氏神话的产生起到了至关重要的推动作用。

　　综上所述，《平山堂诗集》《遇仙记》以及吕祖画像、建筑图像、社会神话都是文化生产的具体形式。刘氏神话与艺术图像之间的纠葛反映出：文本、艺术图像、神话三者之间有其内在逻辑和发展脉络，它们是一个相辅相成、相互影响、不可分割的有机整体。艺术和图像在其中起到了至关重要的串联作用。正因为艺术表达、图像散播和视觉呈现，记录在文本上的家族神话才得以衍化为流传更广、影响更大、更加符合大众心理的社会神话，为当地民众所喜闻乐道。在图像影响下，刘应宾及其家族在当地树立了独一无二的权威形象，这为刘氏家族成功应对明清易代之际政治转向所造成的舆论争议和身份认同危机提供了有益帮助。

　　从更广阔的社会史、艺术史视角来说，"刘南宅"与艺术图像的渊源大约还带给我们如下启示：在中国艺术传统下，明清时期散播各地的视觉文化既会带有地方性特色的烙印，也往往隐藏着王朝更迭、社会变迁等历史大事件的影子。这些艺术品及图像的生产、观赏、散播过程既体现了精英思想，也反映了大众文化。以此为媒介，精英与大众不由自主走到了一起。在各自抒发道德评判与文化审美观念，不断冲突、博弈的过程中，还会形成具有不同隐喻和象征意义的社会神话。

　　从研究方法上来说，究竟应该如何研究地方史、家族史的问题，这是本书尝试探讨的话题之一。受赵世瑜、陈春声等学者"区域社会史"理论方法的启发，本书注重寻找"刘南宅"历史发展的内在脉络。与以往史学研究中单纯"自上而下"或者单纯"自下而上"的研究范式不同，赵世瑜、陈春声等学者注重将两者紧密结合。他们对族谱、碑刻、访谈、书信、仪式等民间文献的解读和分析非常重视，同时在相关话题的具体讨论中时刻关注着"国家的在场"，往往将地方史置于国史的背景下进行深入考察，发掘国家意识形态在地域社会各具特色的表达。本书对"刘南宅"相关的族谱、传说、仪式、堂号、图像及官方记载的解读正是得益于此。通过对"刘南宅"历史的研究，笔者认为，上述学者针对"区域研究"所提出的不可将"国家—地方""全国—区域""精英—民众"等一系列二元对立的概念作为分析历史的工具而简单地外化为历史事实和社会关系本身，不可用"贴标签"的方式对人物、事件、现象、制度等做非此即彼的分类，这些观点是非常正确的。[①]这基本代表了目前地方史、宗族史研究的发展方向。

由于研究对象的"特殊性"，笔者在田野考察中收集到的核心材料主要是族谱和少量访谈口述资料，因此有些话题的讨论多是基于某些理论和前人成果所做的分析，在一定程度上缺乏更加丰富的史料佐证。这是本书的缺陷之一。另外，《贰臣传》中记载的山东籍"贰臣"数量不少，这些家族自清代以来呈现怎样一种生存状态？他们如何应对国家主流意识形态的压力？由于掌握材料有限，本书在具体讨论过程中，并没有做横向比较分析。上述两点缺憾将是笔者今后努力的方向。

① 参见赵世瑜：《小历史与大历史：区域社会史的理念、方法与实践》，生活·读书·新知三联书店，2010，"序言"第4-5页。

主要参考文献 ≫

［1］赵世瑜. 小历史与大历史：区域社会史的理念、方法与实践［M］. 北京：生活·读书·新知三联书店，2010.

［2］赵世瑜. 狂欢与日常：明清以来的庙会与民间社会［M］. 北京：生活·读书·新知三联书店，2002.

［3］杨念群. 何处是"江南"：清朝正统观的确立与士林精神世界的变异［M］. 北京：生活·读书·新知三联书店，2010.

［4］赵静蓉. 文化记忆与身份认同［M］. 北京：生活·读书·新知三联书店，2015.

［5］陈永明. 清代前期的政治认同与历史书写［M］. 上海：上海古籍出版社，2011.

［6］商传. 走进晚明［M］. 北京：商务印书馆，2014.

［7］陈宝良. 明代社会转型与文化变迁［M］. 重庆：重庆大学出版社，2014.

［8］张仲礼. 中国绅士：关于其在19世纪中国社会中作用的研究［M］. 李荣昌，译. 上海：上海社会科学院

出版社，1998.

［9］何宗美．明末清初文人结社研究［M］．上海：上海三联书店，2016.

［10］谢国桢．明清之际党社运动考［M］．上海：上海书店出版社，2004.

［11］陈宝良．明代士大夫的精神世界［M］．北京：北京师范大学出版社，2018.

［12］吕妙芬．明清思想与文化［M］．北京：世界图书出版公司，2016.

［13］赵园．制度·言论·心态：《明清之际士大夫研究》续编［M］．北京：北京大学出版社，2015.

［14］赵园．家人父子：由人伦探访明清之际士大夫的生活世界［M］．北京：北京大学出版社，2015.

［15］黄仁宇．万历十五年［M］．北京：生活·读书·新知三联书店，2003.

［16］杨海英．洪承畴与明清易代研究［M］．北京：商务印书馆，2006.

［17］南炳文．南明史［M］．北京：故宫出版社，2012.

［18］陈学霖．明初的人物、史事与传说［M］．北京：北京大学出版社，2010.

［19］袁世硕．蒲松龄事迹著述新考［M］．济南：齐鲁书社，1988.

［20］邹宗良．蒲松龄研究丛稿［M］．济南：山东大学出版社，2011.

［21］吴琦．明清地方力量与地方社会［M］．北京：中国社会科学出版社，2009.

［22］李远国，刘仲宇，许尚枢．道教与民间信仰［M］．上海：上海人民出版社，2011.

［23］姜萌．族群意识与历史书写［M］．北京：商务印书馆，2015.

［24］李晓方．县志编撰与地方社会：明清《瑞金县志》研究［M］．北

京：中国社会科学出版社，2015.

［25］罗时进. 文学社会学：明清诗文研究的问题与视角［M］. 北京：中华书局，2017.

［26］万明. 晚明社会变迁：问题与研究［M］. 北京：商务印书馆，2016.

［27］戴建兵. 明代的府县［M］. 天津：天津古籍出版社，2017.

［28］乌丙安. 民俗学原理［M］. 长春：长春出版社，2014.

［29］何龄修. 清初复明运动［M］. 北京：中国社会科学出版社，2016.

［30］姚大力. 追寻"我们"的根源：中国历史上的民族与国家意识［M］. 北京：生活·读书·新知三联书店，2018.

［31］葛兆光. 宅兹中国：重建有关"中国"的历史论述［M］. 北京：中华书局，2017.

［32］阎崇年. 森林帝国［M］. 北京：生活·读书·新知三联书店，2018.

［33］杨琳. 清初小说与士人文化心态［M］. 北京：社会科学文献出版社，2017.

［34］顾诚. 南明史［M］. 北京：光明日报出版社，2017.

［35］肖文评. 白堠乡的故事：地域史脉络下的乡村社会建构［M］. 北京：生活·读书·新知三联书店，2011.

［36］古斯塔夫·勒庞. 乌合之众：大众心理研究［M］. 贾秀清，译. 北京：煤炭工业出版社，2018.

［37］王斯福. 帝国的隐喻：中国民间宗教［M］. 赵旭东，译. 南京：江苏人民出版社，2009.

［38］狄德满. 华北的暴力和恐慌：义和团运动前夕基督教传播和社会冲突［M］. 崔华杰，译. 南京：江苏人民出版社，2011.

［39］卜正民. 纵乐的困惑：明代的商业与文化［M］. 方骏，王秀丽，罗天佑，译. 桂林：广西师范大学出版社，2016.

［40］卜正民. 为权力祈祷：佛教与晚明中国士绅社会的形成［M］. 张华，译. 南京：江苏人民出版社，2005.

［41］卜正民. 明代的社会与国家［M］. 陈时龙，译. 北京：商务印书馆，2015.

［42］杨庆堃. 中国社会中的宗教［M］. 范丽珠，译. 成都：四川人民出版社，2018.

［43］史景迁. 王氏之死：大历史背后的小人物命运［M］. 李孝恺，译. 桂林：广西师范大学出版社，2015.

［44］柯文. 历史三调：作为事件、经历和神话的义和团［M］. 林继东，译. 南京：江苏人民出版社，2010.

［45］科大卫. 明清社会和礼仪［M］. 曾宪冠，译. 北京：北京师范大学出版社，2017.

［46］魏斐德. 洪业：清朝开国史［M］. 陈苏镇，薄小莹，译. 南京：江苏人民出版社，2008.

［47］柯律格. 雅债：文徵明的社交性艺术［M］. 刘宇珍，邱士华，胡隽，译. 北京：生活·读书·新知三联书店，2016.

［48］柯律格. 长物：早期现代中国的物质文化与社会状况［M］. 高昕丹，陈恒，译. 北京：生活·读书·新知三联书店，2016.

［49］柯律格. 明代的图像与视觉性［M］. 黄晓鹃，译. 2版. 北京：北京大学出版社，2016.

［50］王鸿泰. 明清的资讯传播、社会想象与公众社会［J］. 明代研究，2009（12）.

［51］施祖毓. 李明睿钩沉［J］. 复旦大学学报，2002（5）.

［52］刘宝吉. 消失的迷宫：沂水刘南宅传说中的神话与历史［J］. 民俗研究，2016（5）.

［53］常建华. 二十世纪的中国宗族研究［J］. 历史研究，1999（5）.

［54］常建华. 近十年明清宗族研究综述［J］. 安徽史学，2010（1）.

［55］常建华. 近年来明清宗族研究综述［J］. 安徽史学，2016（1）.

［56］常建华. 明代士大夫的民生思想及其政治实践：以《明经世文编》为中心［J］. 古代文明，2015，9（2）.

［57］张俊峰. 神明与祖先：台骀信仰与明清以来汾河流域的宗族建构［J］. 上海师范大学学报，2015（1）.

［58］陈晨. 神话传承与祖先崇拜［J］. 长江大学学报（社会科学版），2011（1）.

［59］赵世瑜. 传说·历史·历史记忆：从20世纪的新史学到后现代史学［J］. 中国社会科学，2003（2）.

［60］赵世瑜. "不清不明"与"无明不清"：明清易代的区域社会史解释［J］. 学术月刊，2010（7）.

［61］赵世瑜. 传承与记忆：民俗学的学科本位［J］. 民俗研究，2011（2）.

［62］赵世瑜. 历史民俗学［J］. 民间文化论坛，2018（2）.

［63］谭刚毅. 宅与寺：兼论中国传统建筑的世俗性与纪念性［J］，南方建筑，2010（6）.

［64］郑振满. 中国家族史研究：历史学与人类学的不同视野［J］. 厦门大学学报，1991（4）.

［65］冯尔康. 中国宗族的历史特点及其史料：《清代宗族史料选辑》序言［J］. 社会科学战线，2011（7）.

［66］路遥. 中国传统社会民间信仰之考察［J］. 文史哲，2010（4）.

［67］王先明. 中国近代绅士阶层的社会流动［J］. 历史研究，1993（2）.

［68］杨利慧. 仪式的合法性与神话的解构和重构［J］. 北京师范大学学报，2005（6）.

［69］科大卫，刘志伟. 宗族与地方社会的国家认同：明清华南地区宗族发展的意识形态基础［J］. 历史研究，2000（3）.

［70］陈春声，陈树良. 乡村故事与社区历史的建构：以东凤村陈氏为例兼论传统乡村社会的"历史记忆"［J］. 历史研究，2003（5）.

后　记

己亥岁末，于千佛山下蜗居，拂却城市喧嚣，费时多日，终于厘定本书初稿。漫漫长夜、孤影枯灯、寒冬凛冽，恰逢窗外雨雪飘飞。此情此景，忆及往昔种种，不免思虑万千，感慨良多。这本30余万字的书稿是以我的博士学位论文修订而成的。尽管粗陋浅薄之处尚多，但文人通病，不免有敝帚自珍之情。俗务纷扰、少年周折，世事蹉跎而近不惑之年，至少这本凝聚心血的小书可聊作一丝安慰，以励他日奋搏。

时光如白驹过隙，匆匆而过。得失皆可释怀，唯感恩之心必然要陈情纸册。若没有师友无私关怀、帮助和亲人及时安慰、鼓励，仅凭个人微薄之力，我是无法顺利完成拙著的。借此机会，我要向所有支持、帮助我的师友和亲人们致以诚挚谢意。

首先，我要感谢导师路遥先生。路遥师是著名历史学家，海内外公认的义和团运动史和民间宗教史研究权威专家。承蒙先生不弃，忝列门墙，使我得以时时聆听教诲。路遥师不止一次谆谆告诫我，要摒弃浮躁，耐住寂寞，广览群书，安心求索；同时必须走出象牙塔，进行深入的社会调查。正是路遥师言传身教、率先垂范，我才得以追循先生治学方法，在田野调查道路上，发现了很多于本书创作所必需的地方文献，从而确定研究目标和学术方向。路遥师虽已届耄耋之年，但对学生关爱之情，孜孜不倦、求真务实的学术精神始终未变，不顾年迈多病，屡屡牺牲休息时间，不厌其烦、不弃愚拙，在家中或办公室里为我授业解惑。没有路遥师的错爱和训导，这本拙著真不知从何谈起。先生视学术为生命，笔耕不辍，他将永远是我人生道路上的指明灯。

同时，我不能忘记山东大学历史文化学院关心、帮助我的各位师长。胡卫清教授提醒我从中国社会变迁中寻找刘家历史发展脉络；赵兴胜教授启发我从"文化建构"的角度探索；刘家峰教授建议我注意对相关历史信息的细节分析，注意从心理层面讨论相关书写、传说和民俗仪式成因；徐畅教授教导我注意材料筛选和运用。诸位贤师不吝惠赐，使我拨云见日、受益良多。

中国社会科学院杨海英教授关心提掖后辈，为本书提供了十分关键的历史材料。我与杨师素昧平生，本无渊源。由于北京大学图书馆迁馆，古籍部暂停开放，本书所需核心材料《江南抚事》无法查阅。杨师所著《洪承畴与明清易代研究》曾引用《江南抚事》中的部分材料。走投无路之际，我不揣冒昧联系杨师，借阅材料。没想到杨师慨然应允，将二十年前亲自抄录的笔记提供给我，并借到济南开会之机，当面帮我核对材料。没有杨师在关键时刻施以援手，我无法完成这部书稿。杨海英教授慷慨无私、提携后进的学者风范，后学铭记终生。

北京大学赵世瑜教授学识渊博、著作等身，是我非常崇敬的前辈学者。本书于赵师所著《小历史与大历史：区域社会史的理念、方法与实践》在研究方法和思想上受惠良多。我与先生虽不熟识，然心向往之。2019年秋，先生来山东大学参加学术会议，我借机求教。原本诚惶诚恐，没想到先生虚怀若谷、温文尔雅，慨然为本书提出了非常有价值的建议。先生高德，后学小子不胜感激之至。

感谢同门彭淑庆、崔华杰学兄，赵建玲学妹。凡有所需，他们不避烦琐，在研究思路、篇章框架、论述逻辑、英文翻译等方面，多次提供十分中肯的建议和帮助。

在田野考察期间，沂水县政府办公室副主任、政研室主任刘智太先生，县档案局副局长刘兆平先生，县图书馆邱然安老师非常重视当地乡土文化的发掘、整理，凡我所需，有求必应。"刘南宅"后裔刘统业、刘业茂、刘庆山先生长期关注家族历史文化，言谈举止间体现出山东地方家族的文脉传承和良好家风，他们为本书写作提供了宝贵的刘氏家族史口述资料。尤令我感佩的是，"刘南宅"十八世刘庆山先生对乡土文化的热爱之情和真诚朴实的待客之道。我与庆山兄虽是初识，却一见如故。他不但提供了文献资料和调研线索，还自愿做我的向导——在寂寥风雪中，不惜牺牲节日休息时间，驱车数百里，陪同我辗转于临沂、沂水、沂南、莒南的乡村田野之间。当地图书馆、档案馆、文史办相关工作人员也都提供了力所能及的帮助和支持。在编辑出版工作中，山东教育出版社李俊亭先生做了大量耐心细致的工作，使本书能以更为严谨的面貌呈现。在此，一并致以诚挚的谢意。

近年来，山东工艺美术学院高度重视青年人才培养、科研与社会效益对接工作，筹划出版《艺术与设计学科博士文丛》。承蒙学校领导、专家抬爱，拙著得以付梓。在此，专致谢忱。

最后我要由衷感谢家人。父母年迈多病，但为了支持我攻读博士学位，主动承担了许多家务琐事。妻子彭传兰女士也在背后默默支持和鼓励我。正是由于家人在生活中的悉心照料、理解、包容，我才能有时间查阅资料，完成本书撰写工作。家庭的亲情和温暖将永远是我砥砺前行、风雨兼程的动力源泉。

张运春

2021年6月